高校土木工程专业规划教材

土木工程机械（第三版）

黄士基　主　编
林志明　副主编

中国建筑工业出版社

图书在版编目（CIP）数据

土木工程机械/黄士基主编．—3版．—北京：中国建筑工业出版社，2016.9

高校土木工程专业规划教材

ISBN 978-7-112-19619-7

Ⅰ.①土… Ⅱ.①黄… Ⅲ.①建筑机械-高等学校-教材 Ⅳ.①TU6

中国版本图书馆CIP数据核字（2016）第170352号

全书包括机械基础和工程机械两大部分，第一部分介绍：机械的基本常识、常用机构、轴及轴系零部件、挠性传动、齿轮传动、液压传动与液力传动，第二部分介绍：施工运输车辆、土石方工程机械、压实机械和路面机械、起重运输机械、钢筋加工机械、混凝土机械、桩工机械、隧道盾构掘进机。

根据专业要求和教学时数的多少，本教材在内容上提供了较多的选择余地，因此它不但适合土木工程专业本科使用，也可作为土建类的专科教材，以及高层次的各种工程技术和管理人员的培训用书。

* * *

责任编辑：王 磊 田启铭

责任校对：陈晶晶 关 健

高校土木工程专业规划教材

土木工程机械（第三版）

黄士基 主 编

林志明 副主编

*

中国建筑工业出版社出版、发行（北京西郊百万庄）

各地新华书店、建筑书店经销

北京红光制版公司制版

北京建筑工业印刷厂印刷

*

开本：787×1092毫米 1/16 印张：18¼ 字数：440千字

2016年9月第三版 2020年8月第二十次印刷

定价：**36.00**元

ISBN 978-7-112-19619-7

（29104）

第 三 版 前 言

本书自第二版问世，至今已五年有余，其发行量依然可观，现再次向全国各地的广大师生及有关读者致以诚挚的谢意。

本书是与时俱进的教材，它必须不断地吐故纳新，方能历久不衰。为此，本书现进行第三次修编，以飨广大读者。

此次修编包括删去过时的内容，变换不合理的章节，精炼累赘的语言。特别值得一提的是，本次修编增加了第 14 章　隧道盾构掘进机。以上工作都是由中建三局高级工程师林志明完成的。

本书主编黄士基，副主编林志明。

在这个向地下要时间、要空间、要资源、要环保的世纪里，作为土木工程重要组成部分的隧道及地下空间工程，深受业界以及广大普通群众的关注。隧道盾构掘进机是这个领域最为关键的专用机械，目前已在全国各地的地层中不断掘进，而且它已引领我们沿着一带一路走向全世界。

新的领域、新的知识、新的产品，给本书在内容上又增添了一大亮点。

本书所提供的知识，不但与土木工程技术人员在工作上有直接关系，同时它也是土木技术人员与机械技术人员交往沟通时的桥梁。

修编是在原有基础上进一步的完善和提高，但仍难免存在错漏和不足之处，敬请诸位读者批评指正。

编者

2016 年 3 月

第二版前言

本教材从出版至今已近十周年了。每年的发行量都很可观。它深受全国包括台湾在内的广大师生及相关读者的青睐。在此首先向诸位表示深切的谢意!

十年来，祖国日新月异。在基础建设中的土木工程更是突飞猛进并且宏观惊人，而工程机械也获得了前所未有的大发展。新技术、新能源、新产品、新规定、新思维、环保新理念等也都迅速闯了进来。陈旧的设备和规章随之淘汰。我们的教材所存在的不足也需要进一步完善。例如最后一章建筑装饰机械与工程机械在行业上的距离较远，决定删除，让出版面扩充工程机械的新知识。

十年来，物换星移，本教材的参编者所在高校大都改了名，编者也有所变化。参加本次的修编者有武汉理工大学黄士基（第1和第9章）、赵奇平（第5和第6章）、王宇（第8、11和第12章）；武汉大学何小新（第2和第7章）；贵州大学傅良森（第3和第4章）；湖北城建职技学院陈楚瑜（第10和第13章）。

本书主编黄士基，副主编赵奇平、王宇。

在修编的过程中，采用了徐工集团、北京三一重工集团、长沙中联重科，上海三一科技集团、四川建设机械集团、西安筑路机械厂、厦工集团、特雷克斯公司等许多企业的资料，还有《建筑机械》和《建筑机械化》两家杂志社提供的有关新技术和新信息。在此向诸厂家、杂志社和有关作者致以敬谢。

本书是跨学科性教材，它适用于高校中土木工程类本科、专科，也可作高层土木技术与管理人员的培训用书。它的起点比较高，在有限的学时内，对机械知识深浅程度的控制和在内容的取舍上并非易事，我们虽然多次组编此类教材，但仍难免有不尽人意之处，敬请诸位读者指教。

编者

2010年4月

第一版前言

根据1998年教育部颁布的“普通高等学校本科专业目录”，按照科学、规范，拓宽的工作原则，本会为迎接21世纪高等学校教学内容和课程改革的需要，组织编写了土木工程专业使用的《土木工程机械》教材。

全书约40万字、共14章。前6章讲述一般机械知识（包括液压和液力），在编写上力争突出重点，并且少而精，后8章重点论述土木工程中常用的工程机械，力求反映其先进水平和时代风貌。

根据专业要求和教学时数的多少，本教材在内容上提供了较多的选择余地，它不但可作为土木工程专业本科的教学用书，也可作为土建类的专科教材和高层次的土建类工程技术及其管理人员的培训用书。

此书由本学科研究会第三届理事长黄士基主编，副主编为龙小乐、李颖。

本书参加编写的有：武汉工业大学黄士基（第1章、第9章和第14章）、赵奇平（第6章）；武汉水利电力大学何小新（第2章和第7章）、龙小乐（第11章和第12章）；贵州工业大学申东杰（第3章和第4章）；中南工业大学段乐珍（第5章）；唐山工程技术学院张振民（第8章）；四川工业学院李颖（第10章）；湖北工学院姚甫昌（第13章）。

兰州建筑通用机械厂、江苏连云港机械厂、河南黄河磨具厂、武汉市建筑工程机械厂、唐山专用汽车制造厂、湖北建筑机械厂、四川建筑机械厂、温州市工程机械厂等企业为教材编写提供了宝贵的资料。

本书在编写的过程中还参阅了许多同行编写的书籍和教材，在此向上述厂家和老师们致以衷心的谢意。

本教材虽经参编者认真努力而为，但限于水平，不妥之处敬请读者批评指正。

全国高校土木工程专业机械
学科研究会
2000年4月

目　录

第1章 机械的基本常识

1.1 绪 论

1.1.1 土木工程机械的作用

土木工程机械是指用于基本建设领域中各类专用的施工机械，也称为工程机械，包括建筑工程、市政工程、道桥工程和港口工程等所使用的施工机械。

机械是人类进行生产斗争的重要武器，是用来减轻体力劳动和提高生产力的工具，又是衡量社会生产发展的重要标志。建筑工业在世界各国都是一种不可缺少的大行业，在国民经济中占有举足轻重的地位。建筑机械化的程度也是衡量一个国家建筑工业水平的重要指标。建筑施工采用机械，对于减轻繁重的体力劳动、节约劳动力、提高劳动生产率，加速工程进度、提高工程质量、降低工程造价，起着重大的作用。

采用机械化施工，特别有利于广泛采用新技术，改善劳动条件。采用液压技术的液压凿岩机与风动凿岩机相比，能量利用率提高了三倍，工作速度提高了一倍，动力消耗却降低了一半。推土机、平地机、摊铺机以及隧道掘进机等，应用激光自动导向、找平、找直、找准、放线，可大大提高作业精度和工作质量。如用激光导向定坡度、其误差可小于0.01%。轮式建筑机械的转向和制动机构采用液压伺服系统，可使操纵省力并改善转向和制动性能，尤其是电子计算机技术的应用，无人操纵或无线电遥控的建筑机械相继问世，才使在低温、高原、水下、地下、空中以及公害污染等困难环境下施工成为现实。

1.1.2 课程的性质和内容

根据建筑机械的作用，土木工程专业开设本课程是十分必要的，它是一门重要的技术基础课。根据专业的需要，其内容包括机械基础知识和常用建筑机械两大部分，前者主要介绍机械制造中常用材料的性能及选用方法；通用零部件的设计、选用等基本知识；还有挠性传动、齿轮转动、液压传动的基本理论。后者主要介绍常用建筑机械的主要机构、类型、性能、基本构造、使用方法及选型设计等内容。它是前者的综合运用。

本课程涉及的理论知识面广；所讲述的零部件类型不但很多，又由于在各种机械中，影响零部件功能、寿命的因素十分复杂，机械在作业中的工况又千变万化，在许多情况下，难以用纯理论进行设计计算，而必须借助于实验或经验公式。因而，在学习中要掌握各种系数、参数和公式的物理意义，并了解其应用的条件和范围，学会运用各种规范和设计手册等。

本课程所提供的知识，不但与专业设计、施工和科研直接相关，而且在工作中，它也是和工程机械人员语言沟通的桥梁。

1.1.3 土木工程对其机械的要求

建筑机械的工作环境和使用条件多变，同时又十分恶劣，工作机构在作业所产生的冲击和振动载荷，对整机的稳定性、安全性和寿命有直接影响。为保证建筑机械能长期处于最佳工况下工作，提出如下的特别要求：

(1) 使用性能要求：是指它能适应预定的工作环境和作业条件并使其发挥最大的工作效率。

(2) 可靠性要求：可靠性如用概率表示时，称为可靠度。建筑机械的可靠度是指在规定的使用时间内和工作条件下能够正常完成其功能的概率。反之，完不成规定功能的概率称为不可靠度或失效率。

(3) 结构工艺性要求：是指建筑机械的结构要符合一定的工艺要求，即在保证必要的质量和要求的寿命条件下，使材料消耗和劳动消耗最少，并且便于成坯、加工和装配。

(4)"三化"要求：产品的系列化、部件的通用化、零件的标准化，称为"三化"。"三化"程度是评价建筑机械的重要指标之一。实行"三化"是一项重大的技术政策，它可以简化生产，提高企业的技术水平、经济管理水平和劳动生产率，并为使用新技术、新工艺、新材料创造条件，也便于产品的维修与备品供应，使设计制造和使用维修工作大为简化。

(5) 经济性的要求：经济性是一个综合性指标。建筑机械设计的经济性体现在满足使用性能要求的前提下，力求结构简单，零件种类和数量少，重量轻，以减少原材料的消耗；制造经济性体现在工艺合理、加工方便和制造成本低；使用经济性则体现在高生产率、高效率、能耗少和较低的管理及维护费用等。

1.1.4 几个重要的名词

(1) 机器　从力学和功能的角度考虑，它具有三大特征：①它由许多构件组成，单一构件决不能称为机器；②各构件之间必定能产生确定的相对运动；③都能利用机械能来完成有效功或把机械能转换成其他形式的能量，或作相反的转换。一部机器可能由一种机构或几种机构所组成。它是功能转换的单元。

机器按其作用可分为三类：一类是原动机，它是将某种能量转变为机械能的机器，如蒸汽机、内燃机、电动机等；一类是转换机，它是将机械能转换成其他形式能的机器，如发电机、空气压缩机；再一类是工作机，它是利用机械能来完成有用功的机器，如起重机，各式机床及各类土方机械。

(2) 机构　它是具有确定相对运动的许多构件的组合体。它只具备机器的前两个特征，不考虑功能转换的问题，因此它的主要任务是传递或改变运动的方向、大小、形式，它是机械运动的单元。例如最常见的自行车，可称为运动的机构，而不能称为机器。

(3) 机械　是机器和机构的总称。

(4) 构件　组成机构的单元，它可以是一个零件，也可以是由许多零件组成的刚体。

(5) 机械零件　组成构件的元件，称为零件，而零件是制造的单元。

零件分两大类，凡在各种机器中经常使用、并具有互换性的零件，称为通用零件（常用零件），如三角胶带、螺栓、齿轮及轴承等；只在某种机器中使用的零件，称为专用零件，如钢丝绳、滑轮、吊钩等。

(6) 部件　是为完成同一任务并协调工作的若干个机械零件的组合体，如轴承、联轴器、离合器等。它是安装的单元。

1.1.5　机械的基本组成

(1) 动力装置　它是机械动力的来源。建筑机械常用的动力装置有电动机、内燃机等。建筑机械所用的电动机、内燃机等都是由专门工厂生产的标准化、系列化产品，不需自行设计。只要根据建筑机械的设计要求或生产需要，从有关设计手册中选用标准型号，外购即可。它是任何机器不可少的核心部分。

(2) 传动装置　是用来传递运动和动力的装置。它分为机械式、液压式、液力机械式及电动式等多种形式。它不但可传递运动和动力，还可以变换运动的形式（如将旋转运动变为直线运动或摆动等）和方向（正、反向转动和往复直线运动等）。

(3) 工作装置　这是建筑机械中直接完成生产任务的部件。如卷扬机的卷筒、起重机的吊钩、装载机的铲斗等。对它的要求是高效、多功能、适合于多种工作条件。例如，挖掘机已发展到可换装数十种工作装置，除正、反铲外，尚可更换供起重、铲运、平地、推土、装载、钻孔、振捣、松土、高空作业架、集材叉、冲击机具等作业需要的工作装置。

(4) 信号及操纵控制装置　是提供信号和操纵、控制机械运转的部分。

(5) 机架　将上述的各部分连成一体，并使之互相保持确定相对位置的基础部分。

1.2　工程机械的动力装置

除简易的手动机械如手动卷扬机、手动千斤顶、手动葫芦、手动弯盘机和手动喷洒机等没有动力装置外，一般建筑机械都设有动力装置来代替繁重的体力劳动。这种动力装置称为原动机，常用的有如下几种：

(1) 电动机　在建筑机械中应用最广。它由电网取电，启动与停机方便，工作效率高，体积小、自重轻。当电源能稳定供应，建筑机械工作地点比较固定时，普遍选用电动机作动力。电动机是定型产品，查找有关的机电产品目录，可按需要选用。

(2) 内燃机　工作效率高、体积小、重量轻、发动较快。常在大、中、小型机械上作动力装置。它只要有足够的燃油，就不受其他动力能源的限制。这一突出优点，使它广泛应用于需要经常作大范围、长距离行走的或无电源供应的建筑机械。

(3) 空气压缩机　它结构简单可靠、工作迅速、操作管理方便，常为中小型建筑机械作动力装置，如风动磨光机、风动凿岩机等。

(4) 蒸汽机　它是发展最早的动力装置，虽设备庞大笨重、工作效率不高，又需特设锅炉，但其工作耐久、燃料低廉，并有可逆性，可在超载下工作，所以在个别建筑机械中还在用作动力装置，如大功率的蒸汽打桩机。

建筑机械除单独采用以上动力装置外，还可采用混合的动力装置，使驱动方便灵活。例如柴油机、发电机和电动机的联合装置，由柴油机驱动发电机发电，再供给本机械上的各个电动机使用，大型挖掘机多采用这种混合动力装置。

1.3 工程机械的传动装置

1.3.1 传动装置的定义

图 1-1 所示为卷扬机的传动示意图。电动机通过输出轴驱动传动装置，经胶带传动及减速器减速输出动力，再通过联轴器使工作装置中的卷筒回转，从而使缠绕于滚筒上的钢丝绳作升降重物的动作而做功。

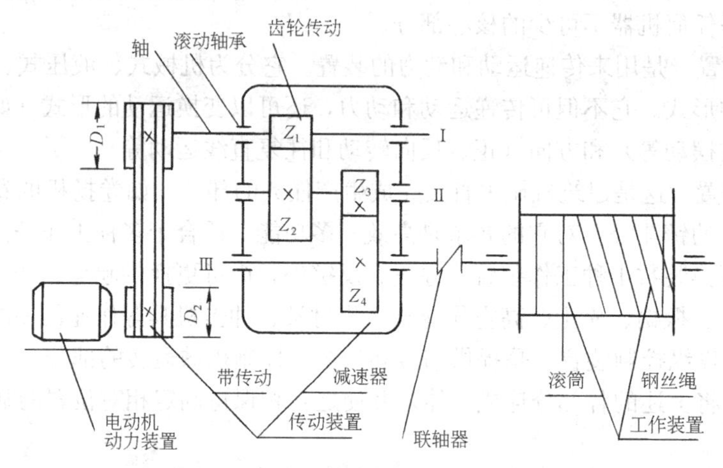

图 1-1　卷扬机传动示意图

由上可见，传动装置的任务主要是在动力装置与工作装置之间承担着协调的作用，它是将动力装置的机械能传递给工作装置的中间装置，是建筑机械的重要组成部分。因此，对它的合理设计和选用是机械设计工作中的一项关键课题，也是本课程的主要内容之一。

1.3.2 传动装置的作用

(1) 减速与增速　由于工作装置所要求的速度与动力装置的速度不相符合，常需设置增速或减速的传动装置使之协调。如图 1-1 所示卷扬机，电动机输出轴的转速为 450r/min，而滚筒的转速为 30r/min，故须设置减速传动装置以满足工作装置（滚筒）的需要。

(2) 变速　许多工作装置的转速需要按工作要求进行调整。若以调节动力装置的速度来实现往往是复杂而不经济的，有时是不可能的，而采用传动装置来实现变速却较简便。

(3) 改变运动形式　动力装置输出轴一般都是以等速回转运动形式输出机械能，而工作装置要求的运动形式却是多种多样的，如直线运动、回转运动、间歇运动等形式。两者的不同运动形式的转换是依靠传动装置来实现的。

(4) 动力与运动的传递与分配　有的需要以一个或多个传动装置驱动若干个相同或不相同速度的工作机构。此时传动装置不仅起传递动力和运动的作用，还起分配或汇集动力和运动的作用。

1.3.3 传动装置的类型

1. 按传动比分类

(1) 定传动比传动　输入转速与输出转速之比是定值，通常用于工作装置工况固定的场合。如：带、链、摩擦轮、齿轮、蜗杆涡轮等传动。

(2) 变传动比传动　它又分为有级变速，无级变速和周期变化三种。

1) 有级变速　一个输入转速通过传动可得到若干个输出转速，适用于工作装置工况改变的场合。如：齿轮变速器、塔轮传动。

2) 无级变速　一个输入转速通过传动得到在某一范围内无限多个输出转速，适用于工作装置工况很多的场合。如：机械无级变速器、液力耦合器、液力变矩器、流体传动、电磁滑差离合器。

3) 周期变化　输出角速度是输入角速度的周期函数，用来实现函数传动及改善某些机构的动力特性。如：非圆齿轮、凸轮、连杆组合机构。

2. 按能量流动路线分类

如表 1-1 所示。

传动装置按能量的流动路线分类　　表 1-1

传动类型	能量流程图	传动举例	说明
单流传动	动力装置→传动装置 1→传动装置 2→工作装置	单流减速器	全部能量均流过每一个传动元件
分流传动	动力装置→传动装置 1→工作装置 1 动力装置→传动装置 2→工作装置 2 动力装置→传动装置 3→工作装置 3	汽车起重机起重部分的传动、多轴钻	用于多工作装置的机械
汇流传动	传动装置 1→工作装置 1→动力装置 传动装置 2→工作装置 2→动力装置 传动装置 3→工作装置 3→动力装置	大型水泥磨传动提升机	用于低速、重载、工作机构少而惯性大的机械

3. 按工作原理分类

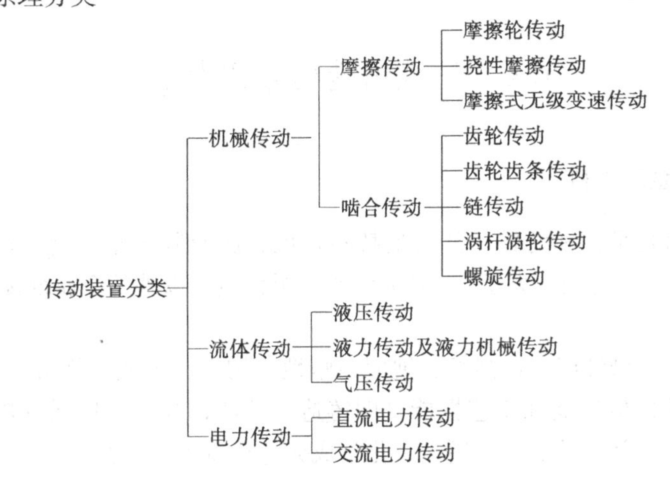

1.3.4 初选传动类型的基本原则

(1) 尽量简化和缩短传动系统。在满足机械使用要求的前提下，机械的传动系统应尽量简短。传动零件和其他零件的数量越少越好，这样可降低能量耗损及制造和安装的累积误差，并有利于提高机械的传动效率和运动精度。为此，常采用传动比大的传动形式（如蜗杆传动、行星轮系传动及螺旋传动等）。但是传动比大的传动形式往往效率较低。

(2) 多级传动时要合理布置传动顺序。在机械传动中，一般带传动（或摩擦传动）承载能力较小，传递相同扭矩时，结构尺寸较其他传动形式大。但其运动较平衡，能缓冲减振，因此带传动应尽量布置在高速级。

链传动的瞬时传动比不准确，高速下易产生冲击、振动和噪声等，故应布置于低速级，并可在较高温度下工作。

蜗杆传动可以有较大的传动比，传动平稳但效率低；适用于中、小功率及间歇运动的场合。当其与齿轮传动同时应用时，最好布置于高速级。

(3) 单件生产的低速、小功率机械，其传动应尽可能采用标准零、部件，缩短加工周期，而且可更好地保证质量，降低成本。

(4) 工作环境恶劣时，应视具体情况选用。如带传动因会摩擦起电，不宜在易燃易爆的工作场所采用。气压传动则可用于多尘、潮湿、湿度较高的工作环境。

(5) 寿命要求方面，各种传动在保证精度和润滑的情况下，以轮传动的寿命最高，而链传动和摩擦传动的寿命较短。液压和气压传动的密封件寿命较短，需定期更换。

(6) 载荷、扭矩大，有冲击、振动的建筑机械，或有变速、变换运动形式的工作装置，应考虑采用液压传动。如混凝土搅拌运输车的搅拌筒，受力大且有冲击振动负荷，又有变速和变换运动方向等特点，在传动类型选择时，优先选用了液压传动闭式系统。实践证明它使传动系统大大简化，故障率降低，较好地满足了搅拌运输车工作特点的要求。

(7) 合理分配传动比，各级传动比宜在其常用范围内选取，以保证符合各种传动形式的工作特点和结构紧凑。

(8) 对生产批量较大的机械，选择传动形式时，应对工艺性、经济性、可行性、可靠性等问题，借助电子计算机辅助设计、最优化设计方法等对各种传动方案作精确的比较，以寻求最佳的传动方式。

1.4 机械制造的常用材料

1.4.1 常用金属材料

常用的金属材料是钢和铸铁，其次是某些有色金属及其合金。钢和铸铁是铁、碳合金。含碳量小于2%者为钢；大于2%者为铸铁。黑色金属以外的金属统称为有色金属。

1. 钢

钢具有良好的机械性能（即强度、硬度、塑性、韧性、抗疲劳性等），还可以经过热处理进一步改善其机械性能和工艺性能（即铸造、锻造、焊接、切削及热处理等性能）。工业用钢品种繁多，常按其品质、用途、化学成分等特点进行分类。

钢的品质优劣是按残存于钢中的有害元素硫、磷的含量高低来鉴别的。

钢的机械性能与其含碳量高低有关。一般来说，钢中含碳量愈高，钢的硬度、强度上升；韧性、塑性下降，按钢中含碳量高低又分为低碳钢（含碳量＜0.25%）、中碳钢（含碳量在0.25%～0.6%）、高碳钢（含碳量＞0.6%）。

以下仅介绍建筑机械的零部件常用的钢：

(1) 普通碳素钢，分为甲（A）、乙（B）、特（C）三类。

甲类钢按机械性能供应。按其含碳量高低分为7级，1级含碳量最低，逐级升高，钢的强度也相应增加而塑性降低。它用于制造不重要的机械零件和建筑、桥梁的结构件，其中Q215、Q235、Q275最为常用。

乙类钢是按化学成分供应，它也有7种钢号，用B_1～B_7表示，钢号愈大含碳量愈高。

特种钢既能按机械性能又能按化学成分供应。

(2) 优质碳素钢。它有害杂质硫、磷含量较小，机械性能优于普通碳素钢。广泛用于制造较重要的机械零件，使用时需要进行热处理。45号优质碳素钢（平均含碳量为0.45%）常选作轴、键、活塞销等重要零件的材料。

按钢中含锰量不同，又可分为普通含锰量和较高含锰量两种优质碳素钢。

(3) 普通低合金钢，即在普通碳素钢中加入少量合金元素（如Al、B、Cr、Mn等），其合金元素的总量≤5%，以改善钢的综合性能，或使钢具有某种特殊性能。由于其强度比同等含碳量的普通碳素钢高得多，常可代替普通碳素钢作大型厂房、公共建筑、桥梁、船舶、车辆等大型钢结构以及大型建筑机械的构件、零件的材料。

(4) 优质合金钢。合金元素总含量介于5%～10%者称中合金钢：合金元素总含量＞10%者称高合金钢。由于高含量合金元素的加入，使其更具有耐磨、不锈、耐酸、耐碱、耐油脂、耐热、耐腐蚀等特殊性能。经过热处理后，可用作制造弹簧、轴承、轴等重要零件。

(5) 铸钢　它是将钢水浇注到铸模中，形成具有一定形状和尺寸的毛坯材料。主要用于制造一些形状复杂、体积较大，难以进行锻造和切削加工而又要求强度和韧性较高的零件。它的编号方法，采用相应的钢号前冠以ZG符号，如ZG45、ZG40Mn2等。

2. 铸铁

与钢相比，铸铁的机械性能较差，性脆不能碾压或锻造。但铸造、切削性能好，可铸成形状复杂的零件。此外，其抗压强度较高，减振性、耐磨性好，成本低廉，因而在建筑机械制造中应用甚广。常用的铸铁有：

(1) 灰铸铁　断口呈灰色，应用极其广泛。

(2) 球墨铸铁　以铸铁中的石墨球状化而得名。与铸铁相比具有更高的强度，其塑性、耐磨性、减振性也优于铸钢，且价廉。

3. 有色金属及其合金

铝、镁、铜、锡、铅、锌等及其合金统称为有色金属。有色金属由于具有某些特殊性质，因而成为现代工业技术中不可缺少的材料之一。在机械制造中多采用有色金属的合金材料，常用的有铜合金、铝合金、铸造轴承合金等。

1.4.2　高分子材料

高分子材料为有机合成材料，亦称聚合物。它具有较高的强度，良好的塑性，较强的耐腐蚀性，很好的绝缘性，以及重量轻等优良性能，在工程上是发展最快的一类新型材料。

高分子材料种类很多，工程上根据机械性能和使用状况将其分为三大类：

（1）塑料　主要是指强度、韧性和耐磨性较好的可制造某些机械零件或构件的工程塑料，它分热塑性塑料和热固性塑料两种。

（2）橡胶　通常指经硫化处理，弹性特别优良的聚合物，有通用橡胶和特种橡胶两种。

（3）合成纤维　指由单体聚合，强度很高的聚合物，通过机械处理所获得的纤维材料。

1.4.3　复合材料

所谓复合材料，是由两种或更多种物理和化学性质不同的物质由人工制成的一种多相固体材料。实际上它存在于自然界中，有的已被广泛应用。例如，木材就是纤维素和木质素的复合物；钢筋混凝土则是钢筋与砂、石、水泥和水经人工复合的材料等等。

由于它能集中组成材料的优点，并能实行最佳结构设计，所以具有许多优越的特性：

（1）比强度和比刚度高　复合材料的这两项指标是各类材料中最高的。见表 1-2。

各类材料强度性能的比较　　**表 1-2**

材　　料	密度 ρ (10^3kg/m^3)	抗拉强度 δ_b (MPa)	弹性模量 E (MPa)	比 强 度 (δ_b/ρ)	比弹性模量 (E/ρ)
钢	7.8	1010	206×10^3	129	26×10^3
铝	2.8	461	74×10^3	165	26×10^3
钛	4.5	942	112×10^3	209	25×10^3
玻璃钢	2.0	1040	39×10^3	520	20×10^3
碳纤维Ⅱ/环氧树脂	1.45	1472	137×10^3	1015	95×10^3
碳纤维Ⅰ/环氧树脂	1.6	1050	235×10^3	656	147×10^3
有机纤维 PRD/环氧树脂	1.4	1373	78×10^3	981	56×10^3
硼纤维/环氧树脂	2.1	1344	206×10^3	640	98×10^3
硼纤维/铝	2.65	981	196×10^3	370	74×10^3

（2）抗疲劳性能好　如复合材料的碳纤维增强树脂的疲劳强度为拉伸强度的70%～80%。

（3）减振能力强　构件的自振频率与结构有关，并且同材料弹性模量与密度之比（即比模量）的平方根成正比。复合材料的比模量大，所以它的自振频率很高，在一般加大速度和频率的情况下，不容易发生共振而快速脆断。

（4）高温性能好　增强纤维多有较高的弹性模量，因而常有较高的熔点和较高的高温强度。铝在 400～500℃以后完全丧失强度，但用连续硼纤维或氧化硅纤维增强的铝复合材料，在这样温度下仍有较高的强度。用钨纤维增强钴、镍或它们的合金时，可把这些金属的使用温度提高到 1000℃以上。此外，复合材料的热稳定性也很好。

（5）断裂安全性高　增强纤维每平方厘米截面上有成千上万根隔离的细纤维，当其受力时，将处于力学上的静不定状态，过载会使其中部分纤维断裂，但它能随即迅速进行应力的重新分配，而由未断纤维将载荷承担起来，不致造成构件在瞬间完全丧失承载能力而断裂，所以工作的安全性高。

复合材料除有上述特性外，其减摩性，耐蚀性以及工艺性均较好。但因它是各向异性材料，横向拉伸强度和层间剪切强度不高；同时伸长率较低，冲击韧性有时也不理想。

复合材料的种类很多，具有代表性的纤维增强材料有，玻璃纤维（玻璃钢）、碳纤维、硼纤维、金属纤维等多种复合材料。但目前因其成本高，使用受到限制。

1.4.4 材料的选择原则

选择材料是机械设计过程中一个重要环节。同一零件如采用不同材料制造，则零件尺寸、结构、加工方法、工艺要求等都会有所不同。因此，选择材料应该考虑三个主要问题。

(1) 使用要求　满足零件的使用要求是选材的基本原则。使用要求一般包括零件的工作环境和受载情况、对零件尺寸和重量的限制、零件的重要程度等。

(2) 工艺要求　材料对工艺的要求包括毛坯制造、机械加工、热处理等。大型零件且大批量生产时，宜应用铸造毛坯；大型零件只小批量生产时，可用焊接毛坯。在自动车床上进行大批量加工的零件，应考虑材料的切削性能。热处理是提高钢材性能的有效措施，对于需要进行热处理的零件，在选择材料时，还必须考虑热处理的工艺性。

(3) 经济要求　经济性首先表现为材料的相对价格。当用价格低廉的材料能满足使用要求时，就不应选用价格高的材料。材料选择还应考虑国家资源和供应情况，所选材料应尽量少而集中，以便采购和生产管理。

1.4.5 选择材料的基本方法

(1) 以综合机械性能为主选材　一般轴类零件、连杆、低速齿轮等要求有较好的综合机械性能，因此可选用中碳钢如 45 钢或中碳合金钢如 40Cr、40MnB 等。

(2) 以疲劳强度为主选材　在各种变载荷和冲击载荷作用下的零件如曲轴、弹簧、应选用疲劳强度较高的材料。

(3) 以磨损为主选材　有些零件工作时常因表面磨损而失效，选材时应注意材料的耐磨性，如受力不大而磨损大的零件可选用高碳钢、锰钢等耐磨材料。

1.5 钢的热处理

热处理就是将金属在固态下通过加热、保温和不同的冷却方式，改变金属内部组织结构从而得到所需性能的操作工艺。经过热处理的零件，可以使各种性能得到改善和提高，充分发挥合金元素的作用和材料本身的潜力，延长机械的使用寿命和节约金属材料。所以热处理在机械制造中起着至关重要的作用。常用的热处理方法如下：

(1) 退火　是将钢加热到一定温度，保温一段时间，随炉温缓慢冷却的热处理方法。其目的是降低硬度、提高塑性、改善切削加工性能、消除前道工序所产生的内应力，为下道淬火工序作准备。

(2) 正火　是退火的一种特殊形式。不同的是保温后放在空气中冷却。由于冷却速度较快，因而正火钢比退火钢具有较高的强度和硬度，并缩短了生产周期。

(3) 淬火　就是将钢加热到一定的温度（临界点以上），保温后放入水中（称为水淬）或油中（称为油淬），以极快的速度冷却下来的热处理方法。由于快速冷却，淬火后能使钢获得较高的硬度、强度和耐磨性。

（4）回火　淬火后的钢加热到比淬火加热的温度低的温度，保温后放在空气或油中冷却的处理方法。目的是消除钢的内应力，降低脆性，提高塑性、韧性，获得满意的综合机械性能。回火分：低回为150～250℃；中回为350～500℃；高回为500～650℃。

（5）调质　是在淬火后进行高温回火的热处理方法。对于重要零件，例如轴、轮等常进行调质热处理。其目的是为了获得较高的韧性和足够的强度、硬度。

（6）时效处理　是为了消除大型铸件加工时产生的内应力，以稳定其形状和尺寸的处理方法。它有自然时效和人工时效两种。前者是将进行粗加工后的半成品置于空气中存放半年到一年以上，使其内应力逐渐削弱，以便进行精加工。但周期长、效率低。后者则是在精加工前进行低温回火，然后缓慢冷却。其效率高，但增加了造价。

（7）表面淬火热处理　是将零件的表面迅速加热到淬火温度，内部温度仍较低，立即用水急速冷却，以提高零件的表层硬度和耐磨性，而内部仍有较好的韧性的热处理方法。表面加热可用氧炔焰，高频、中频及低频电流等方法加热。

（8）表面化学热处理　是通过改变零件表层的化学成分，从而改变表层组织和性能的化学处理方法。如在低碳钢或低碳合金钢零件的表面渗入碳或氮元素，可以提高其表面的硬度和耐磨性。在零件的表面同时渗入碳和氮原子的过程，叫做氰化，氰化过程虽较前两者短，但有剧毒，要注意安全。

1.6　公差与配合的基本概念

1.6.1　互换性

从一批规格相同的零件中，任意取出一件，不经任何修配或辅助加工，就能立即装到机器上去，并能完全符合规定的使用性能和技术要求，这种性质叫做互换性。

零件具有互换性，有利于进行专业化、大批量生产，提高生产效率，保证产品质量，降低生产成本，同时可给机器的维修带来极大方便。

1.6.2　公差配合的基本术语和定义

公差　零件在制造过程中，由于机床精度、刀具磨损、测量误差和技术水平等诸因素的影响，加工的尺寸总是有些误差的。为了满足零件具有互换性，就必须把零件的制造误差，控制在一个适当的范围内，这个尺寸允许的最大误差的范围称为公差。

配合　对于相互配合的两个零件，有时要求装得松一些，有时要求装得紧一些。两个零件这种相互结合起来时所要求的松紧程度，称为配合。为了满足零件互换性，还要规定两个零件结合时的配合性质。公差与配合是相互有联系的。

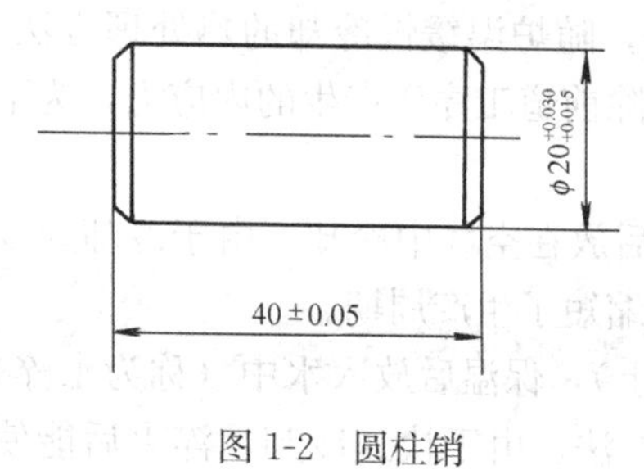

图1-2　圆柱销

基本尺寸　设计给定的尺寸。它是设计人员根据实际使用要求，通过计算或类比方法决定的尺寸。如图1-2所示的圆柱销中ϕ20和40就是圆柱销直径和长度的基本尺寸。

实际尺寸　零件加工后，通过测量所得的尺寸。

极限尺寸　允许尺寸变化的两个界限值。两个界限值中较大的一个称为最大极限尺寸，较小一个称为最小极限尺寸。零件加工后的实际尺寸，如果介于两者之间，就是合格的零件，否则就是不合格的。

尺寸偏差　某一尺寸减去其基本尺寸所得的代数差。最大极限尺寸减去其基本尺寸所得的代数差称为上偏差，最小极限尺寸减去其基本尺寸所得的代数差称为下偏差，上偏差和下偏差统称为极限偏差。实际尺寸减去其基本尺寸所得的代数差称为实际偏差。偏差可以为正值、负值或零值。

国际上对孔、轴极限偏差的符号规定如下：

ES—孔的上偏差，*EI*—孔的下偏差。*es*—轴的上偏差，*ei*—轴的下偏差。

尺寸公差　允许尺寸的变动量。公差等于最大极限尺寸与最小极限尺寸之代数差的绝对值，也等于上偏差与下偏差之代数差的绝对值。故公差为正值。孔公差用 *TH*，轴公差用 *TS* 表示。上述术语及其相互关系如图 1-3 所示。

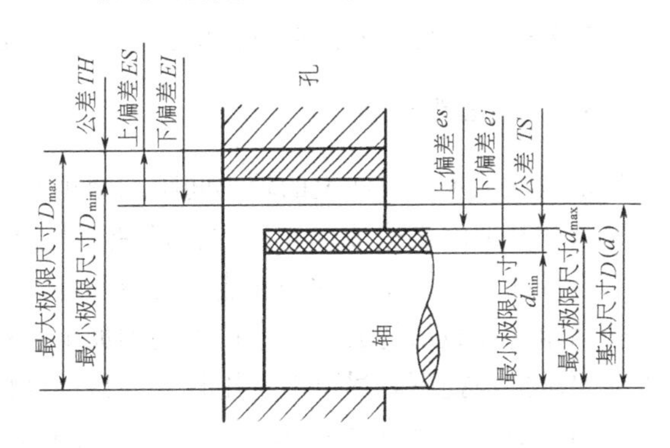

图 1-3　公差与配合示意图

标准公差　为了满足各种机器所需的不同精度要求，并减少刀具和量具等的规格，国家标准对于基本尺寸小于 500mm 的公差，作了标准规定并称之为标准公差。标准公差又按照尺寸精密程度的要求分为 20 个等级，并称之为公差等级。标准公差的大小不仅和公差等级有关，而且和基本尺寸有关。其数值可查有关设计手册。

【例 1-1】　已知孔的基本尺寸 D=轴的基本尺寸 $d=30$mm，孔的最大极限尺寸 $D_{max}=30.023$mm，孔的最小极限尺寸 $D_{min}=30$mm；轴的最大极限尺寸 $d_{max}=29.980$，轴的最小极限尺寸 $d_{max}=29.960$mm，求孔与轴的极限偏差及公差。

解： 孔的上偏差　$ES=D_{max}-D=30.023-30=0.023$mm

孔的下偏差　$EI=D_{min}-D=30-30=0$

轴的上偏差　$es=d_{max}-d=29.980-30=-0.020$mm

轴的下偏差　$ei=d_{min}-d=29.960-30=-0.040$mm

而孔公差　$TH=|D_{max}-D_{min}|=|30.023-30|=0.023$mm

轴公差　$TS=|d_{max}-d_{min}|=|29.980-29.960|=0.020$mm

或孔公差　$TH=|ES-EI|=|0.023-0|=0.023$mm

轴公差　$TS=|es-ei|=|-0.020-(-0.040)|=0.020$mm

用基本尺寸与极限偏差表示，可定为：孔 $\phi30_{0}^{+0.023}$mm，轴 $\phi30_{-0.040}^{-0.020}$mm

配合　基本尺寸相同的相互结合的孔和轴公差之间的关系，由于孔和轴的实际尺寸不同，装配后可出现松紧不同的配合。因此它分为间隙配合、过盈配合及过渡配合三类。孔尺寸减去相配合的轴尺寸所得的代数差为正是间隙，为负是过盈，如图 1-4 所示。介于两者之间为过渡。

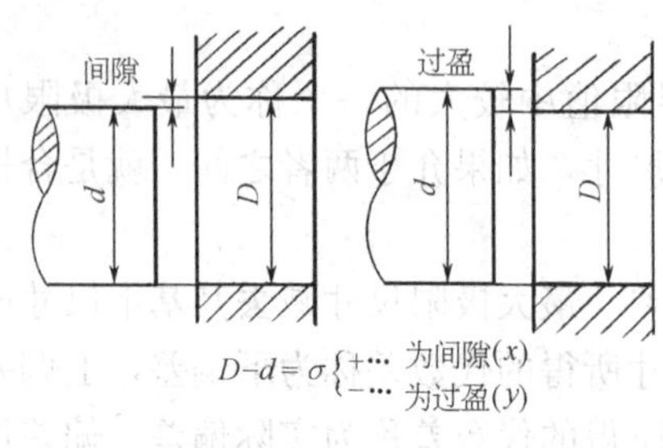

图 1-4　间隙或过盈

间隙配合　具有间隙（包括最小间隙等于零）的配合。

孔的最大极限尺寸减去轴的最小极限尺寸所得的代数差为最大间隙，孔的最小极限尺寸减去轴的最大极限尺寸所得的代数差为最小间隙。

过盈配合　具有过盈（包括最小过盈等于零）的配合。孔的最大极限尺寸减去轴的最小极限尺寸所得的代数差为最小过盈，孔的最小极限尺寸减去轴的最大极限尺寸所得的代数差为最大过盈。

过渡配合　可能具有间隙或过盈的配合。

配合公差　是允许间隙或过盈的变动量，其数值等于孔公差与轴公差之代数和。

1.6.3　表面粗糙度

是指被加工零件表面上的较小间距和微小峰谷所组成的微观几何形状的特征。主要由加工方法和其他因素造成。它对零件的使用性能和寿命影响很大。合理地规定表面粗糙度，对零件的配合性质、耐磨性能、疲劳强度、工作精度和耐腐蚀性都有很大的意义。

表面粗糙度数值的大小，直接影响到加工费用的高低，所以对它的选择，应在满足使用性能要求的前提下，尽可能选用较大的粗糙度值。

表面粗糙度一般用表面轮廓算术平均偏差 Ra 在加工件的表面上标注$\overset{\times\times}{\bigtriangledown}$表示，××为粗糙度的数值（50～0.012μm），数值愈大，表示粗糙度愈大。

1.6.4　形状位置公差

一个合格的机械零件，除了应控制尺寸误差和表面粗糙度外，还必须控制形状及位置误差。因为前者影响配合的连接强度和刚度，耐磨性和寿命等；后者影响机械运动的平稳性、使用寿命和噪声大小等。为了合理地限制这两种误差，国家标准规定了形状误差和位置误差的最大允许值——形状位置公差，简称形位公差。

形状公差包括直线度、平面度、圆度、圆柱度、线轮廓度和面轮廓度等 6 项。位置公差包括平行度、垂直度、倾斜度、同轴度、对称度、位置度、圆跳动及全跳动等 8 项。关于形位公差的符号及其标注方法可查阅有关机械设计手册。

思考题与习题

1. 机器、机构、机械有何区别？
2. 对建筑机械有什么要求？为什么说实行“三化”是一项重大的技术政策？
3. 建筑机械由哪几部分组成？各部分作用是什么？
4. 传动装置的作用是什么？常用传动装置有几种？
5. 什么是钢？什么是铸铁？两者有何区别？
6. 什么是复合材料？它有何特点？主要有哪几种？
7. 什么是钢的热处理？钢的热处理有哪些方法？其目的何在？
8. 一个所谓合格的零件，为什么还要进行形位公差控制？

第 2 章　常　用　机　构

组成机构的所有构件都在同一平面内或在相互平行的平面内运动的机构称为平面机构。本章介绍常用的平面四杆机构、凸轮机构和间歇运动机构。

2.1　运动副及机构运动简图

2.1.1　运动副

机构是由许多构件组合而成的，为了使构件组成具有确定运动的机构，构件需按一定方式活动地连接在一起，并按一定的规律相对运动，这种存在一定相对运动的可动连接称为运动副。按照两构件间接触方式的不同，运动副可分为低副和高副两种。

1. 低副

两构件间以面接触而组成的运动副称低副。它分为回转副和移动副两种。如图 2-1 所示，回转副只允许两构件（1 和 2）之间在一个平面内绕定点转动或在平行平面内绕同一轴线转动，故又称为铰链。其中，两构件都未固定的铰链称活动铰链；只有一个构件固定则称固定铰链。移动副所连接的两构件只能沿某一轴线相对移动。

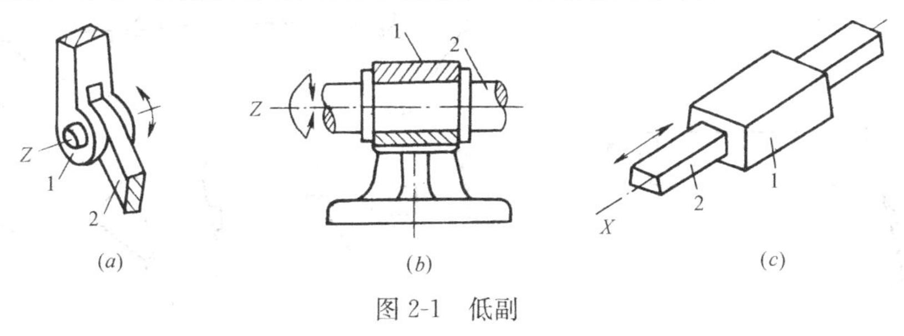

图 2-1　低副

2. 高副

两构件之间通过点或线接触所组成的运动副称为高副，如图 2-2（*a*）所示的凸轮 1 与从动件 2 之间组成点接触的高副，而图 2-2（*b*）所示的一对相啮合的齿轮组成线接触的高副。

此外，常用的运动副还有球面副[图 2-3（*a*）]和螺旋副[图2-3(*b*)]，它们均属于空间运动机构。

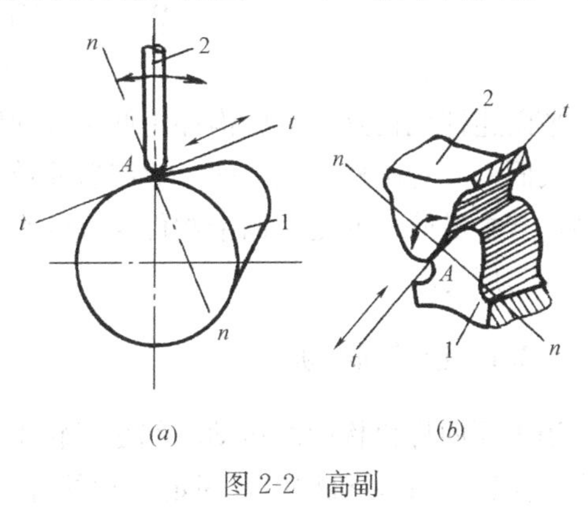

图 2-2　高副

2.1.2　平面机构运动简图

机构的运动，仅取决于该机构中原动件的运动规律、各运动副的类型和运动尺寸（即各运动副相对位置的尺寸），而与构件的

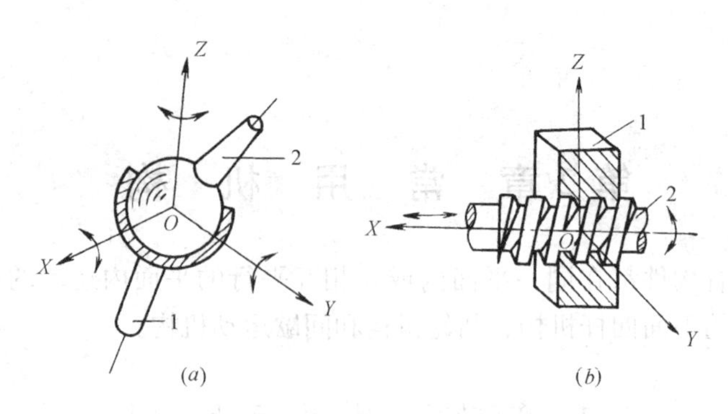

图 2-3　球面副和螺旋副

外形和运动副的具体结构无关。为了清楚地表示机构的运动特征，常用机构运动简图来表示机构。在机构运动简图中用一些简单线条和国家标准（GB/T 4460—2013）规定的符号来表示构件和运动副，并按一定比例定出各运动副的位置。它仅说明机构各构件间相对运动关系，而略去其他与运动无关的因素（如构件的尺寸、构造和零件数目等）。如图 2-4 为颚式破碎机的运动简图。

机构运动简图中常见的运动副和构件的表示方法如图 2-5 所示。其中图（*a*）表示由两个构件组成的回转副；图（*b*）表示两个构件组成的移动副；图（*c*）表示两个构件组成的高副（一般需将接触部分构件的外形准确地画出）；图（*d*）表示带有两个运动副的构件；图（*e*）表示带有三个运动副的构件；图（*f*）构件上的阴影线表示该构件上的固定件或机架。

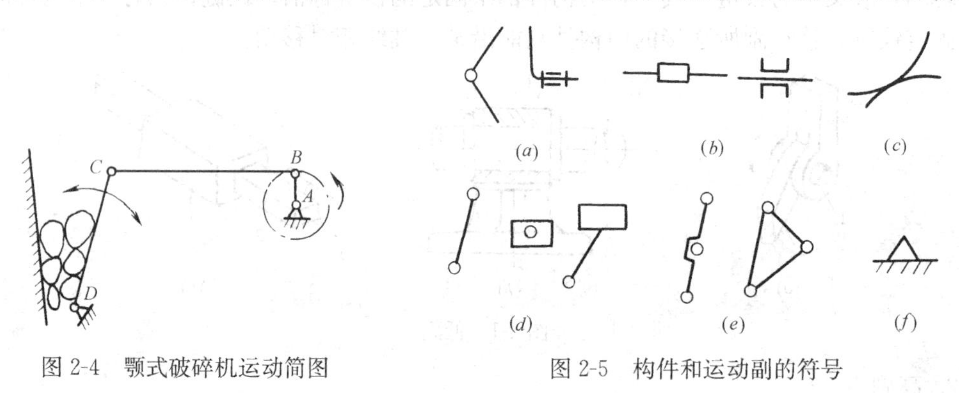

图 2-4　颚式破碎机运动简图

图 2-5　构件和运动副的符号

2.2　平面四杆机构

平面连杆机构是由一些构件用低副（回转副和移动副）连接组成的平面机构，由于其接触表面一般为圆柱面或平面，故制造简单，易获得较高的制造精度。平面连杆机构种类很多，其中最简单的是由四个构件组成的平面四杆机构，它是研究多杆机构的基础，而且应用极为广泛。

2.2.1　铰链四杆机构

当平面四杆机构中的运动副都是回转副时就称为铰链四杆机构，简称四杆机构，如图 2-6所示就是一例，机构中，固定不动的杆 *AD* 称为机架，不与机架直接连接的杆 *BC* 称连杆，与机架、连杆相连接的杆 AB 和杆 DC 称为连架杆。能做整周转动的连架杆称为曲柄，不能者则称为摇杆。根据两连架杆是否成为曲柄或摇杆，铰链四杆机构可分为三种基本形式：曲柄摇杆机构、双曲柄机构和双摇杆机构。

1．曲柄摇杆机构

图 2-6 所示为铰链四杆机构，若两个连架杆中一个为曲柄，另一个为摇杆，则此机构称曲柄摇杆机构。当曲柄作为原动件时，从动件摇杆作变速往复运动；当摇杆为原动件时，曲柄为从动件做圆周运动。其特征如下：

(1) 急回特性

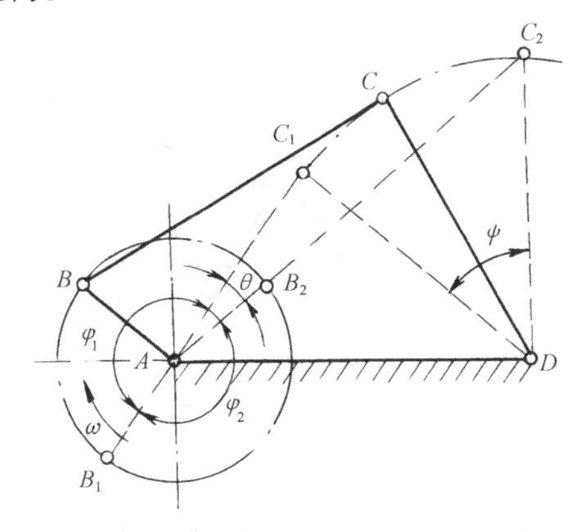

图 2-6　曲柄摇杆机构的急回特性

在图 2-6 中，曲柄 AB 在转运一周的过程中，有两次与连杆共线，这时摇杆分别位于两个极限位置 C_1D 和 C_2D。此夹角为摇杆的摆角 ψ；曲柄 AB 对应于摇杆两个极限位置所夹的锐角 θ 称为极位夹角。当曲柄 AB 按图示方向从 AB_1 等速地转到 AB_2 位置时转过的角度为 $\varphi_1=180°+\theta$，摇杆 CD 从 C_1D 摆动到 C_2D，所用的时间为 t_1，C 点的平均速度 $v_1=C_1C_2/t_1$。

当曲柄 AB 从 AB_2 继续等速地转回到 AB_1 位置时，所转过的角度为 $\varphi_2=180°-\theta$，摇杆由 C_2D 摆回到 C_1D，所用的时间为 t_2，这时 C 点平均速度为 $v_2=C_2C_1/t_2$。因为曲柄作等速转动，其转角为 $\varphi_1>\varphi_2$，相对应的时间 $t_1>t_2$，故摇杆自 C_1D 摆到 C_2D 为工作行程时，C 点的平均速度 $v_2>v_1$。这种特性称摇杆的急回运动特性。在机构中常用这个特性来缩短非生产时间，以提高生产效率。

反映摇杆机构的急回运动特性，一般用行程速比系数 K 表示，即

$$K=\frac{v_2}{v_1}=\frac{C_2C_1/t_2}{C_1C_2/t_1}=\frac{t_1}{t_2}=\frac{\varphi_1}{\varphi_2}=\frac{180+\theta}{180-\theta} \tag{2-1}$$

上式表明，曲柄摇杆机构中，急回运动特性取决于极位夹角 θ，θ 角越大，K 值越大，急回性能也越明显。$\theta=0$，则表明该机构无急回特性。

(2) 压力角与传动角

图 2-7 所示的曲柄摇杆机构，若忽略各杆质量和运动副中的摩擦影响，则原动件曲柄 2 通过连杆 3 作用于从动摇杆 4 的力 F 是沿着 BC 方向，它与 C 点的绝对速度 v_c 之间所夹的锐角 α 称为压力角。

力 F 在 v_c 方向做有效功的分力 $F_t=F_0\cdot\cos\alpha$；而垂直于 v_c 方向，即沿摇杆 CD 方向的分力为 $F_n=F_0\cdot\sin\alpha$。显然，压力角愈小，F_t 愈大，F_n 愈小，有效功愈大，所以判断一连杆机构是否具有良好的传力性能，可用压力角的大小作为标志。在实用中，为了便于度量，常以连杆与从动摇杆之间所夹的角 γ 来判断四连杆机构的传力性能，γ 称为传动角。

γ 与 α 互为余角，即 $\gamma=90°-\alpha$；故 α 愈小，γ 愈大，机构的传力性能愈好，反之就不利于机构中力的传递。甚至产生自锁。为此，应使最小传动角 $\gamma_{min}>40°\sim50°$。

(3) 死点位置

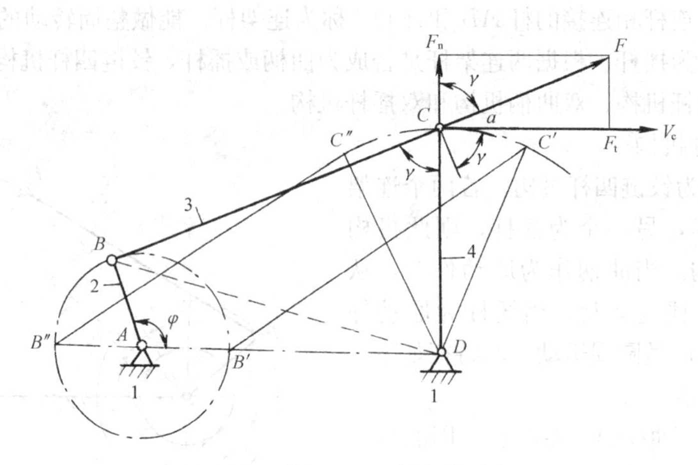

图 2-7 曲柄摇杆机构的传动角

在图 2-6 所示曲柄摇杆机构中，如以摇杆为原动件，当摇杆处于极限位置 C_1D 和 C_2D 时，连杆 BC 和曲柄 AB 共线，如运动副中的摩擦与各杆的质量忽略不计，则摇杆通过连杆传递给曲柄的力将通过铰链中心 A，该力对 A 点不产生力矩，所以不能推动曲柄转动。机构的这种位置称为死点位置。机构处在死点位置时将使从动件出现卡死或运动不确定的现象。为了消除死点位置的不良影响，常用构件本身或飞轮等的惯性作用，或对从动曲柄施加额外力，以保证机构顺利地工作。

曲柄摇杆机构在机械中应用很多，如图 2-8 所示的混凝土搅拌机就是利用曲柄为原动件的曲柄摇杆机构。图 2-9 所示的缝纫机驱动机构是以摇杆作原动件的曲柄摇杆机构，其踏板相当如摇杆，双脚踩动踏板而带动曲轴（曲柄）做整周回转，而大皮带轮同时起着飞轮作用，利用惯性克服死点位置而使缝纫机连续工作。

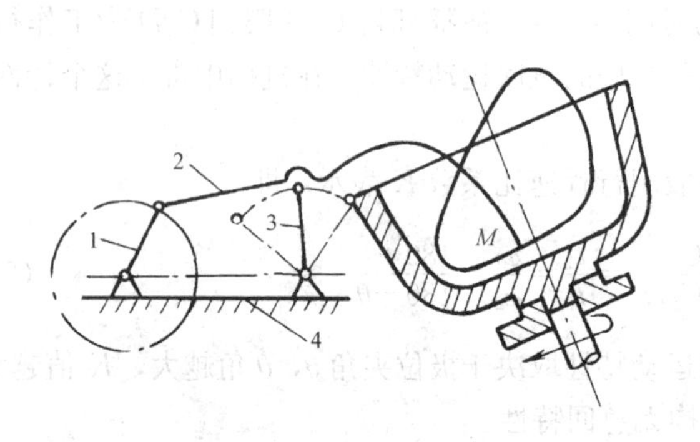

图 2-8 混凝土搅拌机工作原理简图

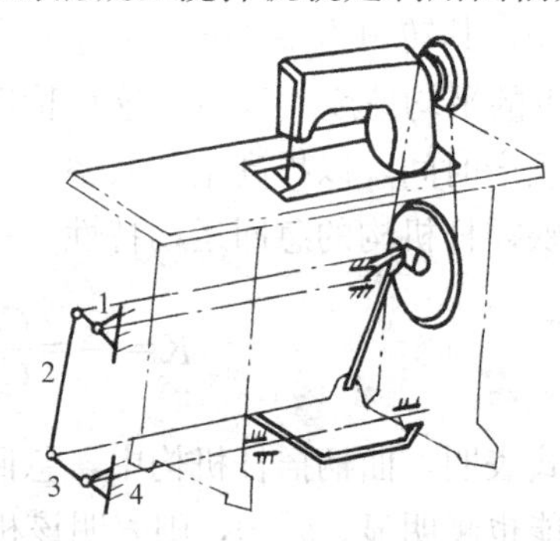

图 2-9 缝纫机驱动机构简图

2. 双曲柄机构

在铰链四杆机构中，若两连架杆均为曲柄，即都能做整周转动，则称为双曲柄机构。图 2-10 所示为双曲柄机构的运动简图。由于两曲柄的长度不等，当原动件曲柄 2 作等速转动一周时，从动曲柄 4 以变速度转动一周。这种机构能将等速转动变为另一种周期性的变速转动，

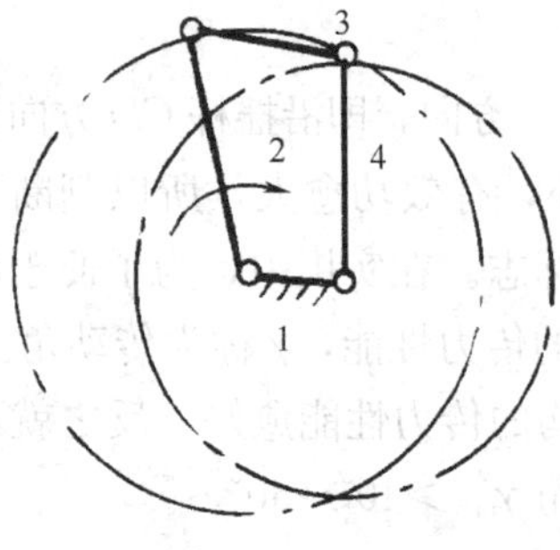

图 2-10 双曲柄机构

常用于惯性筛等机械中。

如果双曲柄机构对边的长度相等，则可得到图 2-11（a）所示正平行四边形机构和图 2-11（b）所示的反平行四边形机构。前者两曲柄始终回转方向相同，角速度相等；而后者两曲柄回转方向相反，且角速度不等。图 2-12 所示的机车车轮联动装置是正平行四边

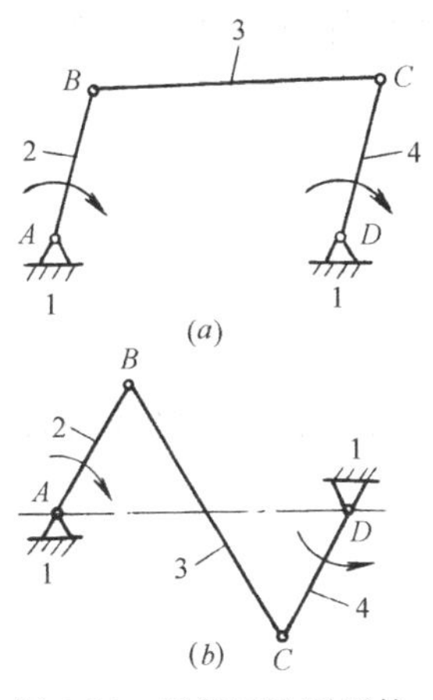

图 2-11 平行四边形机构

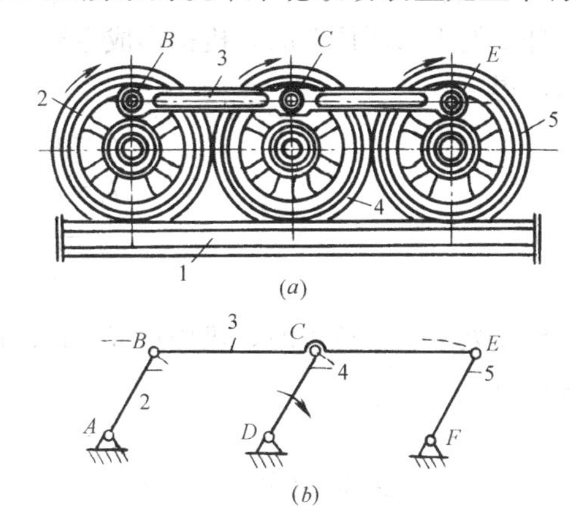

图 2-12 机车车轮的联动机构

形机构的一个典型应用，当原动件轮 4 等速转动时，通过连杆 3 使从动轮 2 和 5 得到与原动轮相同的运动。

3. 双摇杆机构

在铰链四杆机构中，若两连架杆均为摇杆，则称为双摇杆机构（图 2-13）。图 2-14 所示的港口用的起重机就是采用双摇杆机构，可使所吊重物作近似水平的直线运动，从而使

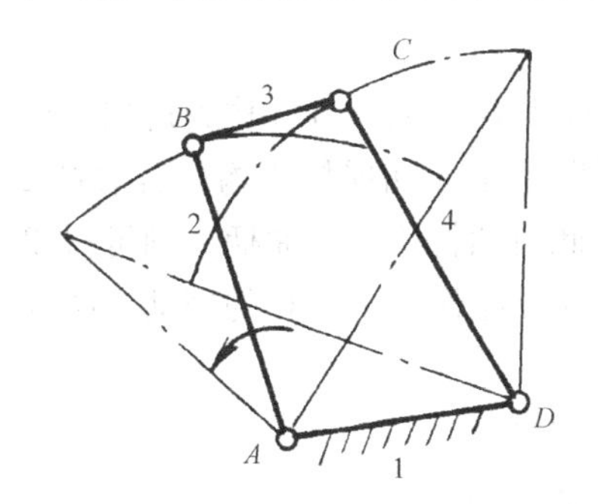

图 2-13 双摇杆机构

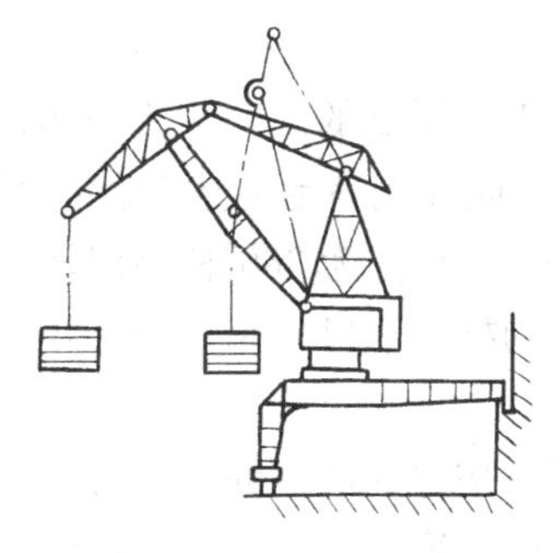
图 2-14 港口起重机

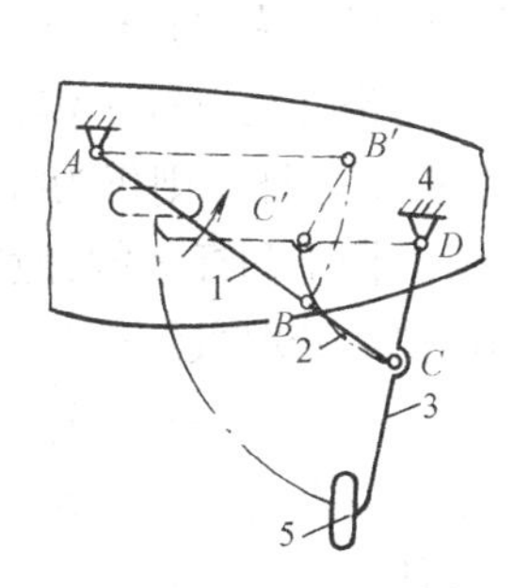

图 2-15 飞机起落机构

重物运动平稳。图 2-15 为飞机起落架用的双摇杆机构。驱动摇杆 1 使之摆动到图示 AB（实线）位置时，与飞机轮相连的摇杆 3 将机轮放下处于工作位置。当摇杆 1 摆动到图 AB'（虚线）位置时，摇杆 3 使飞机轮处于收起位置。

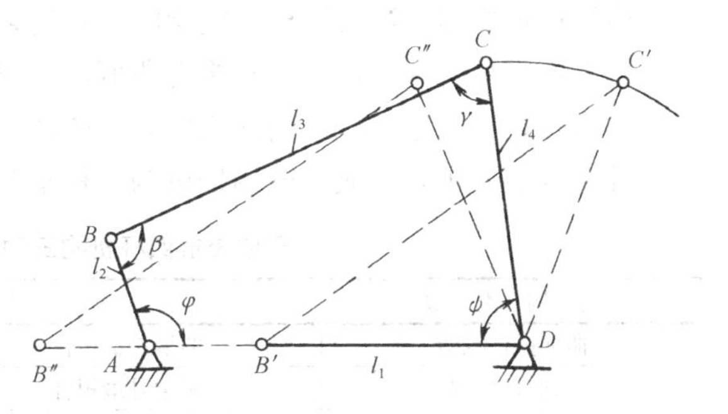

图 2-16 铰链四杆机构的曲柄条件

2.2.2 铰链四杆机构曲柄存在的条件

由上述可知，铰链四杆机构有三种

基本形式。它们的区别在于有无曲柄，而有无曲柄则与机构中各杆的相对长度及位置有关。为此，首先对存在一个曲柄者进行分析。

图 2-16 所示的曲柄摇杆机构中，各杆的长度分别为：l_1、l_2、l_3、l_4。要保证杆 2 相对于机架 1 能做整周转动，则必须保证杆 2 能顺利地通过与杆 1 共线的两个特殊位置 AB' 和 AB''。

当杆 2 处于 AB' 位置时，机构形成△$B'C'D$。根据三角形任意两边之和必大于第三边的定理可得

$$l_3-l_4\leqslant l_1-l_2$$

或

$$l_4-l_3\leqslant l_1-l_2$$

即

$$l_2-l_3\leqslant l_1-l_4 \tag{2-2}$$

或

$$l_2-l_4\leqslant l_1-l_3 \tag{2-3}$$

当杆 2 处于 AB'' 位置时，机构形成△$B''C''D$。根据三角形任意两边之和必大于第三边的定理可得

$$l_2-l_1\leqslant l_3-l_4 \tag{2-4}$$

由式（2-2）、式（2-3）和式（2-4）可得

$$l_2\leqslant l_3,\ l_2\leqslant l_4,\ l_2\leqslant l_1$$

由上可知，铰链四杆机构存在一个曲柄的条件为：

（1）曲柄是最短件；

（2）最短杆与最长杆长度之和应小于或等于其余两杆长度之和。

如符合上述条件（2），若取最短杆为机架，则得双曲柄机构；而取最短杆任一相邻杆为机架，则均得曲柄摇杆机构；又若取最短杆对面的杆件为机架，则得双摇杆机构。当铰链四杆机构中的最短杆与最长杆的长度之和大于其他两杆长度之和时，取任何杆件为机架所组成的机构为双摇杆机构。

上述条件是以杆 1 作为机架时得到的。若不改变四杆的长度，而将杆 3 作为机架，杆 2 仍为曲柄，杆 4 则仍为摇杆，同样能满足上述条件。所以也是曲柄摇杆机构；若取杆 2 为机架，杆 1 和杆 3 能分别绕 A、B 作为 360°整周回转，此时两杆均成为曲柄，则可得双曲柄机构：若取最短杆 2 对面的杆 4 为机架时，杆 1 和杆 3 只能作小于 360°的摆动，两杆均为摇杆，则可得双摇杆机构。

根据以上讨论，铰链四杆机构存在曲柄的条件可以归纳为：

条件一：最短杆与最长杆的长度之和≤其余两杆的长度之和；

条件二：在机架和连架杆中必有一杆为最短。当最短杆为连架杆时，存在一个曲柄，形成曲柄摇杆机构：当最短杆为机架时，两连架杆均为曲柄，成为双曲柄机构。

如果不满足条件一，则此机构无曲柄，为双摇杆机构。如果满足条件一，不满足条件二，即当最短杆为连杆时，则此机构亦无曲柄而成为双摇杆机构。

综合以上分析，形成铰链四杆机构三种基本类型的条件列表如下：

形成铰链四杆机构三种基本类型的条件 **表 2-1**

机构类型	形成机构的条件	
曲柄摇杆机构	曲柄是最短杆	最短杆与最长杆长度之和≤其余两杆长度之和
双曲柄机构	机架是最短杆	
双摇杆机构	最短杆与最长杆长度之和>其余两杆长度之和	

2.2.3　铰链四杆机构的演化

通过改变铰链四杆机构中各杆的长度以及改换固定件，就可演变其他许多机构。

1. 曲柄滑块机构

如图 2-17 所示的曲柄摇杆机构，连杆 3 与摇杆 4 组成的回转副中心 C 的运动轨迹的圆弧 m-m，若摇杆 4 的长度 l_4 增大，则 C 点的轨迹 m—m 将趋于平直，当 l_4 增到无穷大时，固定件

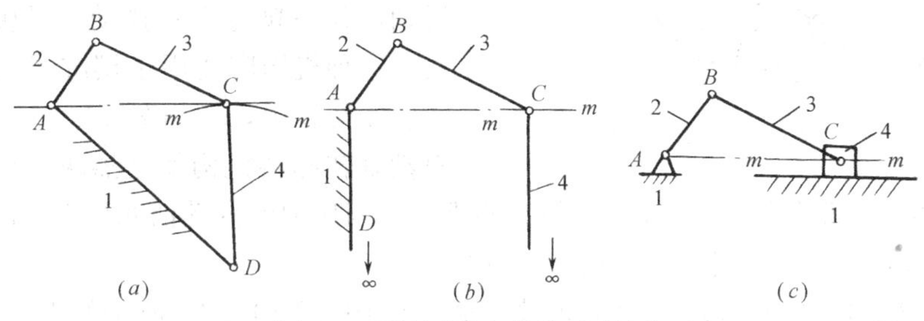

图 2-17　铰链曲杆机构的尺寸演化

l_1 也增到无穷大，则摇杆 4 和固定件：组成的回转副中心 D 将位于无穷远外，C 点的轨迹 m—m 变成了直线，摇杆 4 与固定件 1 组成的回转副也就演化成图（c）所示的滑块 4 与固定件 1 组成的移动副，所以称为曲柄滑块机构。它广泛应用在内燃机和压力机等机械中。

2. 偏心轮机构

在曲柄滑块机构中，如将曲柄 AB 和连杆 BC 组成的回转副的半径扩大到超过曲柄 AB 的长度，使曲柄变为绕 A 点转动的偏心轮，这样转化而成的新机构称为偏心轮机构，如图 2-18 所示。由于偏心轮的几何中心 B 与其回转中心 A 间距离 e（称为偏心距）等于曲柄长度，而且其他各杆的长度也对应相等，所以偏心轮机构各杆的相对运动性质与曲柄滑块机构没有差别。这种偏心轮机构的偏心距较小，所以当偏心轮为原动件时，从动件的位移就比较小；但它能传递的力却很大，故广泛地用于冲床、剪床、颚式破碎机等机械中。

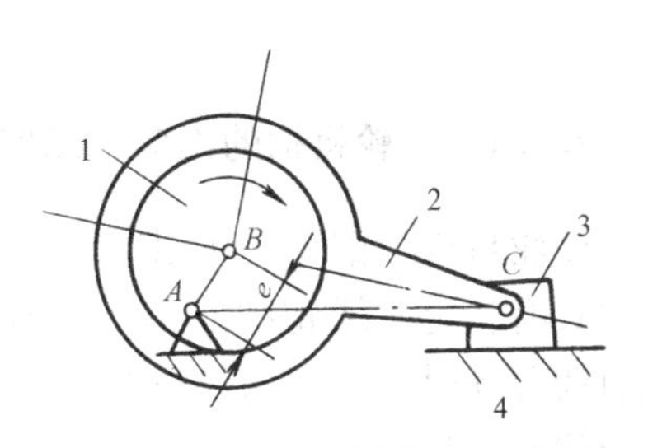

图 2-18　偏心轮机构

3. 导杆机构、摇块机构和定块机构

在曲柄滑块机构中，以不同的构件为机架，就可得到如图 2-19 所示的不同形式的机构。

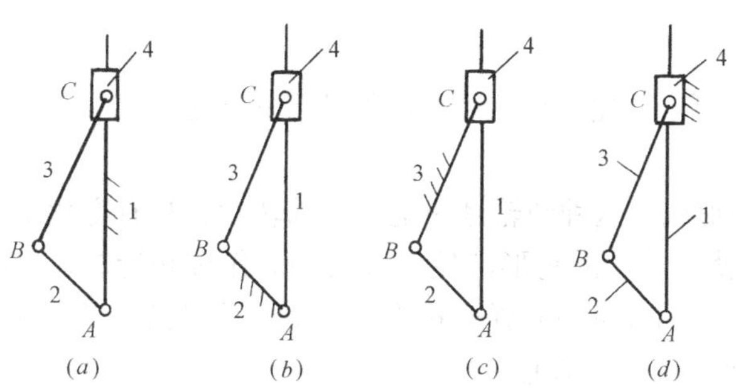

图 2-19　曲柄滑块机构的演变

（a）曲柄滑块机构；（b）导杆机构；（c）摇块机构；（d）定块机构

（1）导杆机构　当取构件 2 为机架时，即得到图 2-19（b）所示的导杆机构。其中杆 1 称导杆，滑块 4 相对导杆 1 滑动并随杆 3 一起转动，杆 3 一般为原动件。

当 $l_2 \leqslant l_3$ 时，杆 1 和杆 3 均可做整周转动，故称之为转动导杆机构；当 $l_2 > l_3$ 时，杆 3 作整周回转，杆 1 做往复摆动，故称之为摆

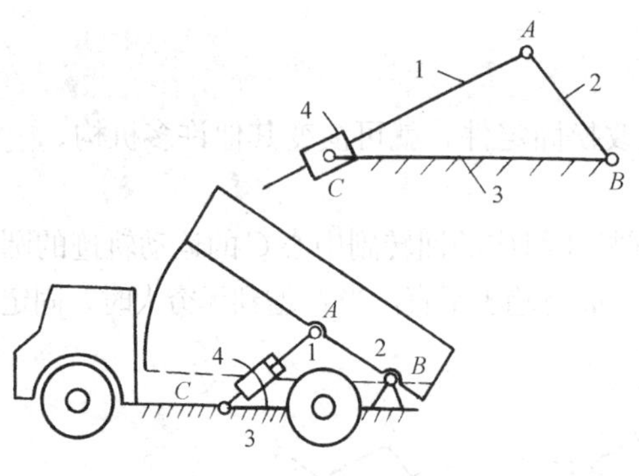

图 2-20　卡车车厢自动翻卸料机构

动导杆机构。导杆机构常用作回转式油泵、牛头刨床和插床等的工作机构。

（2）摇块机构　当取构件 3 为机架时，可得到图 2-19（*c*）所示的摆动滑块机构，又称摇块机构。杆 2 和杆 1 都可作原动件，当杆 2 作转动或摆动时，杆 1 相对于滑块 4 滑动，并一起绕 *C* 点摆动，滑块 4 即为摇块。这种机构广泛用于摆缸式内燃机和液压驱动装置中，例如图 2-20 所示卡车车厢自动翻转卸料机构就是摇块机构的具体应用。车厢（杆 2）可绕车架（杆 3）上的 *B* 点摆动。当压力油推动活塞杆上升时，使车厢绕 *B* 点转动到达一定角度时，物料就自动卸下。

（3）定块机构　当取滑块 4 为机架时，便可得到图 2-19（*d*）所示的固定滑块机构，简称定块机构。一般取杆 2 为原动件，使杆 3 绕 *C* 点往复摆动，而杆 1 相对滑块 4 作往复移动（滑块为定块）。这种机构常用于抽水机和抽油泵中。

2.3　凸　轮　机　构

2.3.1　凸轮机构的组成及工作原理

凸轮机构（图 2-21）主要由凸轮、从动件和机架组成。凸轮具有特定曲线轮廓或凹槽的构件，当它作等速转动或往复直线移动时，可使从动件按预定的运动规律作间歇或连续的直线往复移动或摆动。

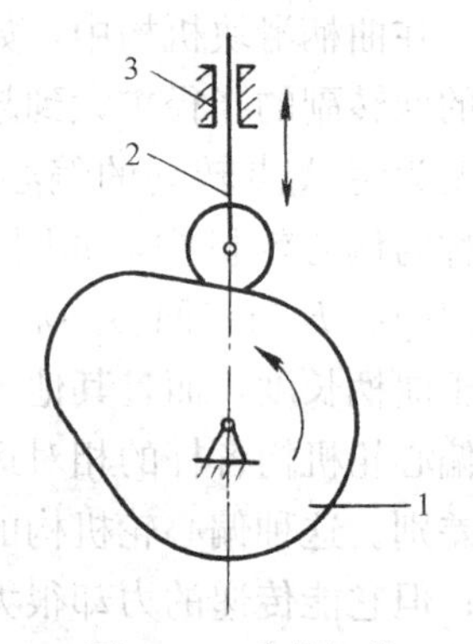

图 2-21　凸轮机构

1—凸轮；2—从动件；3—机架

凸轮机构的主要优点是结构简单、紧凑，工作可靠，只要正确地设计凸轮轮廓曲线，就可使从动件实现任意预定的运动规律，故广泛地应用于机械自动化操纵系统中。但由于凸轮与从动件之间为点或线接触，易于磨损，故一般用于传力不大的控制机构中。此外，凸轮轮廓曲线的加工也较困难。

2.3.2　凸轮机构的类型和应用

凸轮机构的类型很多，其基本类型可由凸轮的形状和从动件的形式来区分。

1. 按凸轮的形状分

（1）盘形凸轮　它是凸轮最基本的形式。这种凸轮是一绕固定轴转动且具有变化半径的盘形构件。图 2-22 所示的绕线机中就是采用的盘形凸轮。绕线轴 3 作旋转运动，当凸轮 1 绕其轴线作等速转动时，在凸轮轮廓曲线推力和弹簧拉力作用下，使线叉 2 做往复摆动，从而使线通过线叉叉口将线均匀地绕在绕线轴上。

（2）移动凸轮　当盘形凸轮的回转中心趋于无穷远时，则凸轮作直线运动，此称为移动凸轮（图 2-23）。它常用于机车和蒸汽机的气阀机构，以及机床控制刀具机构中。

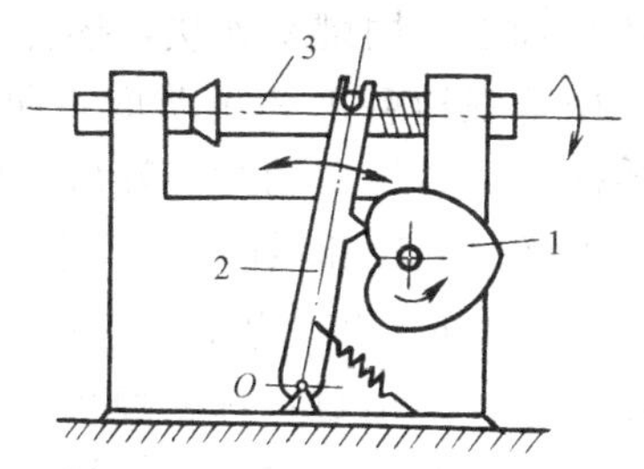

图 2-22　绕线机的凸轮绕线机构

1—凸轮；2—线叉；3—绕线轴

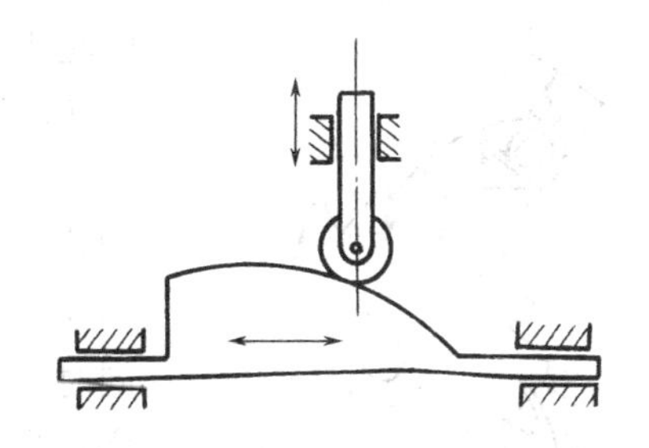
图 2-23　移动凸轮

(3) 圆柱凸轮　将移动凸轮卷成一个圆柱体即成圆柱凸轮（图 2-24）。从动件与凸轮圆柱面沟槽的侧面接触，当凸轮转动时，从动件做轴向移动。如缝纫机中的挑线机构、自动送料机构。

2. 按从动件的形式分

(1) 尖顶从动件　如图 2-25（*a*）、（*b*），尖顶能与任何形状的凸轮轮廓接触，因而能实现复杂的运动规律，且结构最简单；但因尖顶易磨损，所以只适用于低速、轻载的场合，如仪表中的凸轮机构等。

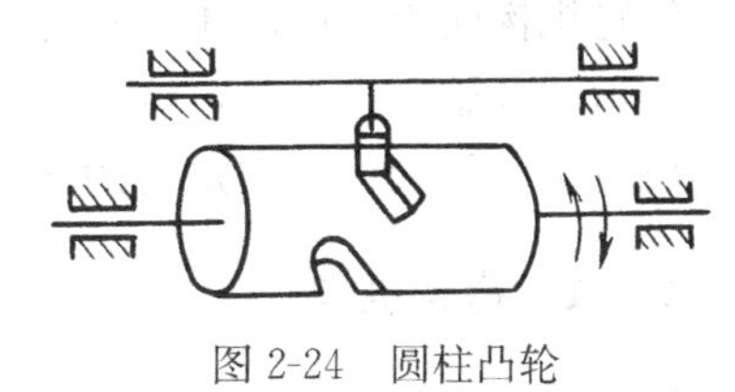
图 2-24　圆柱凸轮

(2) 滚子从动件　如图 2-25（*c*）、（*d*）所示，在从动件的端部装有滚轮即成为滚子从动件。由于滚子和凸轮轮廓线由点接触变为线接触，并采用了摩擦力很小的滚动轴承，使滚子和轮廓之间为滚动摩擦，不易磨损，且可承受较大的载荷，因此应用范围最广。

(3) 平底从动　如图 2-25（*e*）、（*f*）所示，从动件依靠平底与凸轮轮廓相接触，接触处容易形成油膜，从而减少磨损。当不计摩擦力时，凸轮对从动件的作用力始终垂直于平底，传动效率高，故在高速凸轮机构应用得较多，但不能用在凹轮廓的凸轮机构中。

3. 按从动件的运动方式分，有直动从动件[图 2-25(*a*)、(*c*)、(*e*)]和摆动从动件［图 2-25（*b*）、(*d*)、(*f*)］。

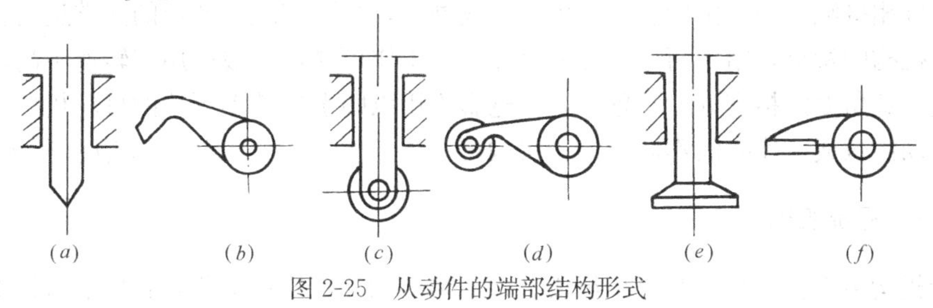

图 2-25　从动件的端部结构形式

2.4　其他常用机构

2.4.1　棘轮机构

棘轮机构也是机械上常用的间歇运动机构，它可使从动件作单方向的间歇运动。棘轮机构主要由棘轮 1、棘爪 2、摇杆 3、止动爪 4 以及弹簧 5 等构件组成。如图 2-26 所示，

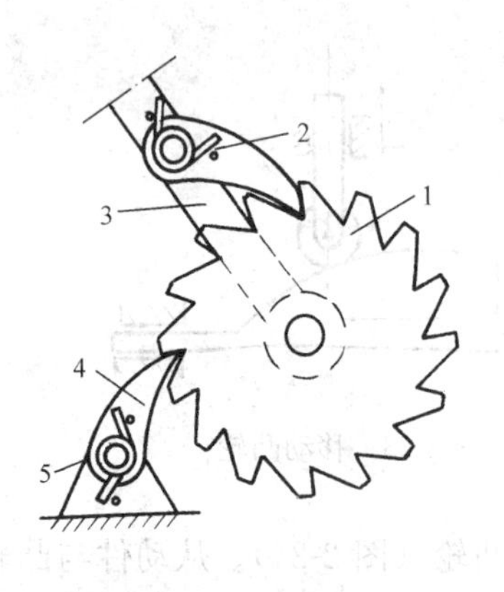

图 2-26　棘轮机构

棘轮 1 装在机构的转动轴上，用键来连接，摇杆 3 空套在转动轴上，弹簧 5 用来强迫棘爪 2 止动爪 4 和棘轮 1 始终保持接触，当摇杆 3 顺时针摆动时，棘爪 2 便插入棘轮 1 的齿间，推动棘轮 1 按顺时针转过一定的角度。当摇杆逆时针摆动时，止动爪 4 防止棘轮 1 逆时针转动，同时棘爪 2 就在棘轮 1 的齿上滑过，棘轮静止不动。这样，当摇杆 3 连续往复摆动时，棘轮 1 便得到单向间歇转动。

如果棘轮要得到双向间歇运动，可把棘轮的齿端面制成矩形，棘爪制成可翻动的棘爪。在棘轮机构中，棘轮多为从动件，由棘爪推动其运动。

棘轮机构简单，广泛用于各种自动机床的进给机构、钟表机构以及电器设备中。它的缺点是运动开始和终了时，速度突变产生冲击，所以不宜用于高速机构中，也不宜用于需要使质量很大的轴作间歇运动的场合。

2.4.2　槽轮机构

槽轮机构也是一种间歇运动机构。如图2-27所示，它由具有径向槽的槽轮 2、带有圆销的拨盘 1 和机架组成。当主动件拨盘作等速转动时，拨盘上的圆销也随之旋转。在圆销未进入槽轮径向槽之前，槽轮上的内凹圆弧在拨盘的圆弧上滑过，这时槽轮不会转动，当圆销开始进入槽轮的径向槽时，槽轮上的内凹圆开始离开拨盘的圆弧，槽轮开始转动，直到圆销脱出径向槽才停止转动，同时，槽轮的凹圆弧和拨盘上的圆弧部分相接触，槽轮保持静止，依次重复循环，从而实现了预定的间歇运动。

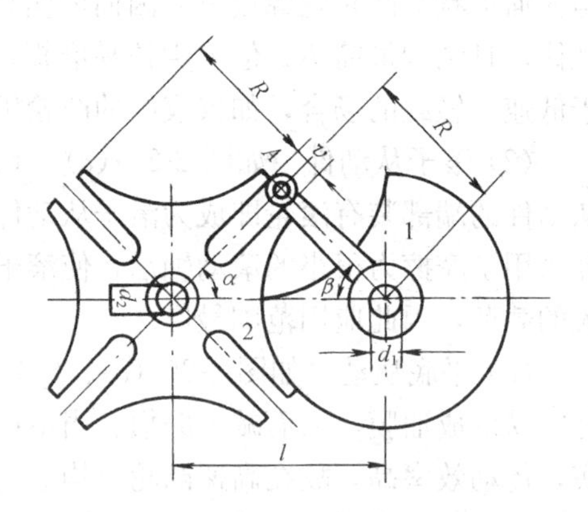

图 2-27　外槽轮机构

槽轮机构的特点是结构简单、外形尺寸小、工作可靠，一般应用在转速不高，要求间歇的转过一定角度的精密分度装置中，如电影机用以间歇地移动影片的槽轮机构等。由于要求的转动次数或工作时间不同，槽轮机构可分为 3 槽、4 槽、5 槽、6 槽或多槽等。

2.4.3　螺旋机构

螺旋机构由螺杆、螺母及机架组成。用于将转动和直线运动相互转换的机械上。它具有两种运动形式：一是螺母固定不动，螺杆转动并移动，二是螺母转动，螺杆移动。螺旋机构上的螺纹形状常采用梯形、矩形或锯齿形。用于连接的螺纹则常采用三角形螺纹。

1. 螺旋机构的类型及其应用

常用的螺旋为滑动螺旋（螺杆与螺母之间相互滑动），某些精密机械则采用滚动螺旋。本节只介绍滑动螺旋。它有以下三种形式：

(1) 传力螺旋　用于举重或克服较大阻力的机械上，如图 2-28 所示的螺旋千斤顶和螺旋压力机。特点是加上不大的转矩即获得较大的轴向力，且工作时间短，速度低。它一般要求有自锁能力，即螺旋处于任何位置不会自行松动。常用螺母固定不动，螺杆转动并移动的运动形式。

(2) 传导螺旋　主要用来传递运动，如图 2-29 所示的车床进给机构（丝杆）就是传导螺旋。特点是工作时间长，速度较高，要求较高的传动精度、效率和耐磨性。常用螺杆运动，螺母移动的运动形式。螺纹则制成多头梯形螺纹以满足其强度好，效率高的要求。

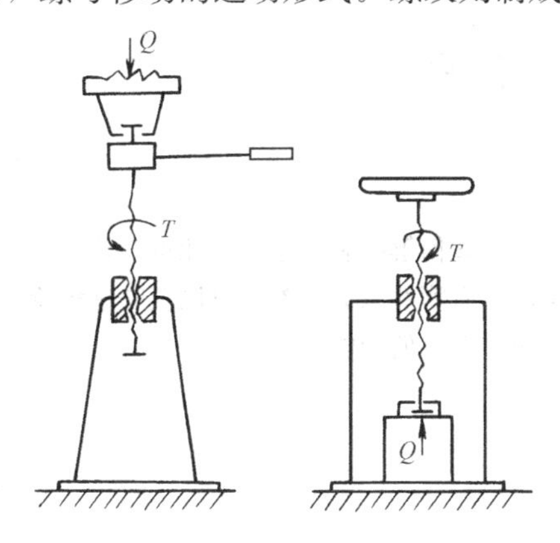

图 2-28　传力螺旋

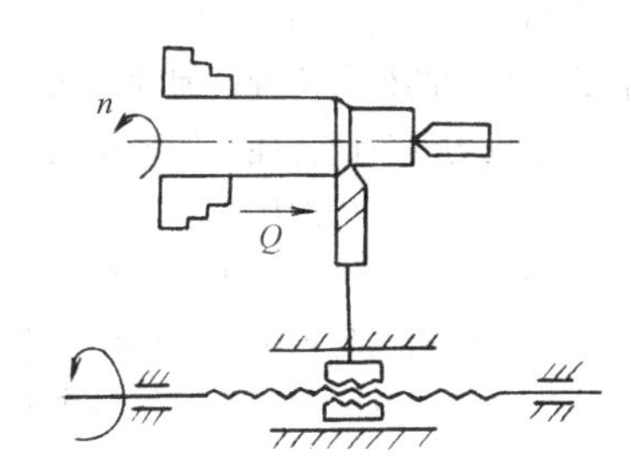

图 2-29　车床进给机构

(3) 调整螺旋　主要用于零件（或工件）的位置调整或固定。一般不在工作载荷下转动。

2. 螺旋的运动分析和受力分析

(1) 运动分析

螺旋运动由转动和移动合成，在不同形式的螺旋机构中，这两种运动可以合成，也可以分解。常见的运动形式往往采用分解形式。即螺杆转动、螺母作移动。

当螺杆转动一周（2π）时，螺母沿螺杆轴向移动一个导程 s（$s=zt$，z 为螺纹头数，t 为螺距）。螺杆转动 φ 角（弧度）时，螺母的移动距离为 L。

由于
$$2\pi : s=\varphi : L$$

所以
$$L=\frac{s\varphi}{2\pi} \quad (\text{mm})$$

设螺杆的转动速度为 n（r/min），则螺母移动的速度为 v

$$v=\frac{ns}{60} \quad (\text{mm/s}) \tag{2-5}$$

(2) 受力分析

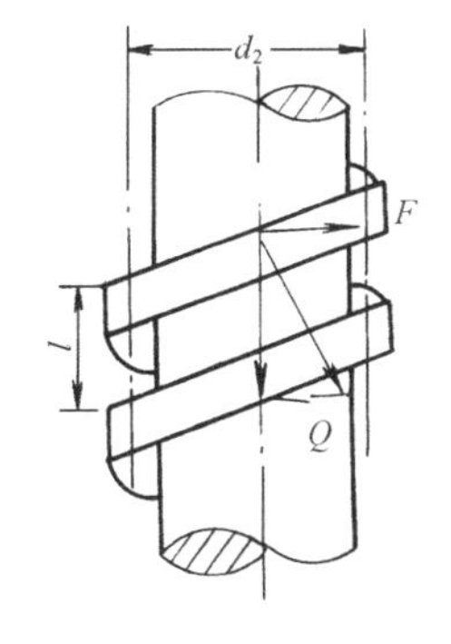

图 2-30　螺旋受力分析

螺旋机构中，螺旋零件主要承受扭矩 T 及轴向力（拉力或压力）Q，如图 2-30 所示。$T=F\cdot d_2/2$。式中 F 为水平推力，d_2 为螺纹的平均直径。根据传动中功能不变的原理，螺旋每转动一周所做的功为

$Qs=F\pi d_2\eta$，η 为螺旋的效率

令传动比 $I=\pi d_2/s$

则
$$Q=i\eta F \tag{2-6}$$

上式中，因 d_2 要比 s 大得多故螺旋机构的传动比 i 较

大，Q 就较 F 为大。因此螺旋机构用于传动上很省力。常用于重载低速的工作中。

螺旋机构的另一特点是容易自锁。自锁条件为：

$$\lambda \leqslant \rho = \arctan f \tag{2-7}$$

λ 螺旋升角，ρ 为螺旋材料接合面的摩擦角，f 为其摩擦系数。一般金属材料 $f \approx 0.1$，则 $\rho = 5°47'$，故要求有自锁条件的螺旋机构应使其升角 $\lambda < 6°$。

思考题与习题

1. 什么叫运动副？什么叫机构运动简图？
2. 什么叫曲柄、连杆和摇杆？
3. 什么是机构的死点位置？何种情况会出现死点？工程上如何解决和应用这一死点现象？
4. 什么是机构的急回特性？何种情况下会产生急回运动？有哪些系数或参数可以反映这种特性？
5. 什么是四连杆机构的压力角、传动角？这两种参数对传动有何影响？
6. 分析四连杆机构形成三个基本类型的条件。
7. 比较四连杆机构各种类型的运动特性。
8. 根据下列图示（图 2-31）判别各个机构属哪一类别？

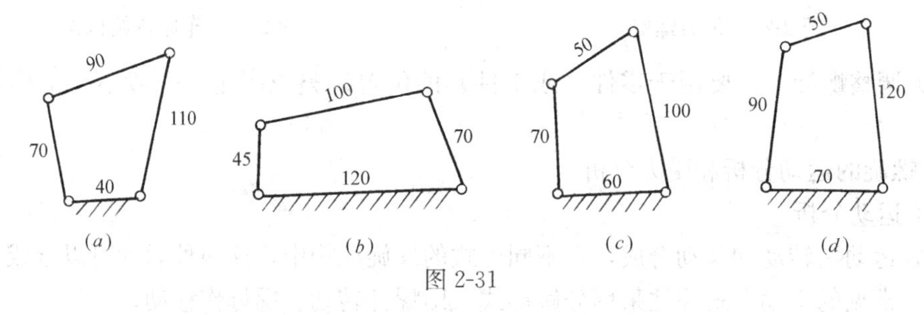

图 2-31

9. 日常用的雨伞是哪一种运动机构？
10. 人骑脚踏自行车，组成什么运动机构？A、B、C、D 的位置在哪里？你体会过“死点”吗？

第 3 章　轴及轴系零部件

轴是组成机器不可缺少的重要零件。它用来支承传动件和旋转件，传递运动和动力。与轴直接相关的零件和部件总称为轴系零部件。

3.1　轴的分类和材料

3.1.1　轴的分类

(1) 按照承载情况，轴可分为心轴、传动轴和转轴三种。

1) 心轴：用来支承转动的零件，只承受弯矩而不承受扭矩的轴称为心轴。能随转动件一起转动的心轴又称为转动心轴，如铁路车辆的车轴（图 3-1）；不随转动件一起转动的心轴称为固定心轴，例如自行车的前轴（图 3-2）。

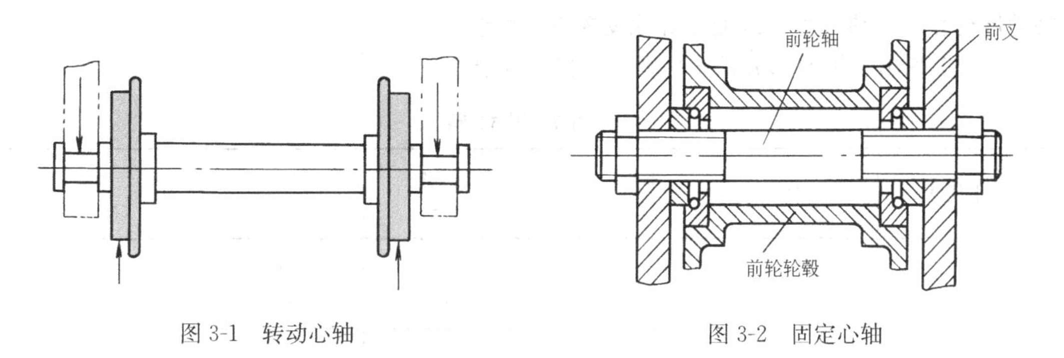

图 3-1　转动心轴　　　图 3-2　固定心轴

2) 传动轴：主要用来承受扭矩而不承受弯矩或受弯矩很小的轴称为传动轴，如汽车变速箱与驱动桥（后桥）之间的轴（图 3-3）。

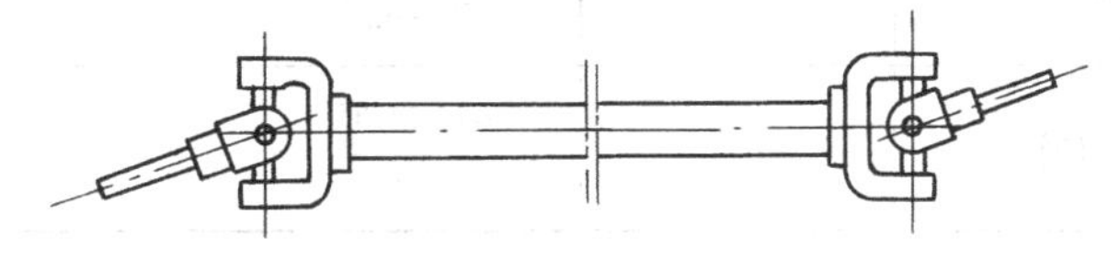

图 3-3　传动轴

3) 转轴：工作时既承受弯矩又承受扭矩的轴称为转轴。它是机械中最常见的轴，如汽车变速箱中的轴、起重卷扬机齿轮减速器中的轴。

(2) 按轴线形状的不同，轴可分为直轴、曲轴和钢丝软轴三种。

1) 直轴：它包括光轴和阶梯轴。光轴指各处直径相等的轴。阶梯轴指各段直径不尽相同的轴（图 3-5），它便于轴上零件的定位、紧固和装拆。有时为了减轻重量或满足某种使用要求，将光轴制成空心的，称为空心轴，如汽车的传动轴（图 3-3）。

2) 曲轴：它是一种专用零件，常见于活塞式动力机械中，如图 3-4 所示为四缸柴油

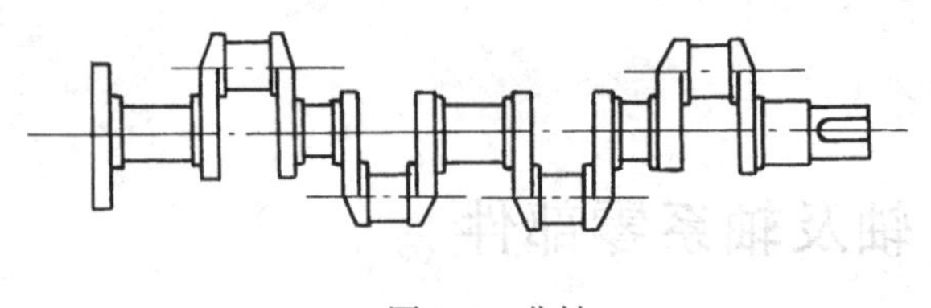

图 3-4　曲轴

发动机的曲轴，它带动四个活塞分别在四个气缸中上下运动。

3）钢丝软轴：它多用于建筑机械中，如插入式混凝土振动器所使用的轴。

这里我们只讨论最常用的直轴。

3.1.2　轴的材料

轴工作时承受的应力是变应力，所以轴的失效常为疲劳损坏。因此轴的材料应具有足够高的疲劳强度，应力集中敏感性小和良好的工艺性能等。

轴的材料主要采用碳素钢和合金钢。常用的碳素钢为 45 钢，一般应对其进行正火或调质处理以改善它的机械性能。不重要的或受载较小的轴，可采用 Q235、Q255 等普通碳钢。

对于承受较大载荷、要求强度高、结构紧凑或耐磨性较好的轴，可采用合金钢。常用的合金钢为 40Cr、20Cr、20CrMnTi 等。应当指出：在一般条件下，各种钢的弹性模量相差不多，所以，当尺寸相同时，采用合金钢并不能提高轴的刚度；合金钢对应力集中的敏感性较高，因此在作轴的结构设计时，更要注意减少应力集中的影响；采用合金钢时，必须进行相应的热处理，以便更好地发挥它的性能。

表 3-1 列出了轴的部分常用材料及其机械性能。

轴的常用材料　　**表 3-1**

材料代号	热处理	毛坯直径 (mm)	硬度 (HBS)	σ_b (MPa)	σ_s (MPa)
45	正火 调质	≤100 ≤200	170～217 217～255	600 650	300 360
40Cr	调质	≤100 >100～300	241～286 241～286	750 700	550 500
20Cr	渗碳淬火	≤60	表面 HRC 56～62	650	400
20CrMnTi	渗碳淬火	≤60	表面 HRC 56～62	1150	950

3.2　轴的结构设计

3.2.1　轴的设计步骤

进行轴的设计首先考虑的是要满足一定的强度和刚度要求。而轴的强度和刚度的计算，必须依据轴的尺寸和形状。但轴的尺寸和形状，在很大程度上取决于轴上零件能否合理地布置及顺利地装拆。所以，轴的设计步骤可归纳如下：首先作粗略的设计计算，即初步估算轴的直径；其次根据轴所装配的零件尺寸及能否顺利装拆的要求，进行轴的结构设计；然后按照粗略的设计结果，进行精确的校核计算，即校核轴的强度和刚度。

下面先对轴的结构设计进行讨论。

3.2.2 轴的结构设计

轴的结构设计就是使轴的各部分具有合理的形状和尺寸。即要使轴易于制造，轴上零件应定位准确、固定可靠、装拆方便和尽量减少应力集中等。为此，大多数常用的转轴设计成由两端向中间逐渐增大的阶梯状。一般来说，只有简单的心轴和传动轴，才制造成具有同一直径的光轴。

一般阶梯轴的结构如图 3-5 所示，它由轴颈、轴头和轴身等组成。被轴承支承的部分称为轴颈（图中 3、7）；安装旋转零件的部分称为轴头（图中 1、4）；连接轴颈和轴头的部分称为轴身（图中 2、6）；轴的直径变化所形成的阶梯处称为轴肩或轴环（图中 5）。

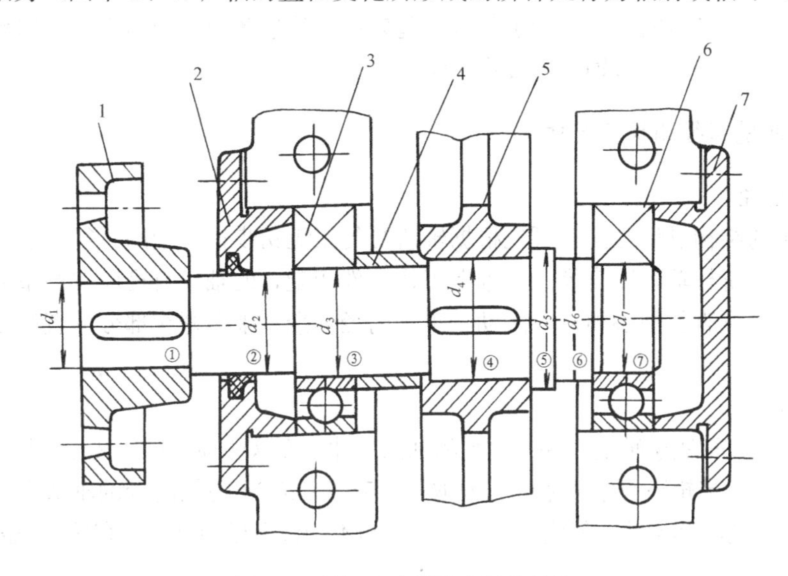

图 3-5 单级减速器输出轴的结构

3.2.3 轴上零件的定位和固定

为了保证轴上零件能正常工作，轴上零件应具有确定的位置和可靠的固定。因其零件轴向和径向上都必须固定，故又有轴向固定和径向固定之分。

轴向固定：轴上零件的轴向定位和固定的方法很多。如图 3-5 中的齿轮 5、滚动轴承 6 和半联轴器 1 均是靠轴肩定位。轴肩定位方便可靠。齿轮 5 与滚动轴承 3 之间的定位用套筒 4 来固定。当齿轮受轴向力时，向右的力将由轴肩承受并传至轴承 6 的内圈，再由轴承 6、端盖 7 及连接螺栓将轴向力传给箱体；向左的轴向力，则经套筒传给轴承 3 的内圈，再经轴承 3、端盖 2 和连接螺栓传给箱体。

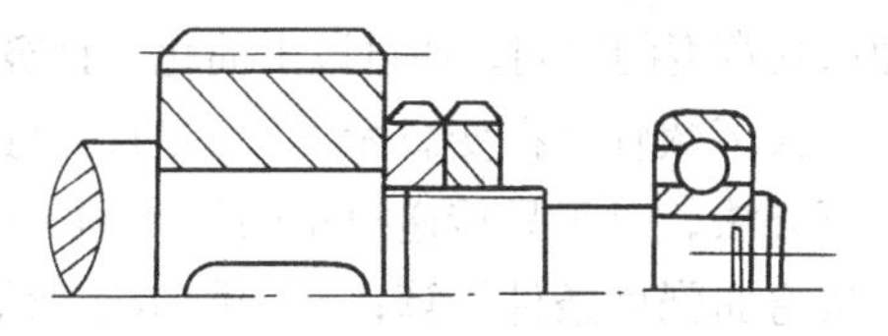

图 3-6 圆螺母固定

当不便采用套筒或套筒太长时，可用圆螺母作轴向固定（图 3-6）。其缺点是切制螺纹处有较大的应力集中。此外，还可用弹性挡圈（图 3-7）、轴端挡圈（图 3-8）等。弹性挡圈结构紧凑，常用于滚动轴承的轴向固定，它只能承受较小的轴向力。轴端挡圈在轴端部安装零件时常常采用。它多和轴端圆锥面联合使用。

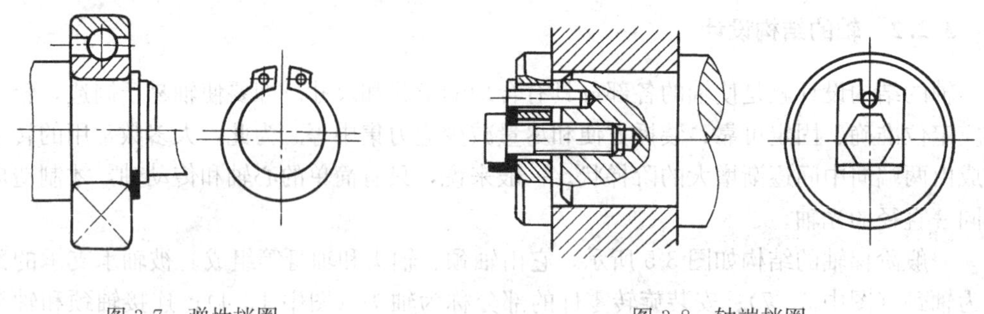

图 3-7　弹性挡圈　　图 3-8　轴端挡圈

零件在轴上的径向固定，是为了与轴一起转动并传递转矩。径向固定常用键、销等零件，有关内容在本章 3.4 节轴毂连接中介绍。

3.2.4　轴的直径和长度尺寸

1. 轴的直径

在进行轴的结构设计之前，可先根据轴所受的扭矩初步估算轴的直径，然后根据结构要求进一步确定阶梯轴各段直径。与轴上工作零件相配合的轴段直径应取圆整数值；与滚动轴承配合的轴颈直径则必须符合滚动轴承的内径标准；轴上螺纹部分的直径必须符合螺纹标准直径。

2. 轴的长度

轴上各段长度取决于轴上零件与轴承的轴向尺寸，而这些轴向尺寸又往往与相应各段轴径有关。如齿轮、带轮等的轮毂宽度一般取（1.5～2）d，d 为相配合的轴头直径。轴颈宽度则决定于轴承的具体尺寸。但应注意，转动件与不动件不可相碰，应有适当距离。

3.3　轴的强度计算

在进行轴的强度计算之前，首先要分析轴上载荷的大小、方向、性质和作用点，把实际受载情况简化成计算简图，然后应用材料力学的方法进行计算。

轴上载荷是由装配在轴上的零件（如齿轮、联轴器等）传入并沿零件装配宽度分布。零件和轴的自重，除尺寸和重量很大时须考虑外，通常可忽略不计。在一般计算中，作用在轴上的分布载荷，可当集中力作用在轴上零件的轮缘宽度的中点。作用在轴上的扭矩，通常是假定从传动件轮毂宽度的中点算起。对于滑动轴承或单个滚动轴承反力作用点的位置，可近似取其宽度的中间。通过以上简化，计算时可将轴当作支承在可动铰链上的梁进行计算。

大多数轴是在变载荷下工作的，因此，轴的强度计算，应根据受载情况，采取相应的计算方法。对于只传递扭矩的传动轴，应按扭转强度条件计算；对于只承受弯矩的心轴，应按弯曲强度条件计算；对于既承受弯矩又承受扭矩的转轴，应按弯曲和扭转合成强度条件计算，此外，还应弄清楚轴上荷载和应力的类型，以便选用相应的许用应力。

现将一般用途的轴的强度计算方法和步骤分述如下：

3.3.1 按许用扭应力计算，粗估轴的直径 *d*（mm）

对于传递转矩的圆截面轴，其强度条件为

$$\tau_T=\frac{T}{W_\tau}=\frac{9.55\times10^6P}{0.2d^3n}\leqslant[\tau_T]\qquad(\text{MPa})\tag{3-1}$$

式中 τ_T——轴的扭应力（MPa）；

T——转矩，$T=9.55\times10^6\dfrac{P}{n}$（N·mm）；

P——轴传递的功率（kW）；

n——轴的转速（r/min）；

W_τ——轴的抗扭剖面模量，$W_\tau\approx0.2d^3$；

$[\tau_T]$——许用扭应力（MPa）。

上式又可改写为

$$d\geqslant\sqrt[3]{\frac{9.55\times10^6}{0.2[\tau_T]}}\cdot\sqrt[3]{\frac{P}{n}}=A\cdot\sqrt[3]{\frac{P}{n}}\qquad(\text{mm})\tag{3-2}$$

此式即为按扭转强度估算轴径的公式。当轴的材料已知后，$[\tau_T]$ 即已知，从而 A 值可确定。故 A 是决定于材料许用扭应力的系数，其值见表3-2。

轴常用的几种材料的 $[\tau_T]$ 及 A 值　　表3-2

轴的材料	Q235、20	35	45	40Cr　20CrMnTi
$[\tau_T]$（MPa）	12～22	20～30	30～40	40～55
A	160～135	135～118	118～107	107～98

注：当作用在轴上的弯矩较小或只受转矩时，A 取较小值；反之，A 取较大值。

对于兼受弯矩和转矩的轴，亦可按上法估算轴径，这时，用降低许用扭应力来考虑弯矩的影响。上述计算方法较粗略，但很方便，常用来初步计算轴的直径。

3.3.2 按弯扭合成计算、校核轴的强度

轴的结构设计完成后，对于受载较大的转轴，可按材料力学中第三强度理论进行强度计算。现以图3-9（*a*）所示的由带传动并装有圆柱齿轮的转轴为例，介绍一般的计算步骤。

（1）绘出轴空间受力简图3-9（*b*），将轴上的作用力分解成水平面和垂直面的分力，再利用平衡条件求出水平和垂直支反力。

（2）绘出垂直面上的受力简图，并作出垂直面弯矩 My 图（图3-9*d*）（N·mm）。

（3）绘出水平面上的受力简图，并作出水平面弯矩 Mx 图（图3-9*f*）（N·mm）。

（4）计算合成弯矩 $M=\sqrt{My^2+Mx^2}$，绘出 M 图（图3-9*g*）（N·mm）。

（5）绘出扭矩 T 图（图3-9*h*）（N·mm）。

（6）计算当量弯矩　$Me=\sqrt{M^2+(\alpha T)^2}$　（N·mm）　(3-3)

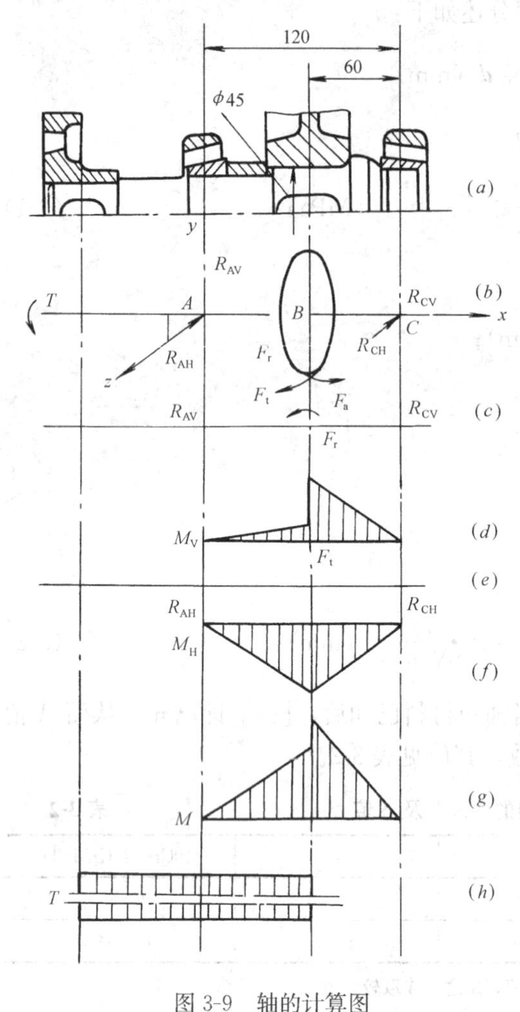

图 3-9　轴的计算图

(a)轴的结构图；(b)轴空间受力简图；(c)垂直面（xy 面）受力图；(d)垂直面弯矩图；(e)水平面（xz 面）受力图；(f)水平面弯矩图；(g)合成弯矩图；(h)扭矩图

作出当量弯矩图。

式（3-3）中的 α 是根据扭矩性质而定的应力折算系数，对于不弯的扭矩，$\alpha \approx 0.3$；对于脉动循环扭矩，$\alpha \approx 0.6$；对于对称循环扭矩，$\alpha = 1$。

对于一般的轴，考虑到机械启动、停止以及工作过程中不可避免的扭矩变化，α 值通常按脉动循环扭矩计算。

（7）按当量弯矩求轴各危险剖面的直径。

$$d \geqslant \sqrt[3]{\frac{Me}{0.1\,[\sigma_{-1}]_b}} \quad \text{(mm)} \qquad (3\text{-}4)$$

式中 $[\sigma_{-1}]_b$ 为材料在对称循环应力状态下的许用弯曲应力。

若轴的计算剖面处有键槽，可将计算出来的轴径适当加大，有一个键槽时加大 4%～5%，有两个键槽时加大 7%～10%。

若计算出的轴径比初步估算并经过结构设计所得的轴径稍小，说明原定轴径是合适的，则可按计算的轴径进行适当修改。

上式也适应于心轴和传动轴，因心轴主要受弯矩，$T=0$。当心轴不转动时，弯曲许用应力取轴材料的静应力 $[\sigma_{+1}]_b$；当心轴转动时，则取 $[\sigma_{-1}]_b$。对于传动轴 M 为 0。

3.3.3　按轴的刚度校核

轴受到弯矩作用时，要发生弯曲变形，受扭矩作用会产生扭转变形，若轴的刚度不够，就会影响轴的正常工作。因此根据工作条件，必要时对轴进行刚度校核。

轴的刚度校核就是计算轴的挠度 Y、偏转角 θ 和扭转角 φ 是否在允许限度内，即 $Y \leqslant [Y]$；$\theta \leqslant [\theta]$；$\varphi \leqslant [\varphi]$。$[Y]$、$[\theta]$、$[\varphi]$ 分别表示轴的许用挠度、许用偏转角和许用扭转角，其数值按材料力学有关公式来决定。

3.4　轴 毂 连 接

为了传递运动和转矩，安装在轴上的齿轮、带轮等的轮毂，必须和轴连接在一起，这就是轴毂连接，也即是轴上零件的周向固定。

轴与毂连接固定的方法常借助于平键、楔键、花键和销，有时也采用过盈配合。

3.4.1　平键连接

普通平键连接如图 3-10 所示。键的两侧面是工作面，工作时依靠键的侧面与轴及轮毂上的键槽的挤压和剪切来传递转矩，键的两侧面与轴上键槽配合较紧；键与轮毂槽底面则留有间隙。普通平键有圆头（A 型）、方头（B 型）和半圆头（C 型）三种。

平键由于制造简单、装拆方便、对中性良好，所以应用广泛，但它不能承受轴向力。当零件需要轴向移动时，可采用导向平键（图 3-11）。

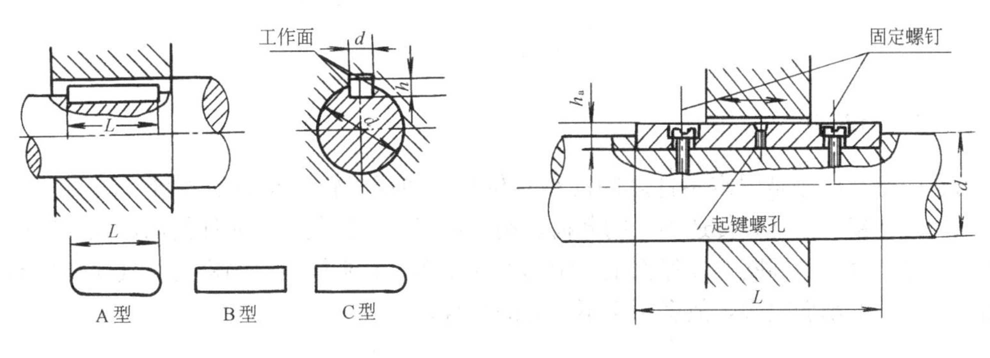

图 3-10　普通平键连接　　　　图 3-11　导向平键连接

导向平键用螺钉固定在轴上，轮毂沿导键做轴向移动。键中间的螺纹孔是拆键用的，如将螺钉旋入即可将键顶出。在轮毂移动较大时，为避免采用过长的导键，可改用滑键。滑键是与轮毂固定在一起的，当轮毂沿轴向移动时，滑键在轴的键槽中滑动。

3.4.2　楔键连接

楔键又称斜键，楔键连接如图 3-12 所示。键的顶面和轮毂槽底面均有 1∶100 的斜度，装配后键的上下面楔紧在轴和轮毂之间。因此键的上下面是工作面，而两侧面与键槽之间略有间隙，故对中性较差。楔键有方头和钩头两种，钩头便于拆卸。

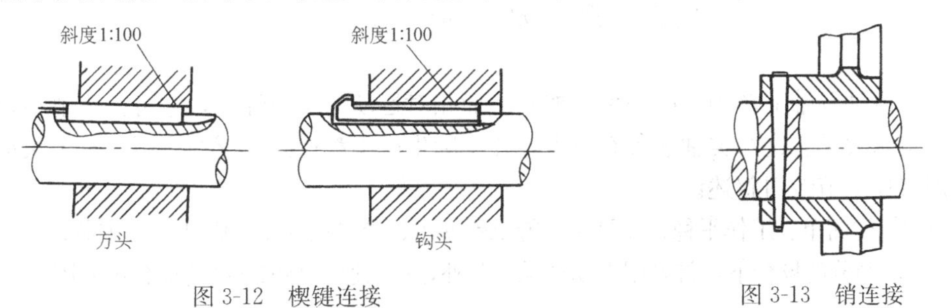

图 3-12　楔键连接　　　　图 3-13　销连接

3.4.3　花键连接

图 3-14 所示为花键连接。它具有较高的承载能力，且定心性和导向性都好，轴上齿槽较浅，对轴的强度削弱较小，因此多用于定心精度要求高、重载和经常滑移的连接。

连接的花键按其齿形的不同，有矩形花键、渐开线花键和三角形花键。前两种应用较多。常用的键和花键的尺寸都已标准化。

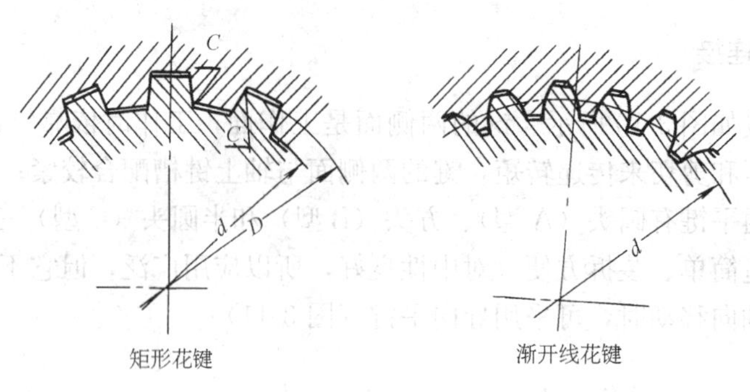

图 3-14　花键

3.4.4　销连接

销子的主要用途是固定零件之间的相对位置，如用于轴和轮毂的连接（图 3-13）或其他零件的连接，通常只传递不大的载荷。销还可以作为过载剪断元件使用，此种销称安全销。当过载时，销即断，以保安全。销的形式较多，有圆柱销、圆锥销及其他特种形式的销。销对轴的削弱较大，故多用于不重要的场合。

3.4.5　过盈连接

过盈连接是利用轴与毂孔两配合零件间的过盈（轴的尺寸略大于毂孔的尺寸）而构成的一种连接。一般是通过对毂孔的加热，令其装配时尺寸略大于轴径。过盈连接装配后，由于轮毂和轴的弹性变形，在配合面间产生很大的压力，工作时靠此压力产生的挤压张力来传递转矩或轴向力。

过盈配合连接结构简单，定心性好，承载能力较大，并能承受振动和冲击，又可避免键槽对被连接件的削弱。其承载力取决于过盈量的大小，故对配合面加工精度要求较高。另外装拆较困难。

3.5　滑　动　轴　承

轴承是支承轴及轴上转动件的部件。按其表面相对运动的摩擦性质，它可分为滑动轴承和滚动轴承两大类。这两类轴承各有特点，在实际生产中都得到广泛的应用。有关滚动轴承的知识将在下节专门叙述。

滑动轴承结构简单、工作平稳、无噪声、能承受冲击、径向尺寸小。因此，在重载、有冲击，或结构要求剖分的场合下，常采用滑动轴承。此外，在低速、要求不高的场合也采用。

3.5.1　滑动轴承的类型和结构

滑动轴承按照其工作时的摩擦状态，可分为液体摩擦轴承和非液体摩擦轴承两类。前者工作时，轴颈和轴承工作表面完全被一层油膜隔开［图 3-15 (*a*)］，摩擦阻力由润滑膜的内部摩擦产生，摩擦系数很小，约为 0.001～0.008。由于轴颈和轴瓦之间不发生直接接触，可大大减小摩擦损失和表面磨损。但它的制造精度和润滑维护要求较高，并需具备一定条件才能形成足够厚的油膜和实现液体摩擦。这种轴承适用于高速、重载和对旋转精度要求较高的场合。

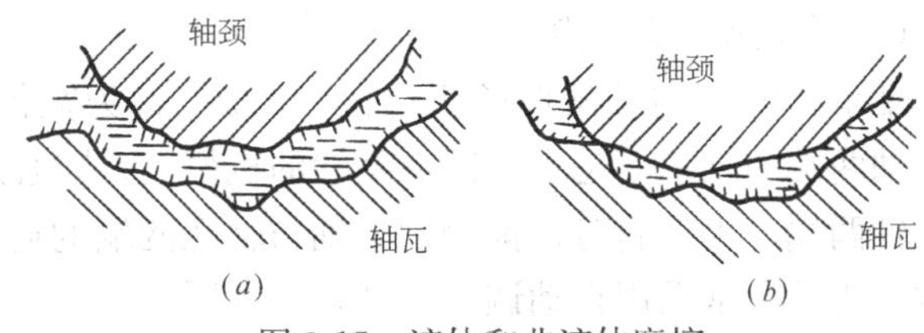

图 3-15　液体和非液体摩擦

(a) 液体摩擦；(b) 非液体摩擦

轴颈与轴承工作表面之间虽有润滑油存在，但不能完全将工作表面隔开［图 3-15 (b)］，仍有表面的凸起处将发生直接接触，在这种状态下工作的滑动轴承称为非液体摩擦滑动轴承。其摩擦系数为 0.008～0.1，易于磨损，但结构简单，制造、使用和维护方便，在性能上能满足一般使用要求，因而在机械中应用广泛。

滑动轴承按照承受载荷的方向，又可分为：向心轴承、推力轴承和向心推力轴承三种。

1. 向心滑动轴承

它主要用于承受径向载荷，由于结构的不同，主要有以下几种。

(1) 整体式滑动轴承

典型的有轴瓦的整体式向心滑动轴承，如图 3-16 所示，它由轴承座 1、轴瓦 2、紧定螺钉 3 组成。为了润滑，轴承顶部开有注油孔，在轴瓦内表面开有油沟，当轴在其中旋转时，润滑油便沿油沟均匀分布在轴颈与轴瓦表面。紧固螺钉使轴瓦和轴承座连接，以防止转动和轴向移动。它结构简单，成本低，但装拆时必须从轴端通过，而且磨损后径向间隙无法调整，只能更换轴瓦。因此，它只用于低速、轻载且要求不高的场合。

(2) 剖分式向心滑动轴承

剖分式轴承的结构（如图 3-17）所示，它由轴承座 1、轴承盖 2、剖分的上下轴瓦 3 和 4 及螺栓 5 等组成。在轴承盖 2 的顶上，开有安装润滑装置的注油孔，在剖分面处制有定位止口，以保证轴承内孔的对中精度。在上下剖分面间放有少量垫片，以便在轴瓦磨损后，借助增减垫片调整轴颈和轴瓦之间的间隙。

轴瓦内表面开有油沟，以便润滑。

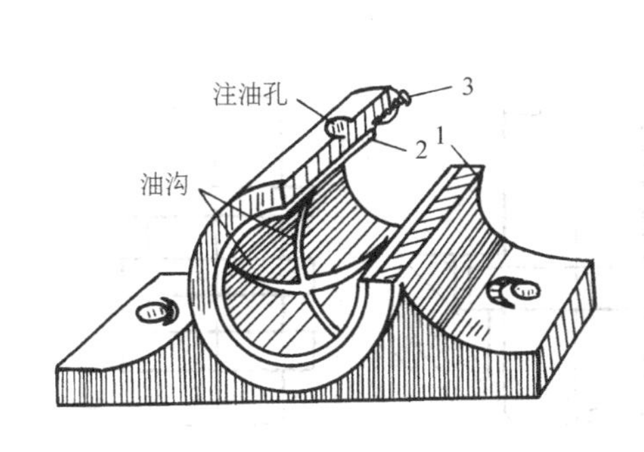

图 3-16　滑动轴承

1—轴承座；2—轴瓦；3—紧定螺钉

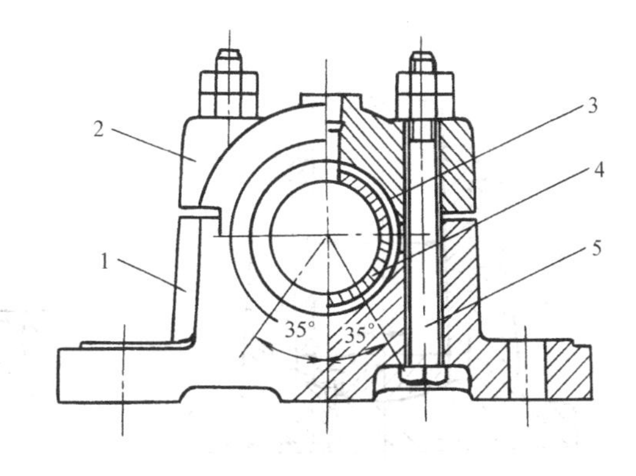

图 3-17　剖分式轴承

1—轴承座；2—轴承盖；3，4—轴瓦；5—螺栓

剖分式滑动轴承主要承受径向载荷，在一定的条件下，也能承受不大于径向载荷 40%的轴向载荷。它便于装拆和调整间隙，并且其结构尺寸都已标准化，故能得到广泛的应用。

(3) 自动调心滑动轴承

轴承宽度 B 与轴颈直径 d 之比（B/d）称为宽径比。对于 B/d 大于 1.5 的轴承；或由于轴两端的轴承不是安在同一刚性的机架上，同心度难以保证时；或轴因刚度小变形较大，轴两端产生偏斜时，都会发生轴与轴瓦两端的局部接触（图 3-18），使轴瓦局部磨损严重。为此，常采用自动调心滑动轴承（图 3-19）。这种轴承结构的特点是：轴瓦 1 外表面做成球面形状，与轴承盖 2 和轴承座 3 的球状内表面相配合，随轴的变动而轴瓦可以随之自动调节，借以减少轴瓦的局部磨损。

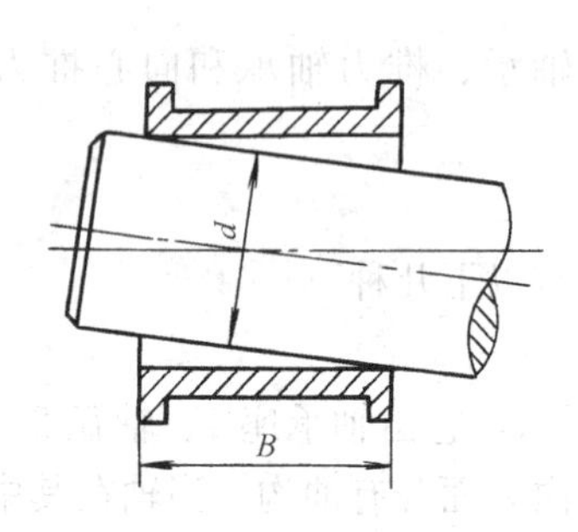

图 3-18 轴瓦端部的局部接触

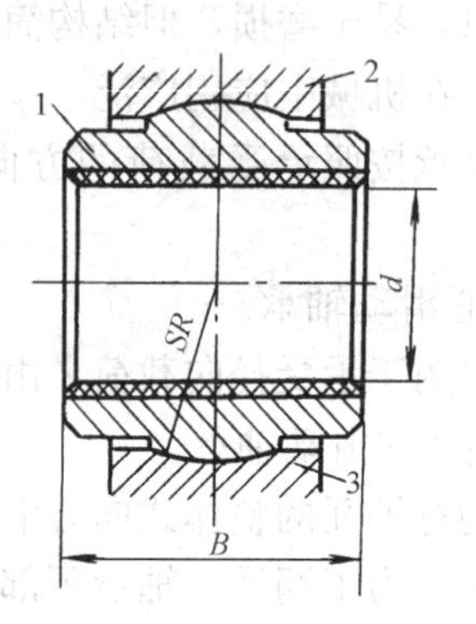

图 3-19 自位滑动轴承

2. 推力滑动轴承

推力滑动轴承能承受轴向载荷，可装在水平轴和垂直轴上。它由轴承座 1、向心轴瓦 2、推力轴瓦 3 和销钉 4 等组成（图 3-20）。推力轴瓦的底部制成球面，起自动调位作用。销钉 4 可以防止推力轴瓦转动。向心轴瓦用来承受径向载荷。

推力滑动轴承除了以轴的端面为工作面外，还可以将轴颈做成环形或多环形（图 3-21），多环轴颈可承受较大的双向的轴向载荷。根据需要轴颈可以是实心的，也可以是空心的。

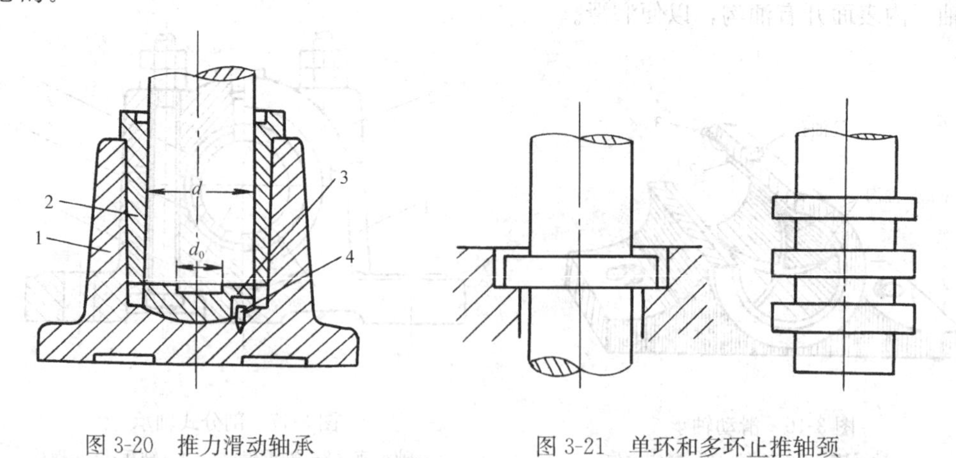

图 3-20 推力滑动轴承

图 3-21 单环和多环止推轴颈

3.5.2 轴瓦和轴瓦材料

1. 轴瓦

它是滑动轴承中直接与轴颈接触的重要零件。向心滑动轴承的轴瓦有整体式和剖分式两种。前一种如图 3-16 中所示，后一种用在剖分式的轴承上，如图 3-17 中的上、下轴瓦。

为了使润滑油能很好地分布到轴瓦的整个工作面上，在轴瓦的非承载区上开出油沟和油孔，如图 3-16 所示。

2. 轴瓦材料

轴瓦采用的材料很多，常用的轴承合金（也称巴氏合金）被认为是优良的轴承材料。它是以锡或铅为基础的多元有色金属合金，如锡、锑、铜组成的锡基轴承合金；又如铅、锡、锑组成的铅基轴承合金。

轴承合金的摩擦系数小，易跑合（轴瓦工作时，易于消除表面不平度，能很好地与轴颈表面贴合），适应性和抗胶合性能良好，因此，多用于重载、高速等各种重要场合，但价格较贵。

在一般机械中，常用各种青铜合金作为轴瓦材料。它强度较高，承载力大，耐磨性和导热性较好，价格较便宜；但它的可塑性差，不易跑合，与之相配的轴颈必须淬硬。

青铜可以单独做轴瓦，为了节约，可将青铜浇铸在铸铁轴瓦的内壁上。

铸铁作为轴瓦材料，各种性能皆不如上述两种，但价格便宜，它适合于低速、轻载、无冲击和不重要的场合。

粉末冶金材料，是用金属粉末经压制烧结成型的材料。它可用来作轴瓦材料，因它具有多孔结构，孔隙内可存放润滑油，故常称为含油轴承。工作时，由于轴瓦发热，使孔中润滑油膨胀而进入滑动表面起润滑作用。它特别适用于中低速、无冲击和润滑不方便的场合。

3.5.3 滑动轴承的润滑

润滑的目的是为了减少摩擦损失和减轻工作表面的磨损，同时还起到冷却、吸振、防锈等作用。轴承能否正常工作与润滑有直接关系。

常用的润滑剂有润滑油和润滑脂。

润滑油是滑动轴承中最常用的润滑剂，其中以矿物油用得最多，合成润滑油也在发展中。润滑油的主要性能指标是黏度，它表示润滑剂流动时内部摩擦阻力的大小。黏度愈大，内部摩擦力愈大，液体流动的性能愈差。工业上常用相对黏度作其度量单位，以 Et 表示，t 为测定时的温度。有关黏度的知识，将在第 7 章介绍液压油时讲述。

对于重载、有冲击、温度较高的轴承，宜选用黏度较大的润滑油。

润滑脂又称黄油，它是在润滑油中加稠化剂而形成脂状的润滑剂，其流动性很小，密封简单，受热影响较小，不需要经常补充，使用方便。但因其摩擦损耗较大，不宜用于高速和精度要求高的场合，通常用于中速、低速、重载、加油不方便和使用要求不高的场合。

润滑脂的主要性能指标是针入度（稠度）和滴点。针入度愈小，润滑油愈稠，摩擦阻力愈大；滴点愈高，表示润滑脂的耐热性能愈好。单位压力高和滑动速度低时，选择针入度小一些的品种；反之，选择针入度大一些的品种。

3.6 滚 动 轴 承

3.6.1 概述

滚动轴承是用于支承旋转或摆动件的部件。它是用滚动元件（球或滚子等）并以滚动摩擦为基础来工作的轴承，是由专门的轴承厂生产的标准件。

滚动轴承的构造如图 3-22 所示，它一般由外圈 1、内圈 2、滚动件 3 和保持架 4 组成。外圈的内面和内圈的外面都制有凹槽滚道，滚动体在其间滚动。保持架使滚动体彼此保持一定的距离，并沿滚道均匀分布，以避免滚动体的相互碰撞和磨损。通常内圈与轴颈紧密配合并随轴一起转动，外圈固定在轴承座内不转动。但也有外圈转动而内圈不动的。

为了满足不同的工作要求，滚动体有球形、圆柱形、圆锥形、腰鼓形等（图 3-22）。滚动体的大小和数量直接影响到轴承的负载能力。滚动轴承可以制造得很小，如用于仪表中内径小至 1mm 的微型轴承，也可以制造出外径达几米的用于重型机械中的大型轴承。

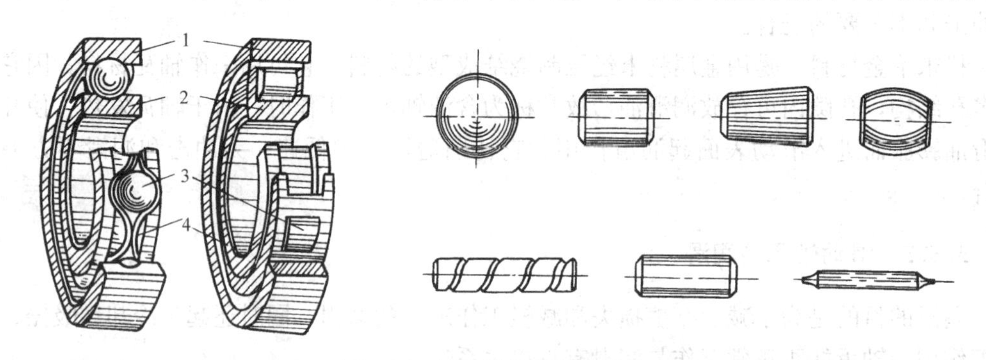

图 3-22 滚动轴承的基本结构

1—外座圈；2—内座圈；3—滚动体；4—保持架

与滑动轴承相比，滚动轴承的主要优点是：1. 在一般工作条件下，摩擦系数小且较稳定，机器启动及运转转矩小；2. 径向间隙小，运转精度高；3. 轴颈直径相同时，轴承的轴向尺寸小，可使机器的轴向尺寸紧凑；4. 不用有色金属，标准化程度高，成本低，更换、维修都方便。缺点是：1. 工作时振动及噪声大，减振能力及承受冲击载荷的能力较差；2. 轴颈直径相同时，比滑动轴承的径向尺寸大；3. 轴承不能剖分，在长轴中间安装轴承有时较难；4. 高速时，作用在滚动体上的惯性力很大，所以其应用受到角速度的限制。

常用的滚动轴承的类型和性能请查有关设计手册，都是标准件，一般不作设计。

3.6.2 滚动轴承的代号

滚动轴承是标准件，它的种类、型号繁多，为了便于生产、选择和使用，国家标准规定了它的代号并打印在轴承的端面上。

滚动轴承的代号规定是用一个汉语拼音字母和七位数字表示，其表示方法如下：

字母	×	××	×	×	××
精度等级	宽度系列代号	特殊结构代号	类型代号	直径系列代号	内径尺寸代号

(1) 内径尺寸代号　右起第一、二位数字表示轴承内径尺寸。当内径在 20～495mm 范围内时，将这两位数乘 5 便是内径尺寸。当内径为 10～17mm 时表示方法见表 3-3。

轴承内径代号　　**表 3-3**

内 径 代 号	00	01	02	03	04～99
内 径 (mm)	10	12	15	17	20～495

(2) 直径系列代号　右起第三位表示直径系列。直径系列是指同一内径的轴承，其承受的载荷可能不同，要求的寿命也不同，因此，采用不同的滚动体，而轴承的外径和宽度也随之改变（图 3-23）。

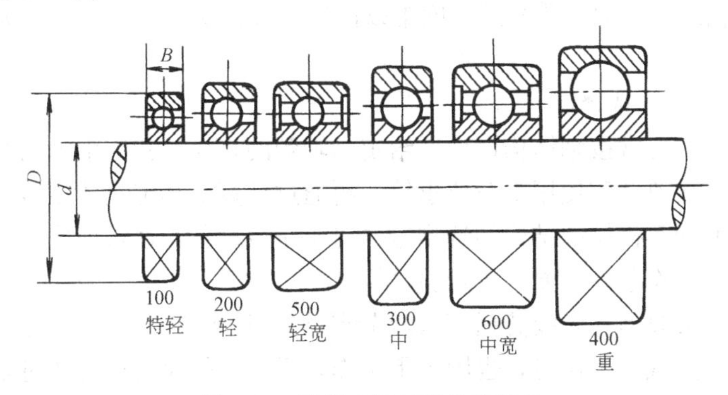

图 3-23　轴承直径系列及其代号

(3) 类型代号　右起第四位表示轴承类型，其代号查设计手册。

(4) 结构特点代号　右起第五、六位数字表示，如要求带防尘毡圈或内孔有圆锥度等。

(5) 宽度系列代号　右起第七位数字表示宽度系列，对内外径都相同的轴承，根据需要可以配成不同的宽度。

对于非特殊宽和无特殊结构要求的轴，第五：六、七位数字均为零，可以省略，故一般轴承用四位数字表示。而向心球轴承只用右起三位数字表示即可。

(6) 精度等级　用英文字母 B、C、D、E、G 表示。按字母顺序 B 级精度最高；G 级最低，属标准普通级，应用最广，规定代号 G 可省略。

例如：轴承代号为 0412，一般可写为 412，精度为 G 级。

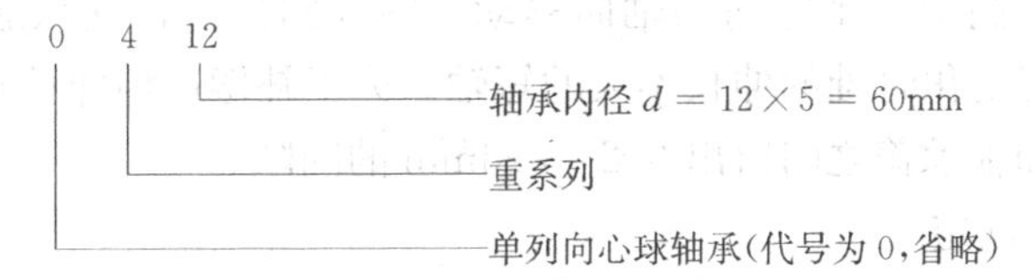

又例如：代号为 36312 轴承，表示轴承的精度为 G 级，单列向心推力球轴承，接触角α=12，中系列，内径 $d=12\times5=60$mm。

3.6.3 滚动轴承的选择

1. 类型的选择

根据载荷的大小、方向、性质；转速的高低；轴颈和安装空间允许的尺寸范围；预定的寿命；调心性能以及其他要求选择合适的类型。具体进行选择时应考虑以下几点：

(1) 向心球轴承旋转精度高，摩擦系数小，极限转速高，故适用于轻载、高速和要求旋转精确的场合。

(2) 滚子轴承承载能力大，耐冲击，适用于大型、重型或有冲击载荷的场合。但由于它对轴的挠度敏感，因此要求轴的刚度大并能保证严格的对中。

(3) 若轴承同时承受较大的轴向和径向载荷时，一般采用向心推力轴承；但当轴向载荷很大时，用向心轴承和推力轴承的组合结构更为经济。如选用单列向心推力轴承时，应考虑成对使用，两个轴承可装在轴的一端，也可分别装在轴的两端。

(4) 若一根轴的两个轴承孔的同心度难以保证；或轴受载后挠度变形大，应选用自动调心轴承。

2. 尺寸（型号）的选择

类型选定之后，通常按轴结构设计所给定的轴颈的直径，初定轴承内径，然后根据轴承所受的载荷、工作速度和使用寿命要求等，再通过计算来选定具体型号。也可以根据支承处的结构或参照同类机械的结构初选型号（对于一般设备，通常如此），然后根据载荷、转速和使用寿命等工作条件和要求进行验算。

轴承最常见的失效形式是疲劳损坏（疲劳点蚀），因此在选择型号时，要进行疲劳寿命计算。在低速、重载下工作时，也因轴承工作表面承受的应力可能超过本身材料的屈服极限而产生凹坑等塑性变形，为了控制其变形，还要进行静力强度计算。具体计算方法，可参阅机械设计手册。

3.6.4 滚动轴承的组合结构

为了保证轴承和整个轴系的正常工作，除应合理选择轴承的类型和型号（尺寸）外，还必须正确设计轴承的组合，即合理地解决轴承的布置、装拆、润滑和密封等一系列问题。

1. 轴承组合的轴向固定

轴承组合固定的目的是使轴承和轴上零件在机械中有确定的位置，并能承受轴向力。同时，还应考虑到轴因受热伸长后，不会卡住滚动体而影响运转性能，固定的方式有双支点单向固定和单支点双向固定两种。

(1) 双支点单向固定

两个支承分别限制轴一个方向的轴向移动（图 3-24）此种支承形式结构简单，便于安装，适用工作温度变化时轴的伸长不大的短轴。为了补偿这种伸长不大的变形，对向心球轴承在轴承外圈和轴承盖之间留出 0.2～0.3mm 的间隙。

(2) 单支点双向固定

一个支承限制轴的双向移动，另一支承可以进行轴向游动（图 3-25），游动的轴承与轴承盖之间留有较大的间隙，以避免轴受热伸长而引起不必要的附加应力。这种结构适用于工作温度较高的长轴。设计这种结构时，应注意内圈在轴上要双向固定。

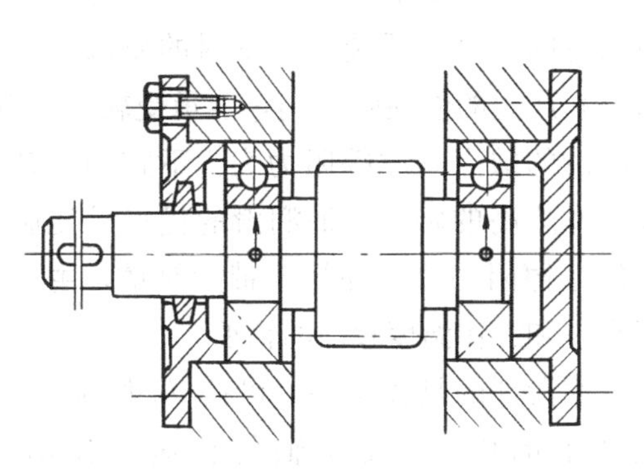
图 3-24　双支点单向固定

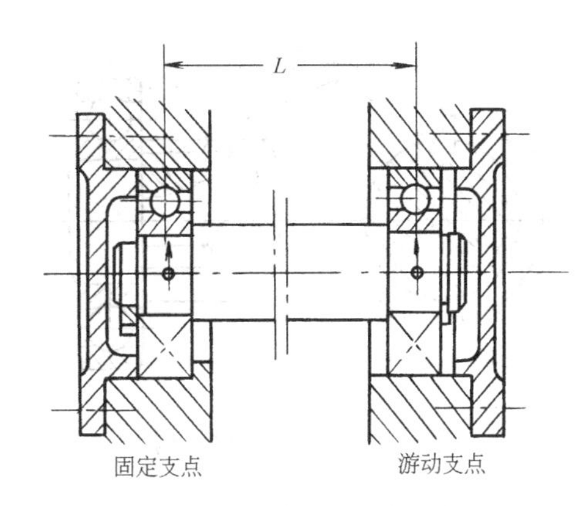

图 3-25　单支点双向固定

2. 轴承轴向位置的调整

轴上零件要求有准确的轴向工作位置，例如，圆锥齿轮传动要求两个齿轮锥顶重合[图 3-26（a）]；蜗杆、蜗轮传动要求蜗杆轴线在涡轮的主平面内[图 3-26(b)]，这就需要调整整个轴承组合的位置。这种调整一般可借助带螺纹的零件或增减垫片厚度等方法来实现。

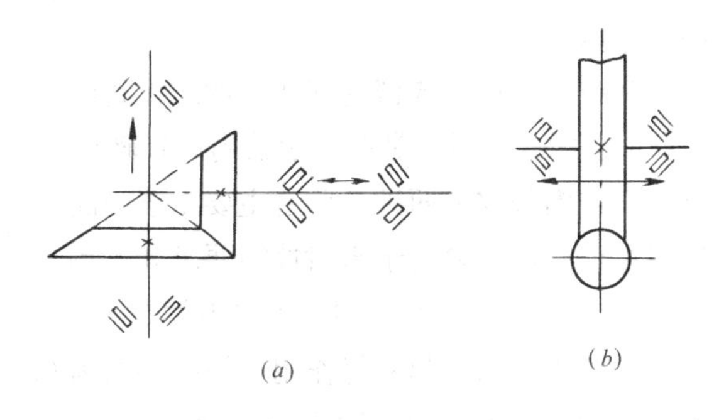

图 3-26　轴承轴向位置的调整

为了保证两轴孔的同轴度要求，应采用整体式的机座，并一次定位镗出两孔。若两孔内安装不同外径的轴承，可利用衬套补偿孔径之差。

3. 滚动轴承的配合

滚动轴承的配合是指轴承内圈与轴颈，外圈与座孔的配合。机械大修时，大都要更换轴承，因此多用过渡配合。一般情况下，转动的套圈（多为内圈）转速愈高、载荷愈大，冲击振动愈严重，此时应采用较紧的过渡配合；静止套圈（多为外圈）、游动套圈或经常拆卸的轴承，则应采用较松的过渡配合。与配合相关的尺寸可查有关机械设计手册。

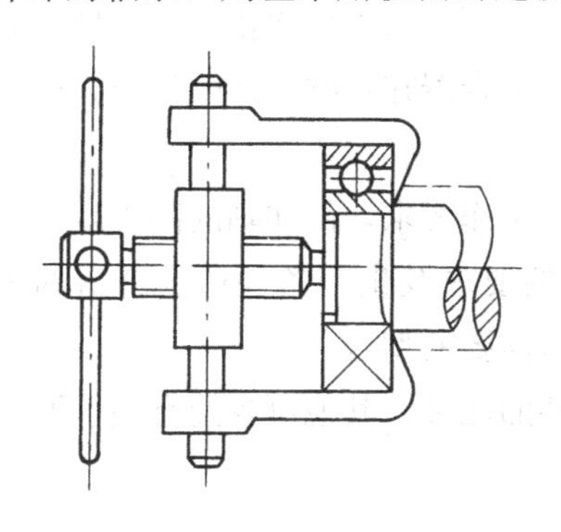
图 3-27　轴承拆卸

4. 滚动轴承的拆卸

由于轴承的内圈与轴颈的配合较紧，安装时一般是用压力机在内圈上施加压力，将轴承压到轴颈上。中小型轴承可以利用套筒和手锤安装。安装大尺寸轴承，可将其置于 80～120℃的油中加热膨胀后进行热装。

拆卸轴承时，需要专用的拆卸工具（图 3-27）。为了便于拆卸，内圈在轴肩上应露出拆卸高度或在轴肩上开沟槽（图3-28），以便插入拆卸工具的钩头。

5. 滚动轴承的润滑和密封

润滑的目的是减少摩擦和磨损，同时还有吸振、防锈、散热的作用。密封的目的是防止润滑剂的泄漏，防止灰尘和水分进入轴承。

滚动轴承的润滑剂是润滑油和润滑脂。在一般条件下，多采用脂润滑。因为它的最大

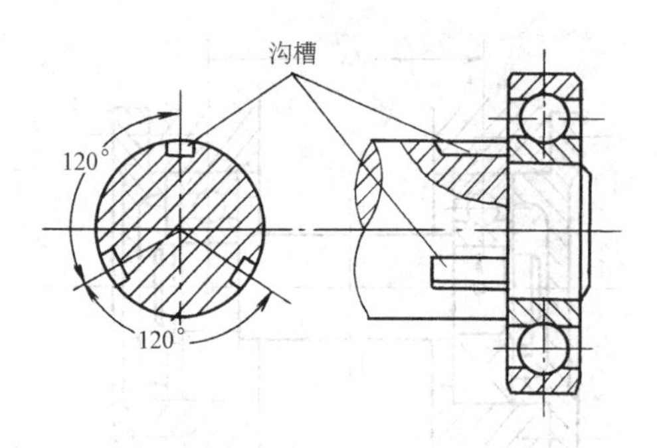

图 3-28　轴肩处开槽结构

优点是简单和方便，一次填完后，可以维持较长时间，对润滑装置和密封的要求都比较低。它产生的油膜强度高，能承受较大荷载。脂润滑的缺点是摩擦阻力大，不宜用于转速高、发热高的轴承。油润滑的优点是比脂润滑的摩擦阻力小，并易于带走热量，主要用于高速和工作温度较高的轴承。

润滑剂的具体选择，可按 dn 值确定，d 是轴承的内径，n 是轴的转速。当 $dn<(1.5\sim2)\times10^5$mm·r/min时，可采用脂润滑。如超过这一范围则采用油润滑。润滑油的黏度可按 dn 值和工作温度来确定。用油量则以油面高度为准，以不超过最低滚动体的中心为宜。如用脂润滑，其填充量不宜超过轴承空间的 1/3～1/2。高速轴承通常采用滴油或喷雾方法润滑。

密封方式有接触式密封和非接触式密封两种。

（1）接触式密封　是在轴承盖内放置软材料与转动轴直接接触而起密封作用。常用的软材料有毡圈和皮碗两种。前者主要用于脂润滑，并且用在工作环境较清洁的轴承内。后者密封性能好，主要用于密封性能要求高的场合。

（2）非接触式密封　常用的有间隙式和迷宫式两种。前者主要是靠轴承盖孔与轴颈之间存在着细小的间隙起密封作用，间隙一般为 0.1～0.3mm。它结构简单，配合面不直接接触，适用温度不高的脂润滑的轴承。后者是将旋转件与静件之间的间隙做成迷宫（曲路）形式，在间隙中充满润滑剂以加强密封效果。它是高速轴承的一种密封方式。它结构较复杂，安装时要求精度较高。

3.7　联轴器和离合器

联轴器和离合器是用来实现轴和轴之间的连接，使其一同转动并传递扭矩的部件。联轴器只有在机器停车后经过拆卸才能使被连接轴分开；而离合器在机械工作时就能方便地使被连接的轴分离或接合。

联轴器和离合器大都标准化，所以通常可根据机械的工作要求，例如轴的同心度、载荷、速度、安装、维修、使用、外形尺寸、绝缘等方面的要求及生产条件选定合适的类型，然后按照轴的直径、转速和计算扭矩从标准中选择所需要的型号和尺寸。

联轴器和离合器的类型很多，这里只简介具有代表性的几种，其他可参阅有关手册。

3.7.1　联轴器

联轴器按其内部是否有弹性元件，可分为刚性联轴器与弹性联轴器两大类。后者因有弹性元件，故可缓冲减振，并可在一定程度上补偿两轴间的偏差；前者根据其结构特点又可分刚性固定式与刚性可移式两类。可移式对两轴间的偏移量具有一定的补偿能力。

1. 凸缘联轴器

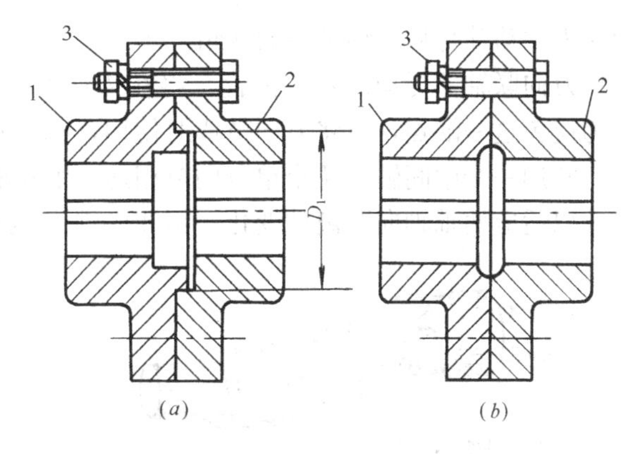

图 3-29 凸缘联轴器

刚性联轴器中，应用最广泛的是凸缘联轴器，多用于不常拆的场合。它是由两个带毂的圆盘 1、2 组成。两个圆盘用键分装在两轴端，再用螺栓 3 将他们联成一体，如图 3-29 所示。其中（a）图所示的结构利用两半联轴器的凸肩和凹槽相互配合来保证两轴同心，装拆时需要轴向移动，（b）图所示结构是用铰制孔螺栓对中，装拆较方便，但制造麻烦。

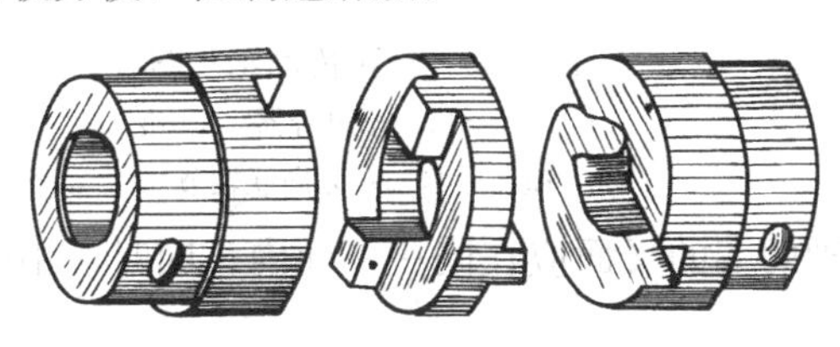
图 3-30 十字滑块联轴器

凸缘联轴器结构简单，但被连接的两轴务必严格对中，否则，由于两轴的相对倾斜或不同心，将在被连接的轴和轴承中引起附加载荷，甚至发生振动。一般用于扭矩较大，两轴能较好对中及冲击较小的连接上。

2. 十字滑块（十字沟槽）联轴器

它由两个端面开有径向凹槽的半联轴器和一个带凸榫的浮动盘组成（图 3-30），是可移式刚性联轴器的一种。浮动盘两面凸榫的中线互相垂直并通过浮动盘的中心。如果两轴线间有径向偏移，联轴器传动时，中间浮动盘上凸榫在半联轴器的凹槽中来回滑动，浮动盘作偏心回转，以补偿两轴线的偏移。它结构简单，径向尺寸小，但凸榫和凹槽容易磨损。一般用于两轴有一定径向偏移，工作时无大的冲击和转速不高的场合（工作转速$n<250$r/min）。

3. 万向联轴器（万向节）

它简称万向节，也是可移式刚性联轴器的一种。它由两个叉形接头、一个具有相互垂直臂的十字形构件和销轴组成（图 3-31）。十字轴 3 的中心与轴 1、2 的轴线交点重合。轴 1 通过十字轴将运动和动力传递给轴 2。由于叉形接头与十字轴是铰接的，因此被连接的两轴可有较大的角偏移。

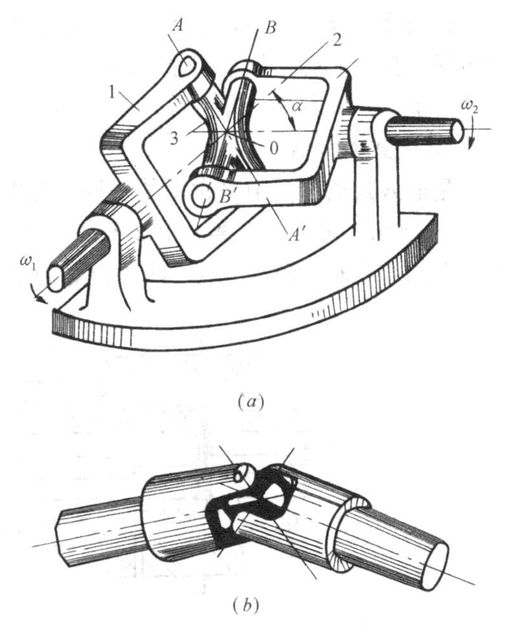

图 3-31 单万向联轴器

单万向联轴器的主动轴转一圈，从动轴也转一圈，但其角速度并非时时相等。可以证明，当主动轴以不变的角速度 ω_1 回转时，从动轴的角速度 ω_2 将在以下范围内作周期性变化：

$$\omega_1 \cos\alpha \leqslant \omega_2 \leqslant \frac{\omega_1}{\cos\alpha} \tag{3-5}$$

式中 α 为主动轴与从动轴轴线的交角。

单万向联轴器传动的不等速性，将在传动中引起附加动载荷和振动，影响零部件寿命。为避免这一缺点，可将万向节成对使用，称为双万向联轴器（双万向节），如图 3-32 所示。它用一个中间轴将两个单万向节相连。中间轴还可以做成两段，并用可滑移的花键连接，以适应两轴轴向距离的变化。图 3-33 所示为双万向节在汽车传动系统中的应用。

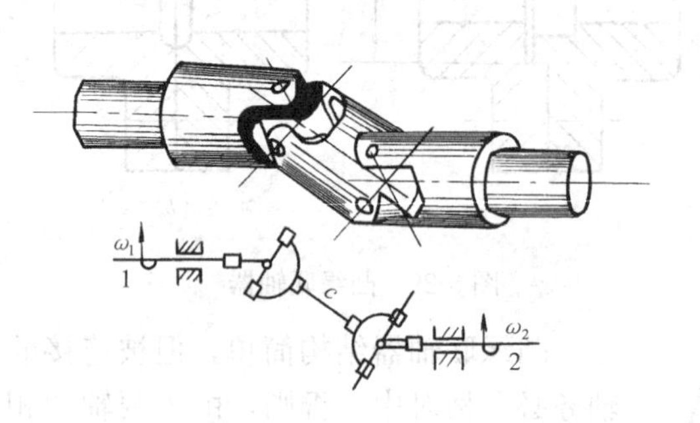

图 3-32　双万向联轴器

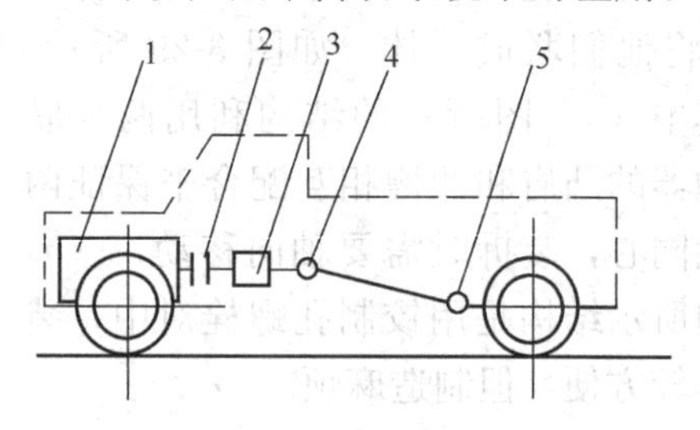

图 3-33　汽车传动示意图

1—发动机；2—离合器；3—变速器；4，5—万向联轴节

为保证双万向节的传动比恒等于 1，中间轴两端的叉面应在同一平面内；同时，中间轴与主、从动轴之间的夹角应相等。

十字轴万向节能连接交角较大的相交轴或距离较大的两平行轴，而且允许两轴在工作中改变交角和距离，在汽车、工程机械、机床等许多机械中应用很多。

除上述十字轴万向节外，还有其他各种形式的同步万向节（又称等角速万向节），如球叉式万向节、球笼式万向节、凸块式万向节、三销轴式万向节等，既能连接交角较大的两轴实现等角速传动，而且轴向尺寸又较紧凑，在汽车、工程机械中应用较多，此不赘述。

3.7.2　离合器

离合器在机器工作中，根据需要具有随时分离或接合的功能，因此要求它合离方便且迅速可靠；接合时冲击振动要小；耐磨性好；具有足够的散热能力等。

离合器的种类甚多，按工作原理不同，可分为牙嵌式、摩擦式和电磁式等。

1. 牙嵌式离合器

它是嵌入式离合器中最常用的一种。它由两个端面上带有若干爪齿的半联轴器组成，如图 3-34 所示。可动的半离合器 2 与轴采用能滑移的导键 3 或滑键连接，在不动的半离合器 1 上固定有对心环 5，能使两轴很好地对中。利用杠杆、液压等方式操纵拨叉 4，使

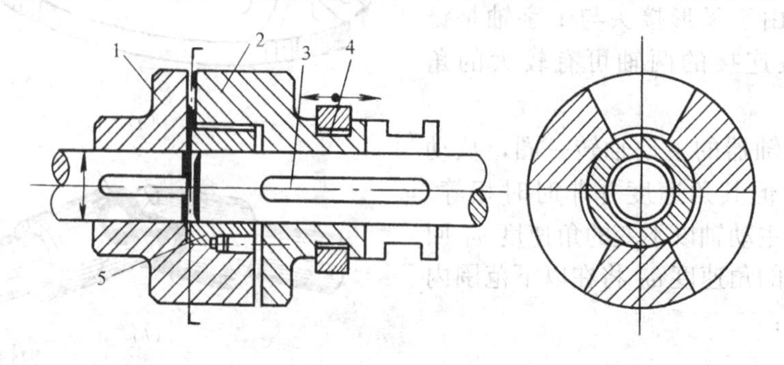

图 3-34　牙嵌式离合器

可动半离合器 2 沿轴向移动即可实现离合器的结合或分离。

牙嵌式离合器是靠牙齿的啮合传递扭矩，一般常用的牙型有矩形、梯形、锯齿形等。

矩形牙不便接合，它在工作中由于没有轴向分力，所以分离比较困难，牙的强度也较低，只适用于低速、手动的场合；梯形牙易嵌合，磨损后可以通过调整以消除牙间的间隙，从而减小冲击，牙根强度较高，能传递大的扭矩，所以应用广泛；锯齿形牙的强度更高，其结构特点适用于传递单方向的扭矩。

牙嵌式离合器的优点是结构简单，尺寸紧凑，啮合齿间无相对滑动，传递准确，传递功率较大；缺点是只能在低速或静止状态下接合。

2. 摩擦式离合器

摩擦式离合器是靠工作表面间的摩擦力来传递扭矩的，它能在不停车时将具有转速差的两轴连接起来。同时还具有以下特点：过载时发生打滑，避免其他零件受损，起到安全保护作用；接合和分离灵活，接合时冲击力小；可通过摩擦面间的压力来调节从动轴的加速时间，减少冲击，实现较平稳的接合。因此它广泛地应用于需要频繁接合与分离的场合，如汽车、建筑机械及机床等机械中。

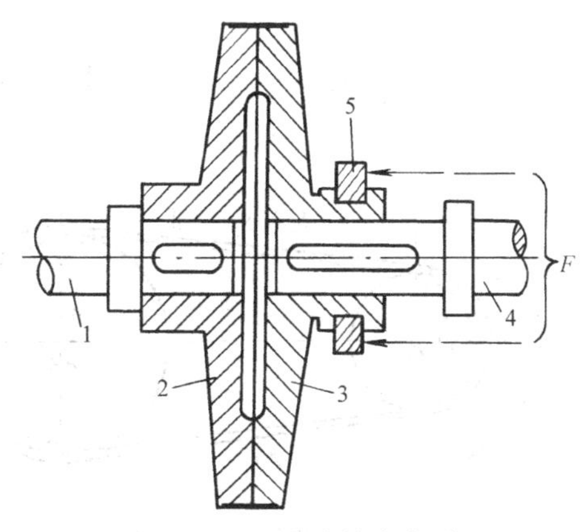

图 3-35　圆盘摩擦离合器

摩擦离合器的形式很多，应用最广泛的是圆盘摩擦离合器（图 3-35）。圆盘 3 以导向键与从动轴 4 连接，利用接合机构操纵滑环 5 施以轴向力，使圆盘 3 与圆盘 2 接合并被压紧。当主动轴 1 转动时，靠两圆盘接合面间产生的摩擦力便将运动和转矩传给从动轴 4。若增大圆盘的径向尺寸，则可增大所传递的转矩。

思考题与习题

1. 轴的结构设计主要应考虑哪些问题？
2. 轴的强度计算有几种？各用在什么场合？
3. 为什么有的轴制造成阶梯形状？
4. 根据轴受力情况，轴有哪三种？各种轴的受力性质如何？各举一实例。
5. 轴瓦和轴承衬的材料有何基本要求？最常用的是什么材料？
6. 轴毂的连接有哪几种？各有何特点？
7. 滑动轴承多用在什么地方？
8. 滚动轴承与滑动轴承相比有哪些特点？
9. 进行滚动轴承组合设计时，应考虑哪些问题？
10. 轴承为什么要润滑？根据什么因素选择润滑剂？
11. 下列轴承端面上打出的字母和数字分别为 105、E2208、36307、D7209，是什么意思？
12. 选择联轴器时，应考虑哪些因素？

第4章 挠 性 传 动

在机械传动中，带传动及链传动都是具有中间挠性件的传动，统称为挠性传动。挠性传动和其他机械传动相比，有许多独特的优点，应用广泛。本章主要介绍在建筑机械中常用的带传动，并且在对带传动概述和工作情况分析的基础上，重点介绍三角胶带（普通V带）传动的设计计算。本章最后，对链传动也给予简要介绍。

4.1 带传动概述

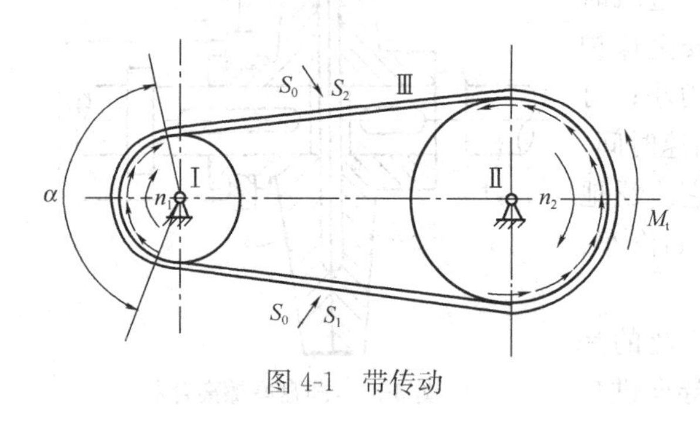

图4-1 带传动

4.1.1 带传动的组成和类型

如图4-1所示，带传动主要由主动轮Ⅰ、从动轮Ⅱ和带Ⅲ组成。由于传动带按一定拉力紧套在两轮上，它使带与轮的接触面间存有正压力。当主动轮转动时，借助带与轮之间的摩擦力来传递运动和动力，所以带传动是一种摩擦传动。

传动带的类型很多，根据其横剖面的形状来区分，主要有平带、三角带和圆带，如图4-2所示。

一般用的平带是有接头的帆布胶带，用胶接或带扣使其形成封闭的环形，其长度无标准，按需要取长。平带是在平滑的带轮上工作，其内表面为工作面，运动不够平稳，不适于高速传动。

三角带的横剖面之所以做成梯形，是因为三角带在有沟槽的带轮上工作，两个侧面是工作面，制成梯形的目的，在于利用楔形增压原理，使在同样大的张紧力的作用下能产生较大的摩擦力；或者说是为增大带与轮间的摩擦系数，以便获得较平带大得多的传动能力。

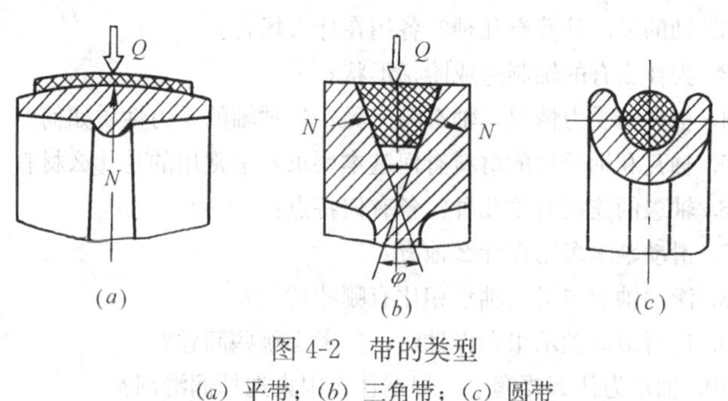

图4-2 带的类型

(a) 平带；(b) 三角带；(c) 圆带

如果平带与三角带对轮轴的压紧力Q相同时，如图4-2(a)、(b)所示，平带与轮间产生的极限摩擦力$F_f=fQ=fN$；而三角带与轮槽每一侧面上的正压力$N=Q/2\sin(\varphi/2)$，其极限摩擦力$F_f=2fN=fQ/\sin(\varphi/2)=f'Q$ $[f'=f/\sin(\varphi/2)]$，式中f为摩擦系数，f'称为当量摩擦系数。当$\varphi=40°$时（已标准化），$f'=3f$，即三角带传动的能力约为平带传动能力的三倍，因此，在一般的带传动中普遍采用三角带。

圆带多用在传动功率较小的装置上。

4.1.2 三角胶带的规格

三角带的种类虽然很多，但都已标准化，应用最多的则是三角胶带即普通 V 带。它是无接头的环形带，其横剖面的结构如图 4-3（*a*）所示。它的伸张层和压缩层都由橡胶制成，其强力层是由几层帘布或浸胶的棉线（或尼龙）绳构成，用来承受拉力。它传动平稳，应用广泛。

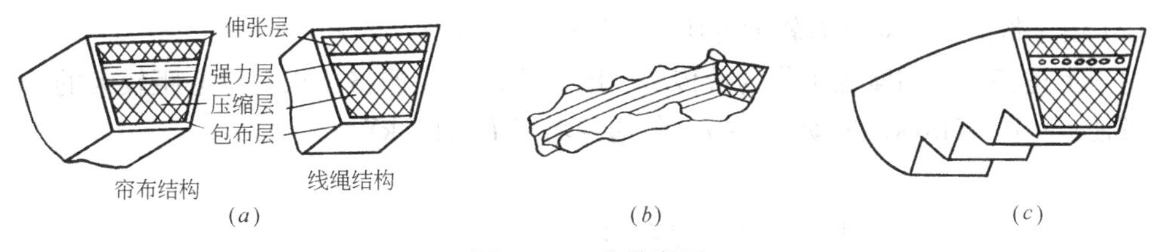

图 4-3 三角带类型

此外，还有活络三角带和齿形三角带，分别如图 4-3（*b*）、（*c*）所示。

根据国标（GB/T 524—2003）规定，我国生产的普通三角胶带有 Y、Z、A、B、C、D、E 七种型号，各种型号的横剖面尺寸及面积见表 4-1。其中 Y 型横剖面积最小，E 型横剖面积最大，并且每米带长的质量也由小到大。

三角胶带横剖面的水平宽度 b_p 处（拉压的交界处）的周长 L_p 称为节线长度。安装在带轮上，其节线所在的圆称为带轮的节圆，其节圆直径 d 常简称为带轮直径，L_p 和 d 均用于几何尺寸的计算上。三角胶带的内周长 L_i 称为标准长度或公称长度，一般按此长度选购三角胶带。每种型号都有好几种长度，其长度系列尺寸见表 4-1。其内周长 L_i 从表下“注”的计算式中获得。

普通 V 带型号、截面尺寸、每米质量 q 和基准长度系列（mm） **表 4-1**

型号	截面尺寸			q (kg/m)	基准长度(节线长度)L_p
	b_p	b	h		
Y	5.3	6	4	0.02	200,224,250,280,315,355,400,450,500
Z	8.5	10	6	0.06	400,450,500,560,630,710,800,900,1000,1120,1250,1400,1600
A	11.0	13	8	0.10	630,710,800,900,1000,1120,1250,1400,1600,1800,2000,2240,2500,2800
B	14.0	17	10.5	0.17	900,1000,1120,1250,1400,1600,1800,2000,2240,2500,2800,3150,3550,4000,4500,5000
C	19.0	22	13.5	0.30	1600,1800,2000,2240,2500,2800,3150,3550,4000,4500,5000,5600,6300,7100,8000,9000,10000
D	27.0	32	19	0.62	2800,3150,3550,4000,4500,5000,5600,6300,7100,8000,9000,10000,11200,12500,14000
E	32.0	38	23.5	0.90	4500,5000,5600,6300,7100,8000,9000,10000,11200,12500,14000,16000

注：1. b_p 是指 V 带中性层的宽度，称为节宽，节宽在带轮轮槽内相应位置的槽宽是带轮的基准宽度 b_d，即 $b_d = b_p$，它是带轮与带标准化的基本尺寸。

2. 基准长度 L_p 是在规定的张紧力下，V 带节宽处的周长，它是 V 带的公称长度。

3. 选用时，应标明带的型号及基准长度 L_p。例：标记 V 带 A-1000（GB/T 11544—2012）。

4.1.3 带传动的特点

(1) 可以适应中心距较大的工作条件；

(2) 能缓和载荷冲击，运行平稳，无噪声；

(3) 过载时带在轮上打滑，可防止其他零件受损，起过载保护的作用；

(4) 结构简单，便于加工、装配和维修，成本低；

(5) 工作时产生弹性滑动，故不能严格保证准确的传动比；

(6) 带的寿命短且传动效率较低；

(7) 由于带的张紧对轴有较大的压力，使轴及轴承受力较大。

由于上述特点，靠摩擦工作的带传动多用于传动比无严格要求且中心距较大的场合，一般带速 $v=5\sim25\text{m/s}$，传动比 $i\leqslant7$，传递的功率 $P\leqslant100\text{kW}$。

4.2 带传动的工作情况分析

4.2.1 带传动的受力分析与打滑

传动带以一定的初拉力张紧在带轮上，在未工作前上下两边的拉力相等，均为初拉力 F_0 [图 4-4 (a)]。传动时 [图 4-4 (b)]，由于带与轮之间的摩擦作用，两轮作用在带上的摩擦力使进入主动轮的一边进一步拉紧，拉力由 F_0 增到 F_1，称为紧边；另一边则放松，拉力由 F_0 降到 F_2，称为松边，两边拉力差称为带传动的有效拉力 F_t，也称为带传动的圆周力，即

$$F_1-F_2=F_t=\sum F_f \tag{4-1}$$

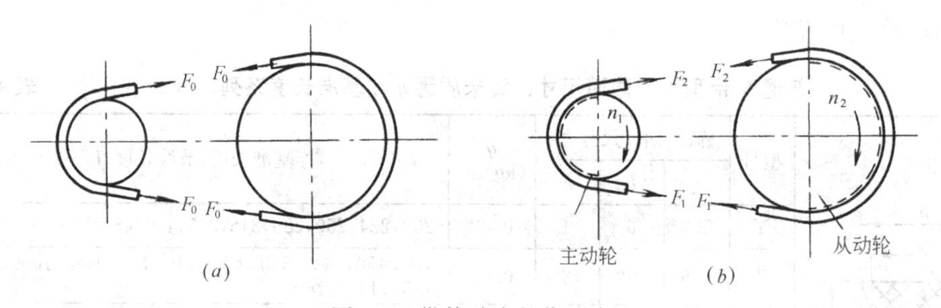

图 4-4 带传动中的作用力

有效拉力 F_t 不是作用在某一个固定点上的集中力，而是带与轮接触面上各点摩擦力的总和 $\sum F_f$。设带的总长度不变，若带的材料符合虎克定律，则可认为带在紧边拉力作用下的增长量，等于带在松边拉力作用下的减少量，其紧松两边的拉力则有

$$F_1-F_0=F_0-F_2 \text{ 或 } F_1+F_2=2F_0 \tag{4-2}$$

在初拉力一定的情况下，有效拉力是一个极限值。当需要传递的圆周力大于该极限值时，带将沿着带轮发生全面滑动，这种现象称之为打滑。出现打滑时，虽然主动轮还在转动，但带和从动轮都不能正常运动，甚至完全不动，这就使得传动失效。打滑还会加剧带的磨损，这是带传动设计和使用时不允许的。

在带传动即将出现打滑的临界状态下，带所传递的圆周力最大，F_1 与 F_2 的关系可用

挠性体摩擦的基本公式（即欧拉公式）表示

$$F_1=F_2e^{f\alpha} \tag{4-3}$$

式中 f 为带与轮之间的摩擦系数；α 为带在轮上的包角（接触弧所对的圆心角），单位：rad；e 为自然对数的底，$e\approx2.718$。

由以上三式可得

$$F_{tmax}=2F_0\frac{e^{f\alpha}-1}{e^{f\alpha}+1} \tag{4-4}$$

从式（4-4）可知，最大圆周力 F_{tmax} 随 F_0、f 及 α 的增大而增大。对于带传动，在一定的条件下 f 为一定值（f 由带与轮的材料而定），而且大轮上的包角 α_2 总是大于小轮上的包角 α_1，上式中的角 α 在这里指的就是 α_1，摩擦力的最大值也取决于 α_1，所以打滑是从小轮上开始。为了提高传动的承载能力，α_1 不能太小。对于三角胶带传动，一般小轮的包角 $\alpha_1\geqslant120°$，特殊情况下 $\alpha_1\geqslant90°$。

从式（4-4）还可知，张紧力 F_0 的大小是保证带传动正常工作的重要因素。张紧力 F_0 过小，带压向轮上的正压力就小，传动带将容易在轮上打滑；张紧力过大，则带中初拉应力过大，使带失去弹性，降低使用寿命，因此 F_0 的大小要适当。

4.2.2 带传动的弹性滑动及传动比

带是弹性体，受拉力后会产生弹性伸长。当带所受拉力由 F_1 逐渐减至 F_2 时，带的伸长随之逐渐减小并与带轮产生相对滑动，带绕出主动轮后其速度低于主动轮的圆周速度。同理，带由松边绕过从动轮到紧边的过程中，情况正好相反，带的伸长也随之逐渐增大，带与从动轮之间也产生相对滑动，带绕出从动轮后其速度大于从动轮的圆周速度。上述带在轮上因弹性伸缩而产生的相对滑动称之为弹性滑动。它的大小与带的松紧两边拉力差有关，拉力差愈大，带传递的圆周力愈大，弹性滑动也愈大。

弹性滑动使得从动轮的圆周速度低于主动轮，因此带传动没有准确的传动比。

应当指出：弹性滑动与打滑不同，弹性滑动是带传动不可避免的一种物理现象；而打滑只是在传动过载或传动装置维护不良时才会出现，它是可以而且应该避免的。

由于带的弹性滑动所引起的从动轮圆周速度的降低率 ε 称为滑动系数

$$\varepsilon=\frac{v_1-v_2}{v_1}=\frac{n_1d_1-n_2d_2}{n_1d_1} \tag{4-5}$$

由上式可得带传动的传动比 i 为：

$$i=\frac{n_1}{n_2}=\frac{d_2}{d_1(1-\varepsilon)} \tag{4-6}$$

式中 n_1、n_2——主、从动带轮转速，r/min；

d_1、d_2——主、从带轮直径，mm。

对于三角传动带，$\varepsilon=0.01\sim0.02$，在一般计算中常可略去不计。此时 $i=\frac{n_1}{n_2}\approx\frac{d_2}{d_1}$。

4.2.3 带传动的应力分析与疲劳破坏

带在工作时，其横剖面（设其面积为 A）上所受的应力有：

（1）由紧边拉力引起的拉应力为 σ_1，由松边拉力引起的拉应力为 σ_2，显然 $\sigma_1>\sigma_2$。

(2) 由离心力产生的离心应力为 σ_c。离心力虽然只产生于带做圆周运动的部分，但它所产生的拉力却作用于带的全长，故 σ_c 沿带全长的各横剖面上都是相等的。

(3) 带绕过带轮时，在弯曲部分产生的弯曲应力为 σ_b。当带的材料和厚度一定时，σ_b 与带轮直径成反比，显然 $\sigma_{b1}>\sigma_{b2}$。当张紧力保持不变，带在工作时各段的合成应力如图 4-5 所示，其最大应力发生在紧边绕入小轮处（图中的 A 点）即

$$\sigma_{max}=\sigma_1+\sigma_c+\sigma_{b1} \tag{4-7}$$

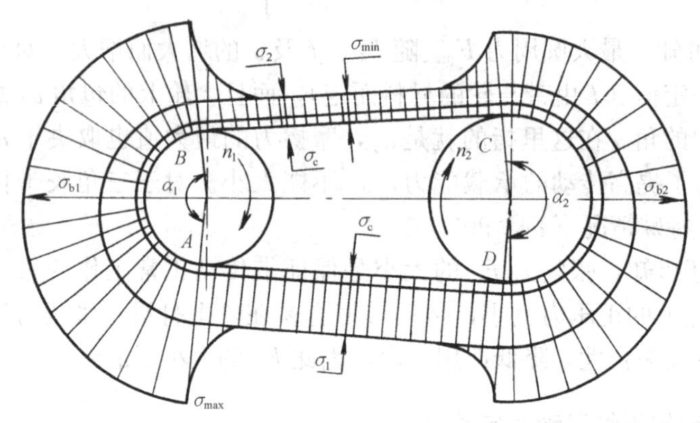

图 4-5　带中的应力分布

由于带是在变应力作用下工作，容易产生疲劳破坏。故带速不能太高。为了避免带所受弯曲应力过大，直径 d_1 也不能太小，其最小直径要控制在表 4-2 的范围内。

普通 V 带轮最小标准直径（mm）　　**表 4-2**

型　号	Y	Z	A	B	C	D	E
d_{dmin}	20	50	75	125	200	355	500

注：带轮直径系列为：20，22.4，25，28，31.5，35.5，40，45，50，56，63，71，75，80，85，90，95，100，106，112，118，125，132，140，150，160，170，180，200，212，224，236，250，265，280，300，315，335，355，375，400，425，450，475，500，530，560，600，630，670，710，750，800，900，1000，1060，1120，1250，1400，1500，1600，1800，2000，2240，2500。

4.3　三角带传动的设计计算

4.3.1　带传动的设计准则和单根胶带的传递功率

由上述分析可知，带传动的主要失效形式为打滑和带的疲劳破坏。因此其设计准则是：在保证不打滑的前提下，使带具有一定的疲劳强度或寿命。为此，带应满足下式

$$\sigma_{max}=\sigma_1+\sigma_c+\sigma_{b1}\leqslant[\sigma] \tag{4-8}$$

式中 $[\sigma]$ 为在一定条件下带的许用拉应力。当 $\sigma_{max}=[\sigma]$ 时，带将发挥最大效能。

设带的剖面面积为 A，则由上式可得到带的紧边拉力

$$F_1=\sigma_1 A=A([\sigma]-\sigma_{b1}-\sigma_c) \tag{4-9}$$

根据式（4-1）、式（4-3）可得到不打滑条件下带所能传递的最大圆周力为

$$F_{\mathrm{tmax}}=F_1\left(1-\frac{1}{e^{f\alpha}}\right) \tag{4-10}$$

设带速为 v，将式（4-9）代入式（4-10），最后可得到满足设计准则的单根胶带所能传递的功率

$$\begin{aligned} P_0 &=\frac{F_{\mathrm{t}}\cdot v}{1000} \\ &=\left([\sigma]-\sigma_{\mathrm{c}}-\sigma_{\mathrm{b1}}\right)\left(1-\frac{1}{e^{f\alpha}}\right)\frac{Av}{1000} \end{aligned} \tag{4-11}$$

在载荷平稳，传动比 $i=1$（即 $\alpha_1=\alpha_2=180°$），L_{p} 为特定长度，胶带材料为化学纤维的条件下，由上式（4-11）求得的单根三角胶带所能传递的功率 P_0 见表 4-3。

单根普通 V 带的基本额定功率 P_0　（kW）　　**表 4-3**

带型	d_1 (mm)	n_1 (r/min)											
		700	800	950	1200	1450	1600	1800	2000	2200	2400	2600	2800
Z	50	0.09	0.10	0.12	0.14	0.16	0.17	0.19	0.20	0.21	0.22	0.24	0.26
	56	0.11	0.12	0.14	0.17	0.19	0.20	0.23	0.25	0.28	0.30	0.32	0.33
	63	0.13	0.15	0.18	0.22	0.25	0.27	0.30	0.32	0.35	0.37	0.39	0.41
	71	0.17	0.20	0.23	0.27	0.30	0.33	0.36	0.39	0.43	0.46	0.48	0.50
	80	0.20	0.22	0.26	0.30	0.35	0.39	0.42	0.44	0.47	0.50	0.53	0.56
	90	0.22	0.24	0.28	0.33	0.36	0.40	0.44	0.48	0.51	0.54	0.57	0.60
A	75	0.40	0.45	0.51	0.60	0.68	0.73	0.78	0.84	0.88	0.92	0.96	1.00
	90	0.61	0.68	0.77	0.93	1.07	1.15	1.24	1.34	1.42	1.50	1.57	1.64
	100	0.74	0.83	0.95	1.14	1.32	1.42	1.54	1.66	1.76	1.87	1.96	2.05
	112	0.90	1.00	1.15	1.39	1.61	1.74	1.89	2.04	2.17	2.30	2.40	2.51
	125	1.07	1.19	1.37	1.66	1.92	2.07	2.26	2.44	2.59	2.74	2.86	2.98
	140	1.26	1.41	1.62	1.96	2.28	2.45	2.66	2.87	3.04	3.22	3.36	3.48
	160	1.51	1.69	1.95	2.36	2.73	2.94	3.18	3.42	3.61	3.80	3.93	4.06
	180	1.76	1.97	2.27	2.74	3.16	3.40	3.66	3.93	4.12	4.32	4.43	4.54
B	125	1.30	1.44	1.64	1.93	2.19	2.33	2.50	2.64	2.76	2.85	2.90	2.96
	140	1.64	1.82	2.08	2.47	2.82	3.00	3.23	3.42	3.58	3.70	3.78	3.85
	160	2.09	2.32	2.66	3.17	3.62	3.86	4.15	4.40	4.60	4.75	4.82	4.89
	180	2.53	2.81	3.22	3.85	4.39	4.68	5.02	5.30	5.52	5.67	5.72	5.76
	200	2.96	3.30	3.77	4.50	5.13	5.46	5.83	6.13	6.35	6.47	6.45	6.43
	224	3.47	3.86	4.42	5.26	5.97	6.33	6.73	7.02	7.19	7.25	7.10	6.95
	250	4.00	4.46	5.10	6.04	6.82	7.20	7.63	7.82	7.97	7.89	7.26	7.14
	280	4.61	5.13	5.85	6.90	7.76	8.13	8.46	8.60	8.53	8.22	7.51	6.80
C	200	3.69	4.07	4.58	5.29	5.84	6.07	6.28	6.34	6.26	6.02	5.61	5.01
	224	4.64	5.12	5.78	6.71	7.45	7.75	8.00	8.06	7.92	7.57	6.93	6.08
	250	5.64	6.23	7.04	8.21	9.04	9.38	9.63	9.62	9.34	8.75	7.85	6.56
	280	6.76	7.52	8.49	9.81	10.72	11.06	11.22	11.04	10.48	9.50	8.08	6.13
	315	8.09	8.92	10.05	11.53	12.46	12.72	12.67	12.14	11.08	9.43	7.11	4.16
	355	9.50	10.46	11.73	13.31	14.12	14.19	13.73	12.59	10.70	7.98	4.32	—
	400	11.02	12.10	13.48	15.04	15.53	15.24	14.08	11.95	8.75	4.34	—	—

4.3.2　三角带传动设计计算的内容和条件

设计计算内容：选择带的型号；计算带的根数；确定合理的传动参数（带的内周长、

中心距、带轮直径等）。

设计需要的已知条件：传动用途和工作条件；原动机的种类；所需传递的功率；需要的从动带轮的转速或传动比；对传动的外廓尺寸要求等。

4.3.3 设计计算的步骤

1. 确定计算功率 P_c

$$P_c = K_A P \quad (kW) \tag{4-12}$$

式中 P——传递的名义功率，kW；

K_A——工作情况系数，其值按表 4-4 选取。

工作情况系数 K_A 　　　　**表 4-4**

<table>
<tr><th colspan="2" rowspan="2">工　作　机</th><th colspan="6">原　动　机</th></tr>
<tr><th colspan="3">Ⅰ类</th><th colspan="3">Ⅱ类</th></tr>
<tr><th rowspan="2">载荷性质</th><th rowspan="2">机器举例</th><th colspan="6">一天工作时间（h）</th></tr>
<tr><th>≤10</th><th>10～16</th><th>>16</th><th>≤10</th><th>10～16</th><th>>16</th></tr>
<tr><td>载荷平稳</td><td>液体搅拌机、鼓风机、轻型运输机、离心式水泵</td><td>1.0</td><td>1.1</td><td>1.2</td><td>1.1</td><td>1.2</td><td>1.3</td></tr>
<tr><td>载荷变动较小</td><td>带式运输机（砂、煤、谷物）、发电机、机床、剪床、压力机、印刷机</td><td>1.1</td><td>1.2</td><td>1.3</td><td>1.2</td><td>1.3</td><td>1.4</td></tr>
<tr><td>载荷变动较大</td><td>运输机（斗式、螺旋式）、锻锤、磨粉机、锯木机、纺织机械</td><td>1.2</td><td>1.3</td><td>1.4</td><td>1.4</td><td>1.5</td><td>1.6</td></tr>
<tr><td>载荷变动很大</td><td>破碎机（旋转式、颚式）、球磨机、起重机、挖掘机</td><td>1.3</td><td>1.4</td><td>1.5</td><td>1.5</td><td>1.6</td><td>1.8</td></tr>
</table>

注：1. Ⅰ类——普通鼠笼式交流电动机、同步电动机、直流电动机（并激）、n>600r/min 的内燃机。

Ⅱ类——交流电动机（双鼠笼式、滑环式、单相、大转差率）、直流电动机、n≤600r/min 的内燃机。

2. 反复启动，正反转频繁，工作条件恶劣等，以及松边外侧加张紧轮时，K_A 按表值再乘以 1.1。

2. 选择三角胶带的型号

三角胶带是标准件。根据计算功率 P_c 和小带轮转速 n_1，可由图 4-6 中选取三角胶带的型号。当 P_c 和 n_1 坐标值交点位于（或接近）两种型号的边界处时，可取相邻两种型号同时计算，比较结果择优确定一种。

3. 确定带轮直径 d_1 和 d_2

为减小带的弯曲应力和不使传动尺寸增大，一般取小带轮直径 d_1 等于或大于表 4-2 中的最小许用直径，并按表 4-2 中带轮直径系列圆整（以计算的数值为依据，按规定标准取值称为圆整）。大带轮的直径可由 $d_2 = id_1$ 计算，并按表 4-2 中的直径系列取值（圆整）。

4. 验算胶带速度

$$v = \frac{\pi d_1 n_1}{60 \times 100} \quad (m/s) \tag{4-13}$$

由 $P = Fv$ 可知，当传递的功率 P 一定时，带速愈快，带传动所需圆周力愈小；但带速过高，带在单位时间内绕过带轮的次数增加，则带的寿命降低；同时，带的离心力增

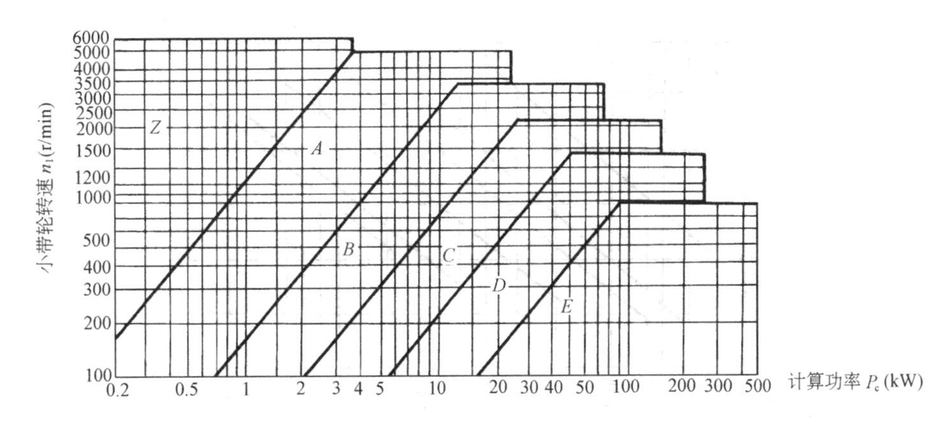

图 4-6　三角胶带（普通 V 带）选型图

大，带与轮之间的接触压力减小，带传动的传递能力会降低。因此带速 v 限制在一定范围内，即在：

$v=5\sim25$m/s 范围内选取，否则要重选 d_1。

5. 确定中心距及胶带节线长度 L_p

传动比一定时，中心距太小会使小带轮的包角 α_1 减小，降低了传动能力；但中心距过大，又会增大传动的外廓尺寸。通常在下列范围内初定中心距 a_0

$$0.7(d_1+d_2)\leqslant a_0\leqslant 2(d_1+d_2) \tag{4-14}$$

a_0 得出后，按下式初算节线长度 L_0

$$L_0=2a_0+\frac{\pi}{2}(d_1+d_2)+\frac{(d_2-d_1)^2}{4a_0}\quad(\text{mm}) \tag{4-15}$$

根据初算的 L_0，由表 4-1 圆整成相近的标准节线长度 L_p，即公称长度，最后再按下式近似计算出实际中心距 a。

$$a\approx a_0+\frac{L_p-L_0}{2}\quad(\text{mm}) \tag{4-16}$$

考虑安装调整和补偿张紧力的需要，中心距 a 的变动范围为

$$(a-0.015L_p)\sim(a+0.03L_p)$$

6. 按下式验算小带轮的包角 α_1

$$\alpha_1\approx180^\circ-\frac{d_2-d_1}{a}\times\frac{180^\circ}{\pi}\geqslant120^\circ \tag{4-17}$$

如果 $\alpha_1<120^\circ$，可适当加大中心距 a 或增设张紧轮。

7. 计算胶带根数 Z（取整数值）

$$Z\geqslant\frac{P_c}{P_0K_aK_L}\quad(\text{根}) \tag{4-18}$$

式中　K_L——长度系数，考虑带长对工作能力的影响，见图 4-7；

K_a——包角系数，考虑包角对工作能力的影响，见表 4-5；

P_0——单根胶带允许传递的功率，kW；见表 4-3；此功率是在特定情况下产生的。当 $i>1$，$d_2>d_1$ 时，在寿命相同的条件下，带实际所能传递的功率要比 P_0 大，其增量为 ΔP_0，在此略去不计。

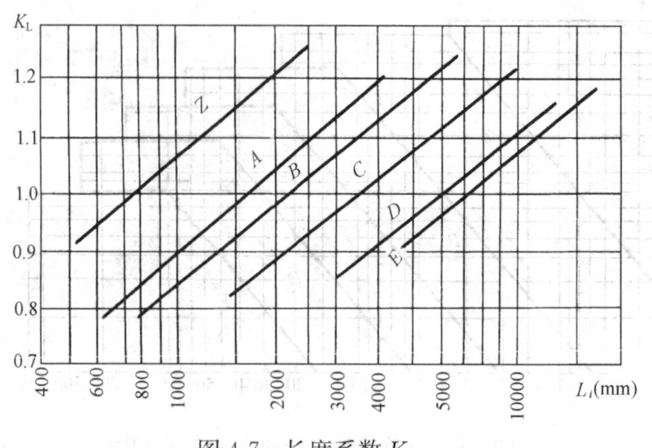

图 4-7　长度系数 K_L

包角系数 K_a　　表 4-5

α	180°	170°	160°	150°	140°	130°	120°	110°	100°	90°
K_a	1.00	0.98	0.95	0.92	0.89	0.86	0.82	0.78	0.74	0.69

8. 确定初拉力 F_0

对于三角胶带传动，单根胶带合适的初拉力 F_0 由下式计算

$$F_0 = 500\frac{P_c}{vZ}\left(\frac{2.5-K_a}{K_a}\right)+qv^2 \quad (\text{N}) \tag{4-19}$$

式中　q——每米三角带的质量，kg/m；见表（4-1）。

9. 计算带轮轴上的压力 Q，以便给带轮轴的设计提供依据。

由图 4-8 可知，压力 Q 近似等于带两边拉力的合力，一般按初拉力 F_0 求得

$$Q = 2ZF_0\sin\frac{\alpha_1}{2} \quad (\text{N}) \tag{4-20}$$

式中　α_1——小带轮的包角；

Z——胶带的根数。

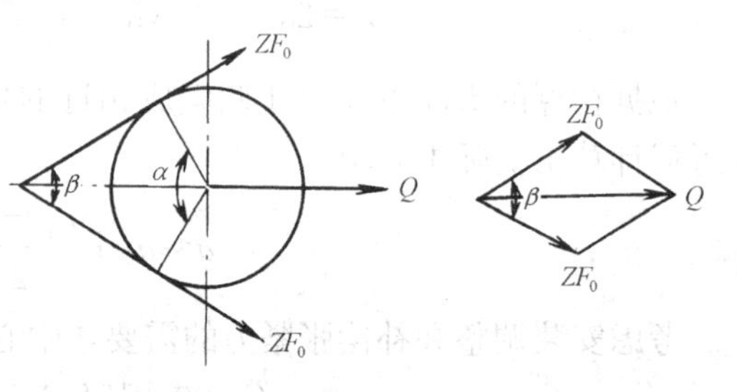

图 4-8　带作用在轴上的压力

4.3.4　三角胶带传动设计计算实例

某颚式破碎机，采用三角胶带传动，选用电动机的额定功率 $P=5.5$kW，主动轮轴的转速 $n_1=1440$r/min，要求从动轮的转速 $n_2=380$r/min，两班制工作（每班 8h），试设计计算该三角带传动。计算过程见表 4-6。

计算过程简表　　表 4-6

序号	计算项目			计算根据或参数选定	计算结果
	名称	符号	单位		
1	工作情况系数	K_A		表 4-4	1.4
2	计算功率	P_c	kW	式（4-12）	7.7

续表

序号	计算项目			计算根据或参数选定	计算结果
	名称	符号	单位		
3	定胶带型号			图 4-6	B 型
4	定小轮直径	d_1	mm	表 4-2	140
5	定大轮直径	d_2	mm	式 (4-6)	530
6	验算带速	v	m/s	式 (4-13)	10.55
7	初定中心距	a_0	mm	式 (4-14)	1000
8	初算胶带节线长	L_0	mm	式 (4-15)	3090
9	定胶带节线长	L_p	mm	表 4-1	3150
10	定中心距	a	mm	式 (4-16)	1050
11	计算包角	α_1		式 (4-17)	158°43′
12	包角系数	K_a		表 4-5	0.95
13	带长系数	K_L		图 4-7	1.08
14	单根胶带传递功率	p_0	kW	表 4-3	2.80
15	计算胶带根数	Z	根	式 (4-18)	2.70 取 3
16	定单根胶带初拉力	F_0	N	式 (4-19)	211
17	计算轴上压力	Q	N	式 (4-20)	1139

4.4 三 角 带 轮

4.4.1 三角带轮的结构

三角带轮由轮缘、轮辐和轮毂三部分组成。

轮缘——带轮的外环部分，轮槽是轮缘的边缘部分。轮缘的有关尺寸由带的型号决定。

轮毂——轮与轴相配合的部分。

轮辐——轮缘与轮毂间的连接部分，形式有：

(1) 实心式 (图 4-9) 用于直径较小的带轮；

(2) 辐板式 (图 4-10) 用于直径 $d \leqslant 350$mm 的带轮；

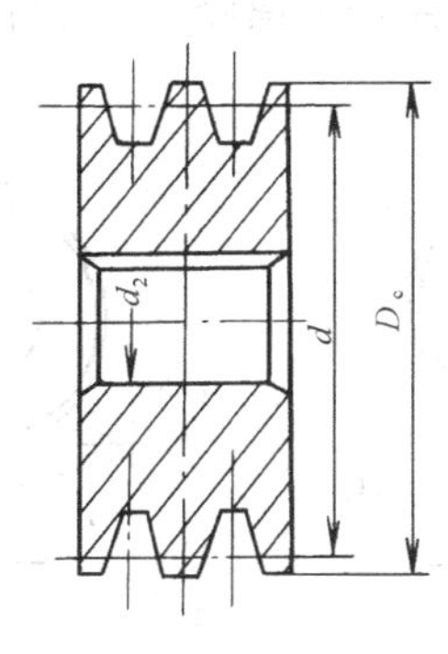

图 4-9 实心式带轮

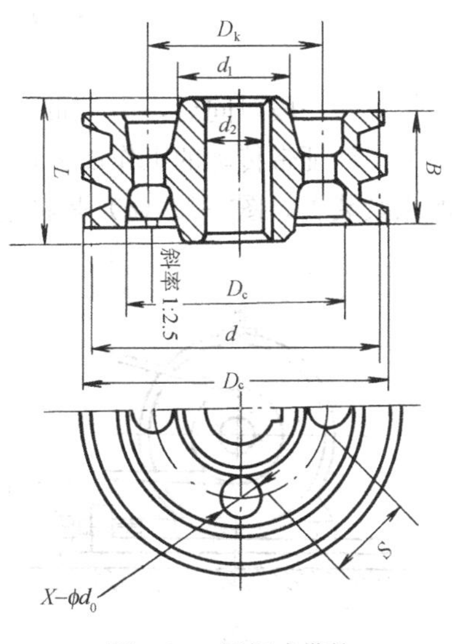

图 4-10 辐板式带轮

（3）轮辐式　（图 4-11）用于直径 $d>350$mm 的带轮。

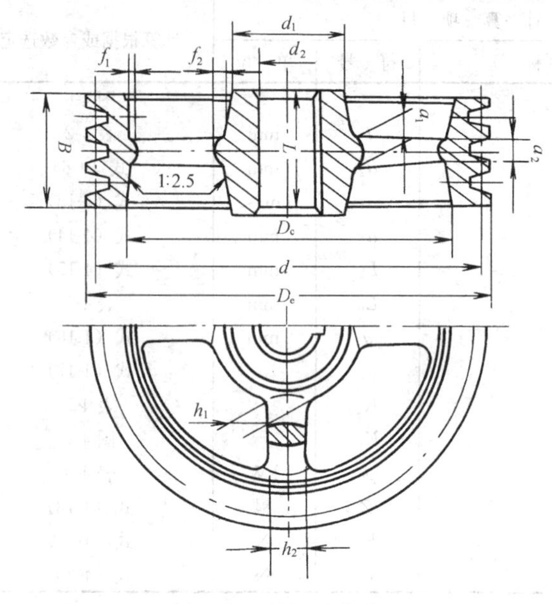

图 4-11　轮辐式带轮

有关三角带轮的结构尺寸、轮缘尺寸的选用可直接从有关手册中查取。

4.4.2　三角带轮的材料

三角带轮常用的材料是灰口铸铁，当 $v \leqslant 25$m/s 时，用 HT150；当 $v>25 \sim 30$m/s 时，用 HT200；速度更高时，可用铸钢；小功率的带轮可用铸铝或工程塑料。

带轮要求质量轻，质量分布均匀，带与轮槽接触的工作表面要求光洁，以减少惯性力和胶带的磨损。

4.5　带传动的张紧装置

带工作一段时间后，由于带的伸长变形而产生松弛，致使初拉力减小，传动能力下降。为了保证带传动的工作能力，需要定期检查和重新予以张紧。图 4-12 是靠调整中心距的张紧装置，图 4-12（*a*）是将电机装在导轨 1 上，用调节螺栓 2 使电机在导轨上移动，

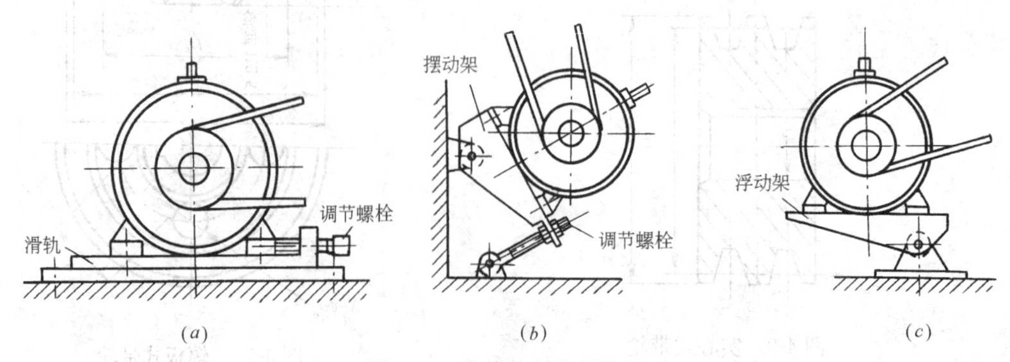

图 4-12　带传动的张紧装置

达到需要的张紧程度后，再拧紧螺栓 2 将电机固定，它适合于两轴线成水平或倾斜不大的场合。图 4-12（*b*）是将电机固定在可以摆动的机座上，用调节螺母 1 使机座 2 绕轴 *O* 摆动，以调整预拉力，适用于两轴线垂直或接近垂直的带传动。图 4-12（*c*）是利用电机及摆架的自重自动张紧装置。图4-13是利用张紧轮的张紧装置，对于平带，张紧轮应装在松边外侧，以增加小带轮上的包角，如图 4-13（*a*）所示，对于三角带张紧轮应装在松边内侧，使带只受单方向弯曲以减少寿命的损失，如图 4-13（*b*）所示。

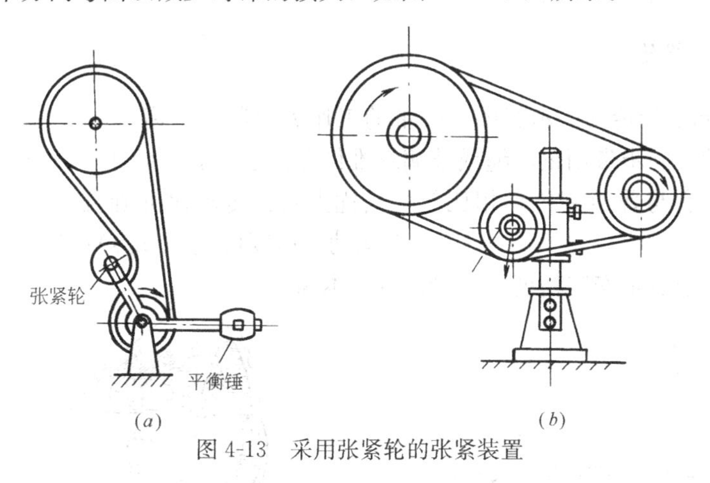

图 4-13　采用张紧轮的张紧装置

4.6　其他带传动简介

4.6.1　窄形三角带（窄 V 带）传动

如图 4-14 所示，窄形三角带的剖面高度 h 与节线宽 b_p 的比值为 0.9（普通三角带 $h/b_p=0.7$），其强力层采用合成纤维绳或钢丝绳构成。它与标准三角带相比，具有传动能力大，允许的速度高，传动中心距小，带的寿命高。它适用于低速和高速大功率且结构要求紧凑的场合。这种带近年来在国内外发展很快，带与带轮都有相应的国际标准和各国国家标准。

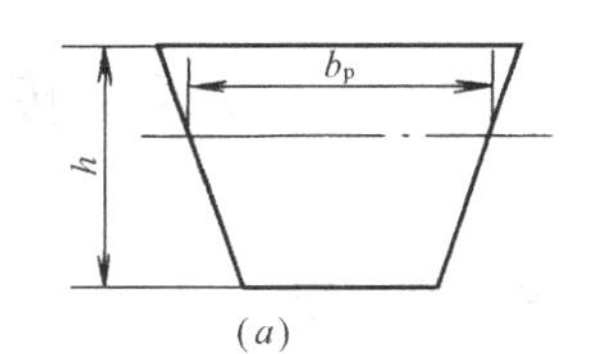

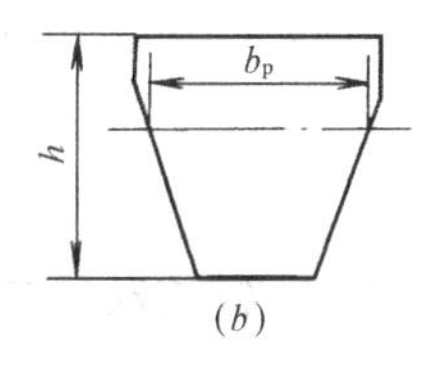

图 4-14　普通三角带和窄三角带

4.6.2　多楔带传动

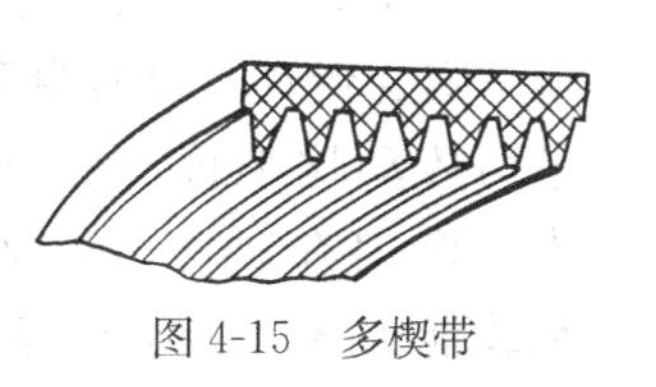

图 4-15　多楔带

多楔带见图 4-15。它是平带与楔形带的组合结构，其楔形部分嵌入带轮上的楔形槽内，靠楔面摩擦工作。整条带呈封闭环形，横向刚度较大，兼有平带和三角带的优点。它适用于传递大功率而结构紧凑的传动场合。

4.6.3　高速带传动

带速 $v>30\text{m/s}$，高速轴的转速 $n_1=1000\sim3000\text{r/min}$ 的带传动称之为高速带传动。

这种传动必须运转平稳，传动可靠。它采用的带是重量轻、薄而均匀的环形平带，如锦纶编织带，薄型强力锦纶和高速环形胶薄带。

高速带轮要求重量轻，质量均匀对称，运转时空气阻力小。其材料常用钢或铝合金制造，各面均应精加工并进行动平衡。为防止掉带，大小带轮上都应加工成有一定凸度的鼓形或双锥面。轮缘工作面制有环形槽，以防止带与轮缘表面间形成空气层，降低摩擦系数影响正常传动。如图 4-16 所示。

4.6.4 同步带传动

图 4-17 为同步带传动的示意图。胶带的工作表面制成凸齿，用来与带轮上相应的凹槽进行啮合传动。同步带用钢丝绳或玻璃纤维作强力层，受力后变形极小，它与带轮间几乎无弹性滑动。它与普通带传动相比较，其优点是：传动比准确且高达 10；结构紧凑；传动效率高（可达 98%～99%）；适用高速运动（速度可达 50m/s）；带所需的初拉力小，压轴力也小。其缺点是安装精度要求严格且成本高。

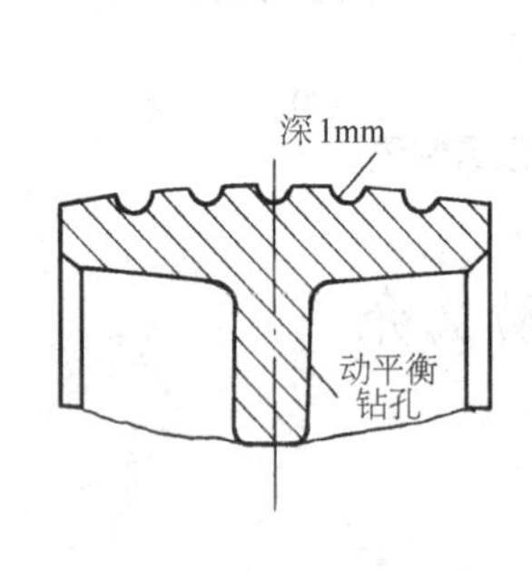

图 4-16 高速带轮轮缘

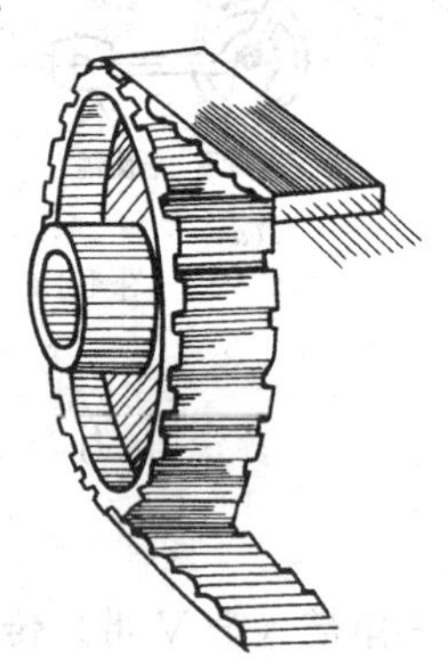
图 4-17 同步带传动

4.7 链 传 动

4.7.1 链传动的工作原理及应用

链传动由主动链轮 1、从动链轮 2 和链条 3 组成，如图 4-18 所示。以链条作为中间挠性件，靠链轮轮齿与链节相啮合来传递运动和动力。

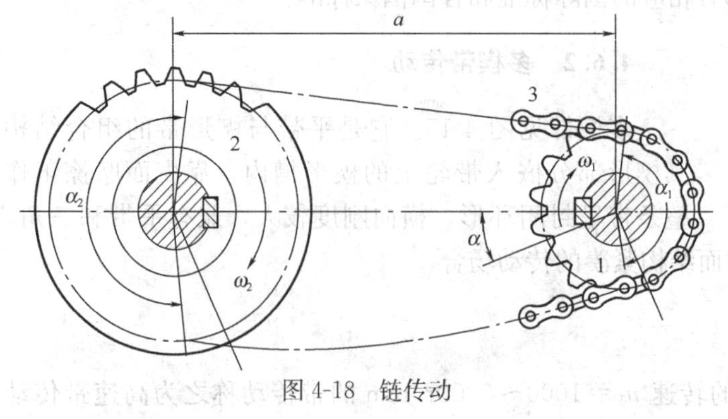

图 4-18 链传动

与带传动相比，链传动是啮合传动，没有滑动，平均传动比准确，结构紧凑，作用在轴上压力小，承载能力大，传动效率高（$\eta \geqslant 98\%$），能在温度较高、湿度较大、灰尘较多的恶劣环境中工作。但它瞬时速度不均匀，高速运转不如带传动平稳，工作时有噪声。无过载保护作用。

通常链传动的速比 $i \leqslant 8$；中心距 $a \leqslant 5 \sim 6\text{m}$；传递功率 $P \leqslant 100\text{kW}$；链速 $v \leqslant 15\text{m/s}$。因此，链传动获得十分广泛的应用。

链传动按用途不同可分为传动链，起重链及曳引链三种。传动链主要用来传递动力，通常在中等速度（$v \leqslant 20\text{m/s}$）下工作；起重链主要用在起重机械中提升重物，其工作速度不大于 0.25m/s；曳引链主要用在运输机械中去移运重物，其工作速度不大于 2～4m/s。

传动链按结构不同，主要有套筒滚子链和齿形链两种。齿形链传动比较平稳，承受冲击载荷的性能好，可用于高速或运动精度较高的传动装置中，但齿形链结构复杂，重量大，价格较贵。而套筒滚子链结构简单、成本低、是目前应用最广泛的一种传动链。

4.7.2 套筒滚子链的结构和规格

套筒滚子链的结构如图 4-19 所示，它由内链板 1、外链板 2、销轴 3、套筒 4 和滚子 5 组成。内链板与套筒，外链板与销轴分别压合在一起，销轴和套筒可相对转动。滚子松套在套筒上，滚子在链轮齿间是滚动的，用以减少链与轮齿之间的磨损。

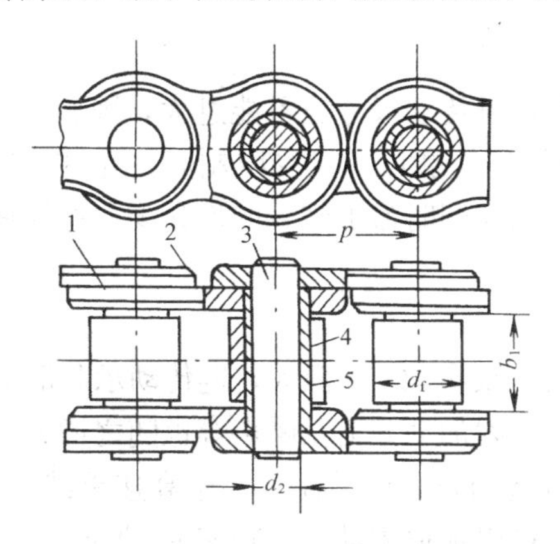

图 4-19 套筒滚子链

1—内链板；2—外链板；3—销轴；4—套筒；5—滚子

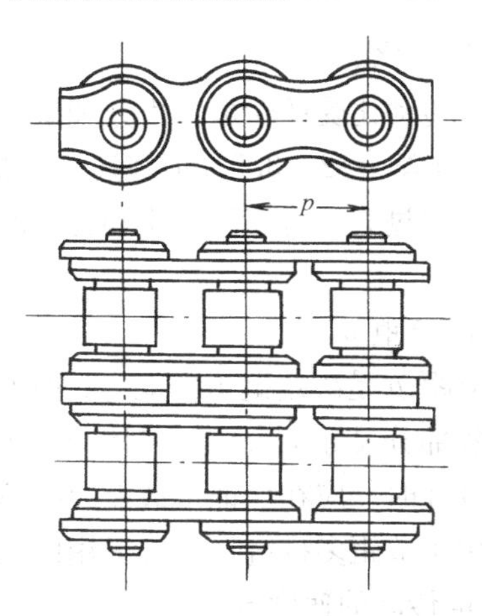

图 4-20 双排套筒滚子链

在传递大功率时，可采用双排链或多排链如图 4-20 所示。链的承载能力与链条排数成正比；但排数不宜过多，否则由于制造和装配精度的影响，各排链的受载不易均匀，所以双排链用得较多，四排以上的链用得较少。

套筒滚子链已标准化，需要有关的技术参数，可查机械设计手册。

套筒滚子链的接头形式如图 4-21 所示。当链节为偶数时，链条封闭接头可用开口销或弹簧卡子锁紧。如图 4-21（*a*）、（*b*）所示。若链节为奇数时，则需采用过渡链节，如图 4-21（*c*）

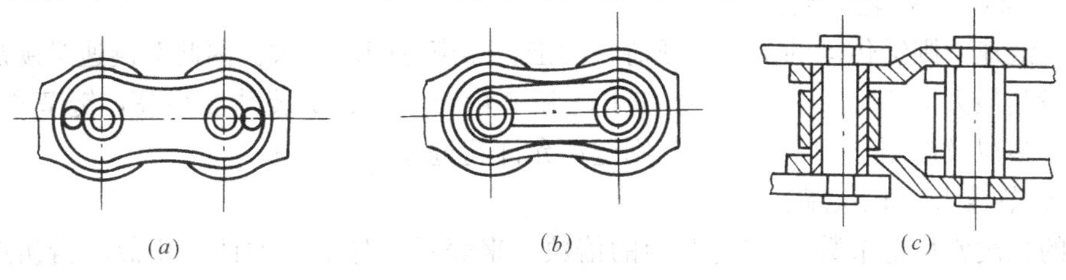

(*a*) (*b*) (*c*)

图 4-21 滚子链接头

所示。由于过渡链节的链板受到附加弯曲作用，使强度削弱，应尽量避免采用奇数链节。

4.7.3 套筒滚子链传动的主要参数及其选择

1. 链轮齿数 Z

链轮齿数对链传动的平稳性和工作寿命影响很大。齿数过少，传动不均匀性及动载荷增大，同时，链轮的直径小，链条所传递的圆周力将增大，从而加速了链和链轮之间的磨损；但链轮齿数过多，会造成链轮尺寸和重量增大。同时链条磨损后节距变长时，容易发生跳齿和脱链现象，缩短链的使用寿命。对于套筒滚子链，规定主动链轮最小齿数 $Z_{min}=9$。一般情况下，Z_1 可按传动比的大小由表 4-7 选取。大链轮的齿数由 $Z_2=iZ_1$ 确定，一般应使 $Z_2\leqslant120$。

小链轮齿数 Z_1 **表 4-7**

传动比 i	1～2	3～4	5～6	>6
小链轮齿数	31～27	25～23	21～17	17

2. 传动比 i

由于传动比受链轮最少齿数和最多齿数的限制，且传动尺寸也不能过大，因此 i 一般小于 6，推荐 $i=2\sim3.5$。但在速度较低，载荷平稳且外廓尺寸又受限制时，允许 i 达到 10。传动比过大，将使链在小链轮上的包角过小，因而同时参加啮合的齿数少，将加速轮齿的磨损。

3. 链节距 p

链节距 p 是决定链工作能力、链及链轮尺寸的主要参数。p 愈大，链传动承载能力愈高。但各部分尺寸也大，且链传动的运动不均匀性、附加动载荷及噪声等也随之增大。因此，在设计时，应在保证承载能力的情况下，尽量选用较小的节距。对于高速重载传动，通常采用小节距多排链。允许采用的最大链节距，可以根据主动链轮转速 n_1 决定。

4. 链传动的速度 v

由于链条是以折线形式绕在链轮上的，即使主动链轮以等角速度 ω_1 回转，链条的速度 v 也是不均匀的，而是随时间不断变化的，所以链传动的平均速度是其主要参数之一。其平均速度可按下式计算：

$$v=\frac{Z_1pn_1}{60\times1000}=\frac{Z_2pn_2}{60\times1000}\quad(\text{m/s})\tag{4-21}$$

式中 n_1、n_2——主、从动链轮的转速，r/min；

p——链节距，mm；

Z_1、Z_2——链轮齿数。

提高链速，则链传动的附加动载荷、冲击、噪声也随之增大。因此对链速必须加以限制，一般其最大链速 $v_{max}\leqslant15$m/s。如果链和链轮的制造、安装精度很高，链节距较小，链轮齿较多以及链用合金钢制造时，则链速允许超过 20～30m/s。

5. 链节数 L_p 和中心距 a

链的长度常用链节数 L_p（链节距的倍数）来表示。与带传动计算相似，当初选中心距 a_0 确定以后，链的节数 L_p 可按下式计算：

$$L_p = 2\frac{a_0}{p} + \frac{Z_1 + Z_2}{2} + \frac{p}{a_0}\left(\frac{Z_2 - Z_1}{2\pi}\right)^2 \qquad (4\text{-}22)$$

计算出来的 L_p 应当给予圆整，并最好取为偶数，以免使用过渡链节。

根据上式可以最后确定计算中心距 a。若链传动的中心距 a 过小，则小链轮上的包角也小，同时啮合的链轮齿数也少，而且总链节数 L_p 也减少。当链速一定时，在单位时间内，同一链节受到变应力作用的次数增多，从而加速了链条的磨损。若 a 过大，除结构不紧凑外，还会引起链条从动边的垂度过大，产生上下颤动现象，使传动运行不平稳。因此，适宜的中心距 $a=(30\sim50)p$；最大中心距 $a_{max} \leqslant 80p$。

思考题与习题

1. 传动带的种类很多，为什么一般多用三角胶带？为什么带传动能获得广泛应用？
2. 何谓打滑？何谓弹性滑动？它们对传动有何影响？各与哪些因素有关？
3. 带传动所传递的最大圆周力与哪些因素有关？
4. 分析小带轮直径 d_1、中心距 a、包角 α_1 及带的根数 Z 对带传动有何影响？
5. 与带传动相比，链传动有何特点？
6. 设计起重卷扬机的三角带传动。已知：电动机功率 $P=4.5$kW，转速 $n_1=1440$r/min，$i=4.5$，载荷稳定，两班制工作。

第5章 齿 轮 传 动

5.1 概 述

5.1.1 齿轮传动的应用及分类

齿轮传动是机械传动中最主要的一种传动，它通过齿轮轮齿间的啮合来传递运动和动力。它被广泛地用于机床、汽车、拖拉机、起重运输、冶金矿山、建筑以及其他机械设备上。

齿轮传动类型很多，按两齿轮轴线的相对位置可分为：

齿轮传动
- 平行轴的圆柱齿轮传动
  - 直齿 图5-1（*a*）；
  - 斜齿 图5-1（*b*）；
  - 人字齿 图5-1（*c*）
- 相交轴的圆锥齿轮传动 图5-1（*d*）（*e*）
- 交错轴的螺旋齿轮传动和蜗杆传动 图5-1（*f*）（*g*）

按齿轮齿廓曲线可分为渐开线、摆线和圆弧齿轮等，其中以渐开线齿轮用得最为普遍。

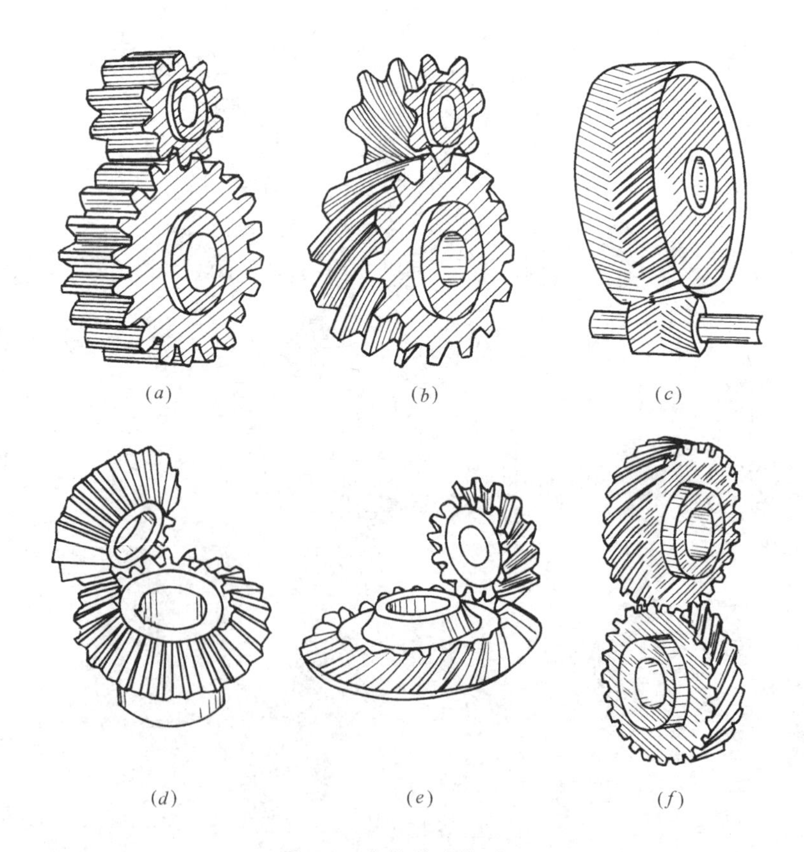

图5-1 齿轮传动类型（一）

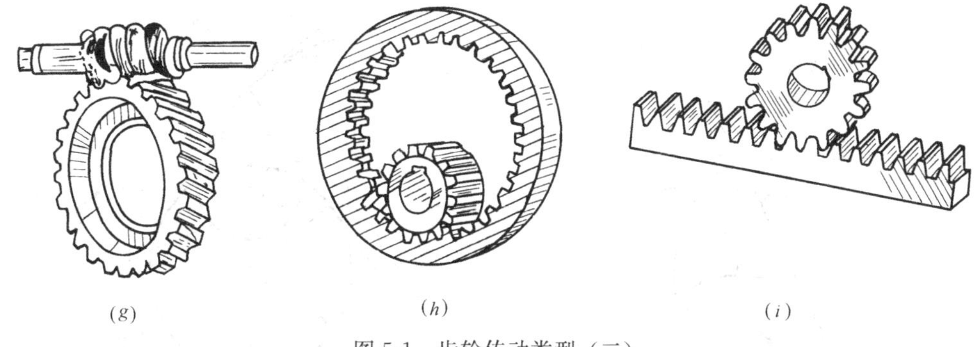

图 5-1 齿轮传动类型（二）

按齿轮啮合方式可分为外啮合齿轮传动，见图 5-1（*a*）（*b*）（*c*），两齿轮转向相反；内啮合齿轮传动，见图 5-1（*h*），两齿轮转向相同；齿轮齿条啮合传动，见图 5-1（*i*），齿轮转动，齿条移动。

齿轮传动可做成开式、半开式和闭式。开式齿轮传动没有防护罩和机壳，齿轮完全暴露在外边。半开式齿轮传动只装在简单的防护罩内。闭式齿轮传动是装在经过精确加工且封闭的箱体内，润滑及防护条件最好，多用于比较重要场合。

5.1.2 齿轮传动的特点

齿轮传动的主要优点是：传递功率（0～几万 kW）和速度（0～150m/s）的适用范围广；传动比稳定；效率高（可达 0.98～0.995）；寿命长（可达 10～20a）；结构紧凑；工艺性好；维护简单可靠。主要缺点是：成本较高，不适宜于两轴间距离较大的传动。

5.2 渐开线标准直齿圆柱齿轮

5.2.1 渐开线的形成及特性

渐开线齿轮，其轮齿两侧为对称的渐开线。下面介绍渐开线的形成及特性。

如图 5-2 所示，当一直线 n—n 沿一圆周作纯滚动时，直线上任意一点 K 的轨迹 AK，就是该圆的渐开线。这个圆称为渐开线的基圆，它的半径用 r_b 表示；直线 n—n 称为渐开线的发生线。

根据渐开线的形成过程，可知渐开线具有下列特性：

1. 发生线在基圆上作纯滚动，滚动过的一段长度等于基圆上被滚过的相应弧长，即 $\overline{KN}=\widehat{AN}$。

2. $\overline{KN}$在 n—n 上，既是渐开线的发生线，又是基圆的切线，而且是渐开线上 K 点的法线，$\overline{KN}$长等于 K 点处的曲率半径。

3. 渐开线的形状与基圆大小有关。如图 5-3 所示，基圆半径愈小，渐开线愈弯曲，基圆半径增大，渐开线趋于平直，基圆半径为无穷大的渐开线成为直线并垂直$\overline{KN}$。故齿条的齿廓是直线，轮齿为梯形。

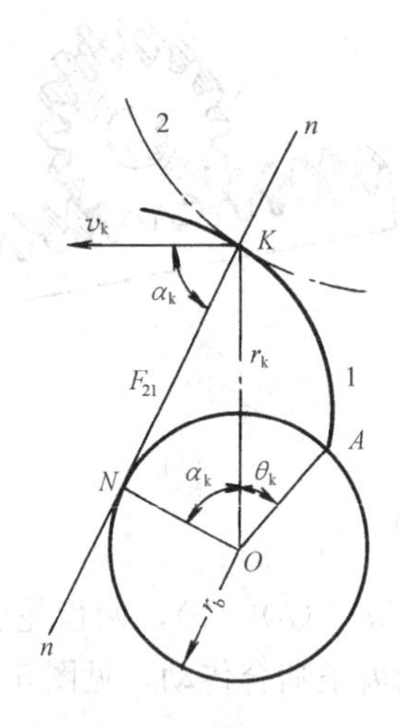

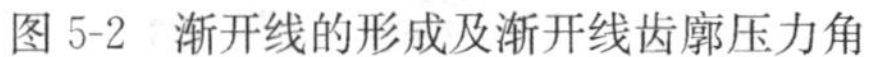

图 5-2　渐开线的形成及渐开线齿廓压力角

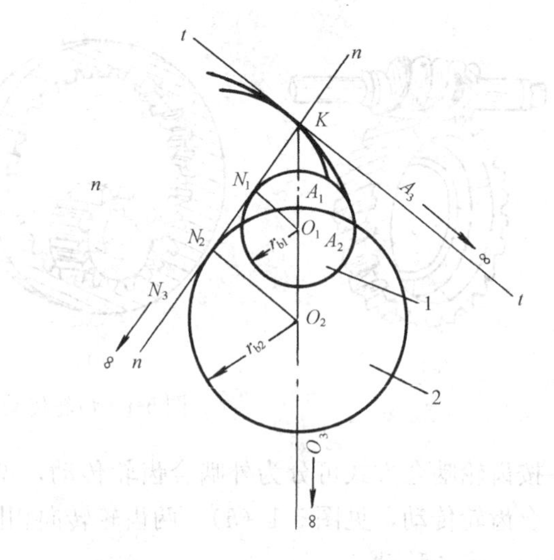

图 5-3　基圆大小与渐开线形状的关系

4. 如图 5-2 所示，渐开线上任一点 K，其法向压力的方向线（法线）和该点速度 v_k 方向的夹角称该点的压力角，记作 α_k。因 $v_k \perp OK$，$KN \perp ON$，故 $\angle KON = \alpha_k$，$\cos\alpha_k = r_b/r_k$，r_k 为 K 点的向径。由此可知，渐开线上离基圆愈远的点，向径 r_k、压力角 α_k、曲率半径 $\overline{KN}$ 都愈大。渐开线起始点 A 处的压力角和曲率半径都为零。

5. 基圆内无渐开线。

5.2.2　直齿圆柱齿轮各部分名称及几何尺寸计算

1. 各部分的名称

图 5-4 为渐开线标准直齿圆柱齿轮的几何尺寸，每个轮齿的两侧齿廓都是由形状相同，方向相反的渐开线曲面组成。

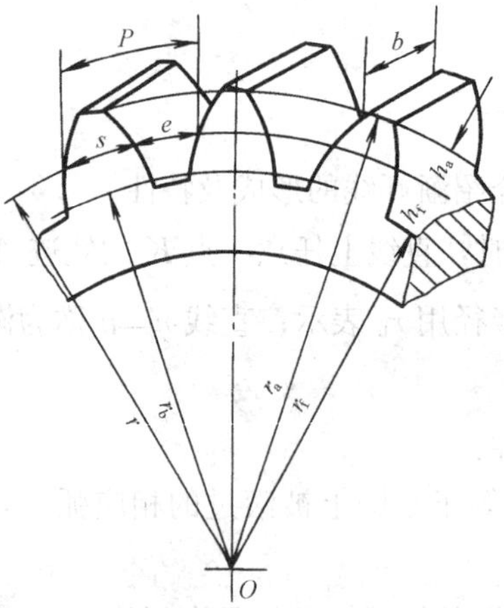

图 5-4　齿轮的几何尺寸

齿顶圆、齿根圆：轮齿齿顶所在的圆称为齿顶圆，用 d_a 和 r_a 表示其直径和半径；轮齿齿槽底面所在的圆称为齿根圆，用 d_f 和 r_f 表示其直径和半径。

分度圆：为了作为计算齿轮各部分尺寸的基准，在齿顶圆和齿根圆之间规定一直径为 d（半径为 r）的圆即为分度圆。

齿厚、齿槽宽和齿距：在分度圆上，一个轮齿两侧齿廓之间的弧长称分度圆上的齿厚，用 s 表示；两轮齿空间之间的弧长称为分度圆上的齿槽宽，用 e 表示；相邻两齿同侧齿廓之间的弧长称为分度圆上的齿距，用 p 表示，$p=s+e$。标准齿轮，分度圆上的齿厚等于齿槽宽（$s=e$），通常说齿轮的齿距就是指分度圆上的齿距。

齿顶高、齿根高和齿全高：轮齿上齿顶圆和分度圆之间的径向距离称为齿顶高，用 h_a 表示；分度圆和齿根圆之间的径向距离称为齿根高，用 h_f 表示；齿顶高和齿根高之和称为齿全高，用 h 表示。显然，$h=h_a+h_f$。

2. 齿轮的基本参数

(1) 模数 (m)

齿轮分度圆的周长可根据齿数 Z 和齿距 p 来计算，即 $\pi d=Zp$，则 $d=\frac{p}{\pi}Z$。而 π 为一无理数，不但使计算颇为不便，同时对齿轮制造和检验也很不利。为此，规定比值 $\frac{p}{\pi}$ 等于整数或简单的有理数，作为齿轮几何尺寸的一个基本参数，用 m 表示并称之为齿轮的模数。齿轮的分度圆直径又可表示成 $d=\frac{p}{\pi}Z=mZ$，模数的单位为毫米。显然，模数 m 是决定齿轮几何尺寸的一个重要参数，齿数相同的齿轮，模数大，则尺寸也大。

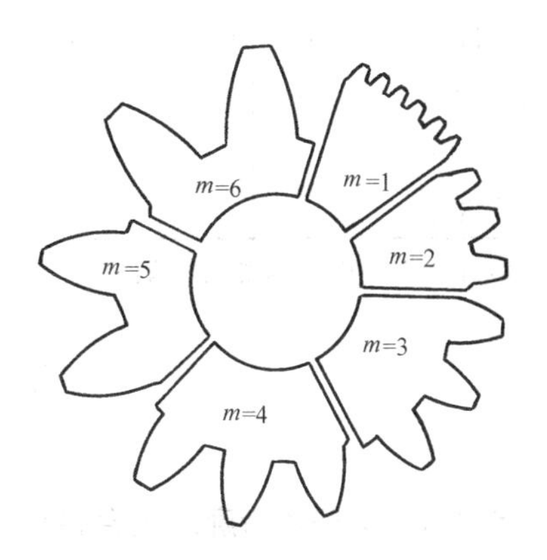

图 5-5　不同模数时轮齿大小的对比

为了便于齿轮的制造和满足齿轮的互换性，齿轮的模数已标准化。我国规定的标准模数系列见表 5-1。图 5-5 所示为不同模数时齿轮大小的对比。

标准模数系列 (mm) (GB 1357—87)　　**表 5-1**

第一系列	1	1.25	1.5	2	2.5	3	4	5	6	8	10	12	16	20
	25	32	40	50										
第二系列	1.75	2.25	2.75	(3.25)	3.5	(3.75)	4.5	5.5	(6.5)	7	9			
	(11)	14	18	22	28	(30)	36	45						

注：1. 本表适合于渐开线齿轮，对斜齿轮是指法面模数，对直齿圆锥齿轮是指大端模数。

2. 优先采用第一系列，括号内的模数尽可能不用。

(2) 压力角 (α)

齿廓在分度圆上的压力角 α 称为齿轮的压力角，我国规定标准齿轮的压力角 $\alpha=20^\circ$ (或 15°)。

3. 齿轮几何尺寸的计算

齿顶高和齿根高

$$\left.\begin{aligned} h_a&=h_a^* m \\ h_f&=h_f^* m=h_a+c \\ h_f^*&=(h_a^*+c^*)\ m \end{aligned}\right\}\tag{5-1}$$

式中　h_a^*、h_f^*——分别称为齿顶高系数和齿根高系数。

c——一对齿轮啮合时，一轮齿顶与另一轮齿根之间的间隙。规定 $c=c^* m$，c^* 称为径向间隙系数。保留径向间隙是为了避免齿轮发热变形而发生卡死的现象，同时也为了便于贮存润滑油。

标准规定：正常齿 $h_a^*=1$，$c^*=0.25$；短齿 $h_a^*=0.8$，$c^*=0.3$。

若一齿轮的模数、分度圆压力角、齿顶高系数和齿根高系数均为标准值，而且分度圆上齿厚和齿槽宽相等，即 $s=e$ 则该齿轮称为标准齿轮。

渐开线标准直齿圆柱齿轮几何尺寸的计算公式列于表 5-2。

标准直齿圆柱齿轮几何尺寸的计算公式 **表 5-2**

名 称	代号	公 式	名 称	代号	公 式
齿顶高	h_a	$h_a = h_a^* m$	分度圆直径	d	$d = mz$
齿根高	h_f	$h_f = (h_a^* + c^*)\ m$	齿顶圆直径	d_a	$d_a = d \pm 2h_a = m\ (2 + 2h_a^*)$
全齿高	h	$h = h_a + h_f = (2h_a^* + c^*)\ m$	齿根圆直径	d_f	$d_f = d \pm 2h_f = m\ (z \pm 2h_a^* \pm 2c^*)$
周节（齿距）	p	$p = \pi m$	基圆直径	d_b	$d_b = d\cos\alpha = mz\cos\alpha$
齿 厚	s	$s = \pi m/2$	标准中心距	a	$a = (d_2 \pm d_1)\ /2 = (z_2 \pm z_1)\ m/2$
齿槽宽	e	$e = \pi m/2$			

注：上面符号用于外齿轮或外啮合，下面符号用于内齿轮或内啮合。

5.3 渐开线齿轮传动

5.3.1 渐开线齿廓的啮合特性

1. 满足恒定的传动比

如图 5-6 所示，设 C_1、C_2 为两齿轮上互相啮合的一对渐开线齿廓，它们的基圆半径分别为 r_{b1} 及 r_{b2}。当 C_1、C_2 在任意点 B_1 啮合时，过点 B_1 作这对齿廓的公法线 N_1N_2，根据渐开线的特性知：此公法线 N_1N_2 必为两齿轮基圆的一条内公切线，它与连心线 O_1O_2 相交于点 P。

由于基圆的大小和位置都是不变的，所以不论这两齿廓在任何位置啮合，例如在点 B_2 啮合，则过点 B_2 作两齿廓的公法线仍与 N_1N_2 重合。这说明 N_1N_2 为一条定直线，故其与连心线 O_1O_2 的交点 P 也为一定点，简称节点（通过节点 P 分别以 O_1、O_2 为圆心，以 O_1P、O_2P 为半径所作的两个相切的圆称为节圆，半径以 r'_1 和 r'_2 表示）。所以，两齿轮的传动比为：

$$i_{12}=\frac{\omega_1}{\omega_2}=\frac{v_P/\overline{O_1P}}{v_P/\overline{O_2P}}=\frac{\overline{O_2P}}{\overline{O_1P}}=\frac{r'_2}{r'_1}=\frac{mZ_2/2}{mZ_1/2}=\frac{Z_2}{Z_1}$$

由图知：$\triangle O_1N_1P \sim \triangle O_2N_2P$，所以两齿轮的传动比可以写成：

$$i_{12}=\frac{\omega_1}{\omega_2}=\frac{r'_2}{r'_1}=\frac{r_{b2}}{r_{b1}}=\text{定数} \qquad (5\text{-}2)$$

即两齿轮的传动比不仅与两节圆半径成反比，同时也与两基圆半径成反比。

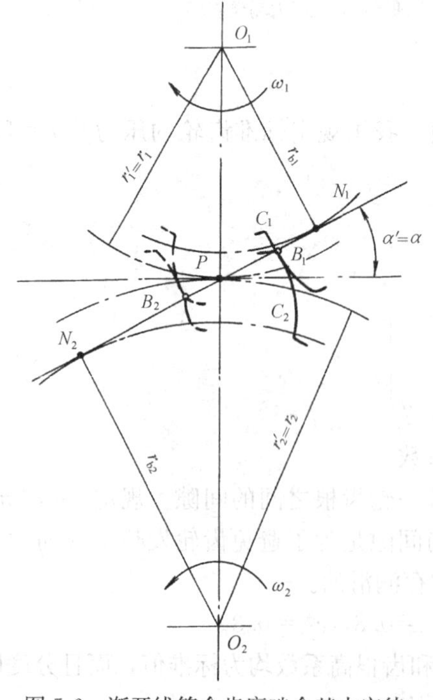

图 5-6 渐开线符合齿廓啮合基本定律

2. 啮合线为定直线

一对齿轮传动时，啮合点的轨迹称为啮合线。由上面分析可知，渐开线齿轮在啮合过程中，各对轮齿的接触点总落在两基圆的内公切线

N_1N_2 上，即齿廓的公法线 N_1N_2 为渐开线齿轮传动的啮合线。

由于齿廓间的压力是沿着啮合点公法线方向作用，因此啮合线是轮齿作用力方向线（不考虑齿廓间摩擦力的影响）。故作用力方向保持不变。这对齿轮传动的平稳性是有利的。

3. 中心距可分性

由于制造、安装、零件变形及轴承的磨损等原因，两齿轮的实际中心距和设计的理论中心距不可避免地会有出入。但由于齿轮传动比与两齿轮基圆半径成反比，齿轮制成后，基圆半径已经确定，所以当中心距有误差时，不会影响传动比。渐开线齿轮的这一特性称为中心距可分性。这对于渐开线齿轮的加工和装配都是非常有利的。

传动比恒定，啮合线为定直线，中心距可分性是渐开线齿廓齿轮的三大优点，也是渐开线齿廓齿轮得到广泛应用的原因。

5.3.2 渐开线齿轮正确啮合的条件

在图 5-7 中，一对齿轮传动时，前一对轮齿在 B_1 点啮合，后一对轮齿在 B_2 点啮合。由于两齿廓啮合点是沿啮合线进行啮合的，所以只有当两齿轮在啮合线上的齿距（简称法节，用 p_N 表示）相等时，才能保证两齿轮的相邻齿廓正确啮合。由渐开线性质知，啮合线上的齿距等于基圆上的齿距（简称基节）。所以渐开线齿轮正确啮合的条件为基节相等。即

$$p_{b1}=p_{b2}$$

由 $$p_b=\frac{2\pi r_b}{Z}=\frac{2r\pi}{Z}\cdot\frac{r_b}{r}=\pi m\cos\alpha$$

得：$\pi m_1\cos\alpha_1=\pi m_2\cos\alpha_2$

因为模数和压力角为标准值，所以满足上式的解，只能是

$$\begin{cases}m_1=m_2\\ \alpha_1=\alpha_2\end{cases} \tag{5-3}$$

由此可见，一对渐开线齿轮要正确啮合，必须使这对齿轮的模数相等，压力角相等。

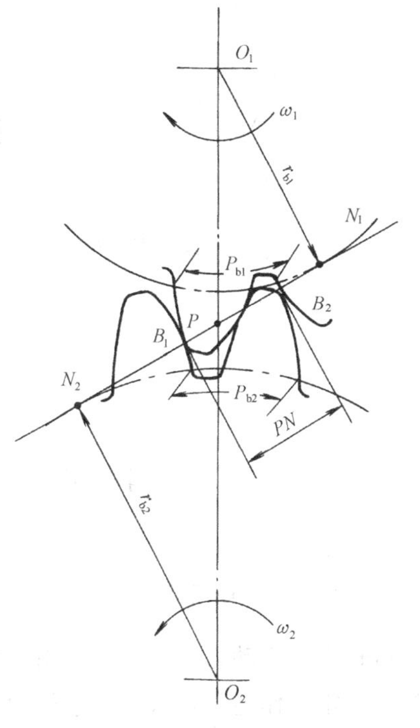

图 5-7 渐开线齿轮正确啮合条件

5.3.3 渐开线齿轮连续传动的条件

一对齿轮啮合传动时，轮齿是一对一对地连续推动着，因为一对轮齿只能传递某一有限的角度。所以只有当前一对轮齿在脱离啮合前，后一对轮齿必须进入啮合，才能保证一对齿轮的连续传动。

在图 5-6 中，设轮 1 为主动轮，轮 2 为从动轮。齿廓的啮合是由主动轮 1 的齿根推动从动轮 2 齿顶开始，啮合点为 B_1。随着轮 1 推动轮 2，两齿廓的啮合点沿着啮合线 N_1N_2 移动，当啮合点移到齿轮 1 的齿顶 B_2 时，这对齿廓即将脱离啮合，故线段 $\overline{B_1B_2}$ 为齿廓啮

合的实际轨迹称为实际啮合线，而线段$\overline{N_1N_2}$为理论啮合线。

齿轮能够连续传动，是因为前一对轮齿在未脱离啮合时，后一对轮齿就进入啮合。由此可见，一对齿轮连续传动条件是实际啮合线长度大于或至少等于齿轮的法节，因为法节等于基节。故连续传动的条件可写为$\overline{B_1B_2} \geqslant p_b$。如果前一对轮齿在$B_2$点已分离，后一对轮齿还未能达到$B_1$点，则传动必定发生中断，这是齿轮传动中不允许的。

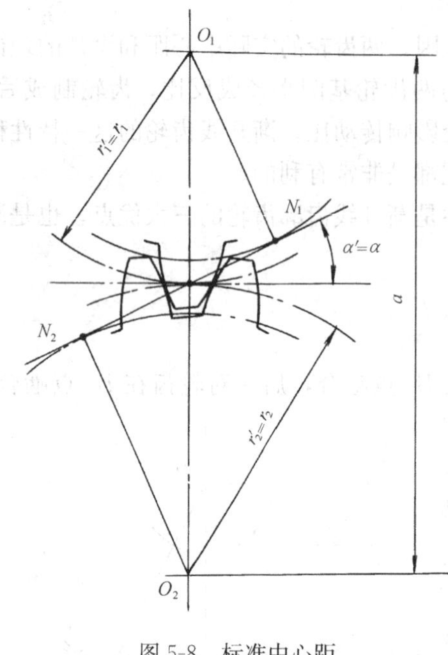

图 5-8　标准中心距

通常将实际啮合线与基节的比值称为齿轮的重合度，用ε表示，即

$$\varepsilon=\frac{\overline{B_1B_2}}{p_b} \geqslant 1 \tag{5-4}$$

ε的物理意义是同时参加啮合的齿的对数。ε越大，表示同时参加啮合的轮齿对数愈多。对于标准齿轮传动、重合度ε恒大于1。

5.3.4　标准中心距

把一对渐开线标准直齿圆柱齿轮节圆与分度圆相重合（即无齿侧间隙）的这种安装，称为标准安装，标准安装的中心距称为标准中心距。如图 5-8，外啮合齿轮传动标准中心距为

$$a=r'_1+r'_2=r_1+r_2=\frac{m}{2}(Z_1+Z_2) \tag{5-5}$$

5.4　齿轮的失效形式及齿轮材料

5.4.1　齿轮的失效

齿轮在传递动力时，载荷作用于轮齿上，使轮齿产生折断、齿面损坏等现象，致使齿轮失去正常工作能力，这种现象称为齿轮的失效。常见的齿轮失效形式有：轮齿折断、齿面点蚀、齿面胶合、齿面磨损和塑性变形。

1. 轮齿折断

齿轮工作时，若轮齿危险剖面的弯曲应力超过材料所允许的极限值，轮齿就发生折断。轮齿折断是齿轮失效中最危险的一种，可能引起安全事故。

轮齿折断常发生在根部的危险剖面处，因为齿根处弯曲应力大，而且又有应力集中。轮齿折断有两种：一种是短期过载或受到较大冲击载荷时发生的突然折断；另一种是由于受到循环变化的弯曲应力的反复作用而引起的疲劳折断。它的特征是，首先在根部发生一微小的疲劳裂纹，随着循环次数的增加，裂纹逐渐扩大，最后导致轮齿的折断，如图 5-9(*a*) 所示。

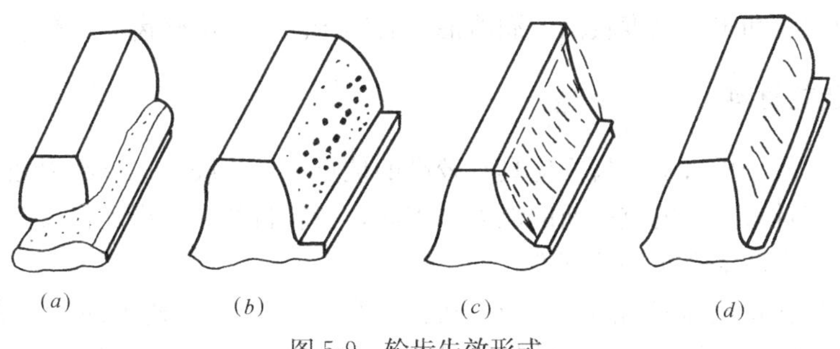

图 5-9　轮齿失效形式

防止轮齿折断的方法是：选择适当的模数和齿宽；采取合适的材料与热处理方法；减少表面粗糙度，减少应力集中。

2. 齿面点蚀

在润滑良好的闭式齿轮传动中，齿轮经过长期运转后，有时会发现在靠近节线的齿根面积上出现大大小小的坑状麻点，如图 5-9（*b*）所示，这种现象称为点蚀。

点蚀产生的原因，主要是由于轮齿啮合时，接触面积很少，受载后表面产生较大接触应力，又加之该应力是循环变化的应力。当接触应力及循环次数超过材料的接触持久极限时，在轮齿的表层就会产生微小裂纹，随着裂纹的扩展，就会有小块金属剥落下来，因而齿面出现凹坑，形成点蚀。点蚀使渐开线齿廓表面受到破坏，影响传动的平稳性。

在闭式齿轮传动中，齿面点蚀是轮齿的主要破坏形式。在开式传动中由于润滑和工作条件差，齿面磨损较快，点蚀来不及出现或扩展即被磨掉，所以一般看不到点蚀现象。

防止产生点蚀的方法是：适当提高齿面硬度和减少表面粗糙度。

3. 齿面胶合

在高速重载的齿轮传动中，由于啮合区温度很高，润滑油变稀，使油易于从齿的接触面挤出。此外，两齿面金属直接接触并相互粘连，在传动过程中，两齿面相互滑动时，其中较软齿面上的金属沿滑动方向被撕下，而形成沟纹，见图 5-9（*c*）。这种现象称为齿面胶合。它破坏了渐开线齿廓表面，引起振动、冲击和噪声。

防止齿面胶合的方法是：选用黏性大或有添加剂的抗胶合润滑油；选用抗胶合性能好的材料；提高齿面硬度和减少表面粗糙度。

4. 齿面磨损

轮齿在啮合过程，两齿面间会产生一定的相对滑动，所以轮齿在受力时，两齿面间就产生滑动摩擦，使齿面产生磨损，见图 5-9（*d*）。

在开式传动中，由于润滑条件不好，并有灰尘杂物之类硬质颗粒进入轮齿啮合面间，加剧齿面的磨损。磨损严重时，就不能保证渐开线齿廓，造成传动不平稳、冲击增大，磨损到一定程度时，也会因强度不够而折断。齿面磨损是开式齿轮传动的主要失效形式。

为了减少齿面磨损，一般应尽量采用闭式齿轮传动。同时提高齿面强度、降低齿面粗糙度和保持良好的润滑也能使磨损减少。

5. 齿面塑性变形

在低速重载的软齿面齿轮传动中，由于重载齿面间压力很大，低速则齿面相互作用的时间较长，软齿面会沿摩擦力方向产生局部塑性变形，使齿面失去正确的渐开线齿形，影响传动的平稳性。

提高齿面硬度和采取黏度较高的润滑油，有助于防止或减轻齿面的塑性变形。

5.4.2 齿轮材料

由齿轮的失效分析可知，齿面应具有较高的抗点蚀、抗胶合、抗磨损和抗塑性变形的能力，而齿根应具有较高的抗折断的能力。因此，齿轮材料应该满足：齿面要有足够的硬度和表面强度；齿芯要有足够的韧性。

常用齿轮材料及机械性能见表 5-3。按齿面硬度和加工工艺不同，分为布氏硬度值 HB≤350 的软齿面和 HB>350 的硬齿面两种，硬度较高时用洛氏硬度 HRC=55～65。由于一对齿轮传动时，小齿轮运转时每个轮齿的运转次数大于大齿轮轮齿，而且其齿根厚度小于大齿轮，故选择齿轮材料时，应使小齿轮材料优于大齿轮，硬度大于大齿轮，一般 $HB_1-HB_2=30\sim70$，$HRC_1-HRC_2=3\sim5$。

常用齿轮材料及其机械性能 **表 5-3**

材料牌号	热处理方法	强度极限 σ_b（MPa）	屈服极限 σ_s（MPa）	硬度	
				HB	HRC
45	正　火	580	290	162～217	
	调　质	650	360	217～255	
	调质后表面淬火				40～50
ZG45	正　火	580	320	156～217	
ZG55	正　火	650	350	169～229	
40Cr	调　质	700	500	241～286	
	调质后表面淬火				48～55
20Cr	渗碳后淬火	650	400		58～62

5.5 标准直齿圆柱齿轮传动的强度计算

5.5.1 轮齿的受力分析

进行齿轮传动的强度计算时，首先需要对齿轮传动作受力分析。当然，齿轮传动一般均加以润滑，啮合轮齿间的摩擦力通常很小，计算轮齿受力时，可不予考虑。如图 5-10 所示，将沿啮合线垂直作用在齿面上的正压力 F_n 在节点 P 处分解为两个相互垂直的分力，即圆周力 F_t 与径向力 F_r，由此可得

$$\left.\begin{aligned}F_t&=2T_1/d_1\\F_r&=F_t\mathrm{tg}\alpha\\F_n&=F_t/\cos\alpha\end{aligned}\right\}\qquad(5\text{-}6)$$

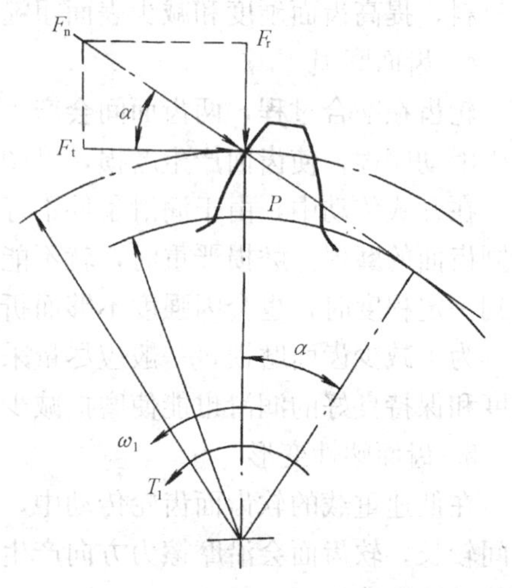

图 5-10　轮齿上的受力

式中　T_1——小齿轮传递的扭矩，

$$T_1=\frac{1000P_1}{\omega_1}=9550\,\frac{P_1}{n_1}，\mathrm{N\cdot m};$$

n_1——主动轮转速，r/min；

P_1——主动轮的输入功率，kW；

α——齿轮压力角，$\alpha=20°$。

上述是在理想情况下，轮齿的受力分析。轮齿在工作时，实际上要受工作情况、制造与安装误差、载荷不均匀分布等因素的影响，因此，计算时要采用反映上述因素的计算载荷 F_{nc}，即

$$F_{nc}=K \cdot F_{n} \quad (N) \tag{5-7}$$

K 为载荷系数，可取（1.0～2.0）。齿轮精度高，工作条件好，变形小，材料好，取小值；反之取较大值。齿轮相对轴承位置对称，轮齿面工作及振动小时取较小值，齿轮相对轴承非对称布置，硬齿面以及工作中振动大时取较大值。

5.5.2　轮齿的弯曲强度计算

计算时，假设全部载荷由一个齿承受，并认为载荷 F_n 作用于齿顶，把轮齿看作一个宽度为 b 的悬臂梁，见图 5-11，危险截面位于 A—A 处。将力 F_n 沿其作用线移至中线上并分解成两个分力，$F_n\cos\alpha_F$ 使轮齿承受弯曲应力和剪应力；$F_n\sin\alpha_F$ 使轮齿承受压应力，由于剪应力和压应力数值很小，略去不计。危险截面的弯曲应力为

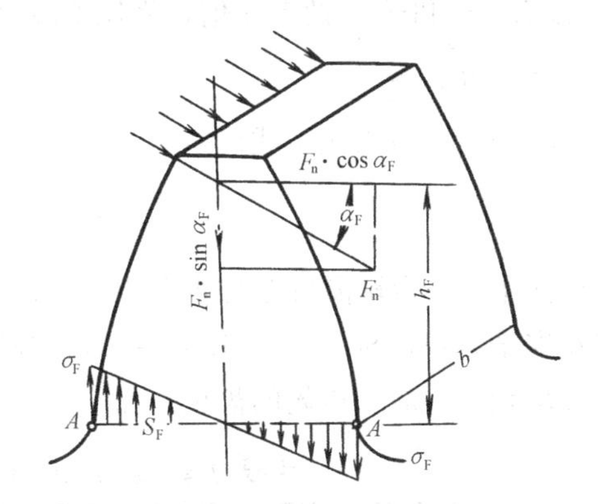

图 5-11　轮齿弯曲应力

$$\sigma_F=\frac{M}{W}=\frac{F_n h_F \cos\alpha_F}{\frac{bS_F^2}{6}}$$

令危险截面齿厚 $S_F=c_1 m$，计算力臂 $h_F=c_2 m$，并且用计算载荷 F_{nc} 代替 F_n，则上式可写成

$$\sigma_F=\frac{2000KT_1}{bd_1 m} \cdot \frac{6c_2\cos\alpha_F}{c_1^2\cos\alpha} \quad (MPa)$$

上式中，令 $Y_F=\frac{6c_2\cos\alpha_F}{c_1^2\cos\alpha}$，而 $d_1=mZ_1$，则可得轮齿弯曲强度的验算公式

$$\sigma_F=\frac{2000KT_1Y_F}{bZ_1m^2}\leqslant[\sigma_F] \quad (MPa) \tag{5-8}$$

Y_F 称为齿形系数，其大小与模数无关，而与齿的形状有关，对于标准齿轮其齿形系数由表 5-4 查得。

标准外齿轮齿形系数 Y_F（$\alpha=20°$，$h_a^*=1$，$c^*=0.25$）　　**表 5-4**

Z	17	18	19	20	22	25	30	35	40
Y_F	2.97	2.91	2.86	2.81	2.75	2.64	2.54	2.47	2.41
Z	45	50	60	70	80	90	100	200	
Y_F	2.37	2.34	2.29	2.26	2.24	2.22	2.21	2.14	

引入齿宽系数 $\psi_d=\frac{b}{d_1}$，数值推荐于表 5-5，由式（5-8）可得按轮齿弯曲强度确定模数 m 的设计公式

齿宽系数 $\psi_d=b/d_1$　　　　表 5-5

齿轮相对轴承的位置	HB≤350	HB>350
对 称 布 置	0.8～1.4	0.6～1.0
非对称布置	0.6～1.2	0.4～0.8
悬 臂 布 置	0.3～0.6	0.2～0.4

注：大小齿轮均为硬齿面 HB≥350 时，ψ_d 取表中偏小数值。

$$m \geqslant 12.6\sqrt[3]{\frac{KT_1Y_F}{\psi_d Z_1^2\left[\sigma_F\right]}} \quad (\mathrm{mm}) \tag{5-9}$$

由于相啮合的一对齿轮的齿数和材料不同，为满足大小齿轮的弯曲强度，计算模数时应比较$\frac{Y_{F1}}{[\sigma_{F1}]}$和$\frac{Y_{F2}}{[\sigma_{F2}]}$两者比值，将比值较大的代入公式。求得 m 值后，还应按表 5-1 选取标准值，并圆整。

许用弯曲应力按下式确定

$$[\sigma_F]=\frac{\sigma_{Flim}}{S_{Fmin}} \quad (\mathrm{MPa}) \tag{5-10}$$

式中 σ_{Flim} 为轮齿齿根弯曲疲劳极限，按齿面硬度确定，见表 5-6；S_{Fmin} 为弯曲强度的最小安全系数，$S_{Fmin}=1\sim1.5$。一对啮合传动的齿轮，除齿形系数 Y_F 可能不同外，其他参数均相同。故一齿轮的齿根弯曲应力确定后，另一齿轮齿根弯曲应力可按比例式求得

齿根的弯曲疲劳极限 σ_{Flim} 和齿面的接触疲劳极限 σ_{Hlim}　　　　表 5-6

材　料	热处理方法	齿面硬度	σ_{Flim}（MPa）	σ_{Hlim}（MPa）
碳素钢	正火、调质	HB150～250	0.6HB+90	0.7HB+400
碳素铸钢	正火、调质	HB150～220	0.2HB+120	0.7HB+330
合金钢	调　质	HB200～350	0.3HB+210	1.4HB+350
合金铸钢	调　质	HB200～350	0.4HB+140	1.4HB+250
碳素钢、合金钢	表面淬火	HRC45～55	3HRC+210	10HRC+670
合金钢	渗碳淬火	HRC50～62	500	1500
铸　铁		HR170～270	0.2HB+24	HB+170

注：对于对称循环载荷作用下工作的齿轮，其 σ_{Flim} 应把表中的数值乘上系数 0.7。

$$\frac{\sigma_{F1}}{Y_{F1}}=\frac{\sigma_{F2}}{Y_{F2}} \tag{5-11}$$

式中 $\sigma_{F1}\leqslant[\sigma_{F2}]$，$\sigma_{F2}\leqslant[\sigma_{F2}]$。

5.5.3　齿面接触强度计算

齿面点蚀与齿面应力的大小有关。根据弹性力学的赫兹公式（图 5-12），经推导得出齿面接触强度条件式（两齿轮均为钢制）

$$\sigma_H=21187\sqrt{\frac{KT_1(\mu\pm1)}{dd_1^2\mu}}\leqslant[\sigma_H] \quad (\mathrm{MPa}) \tag{5-12}$$

式中的 μ 为齿数比（Z_2/Z_1），在满足齿面接触疲劳强度情况下，小齿轮分度圆直径 d_1 的设计公式

$$d_1=766\sqrt[3]{\frac{KT_1\ (\mu\pm1)}{\psi_d\ [\sigma_H]^2\mu}}\quad (mm)\qquad(5\text{-}13)$$

“+”号用于外啮合；“−”号用于内啮合。

两齿轮的齿面在接触点的接触应力大小是相等的，但两轮的许用接触应力不一定相等，因此，应取两轮许用接触应力中较小值代入公式计算。

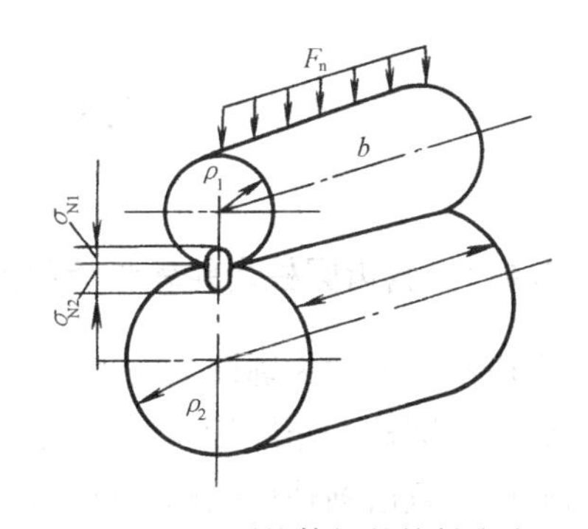

图 5-12 圆柱体间的接触应力

许用接触应力按下式确定

$$[\sigma_H]=\frac{\sigma_{Hlim}}{S_{Hmin}}\quad (MPa)\qquad(5\text{-}14)$$

式中 σ_{Hlim}——轮齿面接触疲劳极限，见表 5-6；

S_{Hmin}——接触疲劳强度的最小安全系数，$S_{Hmin}=1\sim1.5$。

5.5.4 齿轮设计准则

在闭式传动中，轮齿折断和点蚀均可能发生，设计时先按齿面接触疲劳强度确定传动主要参数，再验算齿根弯曲疲劳强度。

在开式传动中，磨损是主要失效形式，过度磨损导致齿根有效承载面积减少，最后使轮齿折断。开式传动中不会发生点蚀，故无论设计还是验算都只需考虑齿根弯曲疲劳强度。设计时因考虑磨损因素应将算得之模数加大 10%～20%，后再按表 5-1 圆整成标准模数值。

为防止轮齿早期损坏，Z_1、Z_2 应尽量互为质数。小齿轮齿数 Z_1 应大于 17 齿，以避免根切现象而影响齿根弯曲强度，一般取 $Z_1=18\sim40$，$Z_2=iZ_1$。当分度圆直径确定时，在满足齿根弯曲强度的前提下，适当减小模数以增加齿数，有利于提高重合度。对传递动力的齿轮传动，模数应大于 2mm（至少 1.5mm），齿数比（传动比）i 不宜过大，以小于 5 为佳，以防止两齿轮直径相差过大及轮齿工作负担相差过大。

增大齿宽 b 时，轮齿的工作应力 σ_F 和 σ_H 都将减少，有利于提高齿轮承载能力，但 b 过大易造成载荷沿齿宽分布不均匀。对于制造安装精度要求高，轴和支承刚度大，齿轮相对于轴承是对称布置时，可取稍大些，$\psi_d=0.8\sim1.4$。非对称布置时 $\psi_d=0.6\sim1.2$；悬臂布置及开式传动中 $\psi_d=0.3\sim0.4$。对硬度 HB>350 的硬齿面，ψ_d 还应下降 50%。

5.5.5 齿轮设计的内容和步骤

1. 根据传动的工作要求，首选齿轮制造的材料。
2. 选择齿轮的齿数和齿宽系数。
3. 确定和计算两轮齿齿根的许用弯曲应力和齿面接触应力。
4. 确定小齿轮分度圆直径。
5. 确定模数、压力角和有关几何尺寸。
6. 验算齿根的弯曲强度。

具体的设计计算，专业性的机械书籍和设计手册上都有设计计算的实例，此不赘述。

5.6 斜齿圆柱齿轮传动

5.6.1 斜齿圆柱齿轮轮齿齿面的形成及啮合特点

直齿圆柱齿轮齿廓曲面的形成如图 5-13 所示，一发生面 S 与基圆柱相切于 NN，当发生面在基圆柱上作纯滚动时，发生面任一平行于 NN 的直线 KK 展开一渐开线曲面，该曲面即为直齿圆柱齿轮的齿廓曲面。

由于斜齿圆柱齿轮的轮齿轴线倾斜一螺旋角，因此，使发生面上的直线 KK 与 NN 成β_b 角。当发生面 S 在基圆柱上作纯滚动时，KK 的轨迹则为渐开线螺旋面，该螺旋面即为斜齿圆柱齿轮的齿廓曲面，β_b 角称为基圆柱上的螺旋角。见图 5-14。

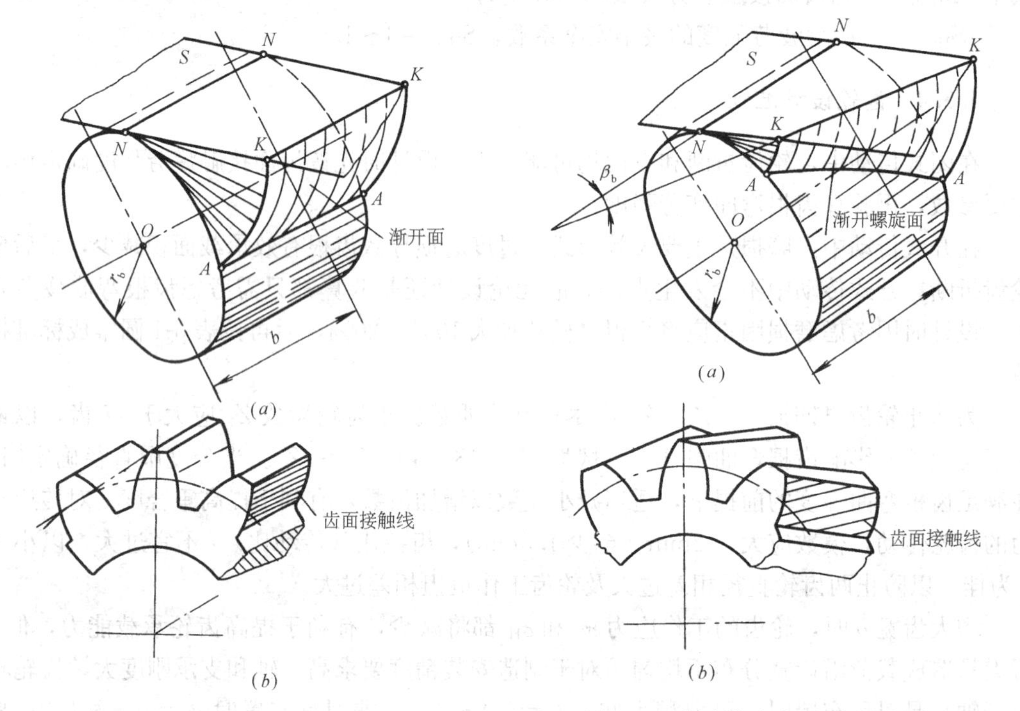

图 5-13 直齿轮齿廓形成和接触线　　图 5-14 斜齿轮齿廓形成和接触线

由此可见，一对直齿圆柱齿轮在啮合过程中，齿廓的接触是沿整个齿宽同时进入啮合或退出啮合。因此，轮齿上所受的载荷是突然加上或卸下的，在传动中容易引起冲击、振动和噪声，传动不平稳，不适合高速传动。

一对斜齿圆柱齿轮在啮合过程中，齿廓侧面是与斜直线 KK 平行的直线相接触，接触线长度由零逐渐增长，而后又逐渐缩短至脱离，因此轮齿上所受的载荷是逐渐由小变大再由大变小的。传动比较平稳，冲击、振动及噪声也较小。

此外，由于斜齿圆柱齿轮的轮齿是螺旋形的，在同样参数下，斜齿圆柱齿轮同时参加啮合的轮齿对数较直齿圆柱齿轮多，即重合度较直齿圆柱齿轮大，这对提高齿轮的承载能力是有利的。因此，它被广泛地应用于高速、重载的齿轮传动中。

5.6.2 斜齿圆柱齿轮的主要参数

1. 螺旋角 β

螺旋角 β 是指斜齿圆柱齿轮齿廓和分度圆柱面的交线与分度圆柱面切线的夹角。它表示轮齿倾斜的程度，一般为 $8°\sim20°$。如图 5-15 所示，右旋为（+），左旋为（−）。

2. 端面和法面参数

垂直于斜齿圆柱齿轮轴线的平面称为端面，下标为 t；在分度圆柱面上垂直于某个轮齿方向的平面称为法面，下标为 n。斜齿圆柱齿轮的主要参数有端面和法面之分，但以后者为标准。由图 5-16 知：

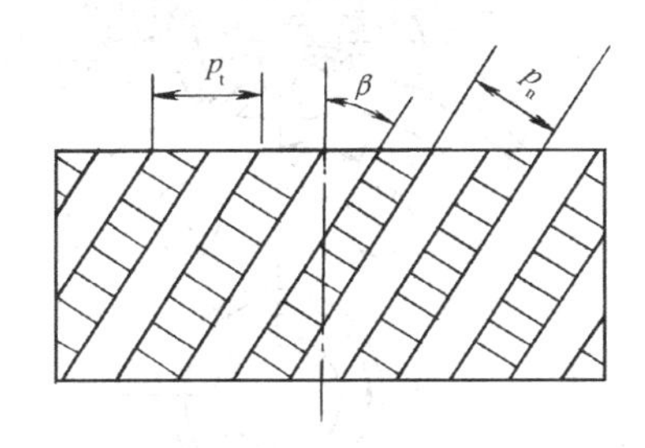

图 5-15 螺旋角、周节

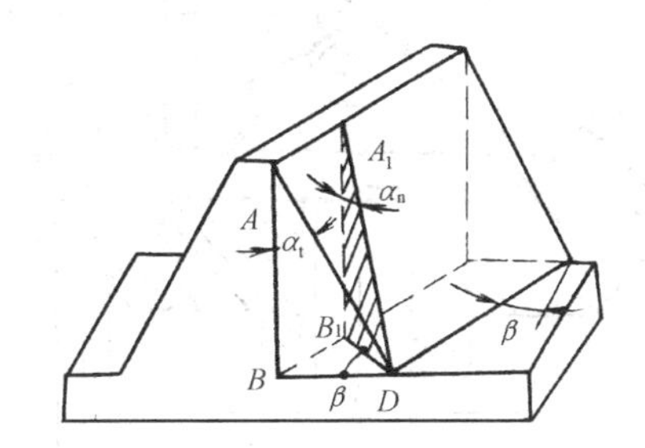

图 5-16 法面、端面、压力角

$$p_n=p_t\cos\beta \quad m_n=m_t\cos\beta \quad \mathrm{tg}\alpha_n=\mathrm{tg}\alpha_t\cos\beta$$

斜齿圆柱齿轮正确啮合条件：

$$m_{n_1}=m_{n_2}=m \quad \alpha_{n_1}=\alpha_{n_2}=20°\text{（或 }15°\text{）}$$

$$\beta_1=\mp\beta_2\text{（“−”号为外啮合；“+”号为内啮合）。}$$

5.7 直齿圆锥齿轮传动及蜗杆传动

5.7.1 直齿圆锥齿轮传动

圆锥齿轮用于传递两相交轴之间的运动和动力，轴间夹角一般 $\Sigma=90°$。其顶圆锥、根圆锥、分度圆锥、基圆锥交于一点，轮齿沿锥体切线逐渐收缩，故有大端和小端之分。轴线与分度圆锥切线的夹角称为半锥角 δ。如图 5-17 所示。

圆锥齿轮属空间齿轮，只有到锥顶等距离的点才能接触，即轮齿上的各点都是绕锥顶的球面运动。直齿圆锥齿轮正确啮合条件（以大端的参数为标准）：

$$\begin{cases} m_1=m_2=m \\ \alpha_1=\alpha_2=20° \\ \Sigma=\delta_1+\delta_2 \end{cases}$$

一对标准渐开线直齿圆锥齿轮传动的几何尺寸，受力分析，强度计算可查阅《机械设计手册》。

5.7.2 蜗杆传动

1. 蜗杆传动的组成和特点

如图 5-18 所示，蜗杆传动由蜗杆和蜗轮组成，蜗杆形状如螺杆，一般为主动件，蜗轮是具有特殊形状的斜齿轮。蜗杆传动通常用来传递空间交错呈 90°的两轴间传动。

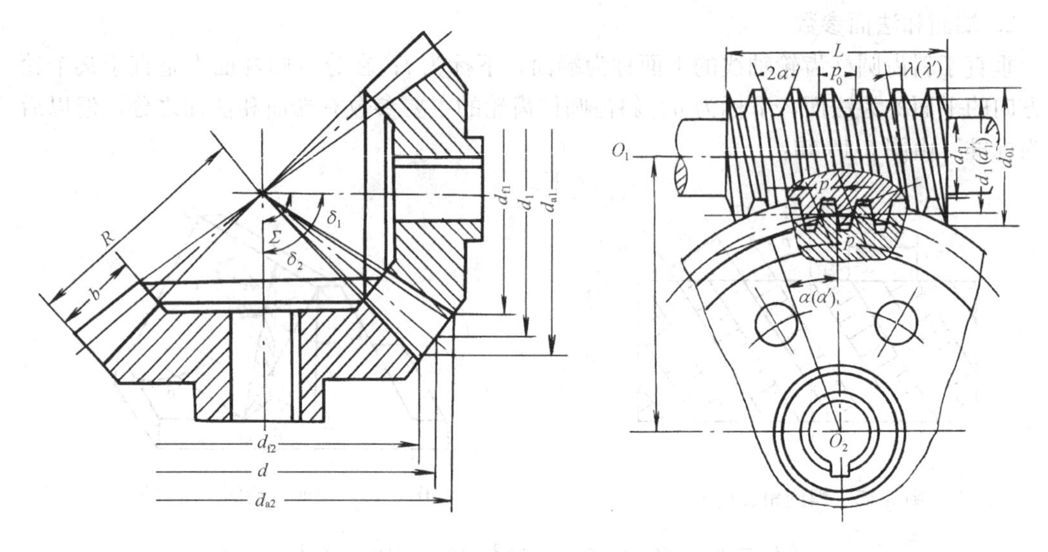

图 5-17 Σ=90°时圆锥齿轮传动尺寸　　图 5-18 普通圆柱蜗杆传动

蜗杆传动的主要优点：(1) 传动比大。在动力传动中，$i=8\sim80$，在分度传动中，i 可达到 1000。(2) 传动平稳。由于蜗杆为螺旋齿，蜗轮齿与其啮合时，不但同时参加啮合的齿数多，而且啮合过程连续，故传动平稳、无噪声。(3) 自锁，当蜗杆螺旋升角 λ 小于接触面当量摩擦角时，反行程自锁，故安全可靠。

主要缺点：(1) 效率低，热耗大，不适合传递大功率。(2) 当润滑油不清洁或散热不良时，齿面容易发生胶合和磨损，因此，蜗轮的齿圈常用贵重的铜合金制造，成本较高。

蜗杆传动的类型很多，按照蜗杆的外形，蜗杆可分为圆柱蜗杆和弧面蜗杆（如图 5-19 所示）。前者按垂直于轴线截面内的齿廓形状不同又可分为阿基米德蜗杆、延伸渐开线蜗杆和渐开线蜗杆。本节只简介应用最广泛的阿基米德蜗杆，又称普通圆柱蜗杆。

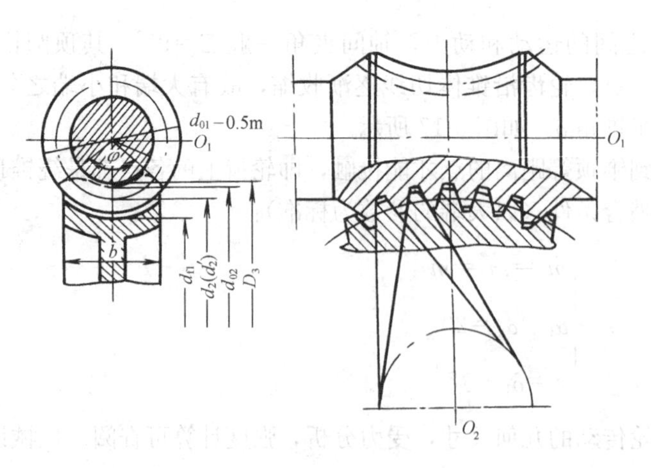

图 5-19 圆弧面蜗杆传动

2. 蜗杆传动的主要参数

(1) 模数和压力角

如图 5-19 所示，通过蜗杆轴线并垂直于蜗轮轴线的平面，称为主平面。

阿基米德蜗杆在主平面内，具有渐开线齿条的直线齿廓，且两边夹角 $2\alpha=40°$，$\alpha=20°$。蜗轮在主平面内的齿形是渐开线齿廓。所以阿基米德蜗杆传动在主平面内的啮合，相当于渐开线齿条与齿轮的啮合。为满足渐开线齿轮的啮合条件，在主平面内，阿基米德蜗杆的轴面模数 m_{a1} 和压力角 α_{a1} 应分别与蜗轮的端面模数 m_{t2} 和压力角 α_{t2} 相等，且规定主平面上的模数、压力角均为标准值，即 $m_{a1}=m_{t2}=m$，$\alpha_{a1}=\alpha_{t2}=\alpha$，通常规定标准压力角 $\alpha=20°$，常用的标准参数系列见表 5-7。

蜗杆模数 m 和蜗杆特性系数 q 值（GB/T 10085—88） **表 5-7**

模数 m（mm）	1	1.25	1.6	2	2.5	3.15	4	5	6.3
特性系数 q	18	16.0 17.92	12.5 17.5	9.0 11.2	8.96 11.2	8.89 11.27	10 17.75	10 18	10 17.78
模数 m（mm）	8	10	12.5	16	20	25			
特性系数 q	10.0 17.5	9.0 16.0	8.96 16.00	8.75 15.625	8.0 15.75	8.0 16.0			

（2）螺杆的螺旋升角 λ 和特性系数 q

按照齿的螺旋线方向，蜗杆和蜗轮也有左右旋之分。

当蜗杆的螺旋线数为 Z_1，轴面模数为 m 时，蜗杆在主平面的齿距为 πm，蜗杆转一圈，单根齿线在分度圆柱面上移动的导程 $S=\pi m Z_1$。如图 5-20 所示。

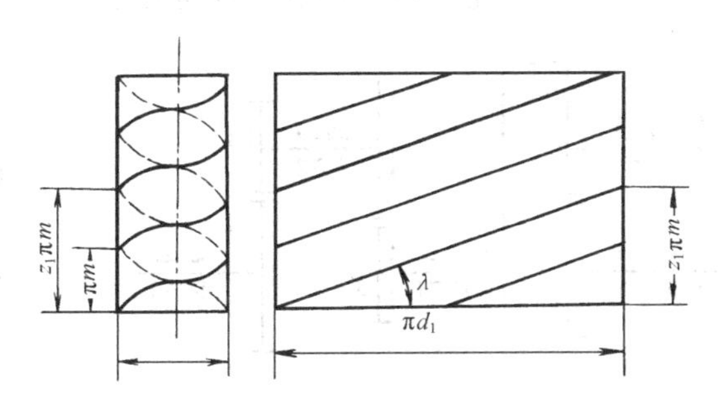

图 5-20　蜗杆分度圆柱展开

如果蜗杆分度圆直径为 d_1，则蜗杆分度圆上螺旋角 λ 为：

$$\lambda=\tan^{-1}\frac{\pi m Z_1}{\pi d_1}=\tan^{-1}\frac{m Z_1}{d_1} \qquad d_1=m\frac{Z_1}{\tan\lambda}$$

由上式可知，同样的 m，Z_1，不同的螺旋线升角 λ，蜗杆的直径 d_1 不同。由于切制蜗轮的滚刀与蜗杆形状相当，为了减少滚刀数量，使滚刀标准化，必须对同一模数下的蜗杆直径作限制，即使比值 $Z_1/\tan\lambda$ 标准化。

令 $q=Z_1/\tan\lambda$，则蜗杆的分度圆直径 $d_1=mq$，蜗杆的螺旋升角 $\lambda=\tan^{-1}\dfrac{Z_1}{q}$。

q 称为蜗杆的特性系数。模数一定时，q 值增大，蜗杆直径 d_1 增大，蜗杆刚度增大。当蜗杆头数一定时，q 值增大，蜗杆螺旋升角减小，传动效率降低。

一对蜗杆、蜗轮传动正确啮合条件是除在主平面内模数相等、压力角相等外，还需蜗轮的螺旋角 β 等于蜗杆螺旋线升角 λ。

（3）蜗杆头数 Z_1 和蜗轮齿数 Z_2

为了便于加工，蜗杆头数 $Z_1=1\sim4$。当要求自锁或大传动比时，取 $Z_1=1$，但效率低。对于动力传动，为提高效率，通常取 $Z_1=2\sim4$。

蜗轮的齿数 $Z_2=iZ_1$，通常 $Z_2=28\sim80$。

蜗杆传动通常蜗杆为主动，其传动比为：$i_{12}=\dfrac{n_1}{n_2}=\dfrac{Z_2}{Z_1}$。

5.8 轮系和减速器

在齿轮传动中，由一对齿轮组成的齿轮机构是最简单的形式。在实际建筑机械中，为了获得大的传动比，或实现输出轴的多种转速等目的，常采用一系列相互啮合的齿轮将主动轴和从动轴连接起来。这种由一系列相互啮合的齿轮所组成的传动系统称为轮系。

轮系中所有齿轮的轴线都是固定的，该轮系称为定轴轮系。如图 5-21（*a*）、（*b*）所示。轮系中有一个或几个齿轮的轴线不是固定的，而是绕其他齿轮的轴线转动，则该轮系称为周转轮系。

周转轮系有机架、中心轮、行星轮和导杆(或称行星架)。如图 5-22(*a*)所示，齿轮 1、3 为中心轮，其轴线固定不动。齿轮 2 既有自转又有公转，故称行星轮。支撑行星轮并使它获得公转的构件称为系杆，用 H 表示。若中心轮均不固定，称为差动轮系，如图 5-22(*b*)所示。若中心轮(如轮 3)固定，系杆 H 也固定，则为定轴轮系，如图 5-22(*c*)所示。

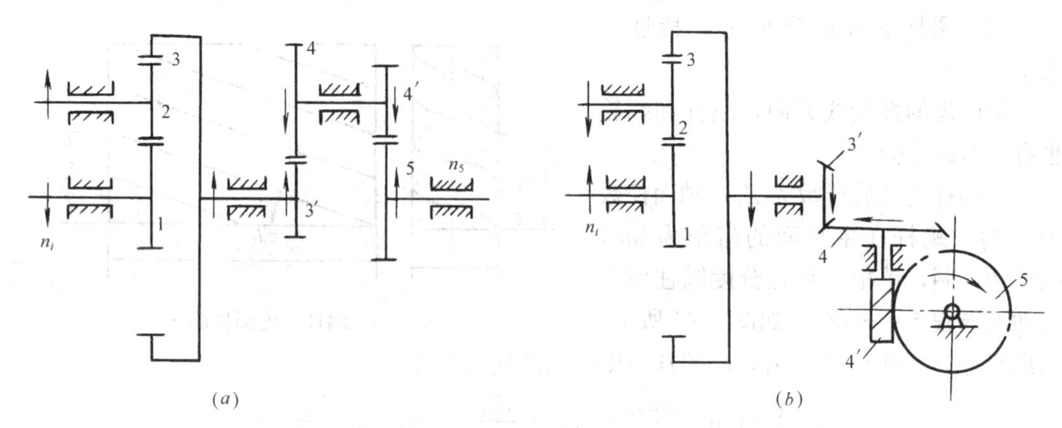

图 5-21　定轴轮系

（*a*）定轴轮系；（*b*）空间定轴轮系

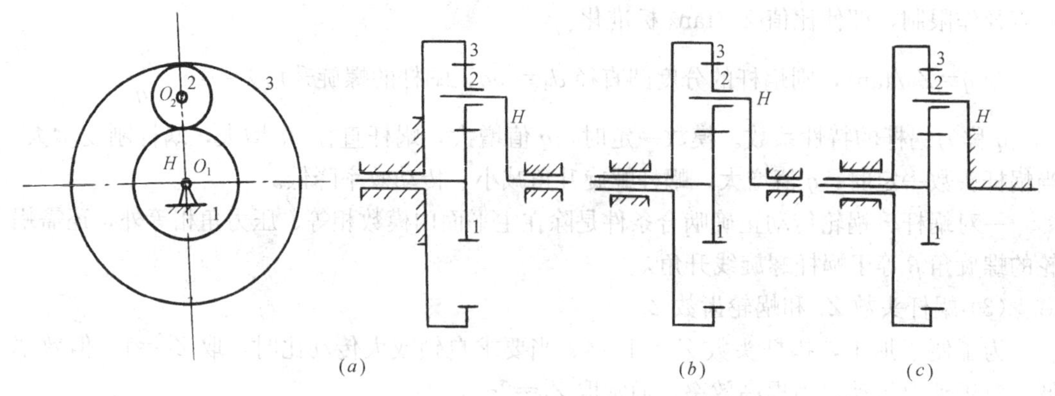

图 5-22　周转轮系的变化

（*a*）行星轮系；（*b*）差动轮系；（*c*）定轴轮系

5.8.1　定轴轮系传动比的计算

轮系的传动比是指主动轴和从动轴的转速或角速度之比，两者转向一致或相反，分别用“+”或“−”号表示，故传动比包括大小和符号两部分。

如图 5-21（*a*）所示，设各齿轮齿数已知，输入轴转速为 n_1，方向如图示箭头方向，每一对相啮合的齿轮的转速及传动比如下

$$i_{12}=\frac{n_1}{n_2}=-\frac{Z_2}{Z_1}\qquad i_{23}=\frac{n_2}{n_3}=+\frac{Z_3}{Z_2}$$

$$i_{3'4}=\frac{n_3}{n_4}=-\frac{Z_4}{Z'_3}\qquad i_{4'5}=\frac{n_4}{n_5}=-\frac{Z_5}{Z'_4}$$

当以上四式等号两边分别连乘可得：

$$i_{12}\cdot i_{23}\cdot i'_{34}\cdot i'_{45}=\frac{n_1}{n_2}\cdot\frac{n_2}{n_3}\cdot\frac{n_3}{n_4}\cdot\frac{n_4}{n_5}=\frac{n_1}{n_5}=i_{15}$$

即轮系的总传动比

$$i_{15}=\left(-\frac{Z_2}{Z_1}\right)\left(\frac{Z_3}{Z_2}\right)\left(-\frac{Z_4}{Z'_3}\right)\left(-\frac{Z_5}{Z'_4}\right)$$

$$=(-1)^{m}\frac{Z_3\cdot Z_4\cdot Z_5}{Z_1\cdot Z'_3\cdot Z'_4}$$

由上式可得定轴轮系传动比通式

$$i_{主从}=\frac{n_{主}}{n_{从}}=(-1)^{m}\frac{各级啮合中从动轮齿数乘积}{各级啮合中主动轮齿数乘积}\tag{5-15}$$

其中 m 为外啮合齿轮对数。若轮系中有空间齿轮传动，则须用箭头表示各轮转向。

在上述轮系中，齿轮 2 既是主动轮，又是从动轮，因此它的齿数同时出现在分子分母上，从而被消去，故它的存在不影响传动比的大小，只影响输出轴的转向。该轮称为惰轮或换向轮。

5.8.2　周转轮系传动比的计算

周转轮系中，由于行星轮的转动既有自转又有公转，因此，它的传动比不能用定轴轮系的传动比公式来计算。

根据相对运动原理可知，若对周转轮系中各个构件都加一个公共转速后，各构件之间的相对运动关系仍保持不变。应用这个原理对图 5-22（*b*）所示的周转轮系的各个构件都加上一个 $-n_H$ 的转速，使系杆 H 相对固定不动，则周转轮系就转化为定轴轮系，而各个构件的相对运动关系仍然不变，这个转化后的定轴轮系为周转轮系的转化机构。转化前后轮系中各个构件的转速如表 5-8 所示。

周转轮系及其转化机构的转速　　**表 5-8**

构　　件	周转轮系的转速	转化机构的转速
1	n_1	$n_1^H=n_1-n_H$
2	n_2	$n_2^H=n_2-n_H$
3	n_3	$n_3^H=n_3-n_H$
H	n_H	$n_H=n_H-n_H=0$

在转化机构中两中心轮的传动比为

$$i_{13}^{H}=\frac{n_1^H}{n_3^H}=\frac{n_1-n_H}{n_3-n_H}=-\frac{Z_3}{Z_1} \tag{5-16}$$

上式等号右边的"−"表示在转化机构中主从动轮转向相反。推广为一般公式

$$i_{1K}^{H}=\frac{n_1^H}{n_K^H}=\frac{n_1-n_H}{n_K-n_H}=(-1)^m\frac{\text{所有从动轮齿数的乘积}}{\text{所有主动轮齿数的乘积}} \tag{5-17}$$

应用上式时应注意：

1. 它只适于平行轴之间的传动比。即轮 1、轮 K 及系杆 H 的回转轴线必须平行。

2. 若周转轮系是圆锥齿轮构成，由于 n_1、n_K、n_H 三者不在同一平面内故转向不能用 $(-1)^m$ 表示，而应用箭头表示转向。

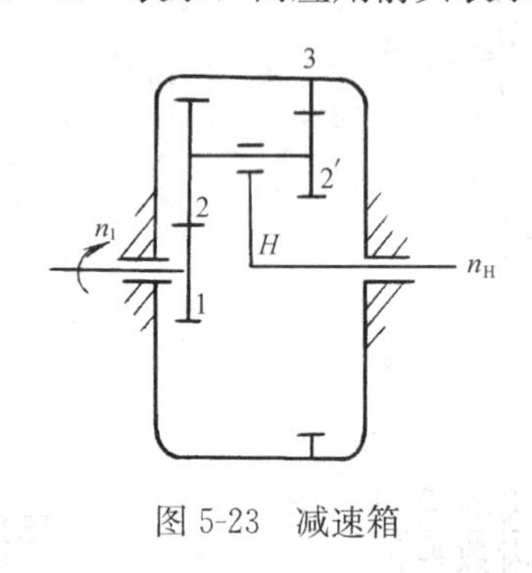

图 5-23 减速箱

【例 5-1】 已知图 5-23 中，$Z_1=46$，$Z_2=62$，$Z'_2=48$，$Z_3=158$，$n_1=960$r/min，试确定：

该行星轮系输出轴 n_H 的大小和方向。

解： 根据公式（5-16）可知

$$i_{13}^{H}=\frac{n_1^H}{n_3^H}=\frac{n_1-n_H}{n_3-n_H}=-\frac{Z_2\cdot Z_3}{Z_1\cdot Z_{2'}}=\frac{62\times158}{46\times48}=-4.4366$$

把 $n_1=960$r/min，$n_3=0$ 代入上式得

$$960-n_H=+4.4366n_H \quad n_H=176.6\text{r/min}$$

所以输出轴 $n_H=176.6$r/min，转向与 n_1 相同。

5.8.3 组合轮系传动比计算

组合轮系是指由周转轮系和定轴轮系组合而成的轮系。工程上使用的常是组合轮系。计算其传动比时，首先要将每一个基本轮系区分出来，列出各自的传动比计算式，然后找出转速相同的部分及转速为零的部分，代入联立解以上各式，解时注意符号。

【例 5-2】 图 5-24 所示为电动卷扬机减速器，已知各轮齿数为 $Z_1=24$，$Z_2=48$，$Z'_2=30$，$Z_3=90$，$Z'_3=20$，$Z_4=40$，$Z_5=80$，求：(1) 传动比 i_{1H}；(2) 当电动机转速 $n_1=1450$r/min 时，卷筒转速 $n_H=$?

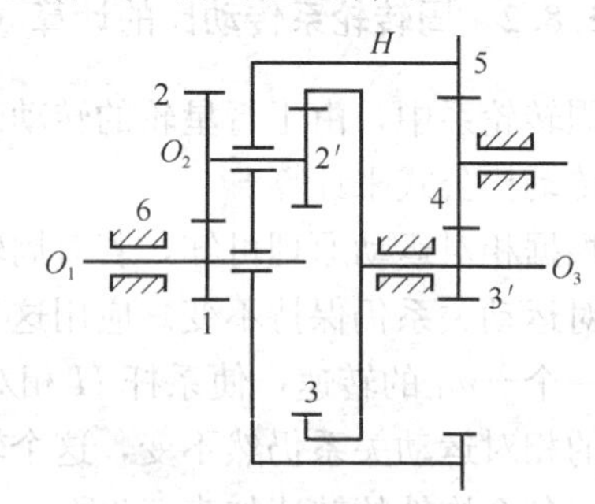

图 5-24 卷扬机减速器

解： (1) 轮 1 与电动机相连是输入件，当卷筒 H 转动时，双联齿轮 2—2′绕轴 O_1—O_3 公转的同时绕轴 O_2 自转，故 2—2′是行星轮，轮 1、3 分别与 2、2′啮合为中心轮。因齿轮1、3 均可转动，故 1、2—2′、3、H、6 的自由度 $F=3n-2P_1-P_H=3\times4-2\times4-2=2$，属差动轮系，卷筒上内齿轮 3、$H$、6 可得其转化机构传动比

$$i_{13}^{H}=\frac{n_1-n_H}{n_3-n_H}=-\frac{Z_2\cdot Z_3}{Z_1\cdot Z'_2}=\frac{48\times90}{24\times30}=-6$$

由定轴轮系 3′、4、5 得其传动比

$$i'_{35}=\frac{n'_3}{n_5}=-\frac{Z_5}{-Z'_3}=\frac{80}{20}=-4$$

因为 $n_5=n_H$，$n'_3=n_3$，联立解上面二式得

$$i_{1H}=i_{15}=31$$

(2) $n_H=\frac{n_1}{i_{1H}}=\frac{1450}{31}=46.77\text{r/min}$

5.8.4 减速器

减速器是具有固定传动比的独立传动部件，经常装在机械的原动部分与工作执行部分之间，起到降低转速和增大转矩的作用。有些机械需提高转速，则将其输入，输出端对换就成了增速器。

减速器有许多类型，它的主要形式如图 5-25 所示。应用最多的是齿轮及蜗杆减速器。

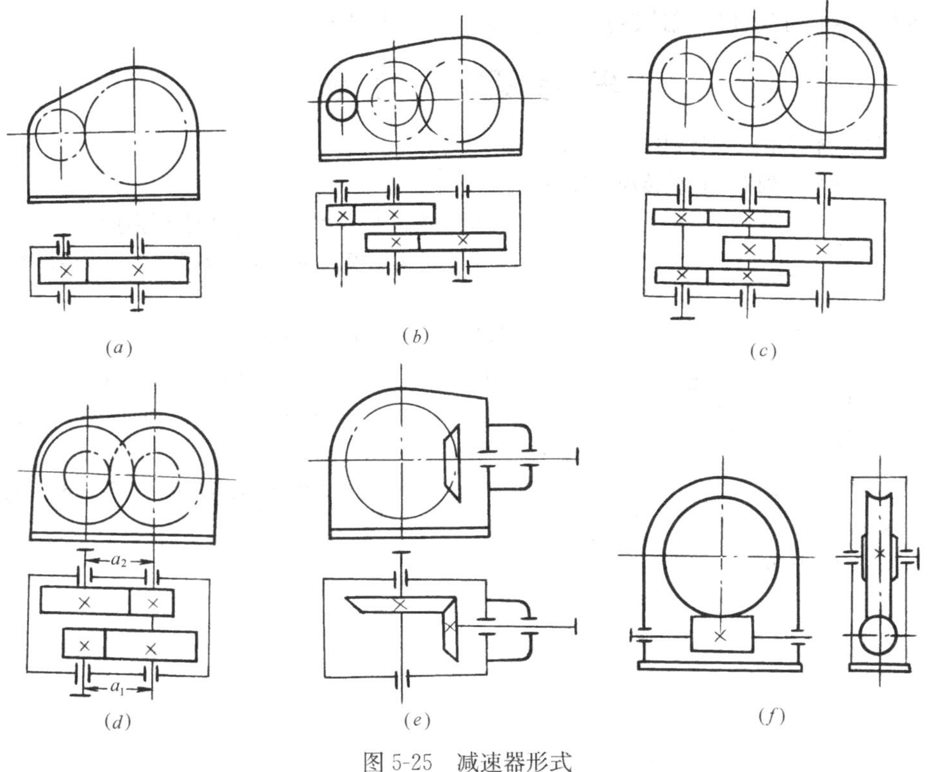

图 5-25　减速器形式

减速器按减速的级数可分单级[图 5-25(*a*)]、两级、三级和多级等；按其传动布置形式又有展开式[图 5-25(*b*)]，分流式[图 5-25(*c*)]和同轴式[图 5-25(*d*)]等数种。

单级圆柱齿轮减速器的传动比一般不大于 8；当大于 8～10 时，应采用两级或两级以上的减速器。

展开式减速器结构简单，其缺点是齿轮对两轴承为不对称布置。分流式减速器由于其齿轮对轴承为对称布置，故齿轮工作情况得到改善。同轴式减速器，因其输入轴和输出轴在同一轴线上，减速器的长度较短，有利于整个机械的布置。

单级圆锥齿轮减速器［图 5-25（*e*)］的传动比一般不大于 6。两级以上的圆锥—圆柱

齿轮减速器，由于大尺寸的圆锥齿轮较难精确制造，通常把圆锥齿轮传动作为这类减速器的高速级（载荷较小），以减小圆锥齿轮的尺寸。

蜗杆减速器［图 5-25（f）］的主要优点是在外廓尺寸不大的情况下，可以获得大的传动比，且工作平稳，噪声小。应用最多的是单级蜗杆减速器，其传动比范围一般为 10～70。单级蜗杆减速器中蜗杆的位置可分为上蜗杆式、下蜗杆式及侧蜗杆式等三种，以下蜗杆式应用较多，因为此时的润滑和冷却情况较好。蜗杆——圆柱齿轮减速器通常是把蜗杆传动作为高速级，因为在高速时蜗杆传动效率较高。这种减速器的传动比范围一般为 50～130，最大可达 250。

减速器由于其结构紧凑、工作耐久可靠、使用维护方便，故应用广泛。可根据工作条件，转速、载荷、传动比及在总体布置中的要求，参阅机械设计手册和有关产品目录查阅选用。

目前，我国常用的标准减速器有：渐开线圆柱齿轮减速器，圆弧圆柱齿轮减速器，圆柱蜗杆减速器，行星齿轮减速器及摆线针轮行星减速器等。

思考题与习题

1. 渐开线齿轮为什么能得到广泛的应用？

2. 渐开线齿轮正确啮合连续传动的条件是什么？

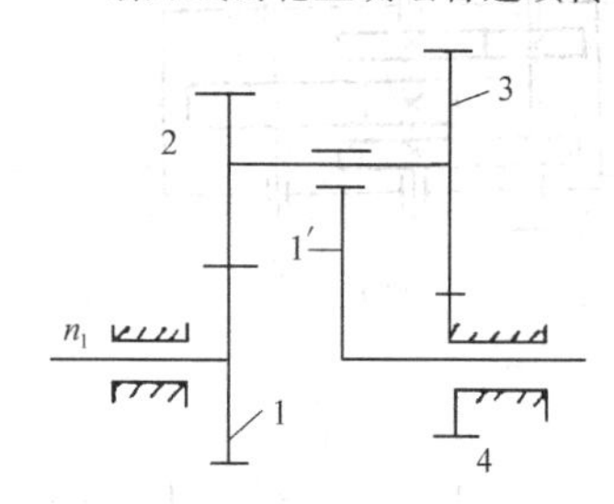

图 5-26

3. 说明模数和蜗杆特性系数 q 的导出原理？

4. 已知标准齿轮模数 $m=6$，齿数 $Z=20$，求该齿轮的几何尺寸。

5. 设计一对直齿圆柱齿轮的一般步骤是什么？

6. 如图 5-21（a）所示，已知 $Z_1=Z_2=20$，$Z'_3=35$，$Z_4=30$，$Z'_4=22$，$Z_5=36$，并且 1，3，3′与 5′同轴线，求齿轮 3 的齿数及传动比。

7. 图 5-26 所示 $n_1=960$r/min、$Z_1=46$、$Z_2=62$、$Z_3=48$、$Z_4=58$，求 $n_H=$？

（答：$n_H=1524$r/min）。

第6章　液压传动与液力传动

液压传动是基于工程流体力学的巴斯卡原理，主要利用液体压力能的变化，来实现液体能与机械能的转换，传递动力，又称静液传动。

液力传动是基于工程流体力学的动量矩原理，主要利用液体速度能的变化来转换为机械能，实现动力传递，又称动液传动。

20世纪60年代以后，液压传动在各种机械中得到大量应用，在建筑机械中尤为显著，鉴于液力传动在行走式建筑机械中广泛应用，因此也作简要介绍。

6.1　液压传动的组成和特点

6.1.1　液压传动基本原理

什么是液压传动？可通过分析一个简单的液压传动实例来认识。

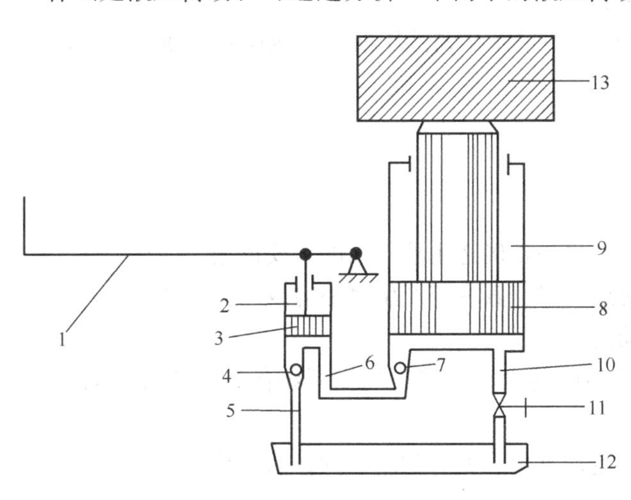

图6-1　液压千斤顶原理图

1—手柄；2—小油缸；3—小活塞；4、7—单向阀；5、6、10—管道；8—大活塞；9—大油缸；11—放油阀；12—油箱；13—重物

图6-1是液压千斤顶的工作原理图。在大、小两个液压缸9和2的内部，分别装有活塞8和3，活塞与缸体之间保持一种良好的配合关系，不仅活塞能在缸内滑动，而且配合面之间又能实现可靠的密封。

当用手向上提起手柄1时，小活塞3就被带动上升，于是小缸2下腔的密封工作容积便增大。这时，由于起单向阀作用的钢球4和7，分别关闭着它们各自所在的油路，所以在小缸的下腔形成了部分真空，油箱12中的油液，就在大气压力作用下，推开钢球4，沿吸油管道进入小缸的下腔，完成一次吸油动作。

接着，压下手柄1，小活塞3下移，小缸下腔的工作容积减小，便把其中的油液挤出，推开钢球7（此时钢球4自动关闭了通往油箱的油路），油液便经两缸之间的连通管道，进入大缸9的下腔。由于大缸下腔也是一个密封的工作容积，所进入的油液因受挤压而产生的作用力，就推动大活塞8上升，并将重物13向上顶起一段距离。

这样反复地提、压手柄1，就可以使重物不断上升，达到起重目的。

液压千斤顶是一个简单的液压传动装置，但从它的工作过程，可知液压传动的基本原理：液压传动是以巴斯卡原理为理论基础，依靠密封容积的变化来传递运动，依靠液体内部的压力（由外界负载所引起）来传递动力。

从此看出，液压传动装置实质上是一种能量转换装置，使机械能转换为便于输送的液压能，随后又将液压能转换为机械能做功。

一般液压系统，常用各种容积式液压泵，将原动机输入的机械能变成压力能，施于液体工作介质，并传递给一定形式的执行机构——液压缸或液压马达，然后再转换成机械能输出。

6.1.2 液压传动系统的组成

由于工作要求不同，虽有各种不同液压系统，但都不外乎由下列五部分组成：

（1）液压动力元件　主要是指液压泵，其功能是将原动机的机械能转换为液压能。

（2）液压执行元件　是指液压缸、液压马达，其功能是将液体的压力能转换为工作装置需要的机械能。

（3）液压控制元件　包括各类阀，其功能是控制液体的压力、流量和方向，使工作装置完成预期的动作。

（4）液压辅助元件　包括油箱、滤油器、油管、接头、密封件、冷却器和蓄能器等，其功能是在液压传动中协助和完善能量传递，保证系统正常工作。它对液压系统的工作效率、工作寿命影响甚大，必须予以足够重视。

（5）工作介质　即液压油，大多采用石油基矿物液压油，其他还有合成液压油，含水液压油等。

6.1.3 液压油

1. 液压油的黏度

黏度是液压油最重要的物理性质，也是正确选用液压油的主要依据。

当液体受到外力作用而发生相对运动时，其内部产生摩擦力或切应力的性质，称为液体的黏性，起阻止液体内部相互滑动的作用。

表示黏性大小程度的量叫黏度。黏度的大小直接影响到系统的正常工作、效率和灵敏性。

表征黏度值的单位有动力黏度、运动黏度和相对黏度三种。前两种又称为绝对黏度。

（1）动力黏度

动力黏度用符号 μ 表示。μ 又称动力黏度系数，其物理意义是当相邻液层间的相对滑动速度为 1cm/s，间隔距离为 1cm 时，在 $1cm^2$ 的液层面积上所产生的内摩擦力。在国际单位制中，μ 的是单位为 $N \cdot s/m^2$，亦称为 $Pa \cdot s$，读作帕·秒。

（2）运动黏度

$$\nu=\frac{\mu}{\rho} \quad (m^2/s) \qquad (6\text{-}1)$$

用符号 ν 表示，是液体的动力黏度 μ 和其密度 ρ（kg/m^3）的比值，即

运动黏度的单位在法定单位制中为 cm^2/s，称 St（沲），其百分之一称为 cSt（厘沲）。

（3）相对黏度

因 μ、ν 难以直接测定，工程上常采用相对黏度。

相对黏度又称条件黏度，是以液体的黏度相对于水的黏度的大小程度来表示的。由于测定方法不同，国际上有多种相对黏度。我国采用恩氏黏度作为相对黏度单位。

恩氏黏度用恩氏黏度计来测定，其方法是将 200cm^3 被试液体在某温度下从恩氏黏度计的小孔（孔径 2.8mm）流完的时间 t_1，与相同体积蒸馏水在 20℃时，从同一小孔流完所需时间 t_2 相比，其比值叫该液体的恩氏黏度，用符号°E 表示。

温度 t℃时的恩氏黏度用符号°Et 表示，在建筑机械液压传动系统中，一般用 50℃作为测定恩氏黏度的标准温度，以°E50 表示。

通过大量实验得，运动黏度与恩氏黏度有下列换算关系

$$\nu=\left(7.31^{\circ}E-\frac{6.31}{^{\circ}E}\right)\times10^{-6}\quad(\mathrm{m^2/s}) \tag{6-2}$$

2. 液压油的选择

液压油的黏度是选择液压油的基本依据。液压传动中一般采用矿物油。在选择具体牌号时，除了按照泵、阀等元件出厂规定中的要求进行选择外，一般可作如下考虑：

（1）环境温度的高低及变化情况。环境温度高时，应采用黏度较高的油；反之，应采用黏度较低的油。例如，一般在严冬使用 YA-N32 液压油，而在盛夏使用 YA-N68 液压油。

矿物油的牌号系根据运动黏度定出，由于运动黏度随温度变化，BG 2512—81 标准规定，运动黏度以按 40℃时运动黏度中心值 cSt（厘沲）数表示。数字前加“N”，以区别于按 50℃时运动黏度值分列的牌号。例如，YA-N32 是表示 40℃时运动黏度中心值为 32cSt（厘沲）的普通液压油。这相近于按 50℃时，运动黏度为 20cSt（厘沲）。

（2）考虑液压系统中工作压力的高低。通常工作压力高时，宜选择高黏度的油；反之，应采用黏度较低的油。

（3）考虑运动速度的高低。油流速度高，宜选择黏度较低的油；反之，则反。

因此，排除和控制油的污染是应当首先考虑的。

3. 液压油的污染

（1）新油污染。虽然液压油和润滑油是在比较清洁的条件下精炼和调合的，但油液在运输和储存过程中受到管道、油桶和储油罐的污染。其污染物为灰尘、砂土、锈垢、水分和其他液体等。

（2）残留污染。液压系统和液压元件在装配和冲洗中的残留物，如毛刺、切屑、型砂、涂料、橡胶、焊渣和棉纱纤维等。

（3）侵入污染。液压系统运行过程中，由于油箱封闭不完善以及元件密封装置损坏由系统外部侵入的污染物，如灰尘、砂土、切屑以及水分等。

（4）生成污染。液压系统运行中系统本身所生成的污染物。其中既有元件磨损剥离、被冲刷和腐蚀的金属颗粒或橡胶末，又有油液老化产生的污染物等。这一类污染物最具有危险性。

液压系统 75%以上的故障是由液压油污染所引起的。因此，排除和控制油的污染是首先考虑的。如何排除污染，请参考专业有关书籍。

6.1.4 液压传动图形符号

一个完整的液压系统由各类元件及管路等组成。如果要用各个元件的结构图和它们的

连接管路来表示整个液压系统，那么不仅绘制起来十分复杂，而且还难以将其原理表达清楚。如果采用各种简单的图形符号来表示元件的职能和元件间的联系，则不仅清晰易懂，而且还节省很多工作量。因此，熟悉液压元件图形符号的表达形式和意义，就显得甚为重要。

国家标准 GB/T 786.1—2009 对各种液压元件和管路等，作了图形和名称的规定。现将部分常用液压系统图图形符号摘录于表 6-1 中。

常用液压系统图形符号 GB/T 786.1—2009 **表 6-1**

类别	名称	符号	类别	名称	符号
管路及连接	工作管路		液压马达	双向变量马达	
	控制管路				
	泄漏管路			双向定量马达	
	连接管路				
	交叉管路			摆动马达	
	通油箱管路（左图为管端在液面之上，右图为管端在液面之下）		单作用液压缸	单作用柱塞缸	
	堵头			单作用活塞缸	
	软管				
	流动方向			单作用伸缩式套筒缸	
	放气装置（放气口朝上）		双作用液压缸	双作用单活塞杆缸	
液压泵	单向定量泵			双作用带可调单向缓冲式缸	
	单向变量泵			差动式缸	
	双向变量泵			双作用双活塞杆缸	

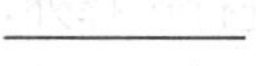

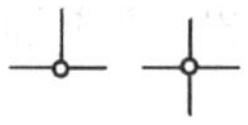

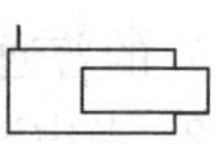

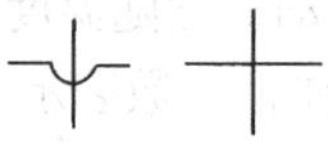

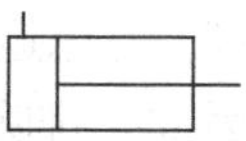

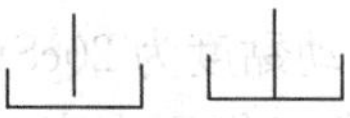

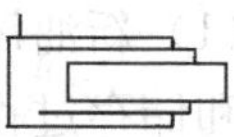

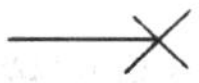

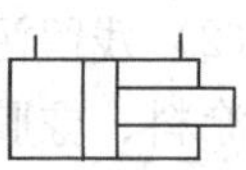

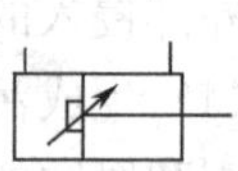

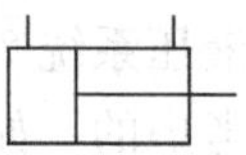

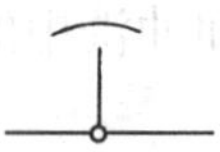

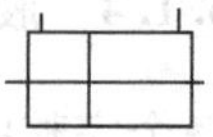

续表

类别	名称	符号
控制方式	手柄控制	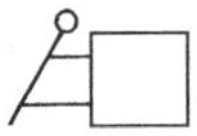
	按钮控制	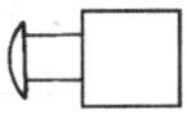
	脚踏控制	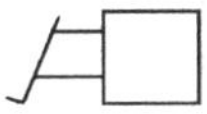
	顶杆控制	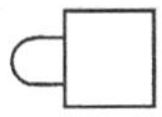
	直接液压控制	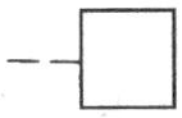
	单线圈电磁控制	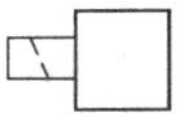
	先导液压控制（上图为加压控制，下图为卸压控制）	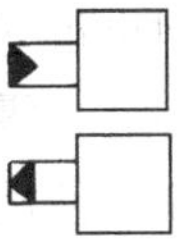
	双向旋转直流电动机控制	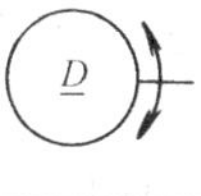
	定位机构	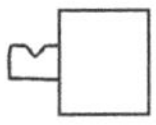
	机械反馈机构	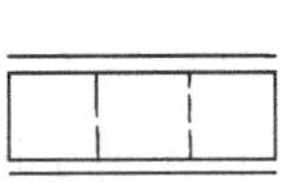
压力控制阀	溢流阀	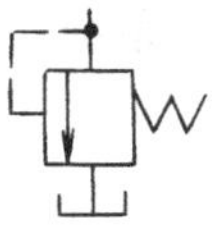
	定压减压阀	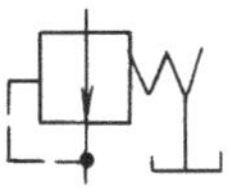

类别	名称	符号
流量控制阀	固定节流器	
	可调节流器	
	可调式集流阀	
	分流-集流阀	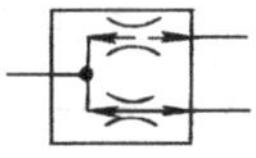
方向控制阀	二位四通阀 三位四通阀	
	单向元件（与其他元件组合）	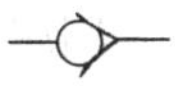
	单向阀	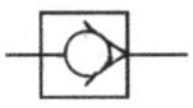
	液控单向阀	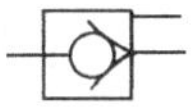
	开关	
辅件及其他装置	开式油箱	
	蓄能器	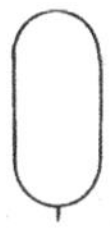
	隔离式气体蓄能器	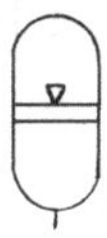
	增压缸	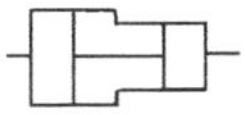
	油温调节器	

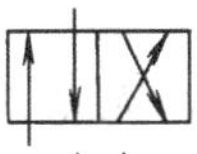

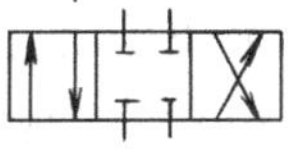

续表

类别	名　称	符　号	类别	名　称	符　号
辅件及其他装置	冷却器（上图为带冷却介质通道的符号，下图为简化符号）		辅件及其他装置	压力继电器	
				交流电动机	D ~
	粗滤油器			指针式压力表	
	精滤油器			直读温度计	

6.1.5　液压传动的优缺点

1. 优点

液压传动与机械传动、电气传动等相比较，有如下主要优点：

(1) 能实现无级调速，且变速范围大，最高可达 1∶1000 以上，而最低稳定转速可低至每分钟只有几转。因此，可用液压缸或液压马达直接获得低速强力或低速大扭矩的运动，无需用减速器；

(2) 体积小、重量轻，因此惯性小，启动及换向也迅速；

(3) 采用油液作为工作介质，传递运动均匀、平稳、零件润滑好，寿命长；

(4) 操作简便，易于实现自动化，特别是电液联合使用时；控制精度高且灵敏；

(5) 过载保护装置简单，且能自动实现；

(6) 元件易实现标准化、系列化，便于设计制造和推广使用。

2. 缺点

(1) 液压传动系统中，由于存在着机械摩擦、液体压力油液泄漏等损失，总效率低于机械传动的效率；

(2) 油温变化时，油的黏度也变化，使系统的效率、工作速度等均相应改变。所以液压传动不适于在低温和高温条件下工作；

(3) 因系统中有油液泄漏和在高压下管道的弹性变形等影响，传动速比不精确，不能实现定比传动，且因油液流经管路时有压力损失，故不适于远距离使用；

(4) 零件制造精度要求高，因而成本高；

(5) 发生故障不易检查和排除，且空气渗入液压系统后，容易引起系统工作不良，如发生振动和噪声等。

6.2　液压传动的基本参数

6.2.1　压力（压强）

从对液压千斤顶的分析可知，液压缸内液体受外力作用后，会产生一种推动力，使大活塞能顶起重物，这种因外力作用而在单位面积上产生的推动力即是压力 p。可用下式表示：

$$p=\frac{F}{A} \tag{6-3}$$

式中 A——活塞的有效作用面积；

F——作用在整个活塞有作用面积上的液压力。

在国际单位制（SI 制）中，压力的单位是 Pa（帕）；在实际工作中，有时遇到压力单位 bar（巴）。它们之间换算关系为：

$$1\text{bar}=1\times10^5\text{Pa}$$

由于 Pa 的单位太小，工程上常用 MPa（兆帕）；$1\text{MPa}=10^6\text{Pa}$

在图 6-1 的液压千斤顶中，当不考虑液体流动的阻力时，根据静压传递原理，要使大活塞顶起上面的重物（载荷），则作用在大活塞下端面积 A 上的总液压力 F，至少应该等于物重 G（实际上还应包括活塞本身的重力及摩擦力），即 $F=G$

因为 $$F=pA$$

所以，缸中的油液压力 p 为：

$$p=\frac{G}{A} \tag{6-4}$$

由此可知，液压系统中的压力，决定于外界负载。

在液压传动中，压力范围一般可分成表 6-2 所列的五个等级。建筑机械大多采用中高压和高压液压系统。

压力分级 **表 6-2**

压力分级	低压	中压	中高压	高压	超高压
压力范围（bar）	0～25	>25～80	>80～160	>160～320	>320

6.2.2 流量

1. 流量的定义

液压传动中，常用体积来度量流体的量，而不用质量或重量。流量系指单位时间内，流过某一断面的液体体积数量。

若在时间 t 内，流过的液体体积为 V，则根据定义，流量 Q 为

$$Q=\frac{V}{t} \tag{6-5}$$

计算流量时，液体体积的单位是 m^3 或 cm^3，时间的单位是 s，故流量的单位是 m^3/s 或 cm^3/s。此外，我国通常使用的液体流量单位为 L/min。其换算关系为

$$1\text{m}^3/\text{s}=10^6\text{cm}^3/\text{s}=6\times10^4 \quad (\text{L/min})$$

2. 流量和液压缸活塞速度之间的关系

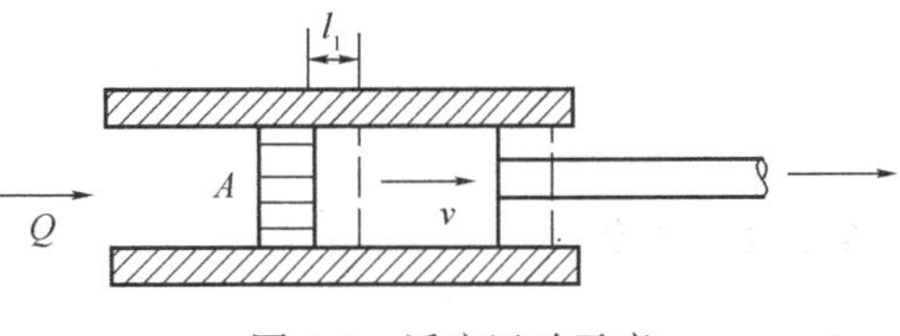

图 6-2 活塞运动示意

设如图 6-2 所示，在某一时间 t 内，流入液压缸油液的体积为 Qt，此时活塞右移了一段距离为 l，所移动的那段体积为

Al，由于

$$Al=Qt \qquad 即\ l/t=Q/A$$

又因为 l/t 等于活塞移动速度，故

$$v=\frac{Q}{A} \tag{6-6}$$

上式中，v 为缸内液体在通流截面上的平均流速。由于液体存在黏性，致使同一通流截面上，各液体质点的实际流速分布不均匀。显然，越靠近通道中心，流速越大。因此，在进行液压计算时，使用液体实际流速有困难，需利用平均流速。此流速流过的流量和以实际流速流过的流量应该相等。

由式（6-6）可知，当液压缸尺寸一定时，活塞移动速度完全取决于输入液压缸的流量，这是一个重要的概念。

3. 压力损失及其与流量的关系

在液压管路上，压力与流量这两个基本参数之间有什么关系呢？由静压传递原理可知，密封的静止液体具有均匀传递压力的性质，即当一处受到压力作用时，其各处的压力皆相等。但流体并不是这样。当液体流过一段较长的管道或各种阀孔、弯管及管接头时，因流体各质点之间，以及流体与管壁之间的相互摩擦和碰撞，要损失能量，这主要表现在流动过程中有压力损失（即有压力降）。

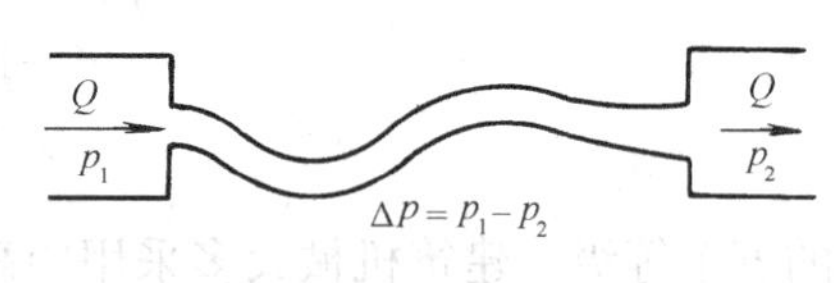

图 6-3 压力损失示意

如图 6-3 所示，油液通过液阻的压力损失，即液阻前后的压力差 $\Delta p=p_1-p_2$，该 Δp 值与管道中通过的流量 Q 有如下关系

$$\Delta p=R_y Q^n \tag{6-7}$$

式中 R_y——管路液阻，与管道的截面形状、截面积大小、管路长度及油液性质等有关；

n——流量指数，由管道的结构形式及液体流型所决定，通常 $1\leqslant n\leqslant 2$。

由式（6-7）可知：液阻增大，将引起压力损失增大，或使流量减小。液压传动中常常利用改变液阻的办法，来控制流量或压力。

6.2.3 功率

在液压传动中，功率系指动力元件所能传递液压能的能力，或执行元件所能进行工作的能力。液压功率 N 一般可用下式求取

$$N=pQ \quad (\mathrm{W}) \tag{6-8}$$

式中 p——液压动力或执行元件油液的压力，Pa；

Q——液压动力或执行元件油液的流量，m^3/s。

但常用的功率单位为（kW），所以上式可写成

$$N=\frac{pQ}{1000} \quad (\mathrm{kW}) \tag{6-9}$$

6.2.4 效率

输出功率 $N_{出}$ 与输入功率 $N_{入}$ 的比值称为效率，一般以符号 η 表示：

$$\eta=\frac{N_{出}}{N_{入}} \tag{6-10}$$

由于传动中不可避免地存在摩擦阻力和内、外泄漏容积损失等因素，在一般液压系统中，都存在着三种能量损失，即机械损失、液压损失和容积损失。而与之相应的也有三种效率：机械效率 $\eta_{机}$、液压效率 $\eta_{压}$ 和容积效率 $\eta_{容}$，这三种效率可分别用下列三式计算：

$$\eta_{机}=\frac{N_{入}-N_{机}}{N_{入}} \tag{6-11}$$

$$\eta_{压}=\frac{N_{入}-\Delta pQ}{N_{入}} \tag{6-12}$$

$$\eta_{容}=\frac{N_{入}-\Delta pQ}{N_{入}} \tag{6-13}$$

式中 $N_{机}$——机械损失的功率；

Δp——液压损失所引起的压力降；

Q——油液泄漏量。

对于液压泵、液压马达和液压缸，主要考虑机械效率和容积效率；对于管路和各种阀类，主要考虑容积损失和液压损失。

6.3 液压动力元件

6.3.1 容积式液压机械的特点

液压泵是液压系统内的动力元件，它将机械能转换为液压能（压力与流量）；液压马达是一种执行元件，将液压能转换为机械能（转矩与转速）。在液压系统中所使用的液压泵和液压马达均是容积式液压机械。它们有两个重要的工作特点：

1. 有形成容积变化的密封工作空间

对泵来说，密封工作空间容积变大为吸油过程，变小为压油过程；对马达来说，密封工作空间容积变大为输入油液过程，变小为排油过程。

2. 有与密封工作空间容积变化相协调的配油机构。

只要能实现上述两个基本要求，就能制造出泵和马达。因此，目前泵和马达的种类很多，但在建筑机械液压系统中用得最普遍的是齿轮式、叶片式和柱塞式的泵和马达。

6.3.2 齿轮泵

有内啮合与外啮合两类。外啮合用得较多，故下面只介绍外啮合式齿轮泵。

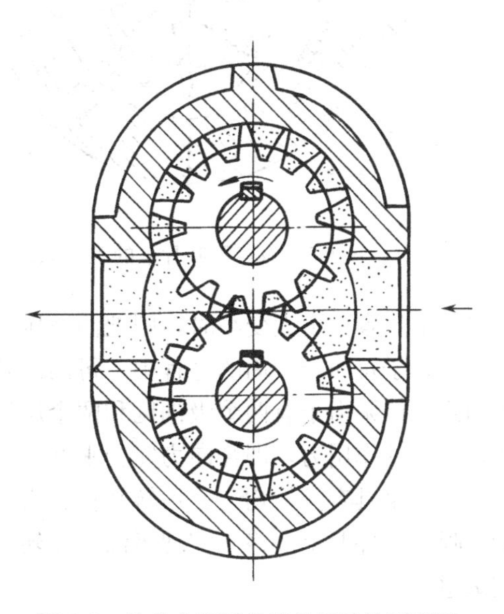

图 6-4 外啮合渐开线齿轮泵结构原理图

图 6-4 是齿轮泵的结构原理图。它是由一对互相外啮合的渐开线齿轮、泵壳和两端盖板构成。上部齿轮轴与原动机相连接，因而是主动齿轮，通过啮合作用，带动下部的从动齿轮旋转。图示主动轮作逆时针方向旋转时，从动轮则作顺时针方向转动，结果其右侧不断脱离啮合，油腔容积增大，形成一定的真空度，通过连接油箱的吸油管，将油箱中的油液吸入泵的右腔——吸油腔；齿轮的左侧，轮齿不断地进入啮合，油腔容积减小，被齿轮带到左侧的油液，受到挤压作用，形成高压的压油腔，高压油连续不断地被排送到连接执行机构的压油管中去，用以克服外部负载。泵的右侧吸油，左侧压油，整个过程连续地进行。

齿轮泵内泄漏油的地方多，如齿轮端面与端盖间，齿轮外圆和泵体内孔间，以及两个齿轮的齿面啮合处等。而对泄漏影响最大的是上述齿轮的端盖间的轴向间隙，因为此处泄漏面积大，而泄漏路程短，油的内泄漏量最大。因此必须选择合适的轴向间隙。各种不同形式的齿轮泵，也大都是围绕为减少轴向间隙及泄漏而设计制造的。

齿轮泵具有以下优点：结构简单紧凑、体积小、重量轻、工作可靠、工艺性好、维修容易、自吸能力强，对液压油的污染不敏感，能使用黏性大的液压油。

缺点是：使用压力较低，流量和压力的脉动较大，效率低、噪声大。

6.3.3 叶片泵

根据叶片泵转子每转一圈的吸或压油次数（两者相等），可将叶片泵分为单作用式（每转吸油一次）及双作用式（每转吸油两次）两种。建筑机械液压系统主要用双作用叶片泵。

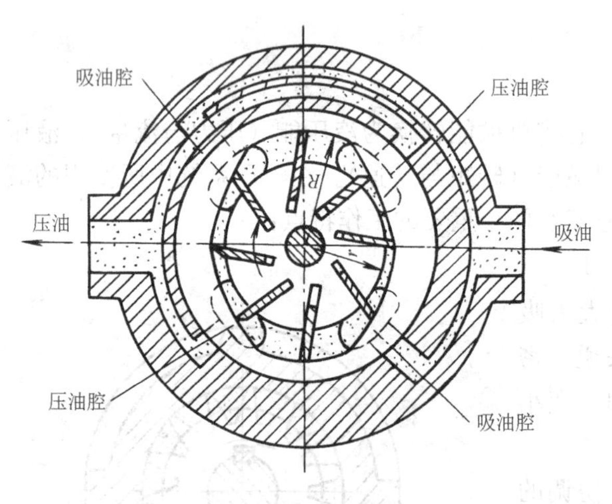

图 6-5 双作用叶片泵的工作原理

图 6-5 为双作用叶片泵的工作原理。它是由转子、定子、叶片、两侧的配流盘（图中未示）及壳体组成。转子和定子同心，定子内表面由两段长径 R，两段短径 r 和四段过渡曲线构成。转子旋转时，叶片在离心力和液压力作用下，压紧在定子内表面下。叶片由短半径 r 向长半径 R 伸长过程中，工作容积增大，形成局部真空而吸入油液。反之，工作容积由大变小时，则把油液压向执行元件。

在转子每回转一周的过程中，每两片叶片间的空间完成两次吸油和两次压油，故属双作用式。该泵由于有两个吸油区和两个压油区，且它们所对应的中心角对称，故油压作用在转子上的作用力，即径向力完全平衡，转子轴承受力情况良好。

叶片泵具有流量均匀、运转平稳、噪声小、结构紧凑、排量大等优点；缺点是结构复杂，吸油条件要求严格（实现吸油可靠转速必须在 500～1500r/min 范围内）对油的污染较敏感。

6.3.4 轴向柱塞泵

它是指柱塞在缸体内轴向排列，并沿圆周均匀分布，其柱塞轴线平行于缸体旋转轴线。

斜盘式轴向柱塞泵是一种常见的建筑机械用液压泵，其工作原理如图 6-6 所示。

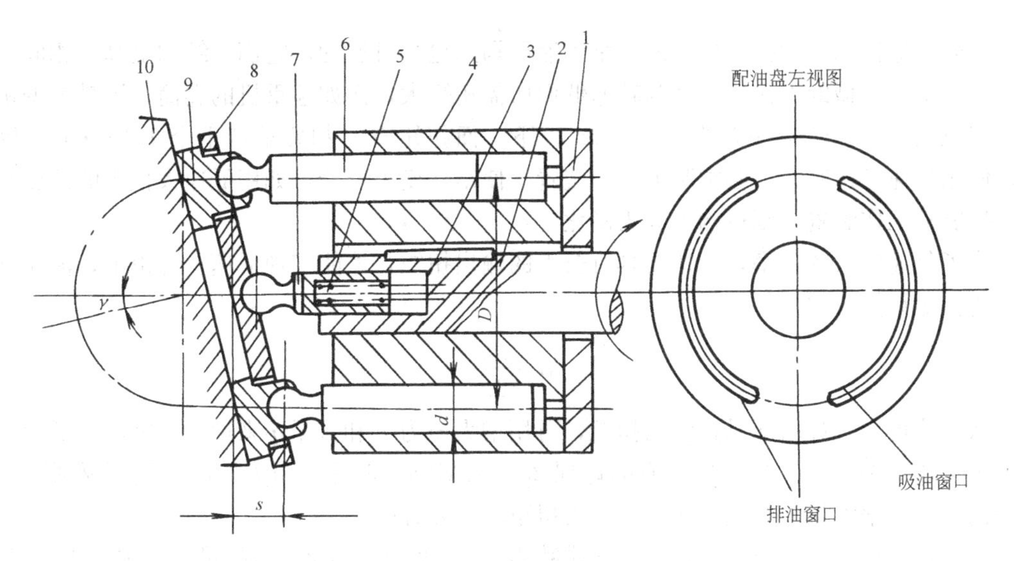

图 6-6 滑靴接触斜盘轴向柱塞式油泵工作原理图

传动轴 2 通过键 3 带动缸体 4 旋转，缸体上均匀分布着奇数个（一般为 7 个）柱塞孔，孔中有柱塞 6。1 为配油盘，它上面有两个弧形透孔为吸、排油窗口，10 为斜盘，此两件是固定的。当缸体带动柱塞从图示的最下位置向上方转动时，柱塞在弹簧 5 的作用下（弹簧 5 的作用力通过套 7、回程盘 8 和滑靴 9 传到柱塞）向上伸出，柱塞孔的密封容积增大，油箱油液在大气压的作用下，通过配油盘的吸油窗口进入到柱塞孔内，这便是吸油过程，而当柱塞从图示的最上位置向下方转动时，柱塞在斜盘 10 的作用下，被压进柱塞孔内，柱塞孔的密封容积减小，孔内油液受到挤压，便通过配油盘的排油窗口压出泵外，这就是压油过程。缸体旋转一周，每个柱塞孔都完成一次吸油和压油。

柱塞 6 的球铰端与滑靴 9 铰接，滑靴与斜盘 10 之间保持一定的油膜接触。这样，既能减少磨损，又能保证较高的容积效率。

泵轴每转一周，泵所排出的液体量，称排量 q，单位 mL/r（毫升/转）。泵的排量由泵的结构及尺寸所决定。变量泵是指泵的排量可变。

斜盘式轴向柱塞泵可制成变量形式。通过改变斜盘倾角 γ，使泵的排量变化，从而可使泵的流量变化。

柱塞泵是靠柱塞在缸孔中作往复运动时，造成密封工作容积的变化实现吸油和排油的。与齿轮式和叶片式油泵相比，柱塞式油泵有以下特点：

1. 工作压力高，一般可达 $200\times10^5\sim400\times10^5$ Pa，最高可达 1000×10^5 Pa；
2. 流量范围较大；
3. 容易制成各种变量形式的柱塞泵。

由上可知，柱塞泵适用于高压、大流量、大功率液压系统。

6.4 液压执行元件

6.4.1 径向柱塞液压马达

如同发电机和电动机一样，液压泵和液压马达也是可逆的，它们在结构上基本相同。

土木工程机械的工作机构多为转速低而所需扭矩大，例如起重机的卷筒，履带挖掘机的履带驱动轮等，转速一般为100r/min以下，而扭矩有时却要求若干个10^5N·m。因此，使用高速马达时，还必须装上减速装置，使结构变得复杂，如用低速大扭矩的液压马达直接驱动工作装置，则机构可大为简化。

为了传递较大的功率，马达要具有较大的输出扭矩，才能实现低速。理论上，液压马达平均扭矩计算公式为：

$$M=\frac{pq}{2\pi} \tag{6-14}$$

从上式可知，如增加马达输出扭矩，可用增大压力p和排量q来达到。因此，低速马达的工作压力多在10～20MPa，有的达到25～32MPa。但是，压力增高要受到材料强度的限制。因而增大排量q是低速马达增大扭矩的主要方向。

对于径向柱塞式液压马达，当柱塞排数为i、柱塞数目为Z，其排量q可按下式计算

$$q=\frac{\pi}{4}d^2hZxi \quad (\text{ml/r}) \tag{6-15}$$

式中 d——柱塞直径，cm；

h——柱塞行程，cm；

x——作用次数，即传动轴每转一转，柱塞往复运动的次数。

上式表明，增大d、h、i、Z、x五个参数均可增大排量q。但柱塞行程h和柱塞直径d，往往要保持一定的比例关系，否则马达受力情况将会恶化，因此增大行程h的范围有限，现有低速大扭矩马达，主要是以增加d、Z或x来增大排量的。

柱塞垂直于传动轴的液压马达为径向柱塞式液压马达。它有单作用曲轴式和多作用内曲线式两大类。前者是以增大柱塞直径d为主，而后者则是以增大柱塞数Z和作用次数x为主。

6.4.2 液压缸

液压缸与液压马达一样，也是液压系统中的执行元件。不同的是，液压缸用来实现直线往复运动，或在一定角度内的回转摆动，而液压马达则用于旋转运动。

液压缸在建筑机械中的使用不但十分广泛，而且缸型也很繁多，然而其工作原理是类似的。下面就建筑机械中常用的三类液压缸作简要说明。

1. 双作用单杆活塞液压缸

工作原理如图6-7（a）所示。其特点是活塞的一端有杆，而另一端无杆，即活塞是单出杆，所以活塞两端的有效作用面积不等。当左、右两腔相继进入压力油时，即使流量

及压力皆相同，活塞往返运动的速度和所受的推力也不相等。当无杆腔进油时，因活塞有效面积大，所以速度大，推力小。

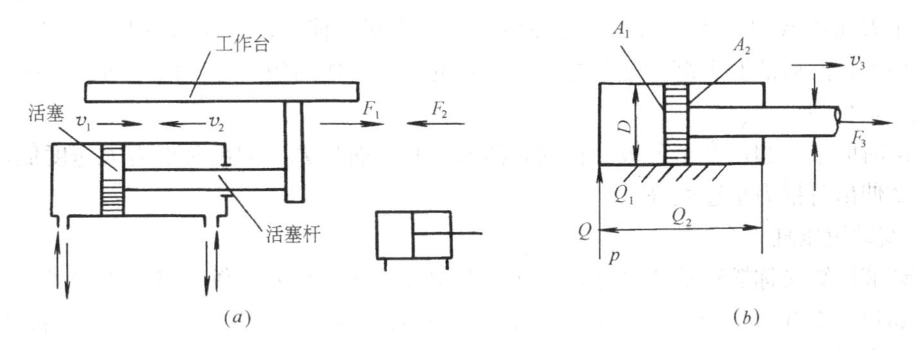

图 6-7 液体的流量和速度

如图 6-7（*b*）所示，假设活塞与活塞杆的直径分别为 D 和 d，当无杆腔的进油为 Q，工作台向右运动时，速度为 v_1，推力则为 F_1。

$$v_1=\frac{Q}{A_1}=\frac{4Q}{\pi D^2} \tag{6-16}$$

$$F_1=pA_1=\frac{\pi}{4}D^2 p \tag{6-17}$$

当有杆腔进油，工作台向左运动时，速度为 v_2，推力则为 F_2。

$$v_2=\frac{Q}{A_2}=\frac{4Q}{\pi\ (D^2-d^2)} \tag{6-18}$$

$$F_2=pA_2=\frac{\pi}{4}\ (D^2-d^2)\ p \tag{6-19}$$

比较上述公式，因为 $A_1>A_2$，所以 $v_1<v_2$，$F_1>F_2$。

如无杆腔和有杆腔的油路相连，活塞在推力差 $F_3=(F_1-F_2)$作用下向右伸出，有杆腔的油以 Q_2 流出，而无杆腔以 $Q_1=(Q+Q_2)$流入，活塞快速向右移动。这种连接方式称为差动连接。此时活塞的移动速度 v_3 和活塞杆的推力 F_3 的计算如下：

因为：
$$Q_1=A_1 v_3 \qquad Q_2=A_2 v_3 \qquad Q_1=Q+Q_2$$

$$Q=Q_1-Q_2=(A_1-A_2)v_3=\frac{\pi}{4}d^2 v_3$$

所以
$$v_3=\frac{4Q}{\pi d^2} \tag{6-20}$$

$$F_3=F_1-F_2=A_1 p-A_2 p=\frac{\pi}{4}d^2 p \tag{6-21}$$

由此可见，同一液压缸采用差动连接时，缸所产生的推力 F_3 比非差动连接时小，速度 v_3 却比非差动连接时大，若使 $v_2=v_3$，则可得到活塞与活塞杆直径的关系为：

因为：
$$\frac{4Q}{\pi(D^2-d^2)}=\frac{4Q}{\pi d^2}$$

所以可得：
$$d=0.7D \tag{6-22}$$

2. 伸缩式液压缸

伸缩式液压缸是一种多级液压缸，其特点是行程大，结构紧凑。图 6-8 所示为双作用延伸液压缸的工作原理图。由两套活塞缸套装而成，件 1 对缸体 3 是活塞，对活塞 2 是缸体。当压力油从 A 口通入，活塞 1 先伸出，然后活塞 2 伸出。当压力油从 B 口通入，活塞 2 先缩入，然后活塞 1 缩入。总之，按活塞的有效工作面积大小，依次动作，有效面积大的先动，小的后动。

伸出时的推力和速度是分级变化的，活塞 1 有效面积大，伸出时推力大速度低，第 2 级活塞 2 伸出时推力小速度高。

3. 摆动液压缸

摆动液压缸又称摆动液压马达，其工作原理如图 6-9 所示。轴 3 装有叶片 2，叶片 2 和封油隔板 4 将缸内空间分成两腔。当缸的一个油口接通压力油，而另一油口接通回油时，叶片在同压作用下产生扭矩，带动轴 3 摆动一定的角度。摆动液压缸一般用于摆角小于 360°的回转工作部件的驱动。

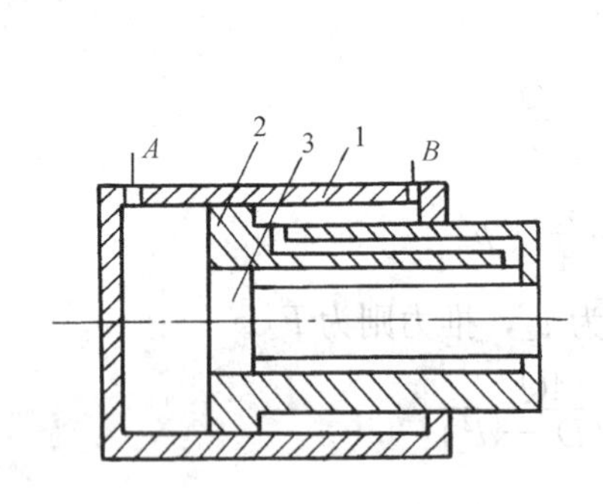

图 6-8　伸缩套筒缸的结构示意图

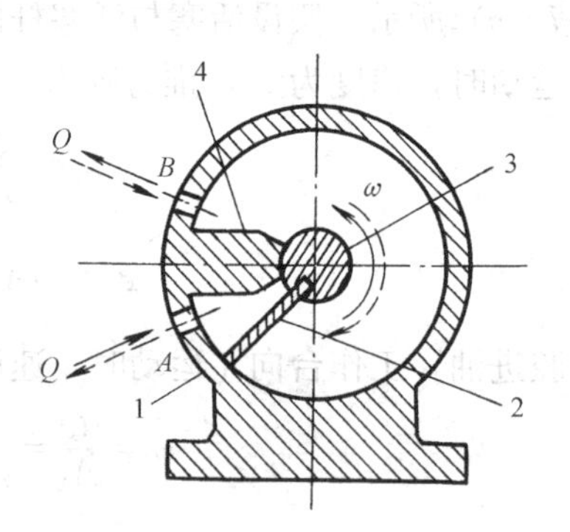

图 6-9　摆动液压缸示意图

6.5　液压控制元件

6.5.1　压力控制阀（简称压力阀）

从工作原理来看，各类压力控制阀都是利用油压力对阀芯产生推力，与弹簧力平衡在不同位置上，以控制阀口的开度来实现压力控制。常用的有溢流阀、减压阀、顺序阀、平衡阀等。

1. 稳压阀（溢流阀）

溢流阀的作用　一是在液压系统中用来限制最高压力，以防止系统过载；二是用于维持系统压力近似恒定，即稳压作用。

（1）直动式溢流阀

根据阀芯形状不同，有球型、锥型、滑阀型等多种直动式溢流阀。

图 6-10 是滑阀型直动式溢流阀结构原理图。阀芯在弹簧力的作用下，压在阀座上，压力油从 P 口进入，而液压力则直接作用于阀芯，与弹簧力相平衡，当液压力大于弹簧的预紧力时，阀开启，压力油便由出口 O 溢流回油箱。

拧动阀上方的调压螺钉，改变弹簧对阀芯的压紧力，即可调节系统压力的大小。

直动式溢流阀结构简单，动作灵敏，但稳定性较差，在建筑机械液压系统中常用作过载阀，或在低压系统中用作稳压阀。

(2) 先导式溢流阀

先导式溢流阀由先导阀和主阀两部分组成。图 6-11 所示为 Y 型先导式溢流阀的结构原理。

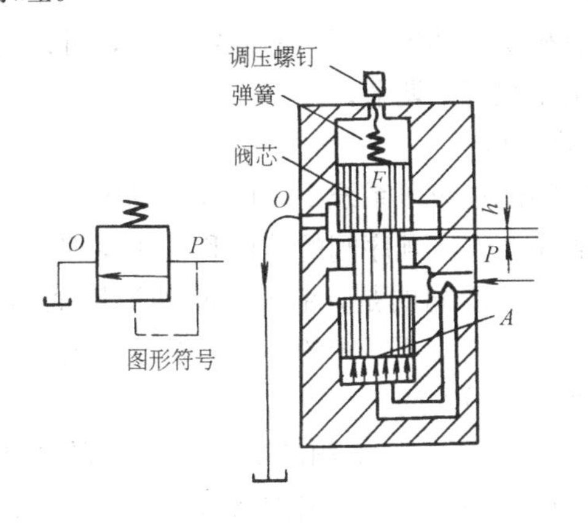

图 6-10　直动式溢流阀工作原理

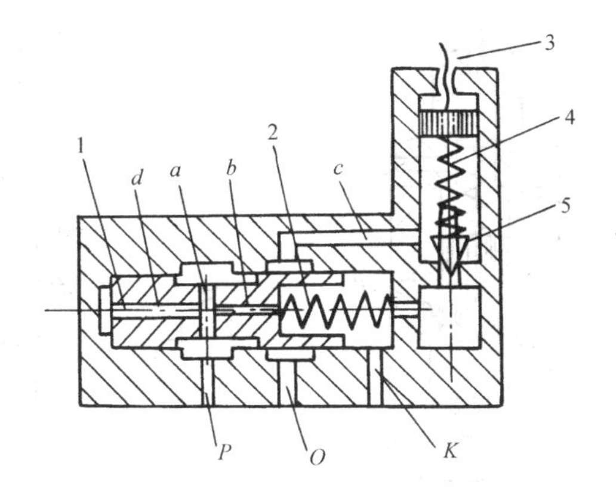

图 6-11　先导式溢流阀的结构原理

当压力油从系统流入主阀的进油口 P 以后，部分油液进入主阀芯 1 的径向孔 a 再分成两路：一路经轴向小孔 d 流到阀芯的左端；另一路径阻尼小孔 b，流到阀芯的右端和先导锥阀 5 的底部（在一般应用中，外控口 K 是被堵死的）。

当系统压力升高，使得锥阀底部（有效作用面积很小）的液压推力，大于调压弹簧 4 的作用力时，锥阀便被顶开，部分油液就从泄油孔 c 流到回油口 O，再流入油箱。由于阻尼小孔具有较大的液阻，因而使主阀芯的两端形成一定的压力差。在此压力差的作用下，主滑阀阀芯克服右端平衡弹簧 2 的压紧力往右移动，使溢流通道打开，系统中大部分的压力油从此溢回油箱。

先导式溢流阀性能比直动式好，常在中高压系统中用作安全阀或稳压阀。

如果阀的外控口 K 接油箱，则该溢流阀用作卸荷阀，使油泵卸荷。

2. 减压阀

减压阀用于减低液压系统中的压力。当系统只有一个泵，而各执行元件要求有不同的压力同时工作时，需要减压阀。例如，起重机的提升油路需要较高的压力，而制动器和离合器的控制油路只要较低的压力，这就可从主油路上引出接装有减压阀的支路获得低压油。

图 6-12 表示为一种先导式减压阀的结构原理。

压力为 P_1 的压力油从阀的进口 P_1 流入，经过缝隙 δ 减压以后，压力降低为 P_2 再从出油口 P_2 流出。

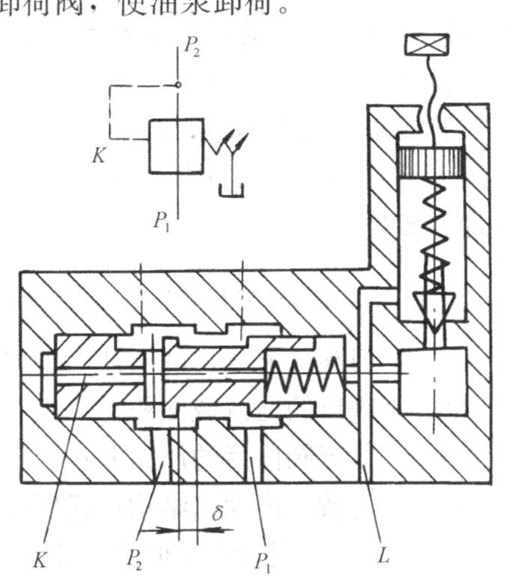

图 6-12　先导式减压阀的结构原理

当出口压力 P_2 大于调整压力时，锥阀就被顶开，主滑阀右端油腔中的部分压力油便经锥阀开口及泄油孔 L 流入油箱。由于主滑阀阀芯内部阻尼小孔的作用，滑阀右端油腔中的油压降低，阀芯失去平衡而向右移动，因而缝隙 δ 减小，减压作用增强，使出口压力 P_2 降低至调整的数值。

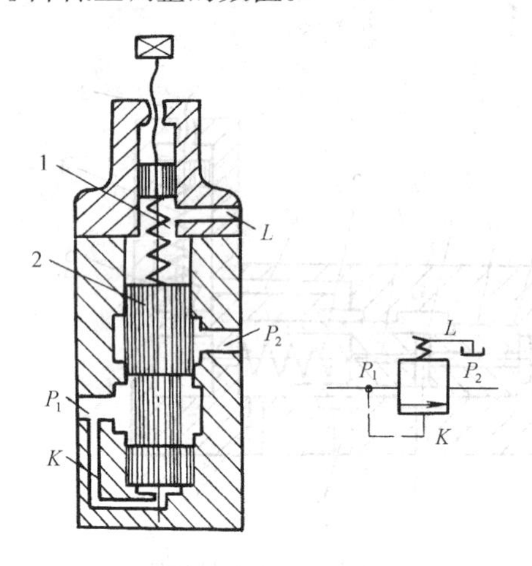

图 6-13 顺序阀的工作原理和符号

当出口压力 P_2 小于调整压力时，其作用过程与上述相反。其出口压力的稳定数值，可以通过上部调压螺钉来调节。

3. 顺序阀

顺序阀用在液压系统中，可以获得各个工作机构的顺序动作。顺序阀的结构和工作原理与溢流阀相似，所不同的是，溢流阀将油流回油箱，因而是不做功的，顺序阀的回油则是通往第二个执行元件，是做功的。

如图 6-13 所示，主阀芯 2 在弹簧 1 的作用下，处于最下部位置，将出油通道关闭。当进口压力升高到一定值时，控制阀芯在进口压力油（自 K 引进）作用下，将主阀芯 2 顶起，进出口便沟通，即顺序阀被打开。这时从出口流出的压力油，可进入第二个执行元件做功。

6.5.2 流量控制阀

流量阀是液压系统中的调速元件，其调速原理是依靠改变阀口的通流截面积来控制液体的流量，以调节执行元件的运动速度。

1. 节流阀

图 6-14 表示 L 型节流阀的结构原理。油从进油口 P_1 流入，经过阀芯下端的轴向三角形节流槽，再从出油口 P_2 流出。拧动阀上方的调节螺钉，可以使阀芯做轴向移动，从而改变阀口的通流截面积，使通过的流量得到调节。

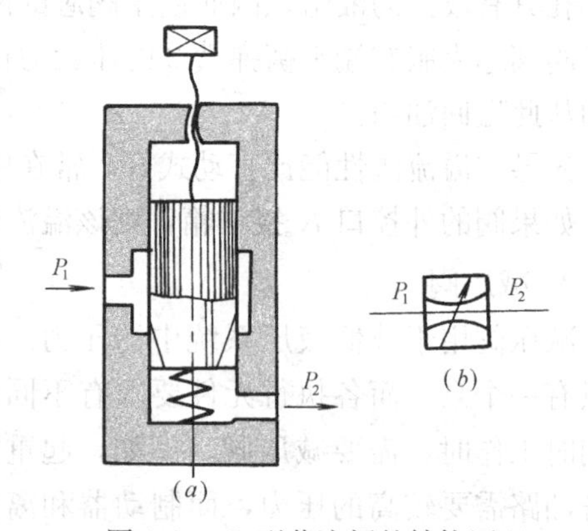

图 6-14 L 型节流阀的结构原理

节流口的形式有多种，但其工作原理都相同。由大量实验得，通过节流阀阀口的流量 Q 的特性方程为

$$Q=af\Delta p^{m} \tag{6-23}$$

式中 a——与阀口形状、油液性质有关的系数；

f——阀口的通流截面积；

Δp——节流阀前后的压力差；

m——指数，由阀口结构形式所决定，通常 $0.5\leqslant m\leqslant 1$。

由上可知：当阀口结构形状、油液性质和节流阀前后的压力差一定，只要改变阀通流截面积 f，便可调节流量。

当阀口通流截面积调整好以后，若阀的前后压力差或油的黏度发生变化，通过节流阀的流量也要发生变化，从而使工作部件不平稳，这是节流阀调速的缺点。

2. 调速阀

对于运动平稳性要求较高的液压系统，通常采用调速阀。

调速阀是由减压阀和节流阀串联而成的组合阀。如图 6-15 所示，使油液先经过减压阀产生一次压力降，使压力降到 P_2，并利用减压阀阀芯的自动调节，使节流阀前后的压力差 $\Delta P = P_2 - P_1$ 保持不变。

减压阀芯 1 的左端的油腔 b 经孔 a 同节流阀 2 后的油液相通，压力为 P_3；油腔 c 又和油腔 d 经过孔 f 和 e 同节流阀 2 前的油液相通，压力为 P_2。当 P_3 增大时，P_3 通过孔 a 作用在减压阀阀芯 1 左端的作用力就增大，使阀芯 1 向右移，减压阀进油口处的开口加大，压力降减小，因此 P_2 也增大，结果保持节流阀前后的压力差 ΔP 基本不变。当 P_3 减小时，阀芯 1 左端的油压减小，于是阀芯 1 在油腔 c 和 d 中的压力油（压力 P_2）的作用下向左移动，使进油口处的开口减小，压力降增大，P_2 减小，所以仍能保持 ΔP 基本不变，并保持流量稳定。

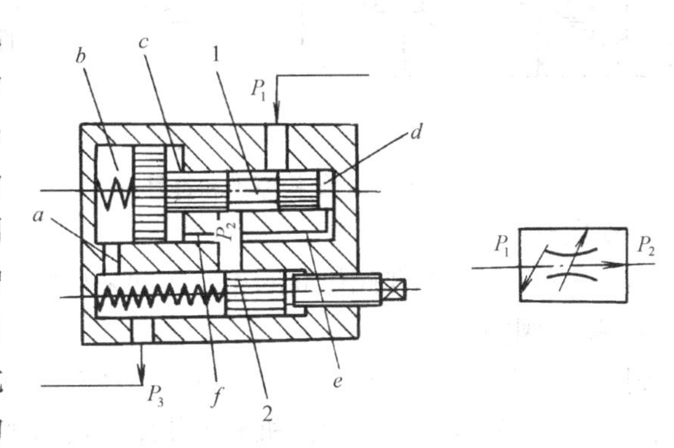

图 6-15　调速阀的工作原理和符号

6.5.3　方向控制阀

1. 单向阀

单向阀用来控制油路的通或断，由于它是锥面封阀，能保持密封压力，所以关闭较严，常在部分液压回路中起保持压力的作用；也常与其他阀组合成单向复合阀。

(1) 普通单向阀

普通单向阀可制成直通式或直角式，其作用是控制液流只能单向流动，而不能反向流动。直通式结构见图 6-16 (a)，其优点是结构简单，缺点是装于系统后更换弹簧不便，易产生振动与噪声。

直角式结构见图 6-16 (b)，其优点是阀芯内腔不作液流通道，振动与噪声小，更换弹簧方便。

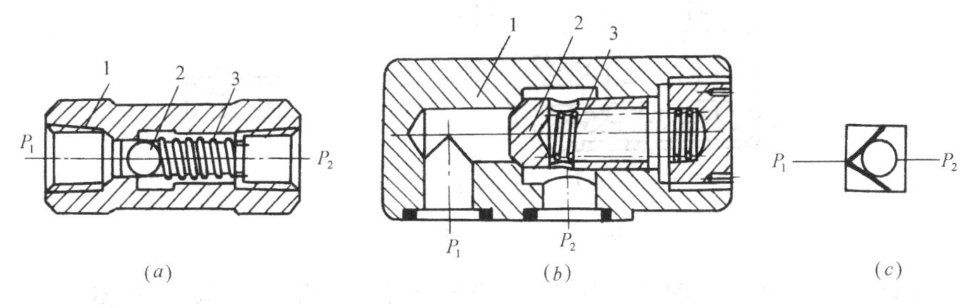

图 6-16　单向阀结构原理和符号

(2) 液控单向阀

液控单向阀在未引入控制压力油时，能阻止油液反向流动，在引入控制压力油后，能使反向液流也通过。

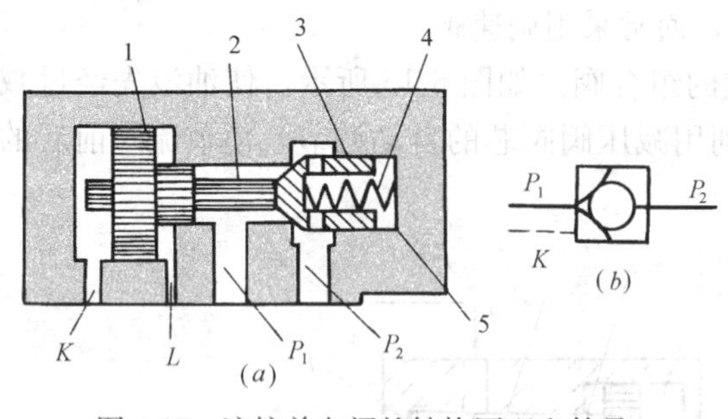

图 6-17 液控单向阀的结构原理和符号

图 6-17 表示的液控单向阀，由锥形单向阀和液控部分组成。当控制油口 K 不通压力油时，油只能由 P_1 流至 P_2，反向不能通油，与直通单向阀作用相同。当控制油口接通压力油时，活塞 1 右移，通过顶杆 2，顶开阀芯 3，油可从 P_2 流向 P_1。控制压力约为主油路的 30%～40%压力。

2. 换向阀

换向阀是利用阀芯和阀体间的相对运动来切换油路，以改变油流的方向。

(1) 换向阀的分类

按操纵方式分有：手动、电磁、机械、液动、电液动和气动等换向阀；按阀芯运动方式分有：滑阀和转阀两类。建筑机械中使用的换向阀以滑阀为多。因此本书中的换向阀皆指滑阀型换向阀。

各种不同滑阀位置和不同通路的组合，可以得到多种类型的换向阀，如二位三通、二位四通、三位四通和三位六通等。一般来说，除个别辅助阀采用二位外，大都是三位。对于推土机的提升液压缸和装载机的举升臂液压缸等，则因有浮动位置，而设置四位阀。

(2) 三位四通阀工作原理

如图 6-18 所示，该换向阀有 1、2、3 三个位置，A、B、P、O 四个油口通路。A、B 通执行元件的进、出油口，P 与液压源相通，O 与回油路相通。图中左边为滑阀结构示意，右边为图形符号。

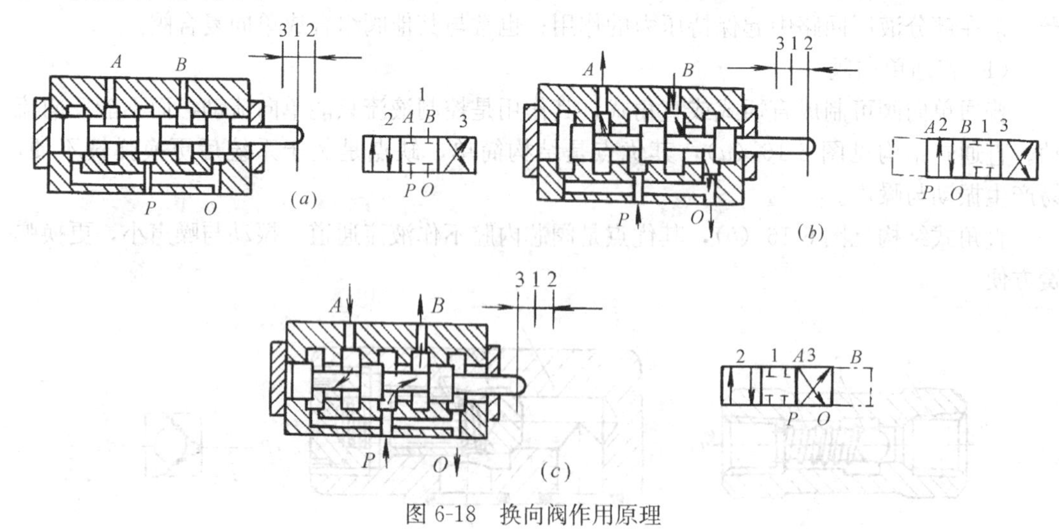

图 6-18 换向阀作用原理

如图 6-18 (a) 所示，滑阀处于中位进（设为位置 1），此时各油路互不相通，执行元件不工作；图 6-18 (b) 为滑阀向右从位置 1 移到位置 2，此时压力油从 P 口进入执行元件的A口，而执行元件的回油则从B口经O口回油箱；图 6-18（c）为滑阀向左推进到位置 3，此时压力油从P口进入执行元件的B口，而执行元件的回油则从A口经O口回油箱。

（3）换向阀的中位机能　三位四通或三位五通换向阀，当阀芯在中位时，各油口不同的连通方式，使阀具有不同的性能，称之为滑阀的中位机能。如图 6-18 中，阀芯处于中位时，油口P、A、B、O互不相通，称为O形中位机能。它能使系统保持压力，油缸封闭。其他形式的中位机能可见图 6-19。

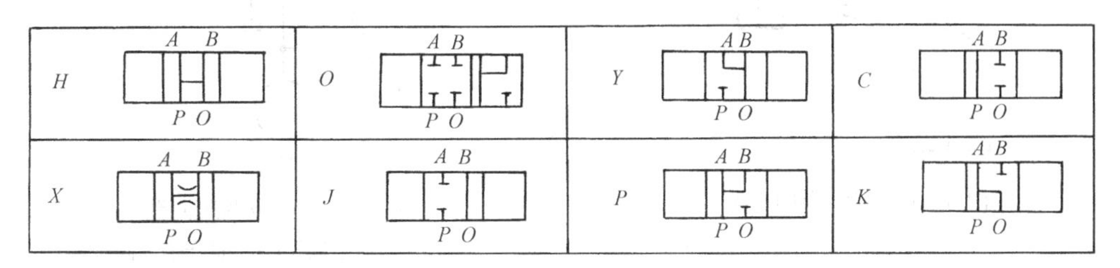

图 6-19　中位机能的代号和符号

6.6　液压传动的基本回路

各种复杂的液压系统都是由较简单的基本回路所组成。弄清基本回路的功能和特点，对分析已有的液压系统和设计新的液压系统，都是必不可少的。根据功能的不同，液压基本回路分为三大类：压力控制回路、速度控制回路和方向控制回路。

属于各类基本回路的液压回路有多种，为了突出每个基本回路的特点，与基本回路功能关系不大的某些液压元件，在回路图中省略不画。

6.6.1　压力控制回路

压力控制回路是利用压力控制阀来控制油液的压力，以达到系统的过载保护、稳压、减压、增压、卸荷、保压、平衡以及缓冲等目的。

1. 调压回路（稳压回路）

（1）单级调压回路

图 6-20 是一种最常见的单级调压回路，其中溢流阀能调定系统的最大工作压力。通常它都置于液压泵的出口，以对泵和整个系统进行过载保护，即当负载在系统中造成的压力，超过溢流阀调定值时，泵输出的油液将经溢流阀流回油箱，以限制主油路压力的进一步升高。

（2）多级调压回路

当液压系统在工作过程中的不同阶段，需要两种或以上不同工作压力时，可采用多级压力调节回路。

图 6-21 是压力机液压系统用的两级调压回路。如液压缸下降时为工作行程，此时系统应具有较高的油压。液压缸活塞上升时为非工作行程，系统只需克服活塞和其他运动部件的重量，因而所需的油压较低。为了节省功率消耗，并减少系统发热，在系统中用两个溢流阀分别控制两种压力。活塞下降时所需之油压，由高压溢流阀 1 来控制；活塞上升所

需之油压，由低压溢流阀 2 控制。

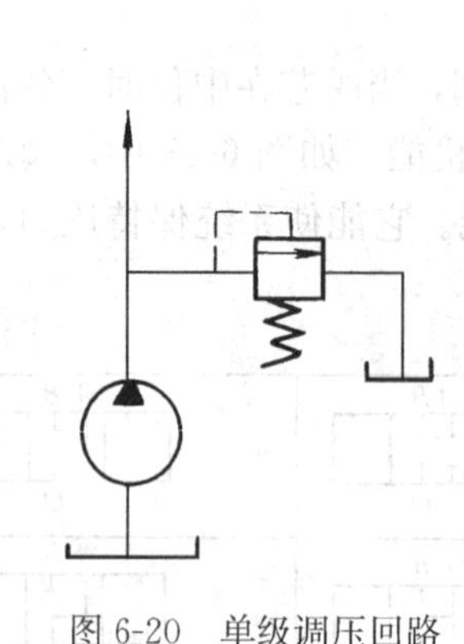
图 6-20　单级调压回路

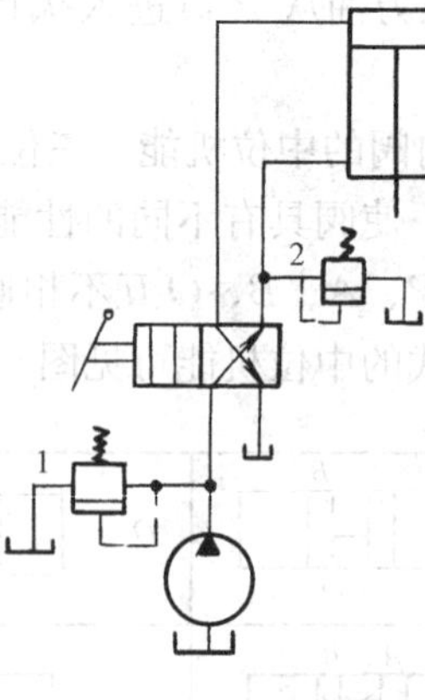

图 6-21　两级调压回路
1—高压溢流阀；2—低压溢流阀

2. 减压回路

对于用一个液压泵同时向两个以上执行元件供油的液压系统，若某个执行元件或支路所需的工作压力，低于溢流阀所调定的压力，便可采用由减压阀组成的减压回路。

图 6-22 所示为常见的一种减压回路。系统中主回路的最大工作压力由溢流阀调定。有液压缸的分支油路所需压力比主油路的压力低，为此在分支油路中串联减压阀和换向阀 3。来自液压泵的油液，在分支油路上流经减压阀时，由于阀口的节流损失而使油压降低。调节减压阀的调压弹簧，便可获得低压油路所需之压力。

3. 增压回路

能够使泵输出的低压油增高压力的液压回路，称为增压回路。该回路中的关键元件是增压缸，如图 6-23 所示，活塞杆两头装有直径大小不相同的活塞，可在两端有效截面大小不同的增压缸内运动。当向大腔左端输入低压油，活塞右移，小腔右端中的油液压力升高，高压油输往工作油缸工作。系统中难免漏泄，补油箱中的油液，在活塞左移时可向系统中补油。

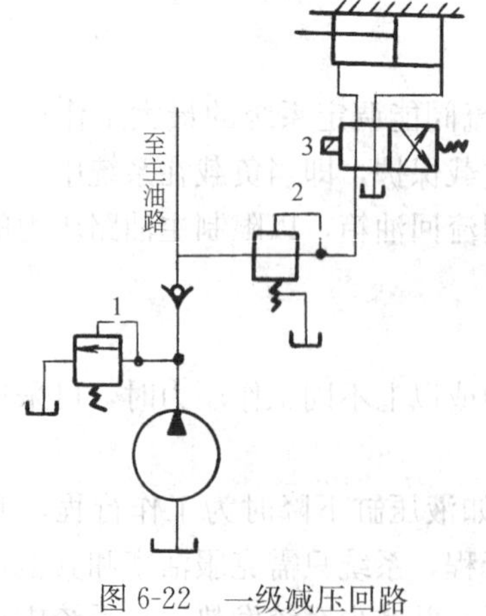

图 6-22　一级减压回路
1—溢流阀；2—减压阀；3—换向阀

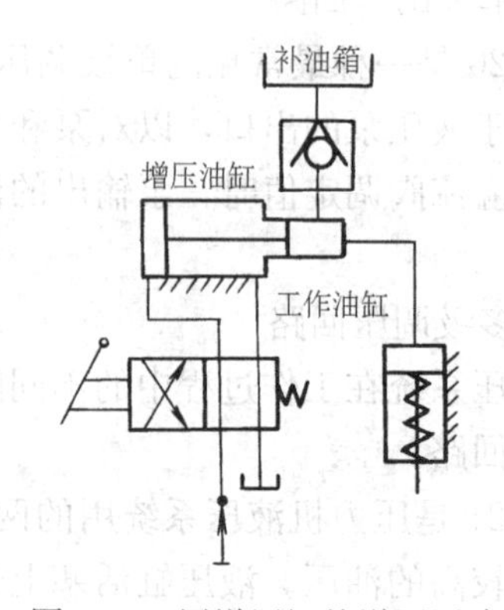

图 6-23　用增压缸的增压回路

4. 卸荷回路

卸荷回路的作用是在发动机不停转的情况下，使液压泵以可能的最小输出功率运转，也就是液压泵输出的油液，以最低压力（克服管路阻力所需之压力）流回油箱，或以最小流量（补偿系统泄漏所需之流量）输出压力油。由于液压油不去负荷，这样可以节省动力，减少油液发热温升，提高效率。下面是两种常用的卸荷回路。

（1）用换向阀的卸荷回路

图 6-24（*a*）是用二位二通电磁阀的卸荷回路，卸荷效果好，但增加了一个二位二通电磁阀。图（*b*）是用三位四通换向阀的卸荷回路，这时换向阀中位机能用 H 型，也可用 M 型或 K 型。这种卸荷方法结构简单，适用于低压、小流量的液压系统。

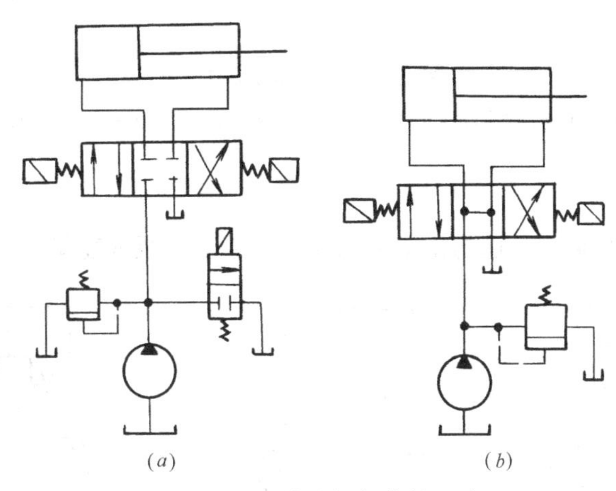

图 6-24　用换向阀卸荷的回路

（2）用电磁溢流阀的卸荷回路

图 6-25 所示为采用电磁溢流阀的卸荷回路。电磁溢流阀是由常闭式二位二通电磁滑阀和先导式溢流阀组成的复合阀，可遥控。需要卸荷时，使电磁阀通电后换向，溢流阀遥控口与油箱接通，溢流阀全开，液压泵输出的油液便以很低的压力，经溢流阀流回油箱。

6.6.2　速度控制回路

建筑机械液压系统的执行元件，在作业时一般要求调速。液压传动可以在保持原动机的功率和转速不变的情况下，方便地实现大范围的调速。只要设计一定的速度控制回路，使流入执行元件的流量可变或液压马达的排量可变，就能实现调速。

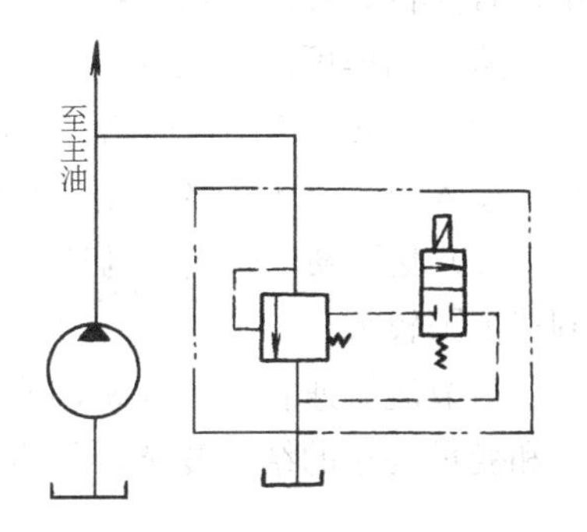

图 6-25　电磁溢流阀的卸荷回路

1. 节流调速

节流调速依靠改变管路系统中某一部分液流的阻力，来改变执行元件的速度。此法比较简单，并能使执行元件获得较低的运动速度。

但是，由于系统中经常有一部分高压油通过溢流阀流回油箱，因此功率损失较大，且造成了系统的发热和降低效率。

根据节流阀安装位置的不同，可分为图 6-26 所示三种节流调速情况。

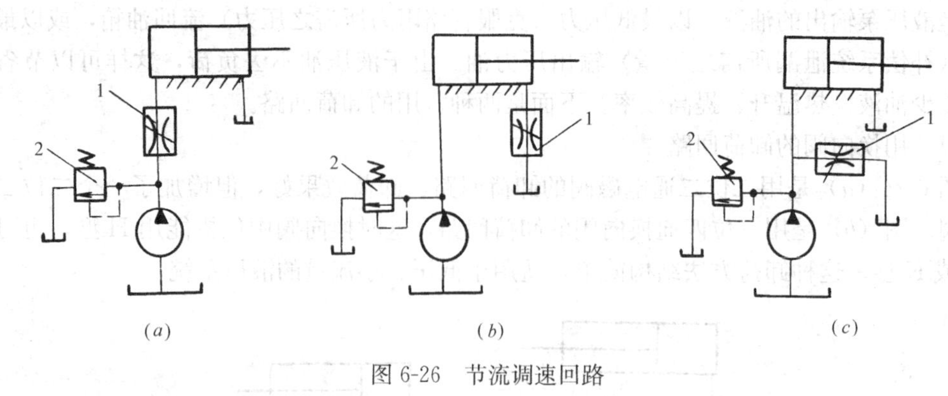

图 6-26　节流调速回路

(a) 进油节流调速回路；(b) 回油节流调速回路；(c) 旁路节流调速回路

2. 容积调速

容积调速依靠改变泵或马达的排量来调速，即用变量泵或变量马达来调速（图6-27）。

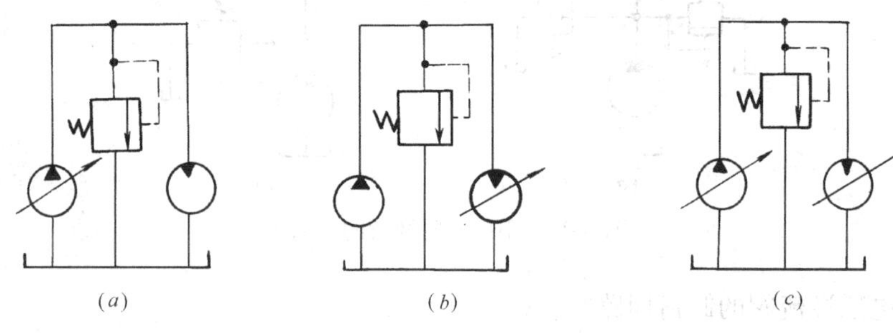

图 6-27　容积调速回路

(1) 变量泵调速回路　变量泵输出的压力油全部进入液压缸中，推动活塞运动。调节泵的输出流量，即可调节活塞运动的速度。系统中的溢流阀起安全保护作用，在该回路中，若执行元件由液压缸换为定量马达，如图 6-27 (a) 所示，当调节泵的流量时，马达的转速也同样可以得到调节。

(2) 变量马达调速回路　如图 6-27 (b) 所示，定量泵输出的压力油全部进入液压马达，输入流量是不变的，则改变液压马达的排量，即可调节它的输出速度。

(3) 变量泵——变量马达调速回路　如图 6-27 (c) 所示，它是上述两种回路的组合，调速范围较大。

与节流调速相比，容积调速的主要优点是压力和流量的损耗小，发热少。缺点是变量泵和变量马达的结构复杂，价格较高。

6.6.3　方向控制回路

方向控制回路是用来控制液压系统中各条油路中油流的接通、切断或改变流向，从而使各执行元件按需要能相应的作出启动、停止或换向等一系列动作。这类控制回路常用的有换向回路和锁紧回路。

1. 换向回路

换向回路的作用主要是改变执行机构的运动方向。对它的要求是要具有良好的平稳性、灵敏性和换向精度。

在开式系统（执行元件的回油返回油箱的液压系统）中，执行元件的换向主要是借助各种换向阀来实现。

图 6-28 表示，由固装在工作部件上的挡块碰撞行程开关，来控制二位四通电磁阀中电磁铁的线圈通电或断电，从而改变油流方向。

在闭式系统（执行元件的回油直接返回泵的进油口）中，可通过改变变量泵的供油方向，使执行元件换向。

2. 锁紧回路

为了使液压系统的执行元件（液压缸或液压马达）停止在一定位置上，需用锁紧回路。例如，起重机、挖掘机的液压伸缩支腿，为了防止“软腿”（在载荷作用下支腿回缩），必须采用锁紧回路。

(1) 换向阀锁紧回路

图 6-29 系采用三位四阀的 O 型中位机能，使执行元件的两个工作腔的油都被封死，从而达到锁紧目的液压回路。采用具有 M 型中位机能的三位四通阀也能达到锁紧的目的。

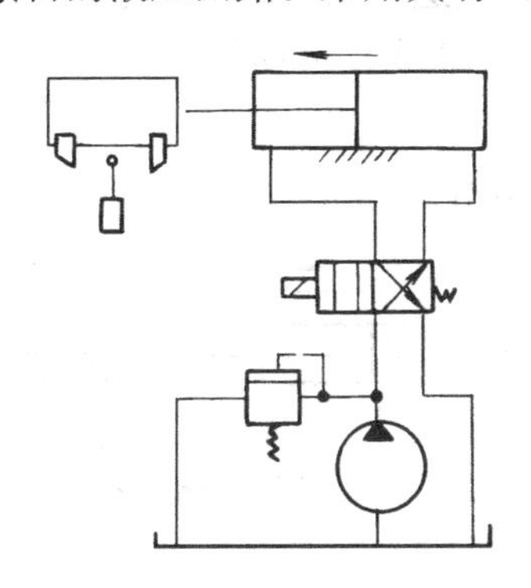

图 6-28　用电磁阀实现换向

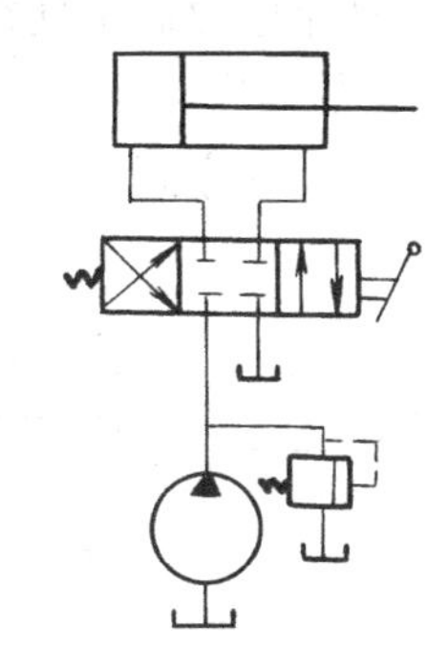

图 6-29　换向阀锁紧回路

由于滑阀式换向阀，其滑向副中不可避免地有间隙存在，因此，必然有油渗漏，故锁紧效果较差，一般用于锁紧要求不太高的场合。

(2) 单向阀锁紧回路

在图 6-30 (*a*) 所示的单向阀锁紧回路中，在泵的出口处安装单向阀，可利用外部载荷来锁紧液压缸，但这种锁紧回路只能使活塞锁紧在缸的一端，而不能把活塞锁在任意位置上。对于垂直安装的缸，为了防止重物下落，可采用此种回路。

(3) 液控单向阀锁紧回路

图 6-30 (*b*) 所示的液控单向阀锁紧回路，又称液压锁。这种锁紧回路用于锁紧要求较高的场合，如起重机的支腿油路上。

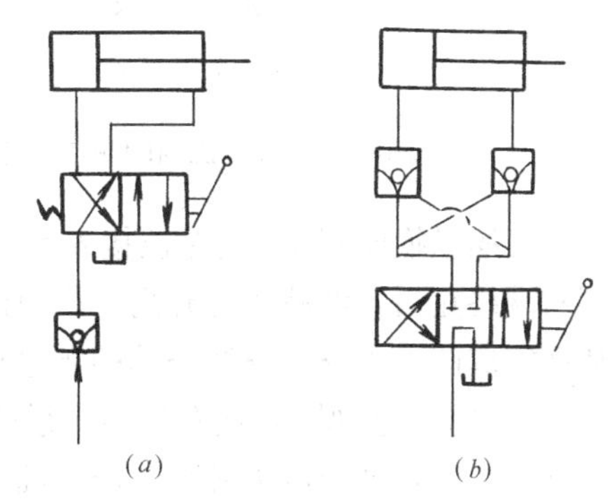

图 6-30　单向阀和液控单向阀的锁紧回路

使用液压锁可使液压缸内的活塞停在任意位置上并锁紧。由图可见，这种锁紧回路是在液压缸的两条油路外装两个液控单向阀，每一个单向阀的打开，是受另一条油路压力控制的。

液压锁采用的锥形阀，只要没有污物的影响，就可以认为几乎没有泄漏，故锁紧精度较高。

6.6.4 多缸控制回路

1. 顺序动作回路

图 6-31 是采用行程控制（即利用行程开关发出电信号控制换向阀动作）的顺序动作回路。当按下启动按钮时，电磁铁 IDT 通电，电磁阀 1 的左位接入回路，压力油进入液压缸 3 的左腔，使活塞向右运动。当活塞运动到预期位置时，挡块压下行程开关 6 发出电信号，电磁铁 IDT 断电，液压缸 3 停止运动，同时电磁铁 3DT 通电，使电磁阀 2 的左位接入回路，液压缸 4 向右运动。当活塞运动到预定位置时，挡块压下行程开关 8，此时电磁铁 3DT 断电，而电磁铁 2DT 通电，液压缸 4 停止运动，而液压缸 3 则向左运动。当液压缸 3 运动到预定的位置时，挡块压下行程开关 5，使电磁铁 2DT 断电，而电磁铁 4DT 通电，液压缸 3 停止运动，液压缸 4 则向左退回。当退回到原位压下行程开关 7 时，电磁铁 4DT 断电，于是两个电磁阀都处在中位，液压缸 3 或 4 运动停止。按上述可操作完成图上①→②→③→④的顺序动作。

图 6-32 是采用两个顺序阀 2 和 4 控制的顺序动作回路。

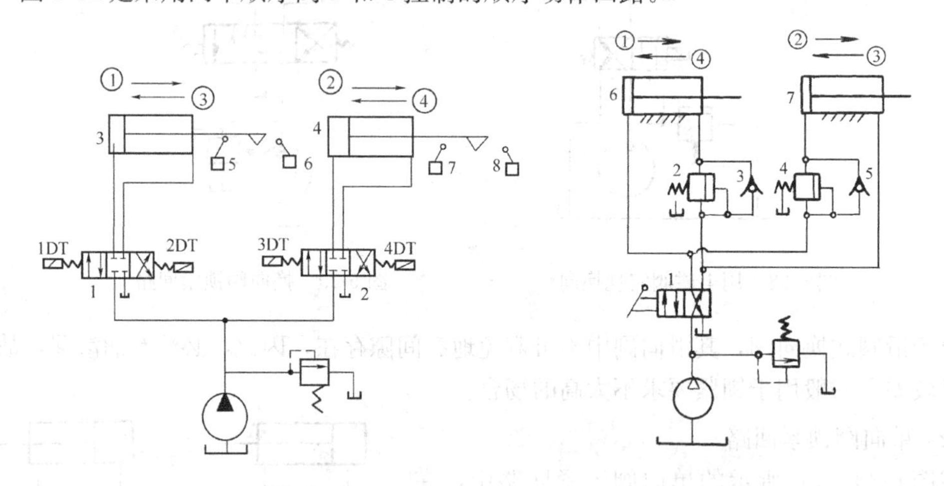

图 6-31　行程控制的顺序动作回路　　图 6-32　用顺序阀的顺序动作回路

当操纵换向阀 1，使左位接入系统，压力油先进入油缸 6 的左腔，使活塞右移，当达到右端终止后，油液压力升高，压力油顶开顺序阀 4 进入油缸 7 的左腔，使活塞向右移。从而完成图上①→②→③→④的顺序动作。

当操纵换向阀 1，使右位接入系统，压力油先进油缸 7 的右腔，使活塞左移，当达到左端终止时，油液压力升高，压力油顶开顺序阀 2 进入油缸 6 的右腔，使活塞向左移。

2. 同步回路

在液压系统中，若要求几个液压缸同步运动，则要采用同步回路。图 6-33 是利用液压缸串联的同步回路。由于两个液压缸的有效面积相同，第一个缸排出的油液进入第二个缸，因此两个缸输入的流量是相等的，故运动速度相同而实现同步运动。这种回路比较简单，同步精度也较低。

图 6-34 是采用调速阀的同步回路。调节调速阀 2 和调速阀 4，使液压缸 5 和液压缸 6 获得同步运动，这种回路的同步精度比较高。

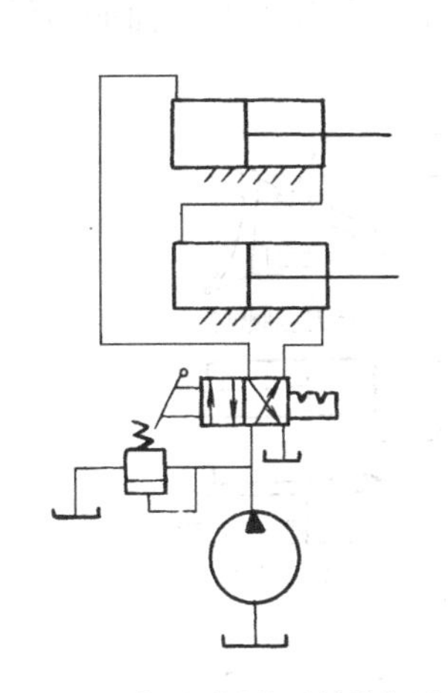

图 6-33　串联液压缸的同步回路

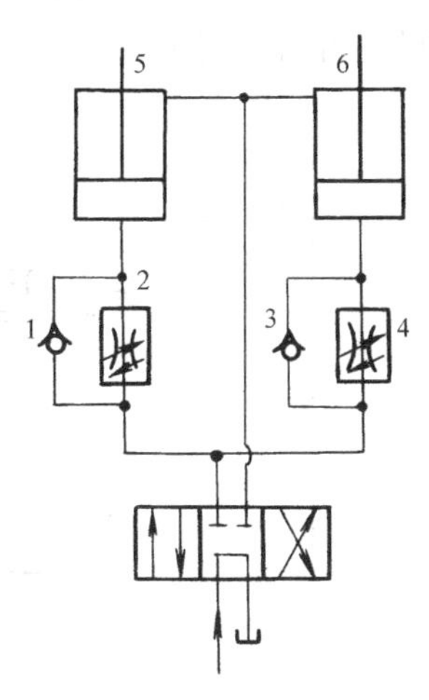

图 6-34　用调速阀的同步回路

6.7　建筑机械液压系统的典型实例

6.7.1　自升式塔机的液压系统

在建筑施工过程中，希望随着建筑物逐渐升高，起重机也能逐渐爬升。因为，这不仅对建筑施工会带来很多的好处。而且对塔式起重机本身的转移、装拆、结构件的通用性和受力情况的改善等都很有利。因此自升式塔式起重机，目前得到普遍发展与应用。

自升式塔式起重机的塔身顶升和接高，大都采用液压顶升系统进行，如图 6-35所示。

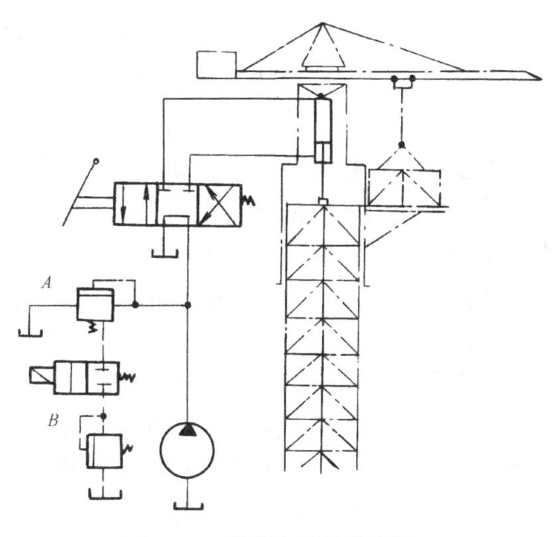

图 6-35　塔机液压顶升系统

当需液压顶升时，操作三位四通换向阀，使高压油进入液压缸的上腔，这时系统工作压力由高压溢流阀 A 控制；当顶升完毕，需要收缩活塞杆，以便引入塔身的标准节时，只需低压油进入液压缸下腔，此时可操纵二位电磁阀，使阀 A 远控口接通低压先导阀 B，于是系统压力改由阀 B 控制，当压力上升到阀 B 的调定值（低压）时，主阀 A 即开始溢流。由于在活塞杆的提升过程中为低压溢流，溢流损失相对较小，故可节约动力，减少油液发热。

6.7.2 推土机液压系统

图 6-36 所示为一种推土机液压系统。发动机带动齿轮泵 1，将油箱中的油吸出，经泵后变成高压油，送往换向控制元件。图中 D 为铲刀浮动位置，即铲刀升降液压缸的上、下腔与回油路、油泵均连通，此时铲刀以自重压在地面上，并随作业地面的高低而浮动。

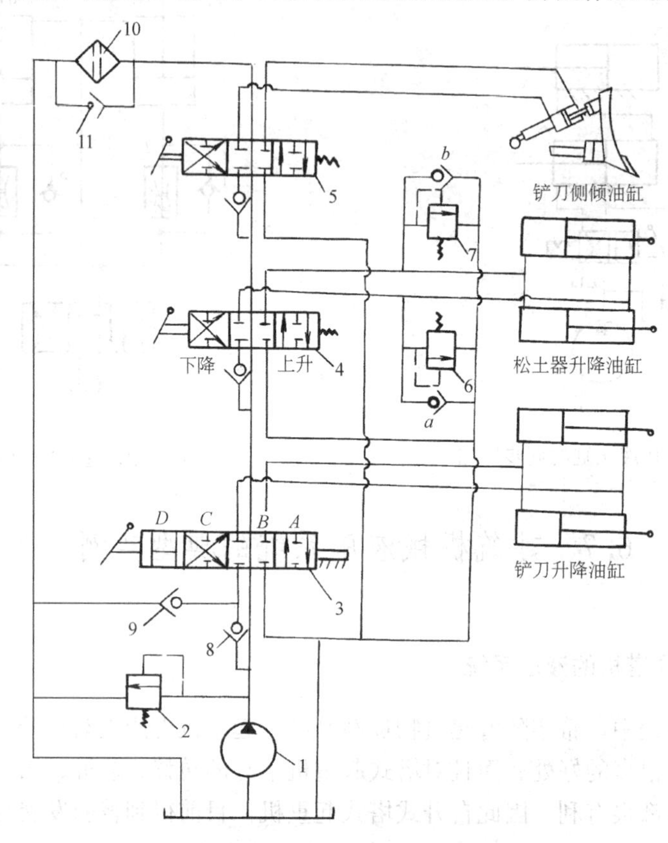

图 6-36 液压系统油路

1—齿轮油泵；2—安全阀；3—四位六通换向阀；4、5—三位六通换向阀；6、7—双作用安全阀；8、9、11—单向阀；10—滤油器

安全阀 2 限制液压泵 1 的最高工作压力，起安全保护作用。

单向阀 8 用来防止当液压泵停止工作时，液压系统中的油液倒流和进入空气，它也用来防止换向阀在转换工作位置过程中，铲刀由于自重而下降。

如操纵四位六通阀 3，就可控制铲刀升降油缸，使铲刀升降。如操纵三位六通阀 4 和 5，可分别控制松土器的升降和铲刀的侧面倾斜角度。

双作用安全阀 6、7，接在松土器液压缸的油路中，当松土作业时，换向阀 4 处于中间位置，使松土器液压缸呈封闭状态。如果松土耙齿碰到障碍物，受到突然载荷时，有的迫使耙齿向下，活塞杆被拉出的趋向。此时液压缸小腔油液被压缩，压力剧增。当达到安全阀 6 的调定压力时，阀 6 打开，油液流入液压缸大腔。由于活塞杆被拉出，液压缸大腔容积增大，形成局部真空，从而通过单向阀向液压缸大腔补油；反之，当障碍物迫使耙齿向上时，活塞杆有缩回趋向，液压缸大腔排油，小腔补油。

单向补油阀 9 的作用：当推土铲刀下降时，在铲刀自重作用下，下降速度越来越快，为避免形成局部真空，通过补油的单向阀 9 向液压缸大腔补油。

为了保持油的清洁。设置滤油器 10，以防污物进入液压泵，影响泵和阀的正常工作。

单向阀 11 是保护滤油器 10，由于污物影响，可能使滤油器滤阻过大，此时，油液便打开单向阀 11 而流回油箱。

6.8 液力传动概述

液力传动是以液体为工作介质的叶片式传动机械，主要是以液体的动能变化来传递动力的叶片式机械装置，所以又称为动液传动。

有两类液力传动装置：液力变矩器和液力耦合器。它们常用于机器的主传动系统，与原动机配合，共同工作，以改善和保护机器的性能。

6.8.1 液力传动的基本原理

1. 液力变矩器的工作原理

可用图 6-37 来说明。该图所示的传动系统，实际上是一离心泵-涡轮机组成的系统。原动机 8 带动离心泵 1 高速旋转，离心泵通过吸入管路 7，由贮液池 6 吸进液体。吸入的液体在离心泵叶轮内加速，获得动能和压力能，由离心泵 1 打出的高速液体，流经压出管路 5，通过导向装置 4 进入涡轮机 3，冲击涡轮机的叶片，从而使涡轮机旋转。由液体能量转换得的机械能，再通过输出轴来驱动工作机（图示为螺旋桨）运动。同时，由涡轮 3 排回贮液池的液体，速度降低，能量减少。

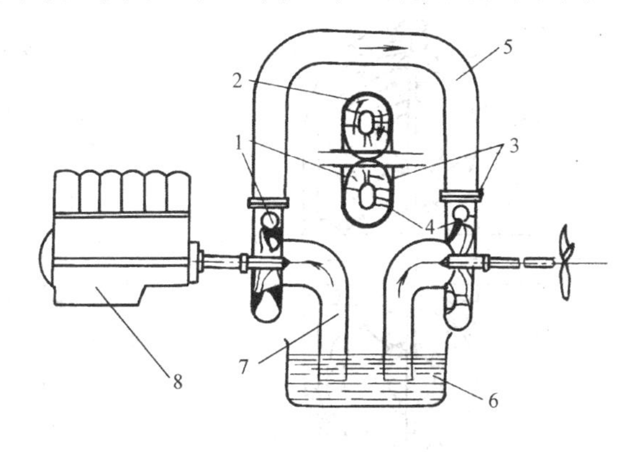

图 6-37 液力传动

1—离心泵；2—液力变矩器简图；3—涡轮机；4—导向装置；5—压出管路；6—贮液池；7—吸入管路；8—原动机

因此，通过离心泵与涡轮机的组合，即可实现能量转换和传递。然而，这种组合系统效率是很低的。在现代液力传动装置中，将功率损失较大的离心泵蜗壳和涡轮机壳取消，并将泵轮和涡轮尽量靠拢，这种组合即为液力变矩器，并制造成图 6-37 中组件 2 的形式。图6-38（*a*）清晰地表示出这种装置的构造原理。其中，把离心泵称为泵轮，涡轮机称为涡轮，导向装置则称为导轮。

这里，液力变矩器的工作过程是：原动机带动泵轮 1 旋转，将能量传给工作液体，使液体按图示箭头方向［图 6-38（*b*）］流入涡轮 3，推动涡轮旋转，使液体能量再转化为机械能，经输出轴输出。液体流经涡轮以后，进入导轮，然后又流入泵轮。液流就这样连续不断地进行环流运动。

由图可见，液力变矩器的泵轮 1 和输入轴 5 相连，涡轮 3 与输出轴 4 相连，而导轮 2 与壳体固连在一起。

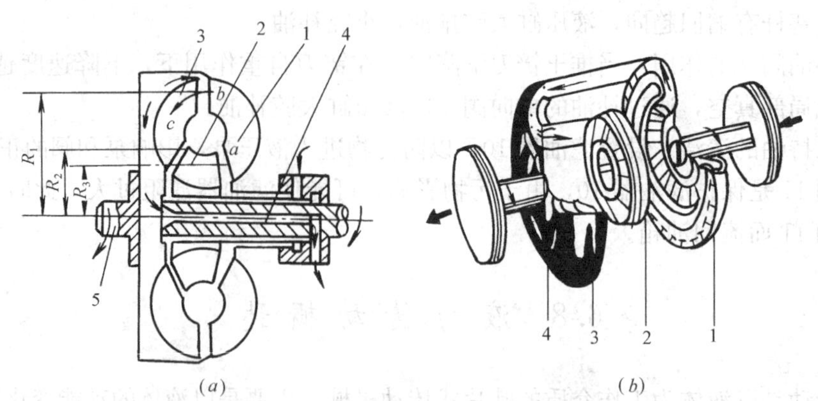

图 6-38　液力变矩器构造与工作原理

(a) 构造示意；(b) 工作原理

1—泵轮；2—导轮；3—涡轮；4—输出轴；5—输入轴

工作时，由于导轮对液流的作用，使液力变矩器的输出力矩和输入力矩不等。当传动比 i（输出轴转速 n_2 与输入轴转速 n_1 之比）小时，输出力矩大于输入力矩，起到增加力矩的作用。一般，当转速比为零时，输出力矩最大；当转速比较大时，输出力矩等于或小于输入力矩。因此，液力变矩器是一个以液体为工作介质的无级力矩变换装置。

2. 液力耦合器的工作原理

如将上述液力变矩器的导向装置——导轮取消，就成了图 6-39 所示的液力耦合器。它只能传递扭矩，而不能改变扭矩。

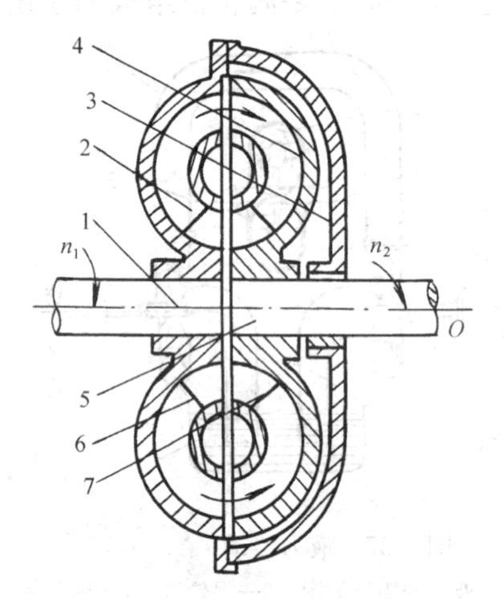

图 6-39　液力耦合器构造示意

1—发动机输入轴；2—泵轮；3—泵轮壳；4—涡轮；5—输出轴；6、7—工作轮叶片

耦合器的泵轮 2 与发动机输入轴 1 相连，涡轮 4 则与输出轴相连，二叶轮之间没有导轮。液力耦合器工作时，如不考虑机械摩擦等损失，则液力耦合器的输入扭矩（泵轮轴扭矩）与输出扭矩（涡轮轴扭矩）的大小始终相等。

但是，由于液力耦合器是用液体作为工作介质，所以输入轴与输出轴之间不存在刚性连接，输出转速不等于且小于输入转速，即有转差存在，且泵轮轴输入转速 n_1 大于涡轮轴输出转速 n_2。

转速相差的程度，一般用转差率 s 表示：

$$s=\frac{n_1-n_2}{n_1}=1-\frac{n_2}{n_1}=1-i \tag{6-24}$$

这个特性可以这样理解：如果 $n_1=n_2$，即转差率 $s=0$，两个工作轮将同步旋转。那么工作轮内充满的液体，必将受到同样的离心惯性力的作用。这时在两个工作轮耦合面对应点上的压力将相等，不存在压力差，因而也就没有环流运动的推动力，环流停止，能量传递和转换过程也停止，就无法传递力矩。

由此可见，泵轮与涡轮之间存在转速差是液力耦合器正常工作的必要条件之一。通常 $s=0.02\sim0.03$。

6.8.2 液力传动在建筑机械上的应用

20世纪30年代，液力传动始用于各种机动车辆。60年代以后，逐渐广泛地应用在建筑机械上。现在，液力传动已在建筑机械占据了非常重要的地位，如各国的铲土运输机械，90%以上采用了液力传动，即在原动机和变速器之间装有液力变矩器，构成所谓的液力机械传动；再如在塔式起重机的原动机和起升机构之间，使用液力耦合器等。

液力传动的广泛应用，与它具有能改善原动机输出特性、液体缓冲作用可降低传动系统动载荷、可实现无级变速等一系列优点有关。

思考题与习题

1. 说明液压传动的工作原理，并指出液压传动装置通常是由哪几部分组成的。

2. 液压传动的压力和流量的单位是什么？它们之间有什么关系？

3. 说明液压油动力黏度、运动黏度、相对黏度相互间的关系。

4. 在图6-1所示液压千斤顶中，已知小活塞的直径d=100mm，大活塞的直径D=40cm，作用在小活塞上的力F=1000N。求大活塞上能顶起物体的重量G等于多少？(活塞的重量忽略不计)。

5. 说明容积式液压机械的工作特点。

6. 常用的液压泵有哪几种？具体说明一种液压泵的工作过程。

7. 一齿轮泵供给液压系统压力油，输油量为25L/min，供油压力为50×10Pa（mmH_2O），泵的总效率η为0.7，试计算配套电动机功率。

8. 建筑机械对液压马达的主要要求是什么？

9. 说明液压缸的主要类型及其应用。

10. 在图6-8所示单杆液压缸中，已知缸内径D=125mm，活塞杆直径d=70mm，活塞向右运动的速度v为0.2m/s。求进入和流出液压缸的流量各为多少？

11. 溢流阀有什么用途？说明它的工作原理。

12. 写出节流阀流量特性方程，并说明它的意义。

13. 说明液控单向阀的工作原理及用途，并画出它的符号。

14. 什么叫做滑阀中位机能？画出两种不同机能的三位四通换向滑阀符号。

15. 何谓卸荷？画出两种不同的卸荷回路。

16. 节流调速与容积调速原理有什么不同？

17. 说明液力变矩器和液力耦合器的工作原理。

第7章 施工运输车辆

7.1 施工运输车辆的工作装置

7.1.1 自卸汽车

建筑施工运输是一项繁重的作业。在施工现场，需要搬运的材料品种多，数量大，占用劳动力多，工人劳动强度也高。目前大型土方工程施工，工程量有的可达几十、几百万立方米，这些都需要采用现代化机械运输。

对于施工现场，面对品种繁多的物料，能完成水平搬运的车辆也是各式各样的。然而，使用的场合和数量较多的是自卸汽车。图 7-1 为自卸式汽车及其液压顶升系统图。

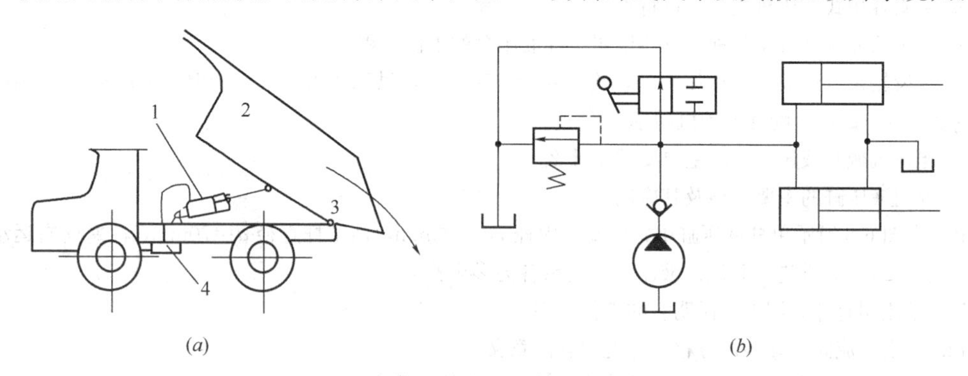

图 7-1 自卸式汽车及液压顶升系统图

(a) 车体；(b) 单作用双油缸倾卸装置

1—液压缸；2—车厢；3—铰销；4—液压泵

对于建筑施工中大型土方工程，广泛应用的是自卸汽车。因其效率高，是专用汽车中占比率最大的车辆。装载量一般等于或小于通用型的同功率的载货汽车，但装卸速度快。因此自卸车用作短途运输时，在成本和生产率两个方面均比通用型载货汽车有利。中等吨位以下的自卸车运距小于 10km 时，能发挥出理想的经济效益。

自卸汽车的吨位，可从装载质量几吨到几十吨。我国将装载质量大于 8t 和总质量大于 15t 的自卸车称为重型汽车，其余为普通自卸汽车。有些国家分得细一点，有重型、大型、中型、小型和轻型五种自卸车。

目前我国生产最多的是普通型自卸车，且绝大多数是后倾车，同时大多数是单车自卸车，半挂自卸车也较少。

7.1.2 自卸汽车的工作装置

自卸汽车的工作装置由下述部分组成。

1. 倾卸系统

自卸车倾卸装置，几乎没有例外的采用液压机构，而不是机械机构。图 7-1(b) 所示是一种单作用双油缸倾卸装置，它由油泵、油缸、换向阀、溢流阀等组成，其作用完成货箱的举升、倾卸、保持、降落。

(1) 准备　操纵手柄放在图示位置，即倾卸装置初始的非工作位置，而取力箱手柄则从初始的非工作位置进入结合位置，油泵工作，此时液压系统中的油液自油泵通过操纵阀。二位二通换向阀进入油箱，而不去推动油缸，即为准备阶段。

(2) 举升　操纵手柄放置在另一位置上，此时油泵输出的压力油流进举升油缸底部，货箱产生卸货作用。若如超载等原因，举升油缸的活塞未能推出，则溢流阀将被打开，油液流回油箱。

(3) 保持　操纵手柄仍放置于举升位置，取力箱手柄退出结合位置，油泵停止工作，此时在货箱作用下系统保持一定压力，借油泵出口处单向阀和操纵阀予以密封，货箱能保持于任意位置上。

(4) 降落　货箱卸货后，取力箱手柄退出结合状态，油泵不工作，操纵阀手柄放置于图示位置，油液直接回油箱，货箱借自重落下。

2. 货箱

图 7-1(a) 是一台自卸式汽车，它是利用液压缸 1 顶推车厢底部而使车厢向后倾翻进行卸料的，这样显然可比人工用锹卸料大大提高劳动生产率。

3. 自动启闭器

自动启闭器的作用是在行驶时保证货箱后板可靠地处于关闭状态，在卸货时则可适时开启。因此它应在后板打开之前就先打开，而且在后板合闭之后才能合闭。它通过凸轮强制启闭器的运行轨迹，或者通过货箱回转、后板重力等综合作用达到自动启闭的目的。

7.2 施工运输车辆的动力装置

7.2.1 内燃机的一般构造

内燃机是动力机械的一种，也是机械运输设备的主要动力装置。它与其他动力机械的主要区别，就在于它的燃料是在气缸内部燃烧，所产生的气体直接将所含的热能转变为机械能，它是目前建筑机械中应用最广的原动机之一。它的种类很多，如柴油机、汽油机等，由于所用燃料不同而各有特色。一般中小功率和吨位的汽车都用汽油机，大吨位的汽车和拖拉机多数用柴油机。

由于目前的建筑工程机械主要是用柴油机作动力，故本章以柴油机为重点，并简单介绍汽油机的情况。

图 7-2 是单缸四冲程柴油机主要机构示意图。机内有一个气缸，其内有活塞 5 可上下往复运动，活塞通过活塞销 6 与连杆 7 相连，连杆的另一端则套在曲轴 8 的曲柄销上，而曲轴两端则又支承在气缸体的两个轴承上，当活塞往复运动时，就通过连杆带动曲轴转动。曲轴末端还装有一个大飞轮。气缸上部有气缸盖，使气缸内形成一个密封的空间。气缸盖上设有进气门 2 和排气门 1，根据气缸的工作要求适时开启和关闭。气缸盖上还有一

个小空腔，与活塞顶构成燃烧室，喷油器3装在燃烧室的顶部气缸盖上，柴油就通过喷油器适时的喷入燃烧室内。

柴油机所用燃料是柴油，工作时，首先让空气通过空气滤清器和进气门进入气缸内，将柴油通过喷油泵、喷油器直接喷入气缸内，和已被吸入气缸内被压缩的空气结合，在高压高温条件下自燃而产生热能。

汽油机则是通过汽化器使汽油和空气混合后被吸入气缸内，用强制点火的方式使其燃烧而产生热能。因此在构造上汽油机就没有喷油器，而是在气缸盖燃烧室的位置上加装一个供强制点火用的电火花塞。

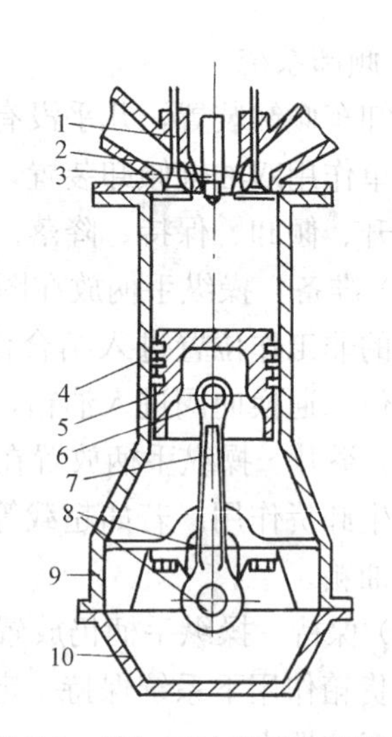

图 7-2　单缸四冲程柴油机简图

1—排气门；2—进气门；3—喷油器；4—气缸；5—活塞；6—活塞销；7—连杆；8—曲轴；9—上曲轴箱；10—下曲轴箱

7.2.2　内燃机的基本名词

1. 上止点和下止点

活塞在气缸内作往复运动的两个极端位置称为止点。

活塞顶部在气缸内所能到达的最高位置，即活塞顶离曲轴旋转中心最远时的位置，称为上止点；当其到达最低位置，即活塞顶离曲轴旋转中心最近时的位置，称为下止点。

2. 活塞冲程

活塞从上止点到下止点的距离，称为冲程。它等于曲柄长度的两倍。曲轴每转一转，活塞要走两个冲程。

3. 燃烧室容积

活塞在上止点时、活塞顶上部的气缸容积，称为燃烧室容积。

4. 工作容积

上止点与下止点之间的气缸容积称为工作容积。工作容积与气缸直径的平方以及活塞冲程成正比。气缸直径越大，工作容积越大，内燃机所产生的功率也越大。

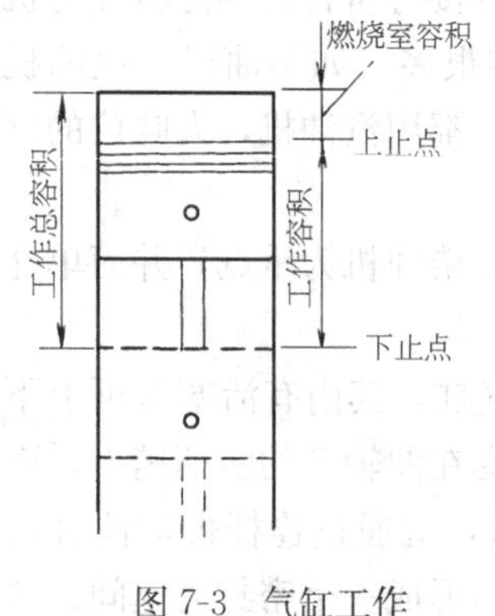

图 7-3　气缸工作总容积示意图

5. 气缸总容积

活塞在下止点时，活塞顶上部的气缸容积称为气缸总容积。气缸总容积等于工作容积与燃烧室容积之和。见图 7-3。

6. 压缩比

气缸总容积和燃烧室容积的比值称为压缩比。压缩比表示活塞由下止点到上止点时，气缸内气体被压缩的程度。压缩比越大，气体的体积被压缩得越小，而气体的压力和温度则越高，柴油机的压缩比通常为16～20，汽油机则一般为5.5～8.5。柴油机的压缩比比汽油机高得多，原因是喷入气缸的柴油，要靠压缩终了气缸内的高温气体使柴油点火燃烧。如果气体温度低于柴油自燃温度，柴油就不能着火，柴油机也就无法工作了。

7.2.3 内燃机的工作原理

内燃机从空气和燃料进入气缸，到燃烧做功后废气排出机外，这一过程称为工作循环。对于往复活塞式发动机，凡是活塞往复两次，移动四个冲程才完成一个工作循环的，称为四冲程内燃机。其四冲程则是吸气四个过程、压缩四个过程、燃烧和做功四个过程、排气四个过程。

1. 单缸四冲程柴油机的工作原理

(1) 进气冲程（曲轴转角由 0～180°）：进气冲程开始时，活塞位于上止点，此时排气门 2 关闭，进气门 1 开启（图 7-4 进气），随着活塞上部空间增大，空气经过进气管和进气门被吸入气缸。活塞到达下止点时，进气冲程结束，进气门关闭，此时气缸内充满了新鲜空气。

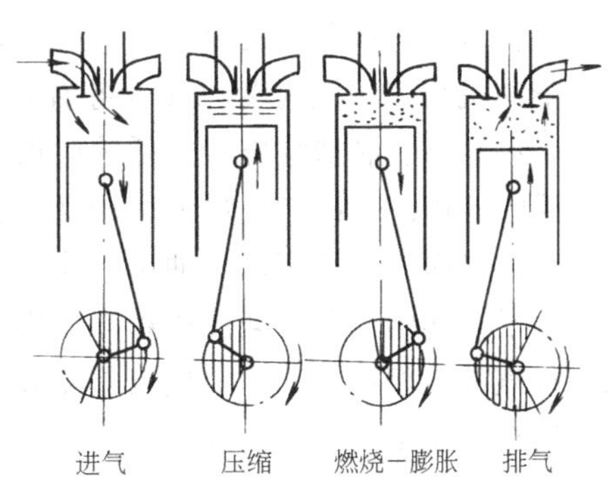

图 7-4 单缸四冲程柴油机工作原理

(2) 压缩冲程（曲轴转角由 180°～360°）：压缩冲程开始时，活塞由下止点向上移动（图7-4压缩），此时进排气门关闭，因此气体在气缸内受到压缩，气体的压力和温度也随着活塞的上移而逐渐升高，当活塞到达上止点时，气体的体积被压缩到最小，温度和压力则很高，温度可达 500～700℃，压力可达 3.5～4.5MPa，大大超过柴油的自燃温度（约为 330℃）。东方红-75 拖拉机的柴油机压缩终了温度可达 637℃，压力可达 4MPa。这样高的温度和压力，足以使喷入的柴油着火燃烧。

(3) 燃烧和做功冲程（曲轴转角由 360°～540°）：该冲程开始前，活塞接近上止点时，一定量的柴油经喷油泵和喷油器以雾状微粒喷入燃烧室中，由于和室内的高温空气迅速混合而受到加热，随即着火燃烧（图 7-4 燃烧），并放出大量的热能，使气体的温度和压力急剧上升，压力可达 6～9MPa，温度可达 1800～2200℃。东方红-75 型柴油机的最高温度为 1750℃，压力可达 6MPa。高压气体作用于活塞顶上，推动活塞向下运动做功。气缸内的气体随着活塞下移而膨胀，压力和温度不断降低，活塞到达下止点时，做功结束。

(4) 排气冲程（曲轴转角由 540°～720°）：做功冲程结束后，气缸内充满了燃烧过的废气，此时进气门关闭，排气门打开，废气便通过排气门、排气管迅速排出。活塞到达上止点时，排气冲程结束，排气门关闭（图 7-4 排气）。

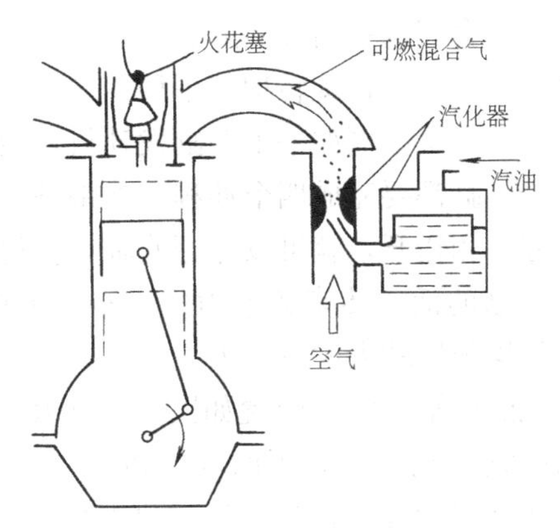

图 7-5 单缸四冲程汽油机工作原理

柴油机从进气、压缩、做功到废气排出，活塞共走了四个冲程，曲轴转两周，完成了一个工作循环。当活塞继续由上向下运动时，新的工作循环又开始了，就这样周而复始。

2. 单缸四冲程汽油机的工作原理

图 7-5 是单缸四冲程汽油机的工作原理图。每一个工作循环也包括进气、压缩、燃烧做功、

排气四个冲程。与柴油机的差别在于：

(1) 进气冲程中柴油机吸入的是纯空气，而汽油机则是汽油和空气的可燃混合气。由简图可知，在进气通道上装有汽化器，空气流经汽化器时具有很高的速度，将吸出的汽油吹散和气化，并随同空气一起进入气缸。

(2) 压缩冲程中汽油机的压缩比小于柴油机的压缩比，压缩比过大容易产生过早燃烧。

(3) 燃烧和做功冲程柴油机是自燃，而汽油机则是由电火花强制点火，当活塞压缩到临近上止点时，火花塞及时放出电火花，使可燃混合气点燃，然后膨胀做功。

柴油机与汽油机两者比较，各有其特点。汽油机具有转速高、重量轻、工作时噪声小、启动容易、制造维修费用低等优点，故在小客车和中小型载重汽车及军用越野车上得到广泛的应用。其缺点是耗油率较高，因此燃料经济性差。

柴油机因压缩比高，耗油率平均比汽油低 30%左右，且柴油价格较低，燃油经济。

除了上述四冲程的柴油机和汽油机外，尚有一种单缸二冲程汽油机。二冲程汽油机与四冲程汽油机相比，其主要优点是曲轴每转中都做功，因而升功率（每升气缸工作容积所发出的有效功率）较大，约为四冲程汽油机的 1.5～1.6 倍。运转比较平稳，由于没有专门的配气机构，机构的结构比较简单，质量也较小，制造维修比较方便，但这种内燃机不能将气缸内的废气排除干净，而且换气要损失一部分做功行程，加之部分新鲜可燃混合气与废气一起流失，所以经济性较差。此外，由于曲轴每转都做功，气缸的热负荷较高。这种二冲程汽油机多用在摩托车上或作为柴油机的启动机用。

3. 多缸发动机的工作原理。

由中学物理所学的知识可知，在单缸四冲程发动机的每一工作循环的四个冲程中，只有燃烧膨胀冲程是对外做功的，其余三个是为做功冲程服务的，称为辅助冲程。它们不仅不做功，而且还要消耗一定的功。因此为了完成这三个辅助冲程，就必须在曲轴上装一个尺寸较大，重量也较大的飞轮，利用飞轮具有的惯性，使得曲轴能均匀旋转，由于飞轮必须做成具有很大的惯性，这将使整个发动机重量和尺寸增加。同时，往复运动机件将引起很大振动，因此在汽车和大功率拖拉机上几乎不采用单缸发动机。用得较多的是四缸、六缸和八缸发动机。

在多缸发动机中，情况就大不相同了，因为每个气缸所产生的压力，都用来推动同一根曲轴旋转，如果合理选择曲轴的形状和安排各个气缸的工作次序，就可使曲轴旋转均匀平稳，又可大大减小飞轮的尺寸和重量。例如一个四缸发动机，曲轴转两转时，每个气缸都要完成四个冲程，如果把四个气缸的做功冲程互相错开，就可以保证曲轴在任何位置都有由某个气缸的活塞传来的推力作用在它上面，这样曲轴旋转的均匀性就大大改善了。

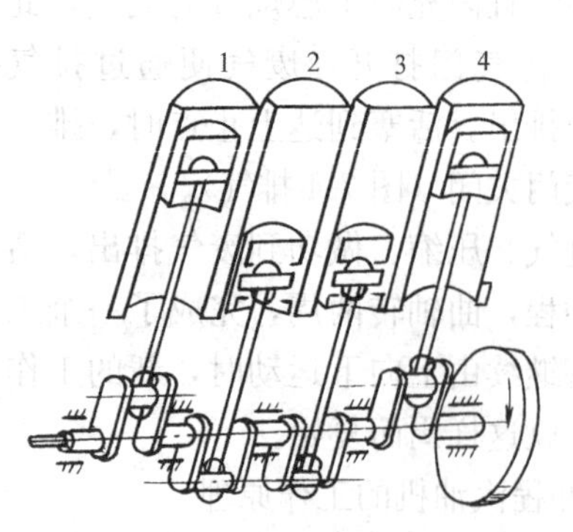

图 7-6　四缸发动机曲轴和活塞位置

四缸发动机的曲轴和活塞位置如图 7-6 所示。曲轴的连杆轴颈排列相隔 180°。当曲轴旋转时，第一、四气缸的活塞同时上下，第二、三气缸的活塞同时上下。

7.2.4 发动机的总体构造与系统

现代汽车发动机是一部较复杂的机器。其结构形式很多，同一种形式的发动机的各个机构，其具体构造也是各种各样的。如汽油机一般都由一个机体、两个机构和5个系统组成。下面以某一国产汽车发动机为例，介绍四冲程汽油机的一般构造（参看图7-7）。

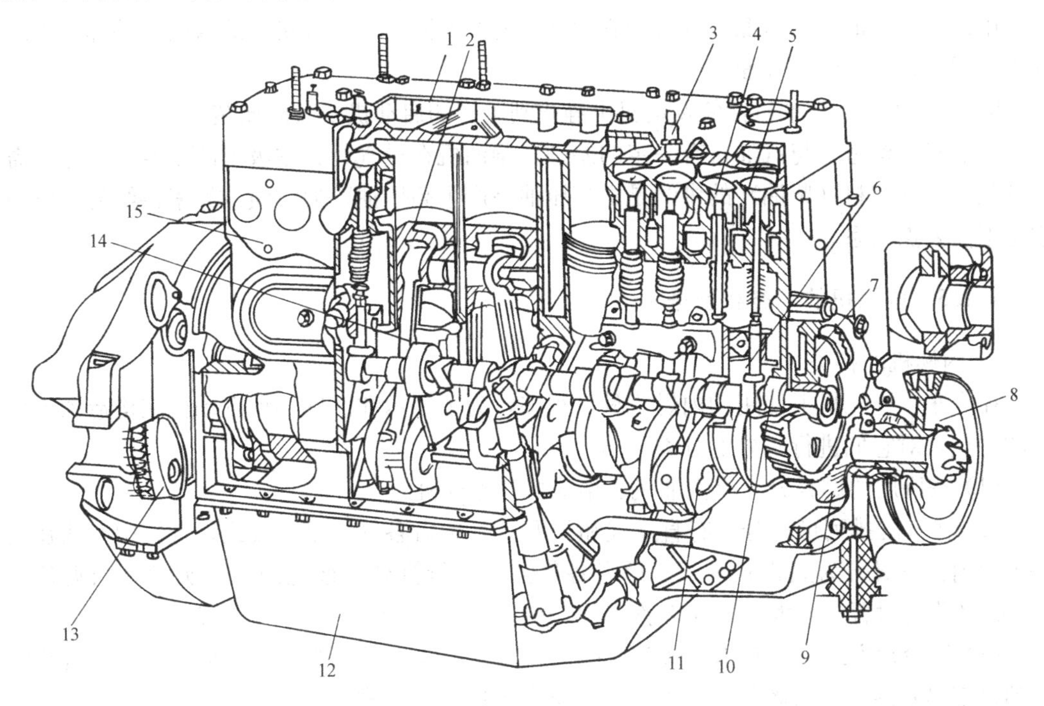

图7-7 汽车汽油机构造图

1—气缸盖；2—活塞；3—火花塞；4—进气门；5—排气门；6—气门挺杆；7—凸轮轴正时齿轮；8—曲轴皮带轮；9—曲轴正时齿轮；10—凸轮轴；11—曲轴；12—下曲轴箱；13—飞轮；14—连杆；15—气缸体

1. 机体　机体包括气缸盖1，气缸体15、下曲轴箱（油底壳）12。机体的作用是作为发动机各机构、各系统的装配基体，而且其本身的许多部分又分别是曲柄连杆机构、配气机构、供给系、冷却系和润滑系的组成部分。气缸盖和气缸体的部分内壁共同组成燃烧室的一部分，它是承受高压高温的机件。

2. 曲柄连杆机构　曲柄连杆机构包括活塞2、活塞销、连杆14、带有飞轮13的曲轴11等。这是发动机借以产生并传递动力的机构，通过它把活塞的直线往复运动转变为曲轴的旋转运动而输出动力。

3. 配气机构　配气机构包括进气门4、排气门5、气门挺杆6、凸轮轴10及凸轮轴正时齿轮7（由曲轴正时齿轮9驱动）等。它的作用是使可燃混合气及时充入气缸并及时从气缸排出废气。

4. 供给系　供给系包括汽油箱、汽油泵、汽油滤清器、空气滤清器、汽化器、进气管、排气管、排气消声器等。其作用是把汽油和空气混合成可燃的气体供入气缸，以备燃烧，并将燃烧产生的废气排出发动机。

5. 点火系　点火系包括供给低压电流的蓄电池、将低压电流变成高压电流的断电器和点火线圈、把高压电流按规定时刻接通到各气缸火花塞上的分电器等。点火系的功用是保证按规定时刻及时点燃气缸中被压缩的混合气。

6. 冷却系　冷却系主要包括水泵、散热器、风扇、分水管和气缸体以及气缸盖里铸出的水套。其功用是把受高热机件的热量散到大气中去，以保证发动机正常工作。

7. 润滑系　润滑系包括机油泵、限压阀、润滑油道、机油滤清器和机油冷却器等。其功用是将润滑油供给摩擦件以减少它们之间的摩擦阻力，减轻机件的磨损，并部分地冷却摩擦零件，清洗摩擦表面。

8. 启动系　启动系包括使发动机由静止到工作的启动机及其附属装置。

柴油机在构造上与汽油机有一定的差别，柴油机在进气行程中吸入的是空气，它不需要汽化器。其燃料（柴油）的供给是由高压油泵产生高压油，通过喷油器来供给的。故而它也不需要点火系。

7.2.5 内燃机的种类和型号

1. 内燃机的种类

在汽车、拖拉机上使用的内燃机种类很多，为了表示和区别各种发动机在构造和工作上的特点，对它们进行必要的分类。

(1) 按所用的燃料分　有汽油机、柴油机和煤气机。

(2) 按气缸排列形式分　有直立式和V形式。前者各气缸呈直线式，气缸中心线在同一平面内。它又分为立式和卧式。后者各气缸呈两行排列，彼此间有一夹角，当夹角成180°时又称为对置式。太脱拉-138汽车发动机气缸属V形式，其夹角为75°。

(3) 按冷却方式分　有水冷式和风冷式。前者较多，解放牌汽车、东方红拖拉机等的发动机都是水冷式。后者较少，太脱拉汽车发动机为风冷式。

(4) 按冲程数分　有四冲程发动机和二冲程发动机。前者就是活塞移动四个冲程完成一个工作循环。解放牌、太脱拉-138汽车都是四冲程发动机。后者就是活塞移动两个冲程完成一个工作循环。东方红-75拖拉机发动机是二冲程发动机。

(5) 按气缸数分有单缸、双缸、三缸、四缸、六缸、八缸、十二缸等。东方红-75型拖拉机发动机是四缸的，解放牌汽车发动机是六缸的，太脱拉-138汽车发动机是八缸的。

2. 内燃机的型号

内燃机型号编制应按《内燃机产品名称和型号编制规则》GB/T 725—2008的规定。

7.3 轮式车辆行驶的基本原理

7.3.1 车辆行驶的牵引力

建筑工程机械的行驶必须由地面对机械施加一个推力以克服机械在运动中所受到的各种阻力，这个推力即牵引力。下面就轮式建筑工程机械牵引力的产生与各种阻力之间的联系进行讨论，以了解轮式建筑工程机械的行驶原理。

轮式建筑工程机械在行驶中由发动机经传动系在驱动轮上作用一个主动扭矩 M_k，在 M_k 作用下，驱动轮的边缘对地面作用一个周缘力 P_0，它位于车轮与地面的接触面内，方

向与 M_k 在接触面处的切线方向相同，数值由下式求得

$$P_0=M_k/r_k \tag{7-1}$$

式中，r_k 为车轮的动力半径，数值等于车轮几何中心到接触面的距离。

在 P_0 作用下，由于车轮与地面之间的附着作用，地面同时施加一个方向与 P_0 相反，大小与 P_0 相同的反力 P_k，即 $P_k=P_0$，我们称 P_k 为牵引力，见图 7-8。显然 P_k 是地面作用于车轮上的外力，产生 P_k 的车轮称为驱动轮。

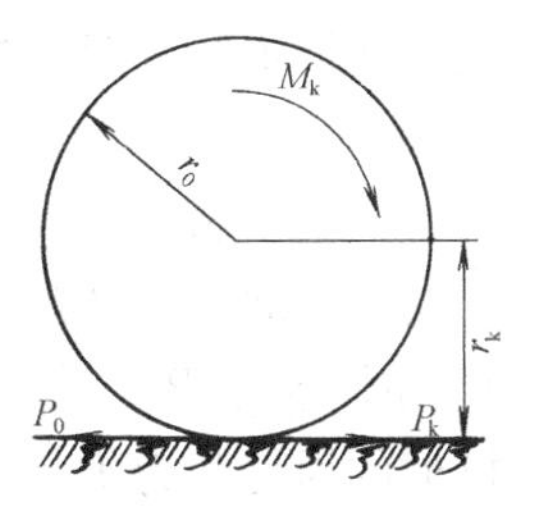

图 7-8　车轮行驶原理

从牵引力 P_k 与主动扭矩 M_k 的关系式 $P_k=P_0=M_k/r_k$ 中可知，随着 M_k 的增加，P_k 也增加。但是 P_k 是否能随 M_k 的增加而无限制的增加呢？事实证明这一点并不是在任何情况下都能实现的，如机械在冰雪地段、泥泞地面或外界阻力足够大、地面比较松软时，尽管增加发动机输出扭矩以增大 M_k，但驱动轮都原地滑转（打滑），机械不能行驶，这种现象说明，牵引力的最大值不仅决定于发动机的最大扭矩和传动系的结构（传动系的传动比），还受到轮胎与地面之间附着能力的限制。

所谓附着能力是指地面阻止车轮相对地面滑转的能力。由车轮与地面间附着能力所决定的地面作用于车轮上切向反力的最大值称为附着力 P_ϕ，P_ϕ 可按下式求得

$$P_\phi=G_\phi\phi \tag{7-2}$$

式中　G_ϕ——附着重量，即作用在驱动轮上的重量；

ϕ——附着系数，其数值随轮胎和地面性质而异，如轮胎气压为 0.3MPa、地面为黏性新切土时，ϕ 值为 0.43～0.87。

显然，牵引力 P_k 的增大受到附着力 P_ϕ 的限制，即

$$P_k\leqslant P_\phi \tag{7-3}$$

以上所讨论的牵引力 P_k 是指一个驱动轮上所产生的牵引力，整机牵引力为各驱动轮所产生牵引力的总和。

7.3.2　车辆行驶时遇到的阻力

1. 滚动阻力 P_f

滚动阻力 P_f 主要是由于车轮滚动时轮胎与地面的变形而产生的。此外，轮胎与地面以及车轮轴承内部存在着摩擦。这些变形和摩擦都要消耗一定的功，我们将其等效为机械行驶阻力的一部分，称为滚动阻力。滚动阻力是一种时刻存在于行驶着的机械上的阻力，其数值与机械的总重量、轮胎的结构和气压以及路面的性质有关，通常按经验公式求得：

$$P_f=G_0f \tag{7-4}$$

式中　G_0——机械总重量；

f——滚动阻力系数。

2. 空气阻力 P_w

机械行驶时，空气与机械表面相互摩擦，同时机械前部受到迎面空气流的压力，后部因空气涡流而产生真空度，从而形成了阻碍机械行驶的空气阻力 P_w，试验证明 P_w 与机

械的正面投影面积（或称迎风面积）以及机械与空气的相对速度的平方成正比，还与机械外部轮廓形状与表面质量有关。当建筑工程机械在低速运行时，P_w 可以忽略不计。

3. 上坡阻力 P_a

机械在坡道行驶时，机械重量沿路面方向的分力即上坡阻力，以 P_a 表示。

$$P_a = G_0 \sin\alpha \tag{7-5}$$

式中 G_0——机械总重；

α——坡道坡度角，下坡时 α 取负值。

4. 惯性阻力 P_J

机械的惯性阻力 P_J 与机械的运动状态有关，当 $P_k > P_f + P_w + P_a$ 时，机械做加速运动，P_J 为正；当 $P_k < P_f + P_w + P_a$ 机械做减速运动，P_J 为负；当 $P_k = P_f + P_w + P_a$ 时机械做匀速运动（或静止不动），P_J 为零。从以上分析，可以得到牵引力平衡公式，即

$$P_k = P_f + P_w + P_a + P_J \tag{7-6}$$

7.4 施工运输车辆底盘的基本构造

施工运输车辆虽然种类繁多，外形、内部结构及总体布置也有较大差异，但是他们的基本组成通常可以分为动力装置、底盘和工作装置三大部分。以自卸汽车为例，底盘由传动系、行驶系、转向系和制动系组成。转向系和制动系有时也合称为操纵系。底盘的主要功用是接受发动机发出的动力，使机械按一定的要求行驶或进行作业，并作为整机的基础，发动机和工作装置均安装在底盘上。

7.4.1 传动系

动力装置和驱动轮之间的传动部件总称为传动系，它的基本功用在于改变发动机的扭矩同转速的关系特性，把动力有效而可靠地传递到驱动轮或其他操纵机构，以适应使用上对机械的要求。

由于内燃机的转速高、扭矩小，而由运输车辆的行驶速度和牵引力的要求所决定的驱动轮转速比较低，扭矩比较大，这一矛盾要求传动系中有减速增扭装置。这一装置一般包括液力变扭器、变速器、主减速器和最终减速机构等，同时，因内燃机的转速和扭矩的变化范围比较小，适应系数（发动机最大扭矩与发动机最大功率时扭矩之比）一般只有1.00～1.25，不能满足运输机械在作业或行驶中对行驶速度和牵引力有较大变化范围的要求，为此，传动系中设有变速器作为变速增扭装置。

由于内燃机一般只能单向旋转，而运输机械却要求既能前进又能后退，故变速器中设有倒挡机构；为了实现内燃机不熄火机械又能停车，在变速器中还设有空挡。

内燃机的另一个缺点是不能带着负荷启动，它们的最低转速一般为每分钟数百转，而运输车辆启动时速度总要从零开始逐渐增长，这就要求在传动系中设离合器。同时，离合器还有防止传动系和内燃机过载以及短暂切断动力的功能。

传动系的类型有机械式、液力机械式等。前者一般由离合器、变速箱、分动箱、万向传动装置、驱动桥（主减速器、差速器、半轴）等部件组成。后者一般由液力变矩器、动力换挡变速箱、分动箱、万向传动和驱动桥等组成。

下面主要以自卸汽车为例，介绍机械传动系的主要组成及部件。

汽车传动系的组成及其布置形式，取决于发动机的类型、性能、汽车总体结构形式、汽车行驶系及传动系本身的结构形式等许多因素。目前广泛应用于自卸汽车上的机械式传动系的组成及其布置形式如图 7-9 所示。发动机纵向安置在汽车前部，后轮作为驱动轮。发动机发出的动力经过离合器 1、变速器 2、由万向节 3 和传动轴 8 组成的万向传动装置、安装在驱动桥 4 中的主传动器 7、差速器 5 和半轴 6 传给驱动轮。

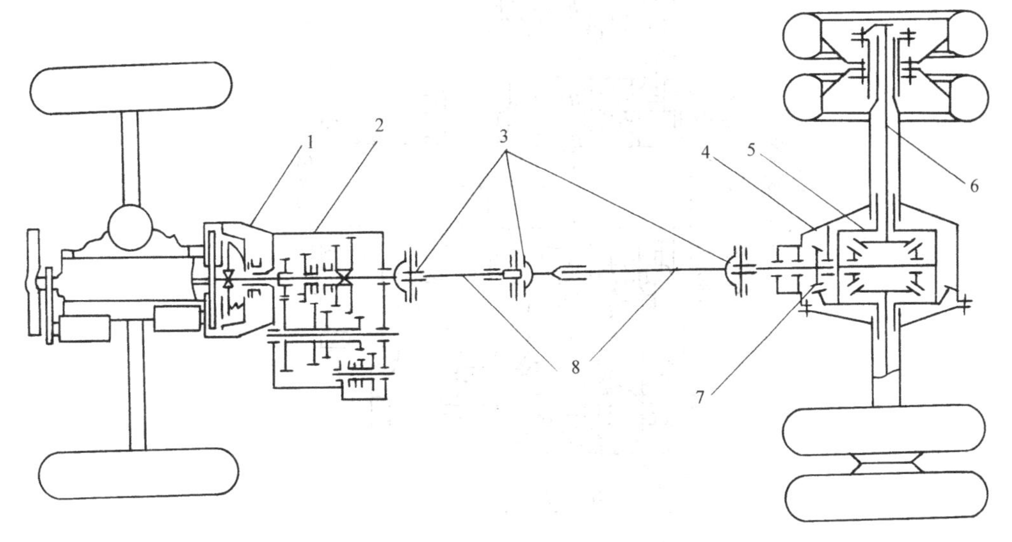

图 7-9　自卸汽车传动系一般组成及布置形式示意图

1—离合器；2—变速器；3—万向节；4—驱动桥；5—差速器；6—半轴；7—主传动器；8—传动轴

1. 离合器　离合器的功用是：

(1) 保证汽车平稳起步　汽车起步前，先要启动发动机，这时应通过离合器使发动机与驱动轮之间的联系断开，以卸除发动机负载。待发动机启动后并开始正常怠速运转后，方可将变速器挂上一定档位，使汽车起步。

(2) 防止传动系过载　当汽车进行紧急制动时，若没有离合器，发动机将因和传动系刚性连接而急剧降低转速，则其中所有运动件将产生很大的惯性力矩，对传动系造成超过其承载能力的载荷，而使机件损坏。若有离合器，其主动部件和从动部件之间可通过离合器产生相对运动借以消除上述过载的危险。

(3) 保证传动系换挡的平顺　为适应不断变化的行驶条件，变速器要经常换挡工作。实现齿轮式变速器的换挡，一般是拨动齿轮或其他挂挡机构，在换挡前也必须踩下离合器，中断动力传动，便于原挡位脱开和新挡位的啮合。

因此，离合器应是这样一个传动机构：其主动件和从动件可以暂时分开，又可逐渐接合，并且在传动过程中还有可能相对转动。所以，主动件和从动件之间宜采用非刚性连接的摩擦式离合器或液力耦合器，或电磁式离合器，在摩擦式离合器中，为产生摩擦所需的压紧力，可以是弹簧力、液压力或电磁吸力，目前汽车上采用比较广泛的是用弹簧压紧的摩擦式离合器，图 7-10 所示为一双片干式常接合摩擦离合器。离合器安装在驱动箱的输入轴上。柴油机的动力经过一级皮带传动传递到离合器外部的皮带轮上。主动片 9 和压盘

8是主动件，而摩擦片1和插入离合器的驱动箱输出轴12是从动件。从动摩擦片与轴12用花键连接。

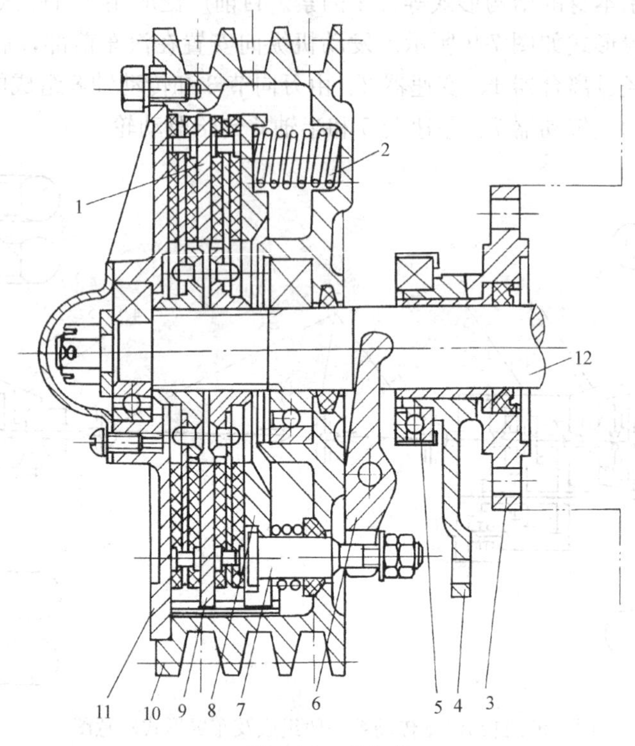

图7-10　离合器

1—从动摩擦片；2—离合器弹簧；3—异形轴承盖；4—分离爪；5—分离轴承；6—分离杠杆；7—调整螺杆；8—压盘；9—主动片；10—皮带轮；11—皮带轮盖；12—输出轴

离合器动力的传递是靠六个离合器弹簧把压盘，主动片、从动片和皮带轮盖等压紧成一体来实现的。六个弹簧有足够的弹力把主动件和从动件压紧而不打滑。要分离动力时，用脚踏下离合器踏板，通过拉杆转动分离爪4，使分离轴承5压紧分离杠杆6，将压盘抬起，使从动件与主动件分离，动力就被切断。

2. 变速器　变速器是传动系中的主要部件。它的主要功用是在一定范围内改变发动机与驱动轮之间的传动比，从而改变机械的行驶速度和牵引力，以适应运输车辆的需要，它能使汽车倒向行驶，以及在发动机不熄火的情况下中断动力传递即挂空挡的作用。

具有几个定值传动比可供选择的变速器，称为有级变速器。目前一般中型汽车上主要采用齿轮式有级变速器，通常有3～5个前进挡和一个倒退挡。有些中型和重型汽车，为了加大传动比和增加挡数，除了变速器外又加一个副变速器。

变速器的挡数愈多，对发动机工作愈有利，同时汽车的动力性和燃料经济性愈好。能使其传动比在一定数值范围内连续变化，即其传动比挡数为无限多的变速器，称为无级变速器。目前汽车上使用的无级变速器多为液力传动式（液力变矩器）。

图7-11是简单人力换挡滑动齿轮式定轴变速器结构简图。动力由输入轴1（主动轴）

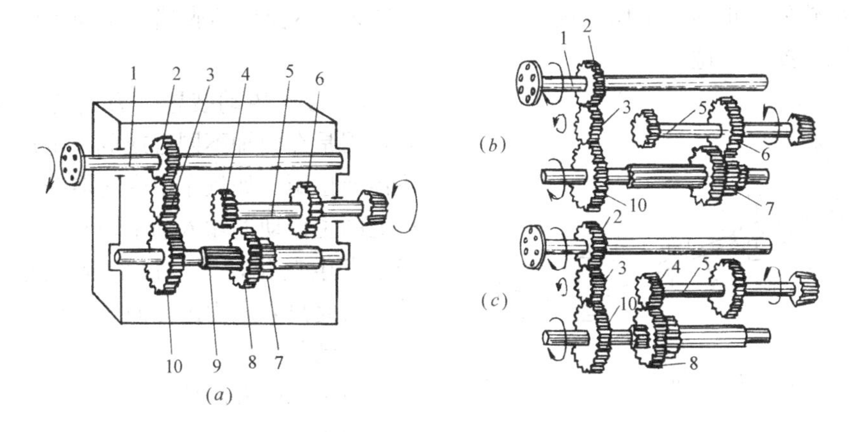

图 7-11　滑动齿轮式变速箱结构简图

(a) 变速箱剖面图；(b) 低挡；(c) 高挡

1—输入轴；2、3、4、6、7、8、10—齿轮；5—输出轴；9—中间轴

输入，通过不同齿轮啮合后经输出轴 5（从动轴）输出。各轴互相平行，利用双联齿轮 7、8 在花键轴 9 上滑动到不同的位置，可得到不同的速度，以实现空挡（图 7-11*a*）、低速挡（传动比较大，如图 7-11*b*）及高速挡（传动比较小，如图7-11*c*）。一般变速箱有几个挡，传动比最大的称一挡，其他挡以传动比大小为序称为二、三……挡。若轴 1 和轴 9 不通过中间齿轮 3 传递动力，而直接用一对齿轮 2、10 相啮合，输出轴旋转方向就相反，从而实现倒挡。一般的变速器有 4～8 个前进挡和与它相同（或少于）数量的倒挡。

变速器的另一个组成部分是换挡操纵机构（包括锁止装置），其作用是保证驾驶员能随时将变速器换至所需的任一挡工作，并可以随时使它从工作挡换到空挡。对操纵机构的要求是保证工作的齿轮以全部长度啮合；不能同时换两个挡；换入挡后不能自行脱挡，要具有防止误换到倒挡的保险装置；在离合器接合时不能换入任何挡。

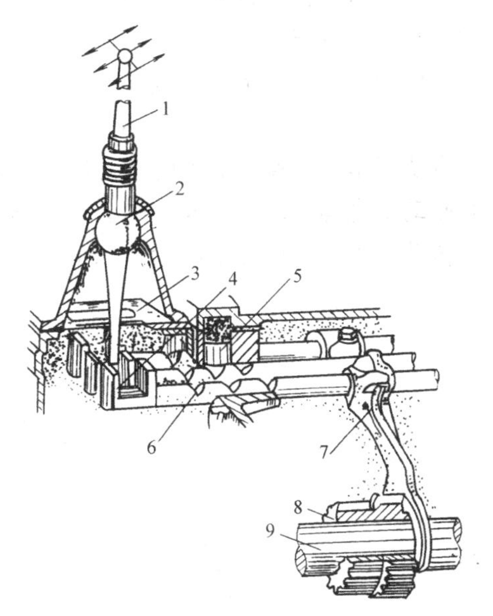

图 7-12　变速箱操纵机构

1—变速杆；2—球头；3—寻向框板；4—换挡滑杆凹槽；5—锁定销；6—换挡滑杆；7—拨叉；8—滑动齿轮；9—变速箱轴

不同机械的操纵机构，不一定都一样，图 7-12是一种变速箱的操纵机构，换挡机构主要由变速杆 1、滑杆 6、拨叉 7 组成。变速杆 1 用球头 2 支承在支座内，球头 2 受销子限制不能随意旋转，从而防止变速杆转动；拨叉 7 用锁定销 5（锁止装置）锁定在某一位置上；滑杆一端有凹槽 4，使变速杆下端可插入其中。换挡时驾驶员操纵变速杆，通过滑杆和拨叉拨动齿轮 8 以实现换挡。每一个拨叉一般可控制两个不同的挡位，所有滑杆都处于中位时为空挡。一般变速箱有 2～4根滑杆（或称拨叉轴）。

锁止机构包括自锁和互锁机构，许多机械还加设连锁机构。自锁机构主要用于保证变速器内各齿轮处于正确的工作位置（或空挡），工作中不会自动脱挡，互锁机构主要防止两根滑杆同时换上挡位。

3. 万向传动装置　万向传动装置的主要功用是在两轴不同心或成一定角度的情况下传递扭矩。如汽车中变速器输出轴与驱动桥上的主传动器输入轴不同心，相对位置又经常发生变化，用一根轴刚性连接是不行的，为此只有采用由万向节和传动轴组成的万向传动装置的。

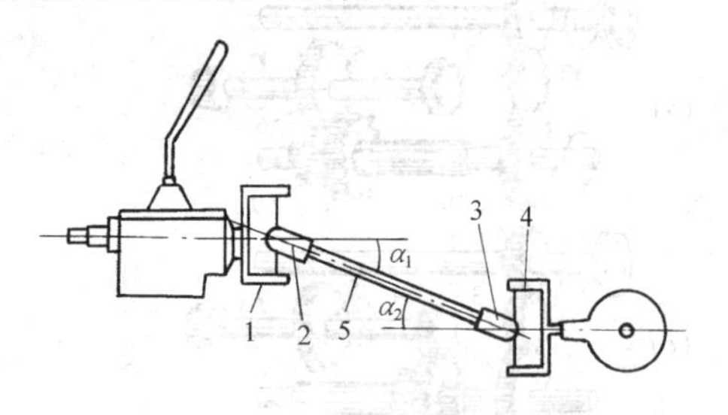

图 7-13　变速器与驱动桥之间的万向传动装置
1、3—主动叉；2、4—从动叉；5—传动轴

最常见的万向传动装置是安装在变速器和驱动桥之间（见图 7-13）。在越野汽车上，万向传动装置不仅用于变速器、分动器及前后桥之间的连接，而且用于前转向驱动桥的两段半轴之间的连接。

就变速器与驱动桥之间而言，由于变速器一般与离合器、发动机连成一体支承在车架上，而驱动桥则是通过弹性悬架和车架连接，变速器的输出轴与主传动器的输入轴二者的轴线难以布置重合，且由于悬架中的弹性元件（如钢板弹簧）在汽车行驶中，经常有较大的弹性变形，即变速器与驱动桥的相对位置经常在变化，因此变速器输出轴与主传动器输入轴的相对位置也经常变化。这样，它们之间用一根整体轴连接显然是不行的，故要用万向传动装置。万向传动装置一般由万向节和传动轴组成。

万向节的种类较多，目前汽车传动系中用得最多的是普通十字轴刚性万向节。传动轴中通常有花键连接部分，使传动轴总长度可以伸缩，以保证驱动桥与变速器在相对位置经常发生变化的条件下不发生运动干涉。

4. 驱动桥　驱动桥是变速器（或传动轴）之后，驱动轮之前的传动机构的总称。其基本功用是将变速器输入的动力最后传给驱动轮。驱动桥主要由主传动器、差速器、半轴和驱动桥壳等零部件组成。图 7-14 为某一国产汽车的主传动器、差速器结构示意图。该主传动器为一对螺旋锥齿轮 4、5，输入轴的转速为 n_5，经减速后，再经差速器、半轴传

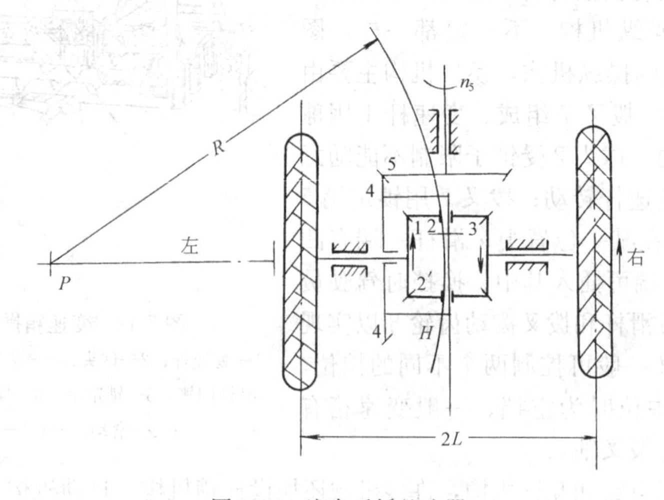

图 7-14　汽车后桥差速器

给车轮。

普通差速器由四个行星齿轮、两个半轴齿轮、十字轴、差速器壳等组成，与半轴相连的称为半轴齿轮，套装在十字轴上的，称为差速齿轮。差速器的作用是保证车辆沿直线行驶时两轮速度相同；而在转弯行驶时，两轮间产生速度差，以保证车轮不发生滑动现象，使其行驶平稳。当车辆直线行驶时，两轮的行驶阻力相等，这时差速器内的半轴齿轮和差速齿轮都随差速器壳一起转动，相互之间没有相对运动。

当车辆转弯（例如右转弯）行驶时，由于右轮的转弯半径比左轮小，转弯阻力较大，右轮的速度（即转速）比左轮低。从车轮反馈回来的这种差别，使左右两半轴齿轮的转速产生了一个转速差。这个转速差拨动了差速齿轮，使它除了有与差速器壳一起转动的公转外，还绕其自身轴线自转，差速器差速齿轮的这种转动降低了右半轴的转速，而加快了左半轴的转速，使两个车轮仍保持在滚动状况下工作，避免了车轮滑动。

驱动轴由左、右两个半轴构成，故又称半轴，其一端插入差速器内与半轴齿轮用花键连接，另一端用法兰与车轮轮毂连接。

7.4.2 行驶系

行驶系的主要功用是支承整机，接受传动系传来的动力，变成机械行驶和进行作业所需的牵引力，以保证机械的行驶和进行作业。图 7-15 为轮式行驶系的组成示意图。它由车架、车桥、悬架及车轮组成。车架通过悬架与前后桥相连，车桥两端安装车轮。对于运行速度较低的机械，为保证作业的稳定性，一般不装悬架，而将车架与车桥直接刚性连接。

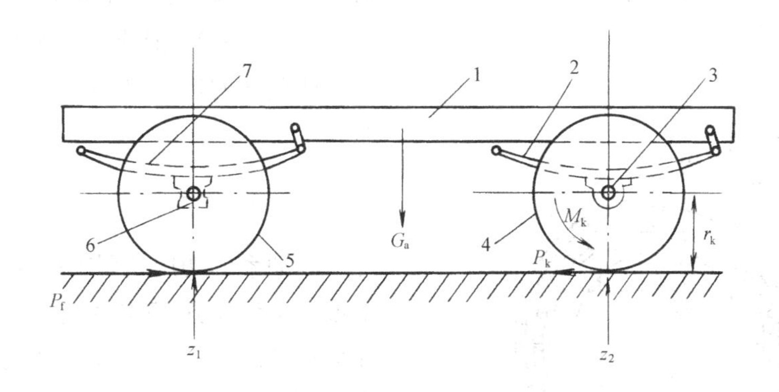

图 7-15　轮式底盘行驶系的组成及部分受力情况

1—车架；2—后悬架；3—驱动桥；4—驱动轮；5—从动轮；6—从动桥；7—前悬架

7.4.3 转向系

转向系的功用是使运输车辆保持直线行驶或改变方向。它是由驾驶员操纵的用来使转向轮偏转的一整套机构。目前主要采用偏转车轮式转向和折腰转向。

图 7-16 是应用较广的偏转车轮式转向系的示意图。它利用方向盘的转动带动由蜗杆及齿扇组成的转向传动机构，从而使转向节转动而实现车轮转向。

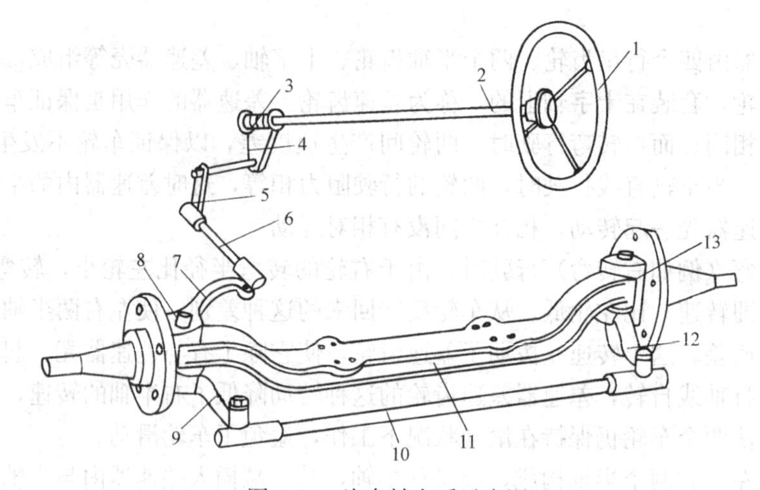

图 7-16　汽车转向系示意图

1—方向盘；2—转向轴；3—蜗杆；4—齿扇；5—转向垂臂；6—转向纵拉杆；7—转向节臂；8—主销；9、12—梯形臂；10—转向横拉杆；11—前轴（梁）；13—转向节

汽车转向系一般由两个部分组成，即转向器和转向传动机构。驾驶员转动方向盘 1，通过转向轴 2 带动互相啮合的蜗杆 3 和齿扇 4，使转向垂臂 5 绕其轴摆动，再经转向纵拉杆 6 和转向节臂 7 使左转向节及装于其上的左转向轮绕主销 8 偏转；与此同时，左梯形臂 9 经转向横拉杆 10 和右梯形臂 12 使右转向节及右转向轮绕主销向同一方向偏转。方向盘 1、转向轴 2、啮合传动副等称为转向器，转向垂臂 5、转向纵拉杆 6、转向节臂 7，左右梯形臂 9、12 和转向横拉杆 10 总称为转向传动机构。梯形臂 9 和 12、转向横拉杆 10 以及前轴（前梁）11 形成转向梯形，其作用是保证两侧转向轮偏转角具有一定的相互关系。

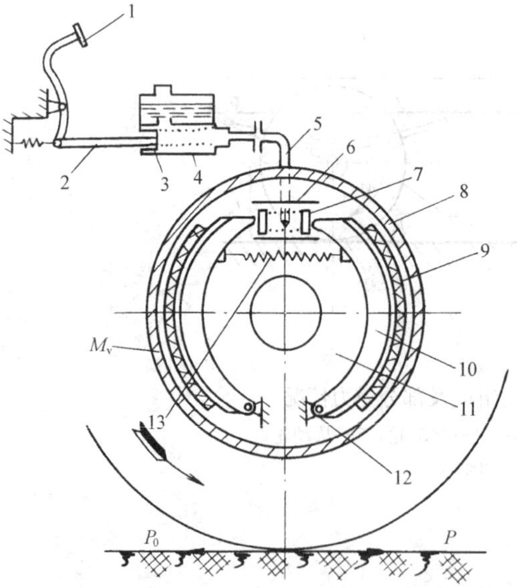

图 7-17　制动系工作原理

1—制动踏板；2—推杆；3—主缸活塞；4—制动主缸；5—油管；6—制动轮缸；7—轮缸活塞；8—制动毂；9—摩擦片；10—制动蹄；11—制动底板；12—支承销；13—制动蹄回位弹簧

7.4.4　制动系

制动系的功用是用来减速和紧急停车，下坡时保证车速基本稳定，停车时保持在原地不致滑溜。制动系包括制动器（直接产生制动力矩的部分）和制动传动机构，如制动踏板、制动油（气）缸等。制动器目前主要采用的形式有鼓式、盘式和带式等。制动传动机构目前主要采用液压式和气压式，机械式只在小型机械上采用。制动器安装在车轮上，由驾驶员通过制动踏板操纵，图 7-17 是制动系工作原理图，它利用其中的固定元件对旋转元件的摩擦，使后者的旋转角速度降低。如果制动器的旋转元件是固定在车轮上的，即制动力矩

直接作用于车轮上，称为车轮制动器。

当驾驶员踩下制动踏板时，通过推杆和主缸的油（或气）在一定压力下流入制动油缸，并通过两个活塞推动制动蹄绕支承销张开，使摩擦片压紧在制动鼓的内圆面上，使产生一个与车轮旋转方向相反的力矩 M_v，力矩传到车轮后，车轮对地面作用一个周缘力，地面也对车轮产生一个反作用力（即制动力），而实现制动。松开制动踏板时，回位弹簧使制动蹄复位，与制动鼓的内圆面保持一定的间隙，制动力消失，车轮可以旋转。

为保持行车时在原地不致滑溜，一般还要装有一套手制动装置（俗称手刹车）。它的旋转元件装在传动系的传动轴上，其制动力矩须经过传动轴和驱动桥再传到车轮上，称为中央制动器。中央制动器都用作停车制动器，且都是手操纵的。

7.5 新能源在工程车辆上的应用

7.5.1 新能源的种类与特点

由于石油、煤炭、天然气等传统资源的日益紧缺和环境污染问题日趋严重，人们不得不考虑如何节约现有能源和如何开发新能源。目前在常用汽车和工程机械上已推广试用的新能源有动力电池、混合动力和替代燃料三大类。

(1) 动力电池

当今主要的动力电池有铅酸蓄电池（传统型和新型）、镍氢电池、锂电池、超级电容、燃料电池、飞轮电池等。

1) 铅酸蓄电池　它是将电能转化为化学能存储的储能装置（化学电池），俗称电瓶，已有130年历史，技术成熟、成本低，可支持大电流放电，工作温限宽，安全性好，稳定可靠，但能量密度、容量密度、功率密度（简称三大密度）都小，电池组重量大、体积大，电解液易外漏，维护较麻烦，它仅用于电动叉车。

通过改变极板材料、电池的结构，密封电解液或者凝胶化等，新开发的阀控铅酸电池，保留了传统铅酸蓄电池的优点，克服或减少了弱点，供电单价(放电单价)，即自电网取1度电，经电池转换向外供电(放电)1度电的成本价为3.05元/(kW·h)，是各类动力电池中最低的。目前，在纯电动和混合动力汽车和工程机械上得到较多的应用。

2) 镍氢电池　也是化学电池。它的三大密度均超过铅酸蓄电池，循环寿命长，有较好的输出特性，安全性好，环保性好，但单体电压低(1.2V)，自放电损失大，对环境温度敏感，价格较贵，供电单价为9.6元/(kW·h)。

3) 锂离子电池　它也是化学电池，它有多个品种，其中以磷酸铁锂电池性能较好，三大密度都较高，循环寿命长，无污染，在各类电力电池中，其综合性能评价最高。安全性能较差，当过度充电、放电，内部或外部短路等，都会产生胀气甚至爆炸。为防止此类事故发生，必须采用安全阀等防胀气、防爆设施。另外，价格较贵，供电单价10.2元/(kW·h)。

4) 超级电容　它是电容器和化学电池之间的新型化学储能装置，它充电速度快，功率密度大（比铅酸蓄电池高10倍），能瞬间提供大电流，循环寿命长，工作温限宽，无污染，免维护。但能量密度小，价格比较贵，多与新型铅酸电池等组成复合动力电池组，实现优势互补。

5）燃料电池 将燃料（甲醇和氢气等）通过电化学反应等转化为电能的发电装置。使用燃料电池时，就像燃油发动机一样，可以稳定、持续提供电力。燃料来源充足（如氢气可通过电解水制成），并可再生无污染，发电时无振动，无噪声，但适应功率变化能力差，即在输出功率很大和很小时，发电功率低。另外，耐久性差（最高为2200h），工作温限窄（0～40℃），价格高，氢燃料电池的供电单价为40元/(kW・h)，由于甲醇燃料电池功率密度低，目前车用主要是氢燃料电池。

6）飞轮电池 这是美国正在研制的用机械能贮能的动力电池，飞轮电池由飞轮＋电动机/发动机＋输出/输入电子控制器组成，成圆柱状，可用于混合动力车辆作辅助动力。美国飞轮电池公司在AFS20型轿车上进行了试验，飞轮电池具有快速充电，放电性能良好，无污染，循环寿命长，但贮能时间太短，仅有几小时。

（2）混合动力

由两种或两种以上动力组成的动力系统成为混合动力，俗称“油-电”装置。它由内燃机＋发电机/发动机＋动力电池＋能量管理装置构成，它综合了内燃机驱动和电力驱动的优点，是从内燃机驱动向纯电动驱动过度的过渡动力装置。如沃尔沃公司开发的L220F混合动力装载机。按内燃机和电动机驱动所占的驱动比例不同，混合动力又分为“轻度混合”、“中度混合”、“重度混合”3种类型。轻度混合只能用作电控和回收制动能量；而中度混合型不但如此，还能进行中短距离的行驶；重度混合型可以进行长距离的行驶。

（3）替代燃料

用其他燃料（煤、天然气）和生物质提取的可替代燃油的燃料，成为燃油的替代燃料，是近年来大力开发的新能源，主要有生物柴油、乙醇汽油、二甲醚、煤制油、天然气等，其来源充沛（有的可以再生），使用方便，不需增设新的装置（有的替代燃料如天然气，在使用时内燃机需稍加改装），但在使用性能、生产成本等方面，还有待进一步改进，限于篇幅，此处从略。

7.5.2 辩证地认识新能源

理论和实践证明：传统能源（燃油）和新能源各有长短，另外各种能源都在发展，发扬长处，克服缺点，在一定期间内，对一定机种，有其最佳的适用范围。所以绝对地肯定和否定某一种能源的观点是片面的。汽车和工程机械只能由一种能源供应的观点也是片面的。汽车和工程机械能源供应趋势是从单一化向多元化方向发展，随着新能源性能的改进和成本降低，新能源汽车和新能源工程机械的保有量会随着增加。

以动力电池驱动的纯电动工程机械，不耗油，电动机无排气污染，振动小，噪声小，使用维护简单。但因为电池容量有限，所以电动机的功率受限，不能太大，另外持续作业时间不长，多为4～6h。混合动力工程机械兼具有内燃机和纯电动工程机械的优点，比内燃式节油10%～20%，环保性比内燃式好，不需充电，持续运行时间长，装备的功率大，但由于装备有内燃机和电动力两套动力设备，所以机重增加10%，整机成本增加15%。不过增加的购置成本今后可由节约的燃油费得到补偿。

在选购新能源汽车和工程机械时，应从可靠性、环保性、使用性、经济性、安全性等方面择优选择，当然任何一种新能源工程机械不可能全部具备上述优势，这就要从实际出发，从所选机种应用范围出发，综合权衡。一般而言，小型工程机械可选购纯电动的；中型工程机械，可选购混合动力型中度混合和重度混合的。在考虑电池的经济性时，不能单凭动力电池的耗电量来考虑，应从动力电池的供电单价来考虑。

7.6 “油—电”混合动力车辆

混合动力系统能带来更好的燃油经济性，更强的功能，更加环保，操作更安静。与传统的车辆相比，成功的混合动力系统应该是具有最低的价格，同时也应具有超强的可靠性。

目前混合动力系统普遍采用的是油电混合，借助蓄电池，超级电容等储能元件，在小负荷工况下由柴油机驱动发动机向储能元件蓄能，在大负荷工况下再将储存的能量释放出来驱动电机，作为辅助动力与柴油机一起满足峰值负载功率的要求，或者用电机直接驱动液压系统，实现柴油机输出功率和扭矩的均衡控制。这样，就可以按照平均负荷功率来选择柴油机，用功率较小的柴油机来驱动较大吨位挖掘机，而且柴油机的运行工况平稳，始终处于高效运行状态，因此能大幅度提高燃油效率。

美国伊顿公司的油电混合动力系统一般包含有自动离合器、电机/发电机、电机控制器、转换器、能源存储单元、变速箱以及内置的混合动力控制模块等，如图 7-18 所示。

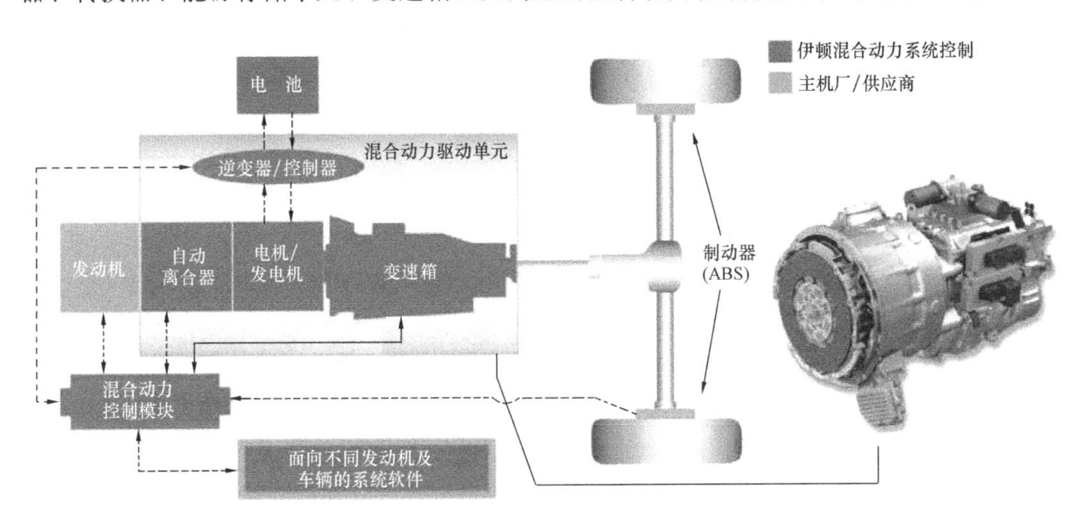

图 7-18 油电混合动力系统示意图

油电混合动力系统具有更高的能量储存能力，通常来说，它具有低/中等的功率容量。它也能为工地现场使用的液压设备提供引擎取力口，同时还可以提供一个额外的电力源。给在工地上的车辆使用时，这类车的动力可被用来操作其他工具或设备。

美国彼得比尔特公司生产的 335 中型载重卡车采用了伊顿公司开发的并联混合动力系统。使用电动机协助机械式柴油机发动机进行工作，辅助的扭矩可提高车辆燃油经济性。系统通过一个所谓的再生制动的过程，在停车期间存储能量，然后重新利用该能量进行加速。系统在发动机怠速期间能储存能量，并使用该能量为车辆的 PTO 提供动力。通过综合提高路面燃油经济性和改善现场固定作业，预计 335 型混合动力卡车将节省 30%～

40％的燃油，同时降低了噪声和污染物排放。

油电混合动力系统不但能对内燃机输出扭矩进行均匀控制，使内燃机工作点始终位于经济工作区，而且可以利用电机控制技术，对每一个液压缸都采用闭式传动方案，而且取消了多路阀控制，彻底消除阀的节流损失，同时可以对回转动能、工作装置的重力势能等进行回收。日本小松、神钢等公司采用的就是这种方案。

该方案的最大缺点是，由于能量转换经历了柴油机—电动机—液压泵—液压缸，液压马达等多个环节，每一个环节都存在能量损失，因此导致整个转换过程中的能量损失较大，从而在一定程度上抵消了采用这种技术所能取得的节能效果。由于能量转换环节多，导致系统趋于复杂，技术要求也相应提高，如电池寿命、电源转换效率、重量、可靠性等，都有待进一步提高。此外，油电混合动力技术使挖掘机动力系统从结构上发生了根本变化，对整个挖掘机制造体系影响巨大。这些缺点无疑严重制约了油电混合动力技术在工程机械上的应用。

思考题与习题

1. 内燃机有哪些主要结构参数，它们的含义各是什么？
2. 二冲程内燃机和四冲程内燃机在工作原理上有何异同？
3. 汽车底盘由哪些系统组成，各起什么作用？
4. 简述自卸汽车工作装置的组成。
5. 叙述自卸汽车卸料的液压系统。

第 8 章　土石方工程机械

8.1　概　　述

在土木工程中，土石方工程是施工条件十分复杂、工程量大、工期又较长的工程之一。土石方工程机械是建筑机械中范围较大、用途较广的一类机械。如何根据具体条件制定最佳的施工方案、正确选择理想的土石方工程机械，对于提高劳动生产率、加快施工进度、保证施工质量、降低施工成本，有着十分重要的意义。

土石方工程机械的作业范围主要是土方、石方和散粒物料的采挖、铲装、运输及平整等。由于其工作对象包含了国民经济所有基本建设部门，因而，它被广泛地应用在民用建筑、水利建设、道路构筑、机场修建、矿山开采、码头建造、农田改良及国防建设之中。随着科学技术的发展，人类为改善生活条件、提高物质生活水平而改造自然、重新安排山河的工程越来越大，如运河的开凿、大水坝的构筑、大电站的建设、抗灾及填海造田等，要完成这些土石方量巨大的工程没有优质高效的土石方工程机械是不可能的。特别是现代一些工程建设需要在高原、沙漠及高寒地带等人烟稀少、作业条件极为恶劣的地区进行，这样，对于土石方工程机械的依赖程度就会更大。

土方工程施工的主要作业有铲、挖、运、卸、填、压等。根据施工作业的要求，土方工程机械按工作性质和用途的不同，可分为挖掘机械，如单斗挖掘机、多斗挖掘机等；铲运机械，如装载机、推土机、铲运机等；压实机械，如冲击式、振动式和碾压式等压实机；此外，尚有一些辅助性土方机械，如松土机、拔根机、平地机等。

石方工程机械应用于石料的采挖、装填、堆砌及运输等工作；所以本章将介绍在岩石上钻凿炮孔的凿岩机，在混凝土路面翻修中用来破碎路面的风镐，以及为凿岩机和风镐提供动力的空气压缩机和对大块岩石进行破碎，为混凝土制备骨料的破碎机。

路面机械的工作是在已筑好的路基上铺筑路面材料。高等级公路及次高级公路路面面层有水泥混凝土、沥青混凝土、热拌沥青碎石混合料、沥青贯入旧沥青碎石路面等类型。为完成路面的机械化施工，可采用的机械有：水泥混凝土搅拌机、水泥混凝土运输车、水泥混凝土摊铺机、沥青混凝土制备机械、沥青混凝土摊铺机、沥青洒布机、压路机等。

8.2　单斗挖掘机和装载机

8.2.1　单斗挖掘机的特点

单斗挖掘机是用于开挖和装载土石方的主要机械之一。它的用途是多种多样的，它可以配备各种不同的工作装置，进行各种形式的土方或石方作业。它可以挖Ⅳ级以下的土壤和爆破后Ⅴ-Ⅵ级的岩石，并且挖掘力较大，在现代施工中，所有土石方工作量约有 55%～

60%是由它完成的。它被极为广泛地应用于建筑、铁路、公路、水利和军事等工程。

单斗挖掘机的种类很多，建筑工程上用的挖掘机按动力传动的不同，可以分为机械式和液压式两类。在中小型单斗挖掘机中，前者由于自身重量大、不能无级调速、冲击和振动大等缺点而限制了它的使用范围，而单斗液压挖掘机由于其优点突出，正在大力发展，本教材重点介绍单斗液压挖掘机。

图 8-1 所示为 WY-60 型履带式单斗全液压挖掘机。该机斗容量为 $0.6m^3$，它由转台及转台上部机构、底架及行走系统和工作装置三大部分构成。

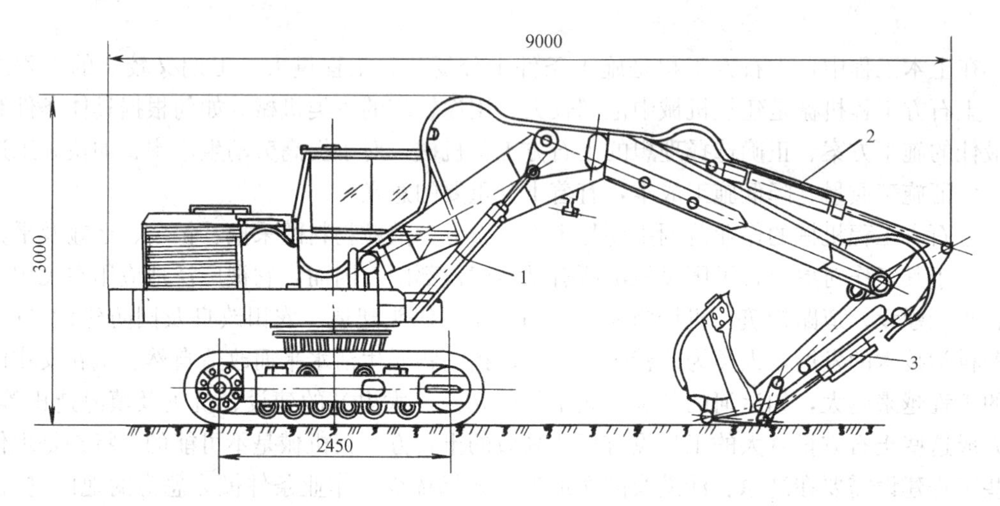

图 8-1　WY-60 型履带式单斗全液压挖掘机

1—动臂油缸；2—斗柄油缸；3—铲斗油缸

转台上布置了发动机、主油泵及驾驶室等，经由回转滚盘装在底架上；工作装置的动臂铰支于转台，转台可绕底架的垂直轴线在滚盘上作左右向 360°全回转；动臂在油缸的驱动下，可在垂直面内绕其铰点作一定的转动。

单斗液压挖掘机在作业时，一般有 5 个工作动作，即动臂升降、斗柄转动、铲斗转动、转台回转及挖掘机行走，这些动作都是由液压传动实现的。

在挖掘机中采用液压传动较机械传动有下列优点：

1. 能无级调速且调速范围大（最高与最低速度之比可为 1000：1）；

2. 能得到较低的稳定转速（采用柱塞式油马达，稳定转速可低到 1r/min）；

3. 转动惯量较小，加速过程较快；

4. 传动平稳，结构简单，可吸收冲击和振动；

5. 操纵省力，易实现自动化控制；

6. 易实现标准化、通用化、系列化等。

由于调速范围大，可增加挖掘力（约 30%）；由于结构简单，可使机重减少 30%以上；由于各元件相互位置无严格要求，可使结构紧凑、外形美观、布置方便。

液压挖掘机的主要缺点是：

液压元件的制造精度要求较高，装配要求严格，维修也较困难；工作油液的黏度受温度的影响较大，因而在高温和低温下工作均影响传动效率；油液的泄漏也影响动作的平稳和传动效率。

8.2.2 单斗液压挖掘机的类型和分级

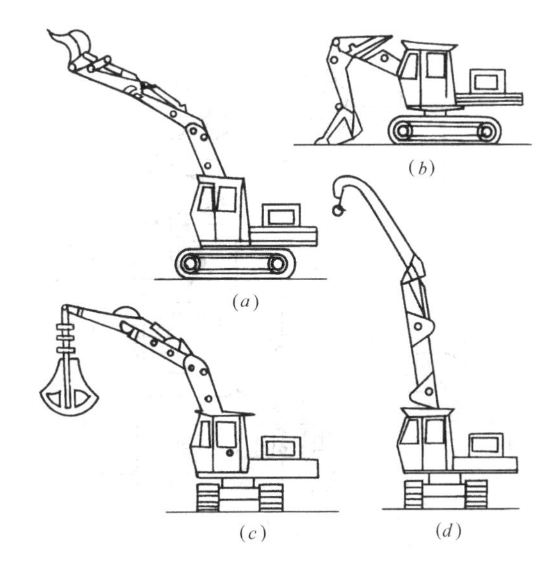

图 8-2 单斗液压挖掘机工作装置主要形式
(*a*) 反铲；(*b*) 正铲或装载；(*c*) 抓斗；(*d*) 起重

单斗液压挖掘机按其工作装置的不同，如图 8-2 所示，可分为反铲、正铲、装载、抓铲和起重等多种形式，常见的为前两种形式。

反铲的工作特点是：用于挖掘停机面以下的岩土或挖壕沟、基坑等。液压挖掘机以反铲的作业效率为最高。

正铲用于挖掘停机面以上的岩土较适宜，其动作类似于装载机作业。正铲铲斗采用斗底开启卸土方式，用油缸实现其开闭动作，可以增加卸载高度和节省卸载时间。

按工作装置的结构不同分有铰接式和伸缩臂式两种；前者应用广泛，而后者仅可用于平整、清理场地和坡道作业等。

按行走机构的不同分：有履带式、轮胎式、汽车式、悬挂式及拖式等。履带式具有良好的通过性，轮胎式具有良好的越野性，而后三者是以汽车或拖拉机为底盘，其结构简单、成本低。

按回转的角度分：又有全回转和半回转之分。

按主要传动机构是否采用液压传动来分：有全液压式和半液压式两种，前者的工作装置、回转机构及行走机构均为液压传动；后者的行走机构则为机械传动。

按斗容量大小来区分：有小型、中型、重型和巨型四类。铲斗容积 $1m^3$ 以下为小型；$1\sim5m^3$ 为中型；$5\sim15m^3$ 为重型；$15m^3$ 以上为巨型挖掘机。

国产液压挖掘机斗容量主要有 $0.2m^3$、$0.4m^3$、$0.6m^3$、$1.0m^3$、$2.0m^3$ 和 $2.5m^3$ 六种规格。$1.0m^3$ 以上的可用于建筑、采矿、水利和军事工程等。

8.2.3 单斗液压挖掘机的基本组成及传动

如图 8-3 所示，单斗液压挖掘机由挖掘装置、回转机构和行走机构三大基本部分组成。

发动机（通常为柴油机）驱动两个液压泵，把压力油输送到两个换向阀。操纵换向阀，可将压力油送往有关液压执行元件中，驱动相应的机构对外做功。

作业时，操纵换向阀，接通回转机构的液压马达，转动转台，使工作机构转向挖掘地点；同时操纵换向阀，使动臂油缸 5 的小腔进油，活塞杆回缩、使动臂下降至铲斗接触挖掘工作面，然后操纵换向阀使斗柄油缸 6 和铲斗油缸 7 的大腔进油，使活塞杆伸出带动斗柄和铲斗进行挖掘。斗满后，将油缸 6 和油缸 7 关闭，操纵换向阀使油缸 5 大腔进油，动臂离开工作面，随后操纵换向阀接通回转油马达，使斗转至卸载点再操纵换向阀使油缸 6

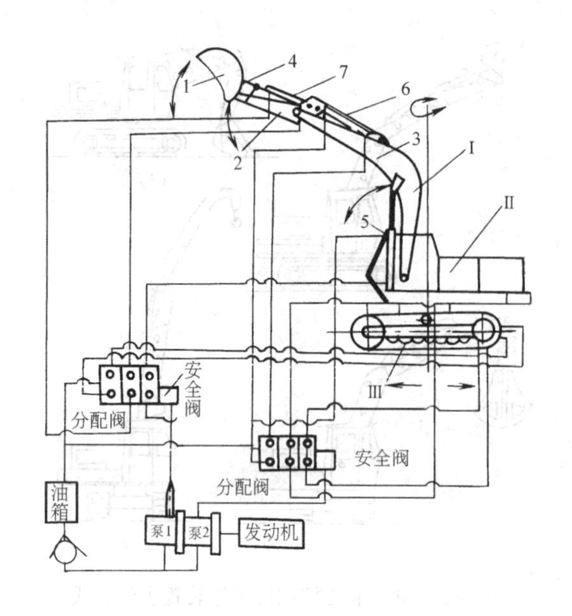

图 8-3 全液压挖掘机基本组成及传动示意图

1—铲斗；2—斗柄；3—动臂；4—连杆；5、6、7—油缸

Ⅰ—挖掘装置；Ⅱ—回转装置；Ⅲ—行走装置

和 7 的活塞杆回缩，则铲斗反转卸载。卸完后，再将工作机构转至挖掘地点，进行第二次循环的挖掘工作。这仅仅是一种挖掘方法。事实上，根据挖掘物和工作面条件的不同，液压反铲的三种油缸在挖掘循环中的动作配合是灵活多样的。

当采用斗柄油缸来进行挖掘作业时，铲斗的挖掘轨迹是以动臂与斗柄的铰接点为圆心，以斗齿至此铰接点的距离为半径的圆弧线，圆弧线的长度与包角由斗柄油缸的行程来决定。当动臂位于最大下倾角时，可得到最大的挖掘深度和较大的挖掘行程。在较坚硬的土质条件下也能装满铲斗，故在实际工作中常以斗柄油缸进行挖掘作业。

当采用铲斗油缸进行挖掘作业时，挖掘行程较短。为使铲斗在挖掘行程终了时能保证装满，则需要有较大的挖掘力挖掘较厚的土壤。因此，铲斗油缸一般用于清除障碍及挖掘松软土壤。

各油缸配合工作的情况多种多样。当挖掘基坑时，由于深度要求大、基坑壁陡而平整，则需要采用动臂和斗柄两油缸同时工作；当挖掘坑底时，挖掘行程将结束，为加速装满铲斗和挖掘过程改变铲斗切削角度的需要，则采用斗柄和铲斗两油缸同时工作，以求获得良好的挖掘效果。

8.2.4 单斗挖掘机的生产率

单斗挖掘机的生产率是指单位时间内，从工作面挖出并卸到运输车上的土方量。它通常以 m^3/h 为单位。

影响生产率的因素很多，除挖掘机本身的技术性能外，与司机操作的熟练程度、施工组织管理水平的高低等都有关系。其生产率 Q 以下式计算：

$$Q=\frac{3600V}{T}\cdot\frac{K_{比}}{K_{松}}\cdot K_1\cdot K_2 \quad (m^3/h) \tag{8-1}$$

式中 V——铲斗的几何容积，m^3；

T——每一次循环作业所需要的总时间，s；

$K_{比}$——铲斗的装满系数，斗内物料体积与铲斗几何容积之比；

$K_{松}$——物料的松散系数；

K_1——按施工定额确定的机器利用系数；

K_2——司机操作的熟练程度的影响系数，对于手操作一般取 $K_2=0.81$；对于伺服机构操作，可取 $K_2=0.86\sim0.98$（大型机取大值）。

从上式可知，生产率 Q 主要取决于每斗的装载量和每斗作业的循环延续时间。

8.2.5 装载机的组成、特点和分类

图 8-4 为国产 ZL 系列装载机。它采用了液力机械传动系统。动力从柴油机输出经液力变矩器、行星变速箱、前后传动轴、前后桥和轮边减速器而驱动车轮前进。

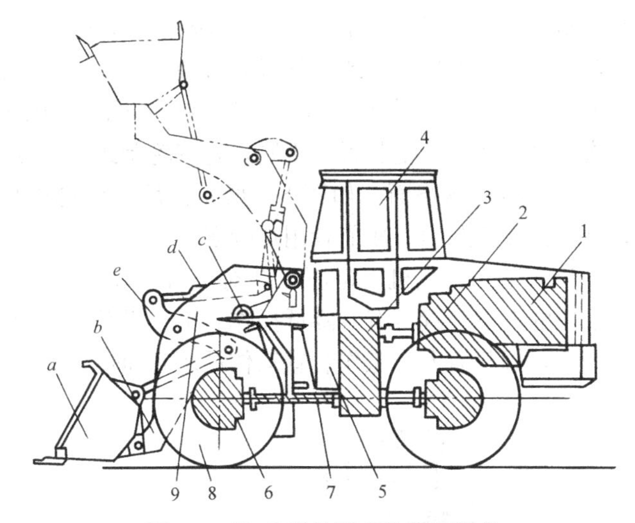

图 8-4　ZL 系列前端式装载机组成

1—柴油发动机；2—液力变矩器；3—行星变速箱；4—驾驶室；5—车架；
6—前后桥；7—转向铰接装置；8—车轮；9—工作机构；
a—铲斗；*b*—动臂；*c*—举升油缸；*d*—转斗油缸；*e*—转斗杆件

装载机的工作机构为反转六连杆机构（见图 8-4），它包括铲斗 *a*、动臂 *b*、举升油缸 *c*、转斗油缸 *d*、转斗杆件 *e* 及其操纵的液压系统等。

目前，我国的 ZL 系列装载机铲斗容积有 $1m^3$、$2m^3$、$3m^3$、$5m^3$ 等数种。

装载机是一种作业效率较高的铲运机械，它不仅对松散的堆积物料可进行装、运、卸作业，还可对岩石、硬土进行轻度铲掘工作，并能用来清理、刮平场地及作牵引作业。如果换装相应的工作装置后，还可完成推土、挖土、松土、起重等作业。因此，它被广泛用于建筑、矿山、道路、水电和国防等国民经济各个部门。

国产装载机的产品为 ZL 系列，该系列装载机外形相似，零部件通用性强。如 ZL50 与 ZL40、ZL30 与 ZL20 装载机的通用件均达 70%左右，给大批量专业化生产创造了有利条件。

目前在装载机的设计、使用上，世界各国采用了以下新技术，取得了很好的效果：

1. 日本在其 LK1500 轮胎式装载机的发动机与变矩器之间安装了一个名叫“奥米伽”的离合器，使离合器传递的扭矩在 0～100%范围内变化，使发动机功率得到更充分的利用。

2. 近年来，装载机的操纵系统向简单化发展，越来越多的装载机用一根操纵杆便能操纵前进、后退和换挡；用一根操纵杆控制动臂的提升和铲斗的前后倾。

3. 在低公害及安全保护方面，近年来，噪声和振动以及发动机废气净化已成为装载

机研究的重要课题。许多国家制定了噪音法，如美国规定耳边噪声限制在 85dB 以内，德国限制在 90dB 以内，日本则规定在 30m 处，允许噪声为 75dB。20 世纪 70 年代初，美国就把一种翻车时能有效地保护司机的框架式驾驶室，列为装载机的必备装备，后来西欧和日本也采取了这种保护装置。

4. 在轮胎行走的装载机中，轮胎的大量消耗是个至今仍未很好解决的问题，轮胎的购置费一般为设备投资的 10%～15%。

目前，国内外对轮胎的制造和使用进行了大量的研究试验工作，如采用深槽花纹轮胎、光面轮胎、低压轮胎和外加保护链环或加垫式履带装载机，以增加轮胎的耐磨性，延长其使用寿命。天津工程机械厂 2009 年已研制出全回转 360°刚性高压轮胎装载机。

装载机的分类方式较多，如按行走装置的不同，它有轮胎式和履带式两种，前者行驶速度快、机动灵活，且轮胎不破坏路面，如图 8-5 所示。后者的越野性和稳定性比前者好，但行驶速度慢，且又会破坏路面，故前者用得较多。

图 8-5 为厦工 XG958Ⅱ轮式装载机，是厦工针对出口市场和国内高端市场开发的机型，自动放平与举升限位的电子装置可有效降低操作者的劳动强度。整机通过 EMC 电磁兼容测试。整机牵引力大，掘起力大，工作装置动作循环时间短，作业效率出色。

图 8-5　轮式装载机

按本身结构形式可分为铰接式和整体式两种。铰接式将车身分为前、后两个半架组成。前、后半架在转向油缸推动下，使装载机作折腰转向，转向油缸一般均设两个，对称分置于车身两侧。一侧油缸的小腔与另一侧油缸的大腔相连，使左右转向时、力矩变化均匀。显然，铰接式车架的装载机比整体式的转向半径小，机动性好。

按底盘传动的形式可分为机械式、液力机械式和液压式传动系统。由于机械式缺点多，故基本上已淘汰；液力机械式和液压式优点显著，广泛采用。

图 8-6 为 ZL50 装载机液力机械传动系统简图。它采用了双涡轮变矩器，该变矩器在小传动比范围具有较大的变矩系数和较高的效率，使装载机在低速作业时具有较大的插入力，使发动机功率得以充分利用。

装载机在轻载高速工况时，变矩器只是二级涡轮工作，而在重载低速时，一、二两级涡轮同时工作。这样，变矩器在速度转换时，相当于是一个有两挡速度并随外负荷自动无级变化的变速箱。于是，可以减少装载机的变速箱挡数，简化了变速箱结构。

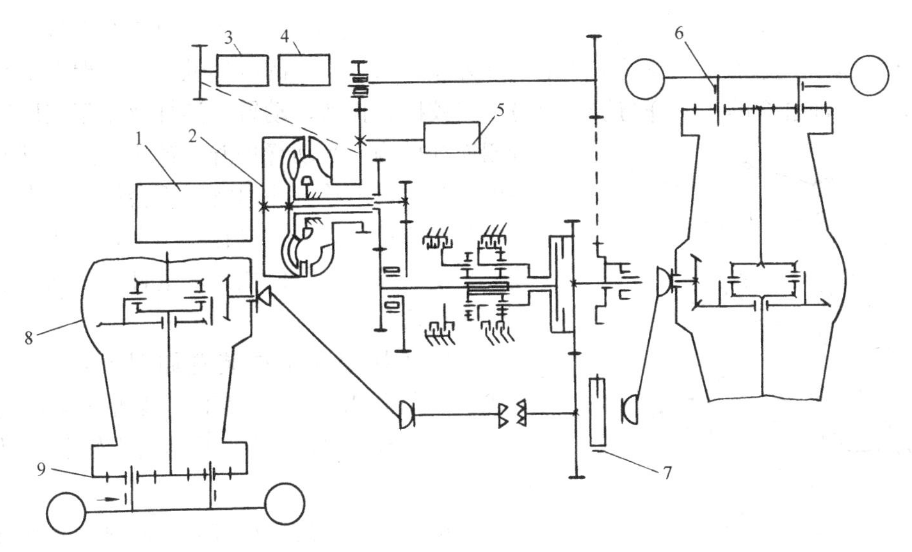

图 8-6　ZL50 装载机传动系统简图

1—发动机；2—变矩器；3—变速油泵；4—工作油泵；5—转向油泵；
6—脚制动；7—手制动；8—驱动桥；9—轮边行主减速器

按装载机的装载斗回转程度可分为全回转、半回转和非回转式三类。

8.2.6　装载机的工作装置和生产率

装载机的工作装置如图 8-7 所示，按铲斗有无托架，可分为有托架和无托架两种。

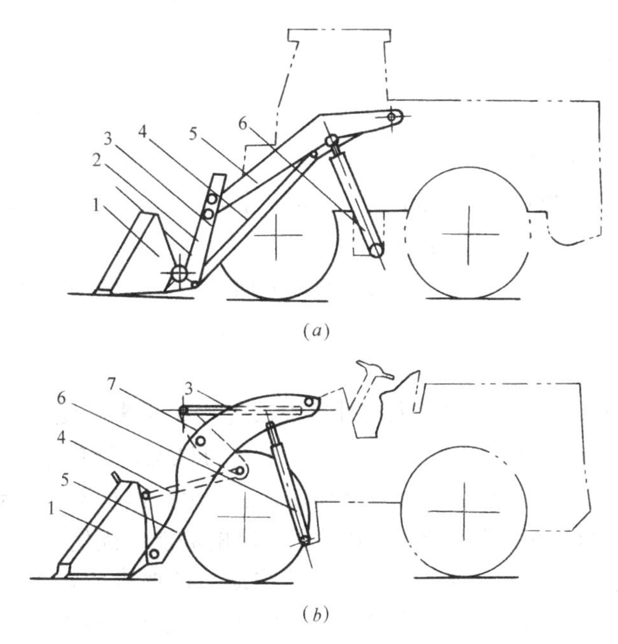

图 8-7　装载机的工作装置

(a) 有铲斗托架式；(b) 无铲斗托架式

1—铲斗；2—托架；3—铲斗油缸；4—连杆；5—动臂；6—动臂油缸；7—摇臂

有托架式工作装置如图 8-7（a）所示。动臂 5 和连杆 4 前端与铲斗托架 2 铰接，其后端分别与车架支座铰接。托架上部与铲斗油缸 3（未示出）的缸体铰接，托架下部与铲斗 1 铰接，铲斗油缸 3 的活塞杆与铲斗上另一点铰接。托架、动臂、连杆及车架支座组成平行四连杆机构。当动臂提升、铲斗油缸闭锁时，铲斗可始终保持平移，斗内物料不会撒落。由于铲斗油缸及铲斗都是直接铰接在托架上，铲斗的转动角较大，使用较灵活，但托架较重且位于动臂前将减少铲斗载重。

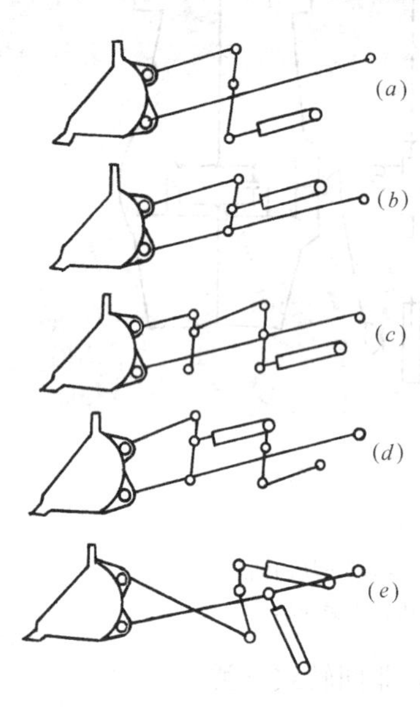

图 8-8 无托架式工作装置简图
（a）、（b）、（c）、（d）正转连杆机构；
（e）反转连杆机构

无铲斗托架式工作装置如图 8-7（b）所示。其优缺点与前者相反。该工作装置根据摇臂连杆数目及铰接位置的不同，可组成正转和反转连杆机构。

当铲斗与摇臂的转动方向相同时为正转连杆机构，如图 8-8（a）、（b）、（c）、（d）所示。

当铲斗与摇臂的转动方向相反时成为反转连杆机构，如图 8-8（e）所示。装载机由铲装、收斗提升、卸料和返回四个过程构成一个工作循环。

装载机的生产率　它是指在单位时间内装载物料的重量，单位为 t/h。生产率 Q 一般用下式进行计算：

$$Q=\frac{3600VK_{充}\ \gamma K_{时}}{T}\quad (t/h) \qquad (8\text{-}2)$$

式中 V——铲斗容积，m^3；

$K_{充}$——铲斗充填系数，它表示不同物料能装满铲斗的程度，一般取 0.5～1.25；

γ——物料的密度，t/m^3；

$K_{时}$——时间利用系数，工作时间与实际运转时间之比，一般取 0.75～0.85；

T——每一工作循环所需用的总时间，s。

显然，影响装载机生产率的主要因素有两个方面，一是受现场条件、工作方法、操作技术等使用因素影响；二是装载机自身技术因素的影响。

附：新型挖掘机

1. 混合动力挖掘机　节能环保是人类社会发展进程中越来越受关注的问题。在 2008 年北京工程机械展会上，小松、三一均展出了混合动力机型，适应了工程机械节能减排、环保的发展方向，成为一大亮点。挖掘机能够在燃油、电能两种不同的动力源间实现自动切换，通过回收存储回转制动的动能和工作装置下降的势能，优化发动机的控制，使发动机工作时，始终保持在经济区运行。比同吨位传统动力挖掘机节省燃油 30%，降低有害气体排放可达 45%。混合动力是行业的新鲜事物，目前国际上仅有少数几家知名公司掌握此项技术，它意味着节能环保是挖掘机等大型机械未来的发展趋势。

住友建机株式会社于 2008 年 6 月发售的混合动力磁盘起吊式挖掘机（附图 1），其混合动力系统包含发电电动机、变流器、转换器、电动机、减速机等（附图 2）。

住友混合动力系统的主要特点：（1）在低负荷下通过发电电动机把发动机能源储存在电容器中。（2）在高负荷下用发电电动机支持电动机工作，达到负荷平均化的目的。（3）住友重机械关联公司新开发了旋转电动机和新型减速机。（4）通过减少旋回时的能量损失和储存旋转减速时所发生的能源，使能源的再利用成为可能。（5）把通常用液压驱动的起吊磁盘电源回路统合成混合动力系统，实现能源损失的减少和高效率。

附图 1　住友建机 SH200 挖掘机

2. 智能型挖掘机　2008 年北京工程机械展会上，山河智能、Husqvarna 展出了挖掘机器人或称无线遥控机器人。挖掘机器人的出现突破了传统上挖掘机必须人工直接操作的局限，吸引了众多观众的眼球。很多参观者对挖掘机的智能化技术和装置非常感兴趣。山河智能的 SWE130 型智能挖掘机获得了工程机械造型与外观质量评比特等奖，此款挖掘机将传感器的数据融合技术、无线 AP 技术、遥控技术等有效结合，设计了遥控挖掘机的多模式（手动、遥控、自动）控制，展现了整机的自动化水平。

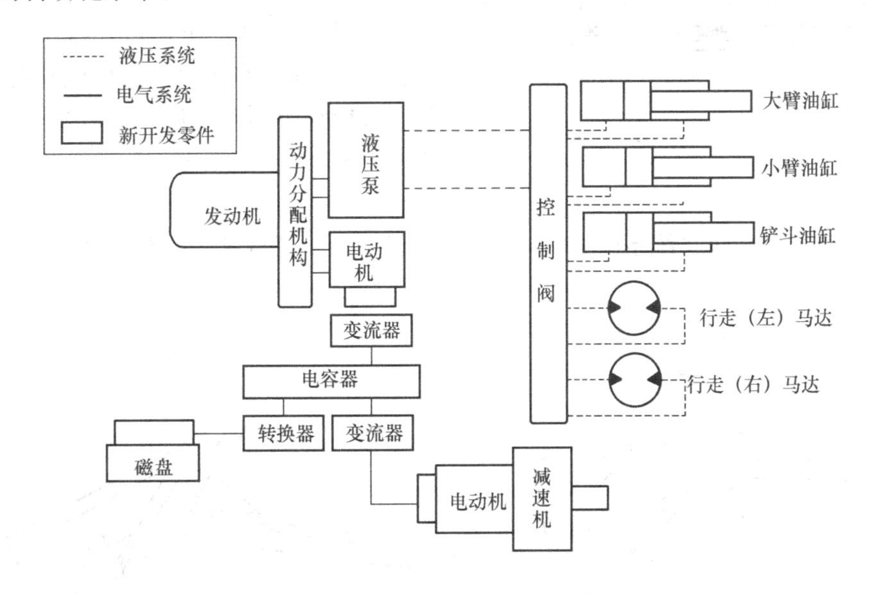

附图 2　住友建机挖掘机混合动力系统图解

厦门富世华公司展示了 Husqvarna DXR310 型遥控拆除机器人，采用多功能智能设计，可灵活选择各种作业方式，设计现代、结构紧凑、易于操控。挖掘机器人可应用于一些特殊复杂的工况，挖掘机器人的出现预示着挖掘机等工程机械产品下一步的智能化发展方向，真正的投入应用尚需要一个过程。

8.3 推土机和铲运机

8.3.1 推土机的应用范围和类型

推土机是一种既能浅挖又能短距离推运的土方机械。在平整场地时它具有独特的优势。运距在100m之内生产率最高，尤其在75m以内短距离转运土方时最为经济。它被广泛地使用在基坑的开挖、管沟的回填、工地的现场清除、场地平整等作业中。在修堤、筑坝等大规模土方施工中，它又能协助其他施工机械工作，如顶推铲运机协助铲土等。在矿场和矿石场推土机可进行集料工作，此时，作为挖掘机或装载机作业的辅助机械，可以提高挖掘机与装载机的作业效率。因此，推土机在土建、交通、水利、采矿和国防等各部门的大型工地上均被广泛采用。

推土机的类型很多，按行走装置的不同，有轮胎式和履带式之分。后者如图8-9所示，为液压式履带推土机，Ⅰ为铲刀，Ⅱ为推土机机身，Ⅲ为液压操纵系统。该机牵引力大，对各种地面的适应性强，即通过性好，但行走速度低。前者轮胎式则与此相反。

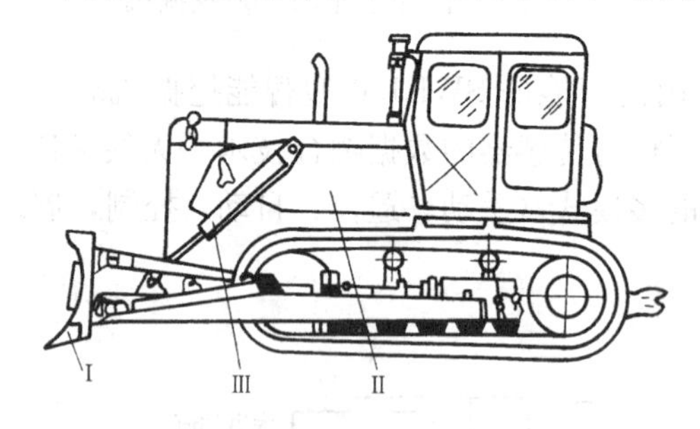

图8-9 液压式履带推土机

按工作装置的构成不同可分为固定式与回转式两种。前者的推土铲与主机纵轴线固定为90°角，如图8-10所示。后者如图8-11所示，其推土铲可在水平面内左右回转约25°角，在垂直面内可倾斜约8～12°角，且能视不同的土质条件改变其切削角。故回转式能适应较多的工况而获得广泛使用。

按工作装置的操纵系统不同，它可分为机械式和液压式两种。前者靠钢丝绳来牵制工

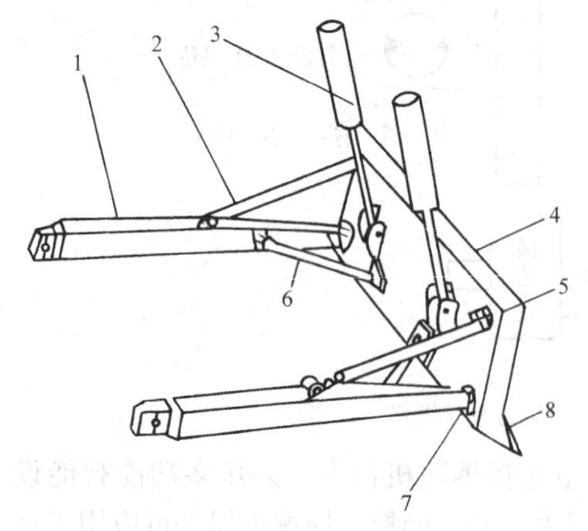

图8-10 固定式推土装置

1—顶推架；2—斜撑杆；3—铲刀升降油缸；4—推土板；5—球形铰；6—水平撑杆；7—销连接；8—刀片

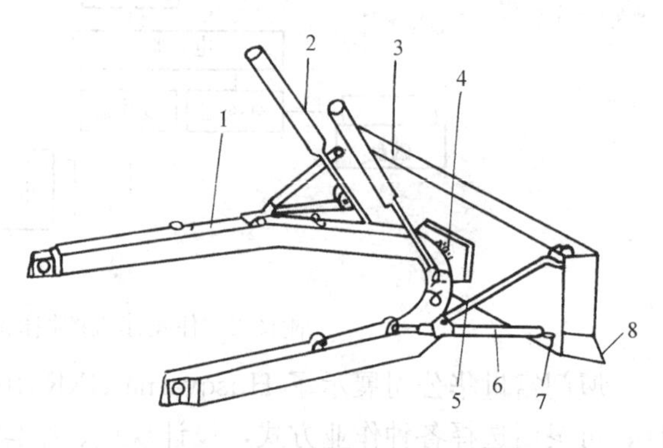

图8-11 回转式推土装置

1—顶推架；2—铲刀升降油缸；3—推土板；4—中间球铰；5、6—上下撑杆；7—铰接；8—刀片

作装置的升起和降落，结构简单，动作迅速可靠，但不能强制铲刀切土，对稍硬的土质工作时较困难，作业质量也难以保证。该型已趋淘汰。后者操纵灵便可靠，在油缸作用下，可使刀片强制切土，故作业效率高、质量好，应用较广泛。图 8-10 和图 8-11 所示两种工作装置的操纵系统均为液压式。

8.3.2 推土机的工作装置和工作过程

推土机的工作装置就是推土装置，它的组成如图 8-10 和图 8-11 所示。将此装置安装在拖拉机的前端即可工作。为了使铲刀在前进时减少土壤从两侧漏失，直形铲刀两侧均焊有较宽的侧板。

推土机工作时，将铲刀切入土中，依靠主机（拖拉机）的前进动力，铲起一层土壤，并逐渐堆满在推土板前，土壤堆满后，将铲刀稍稍提升到适合于运行的位置后，将土推送到卸土处，提升铲刀进行卸土，然后回程。其工作过程如图 8-12 所示。

图 8-12　推土机的工作过程

8.3.3 推土机的生产率

推土机作业生产率的计算，要考虑的因素很多，也很复杂，它主要与推土机的总体性能、地面条件、司机操纵熟练程度、施工组织等有关。依照图 8-13 所示的铲刀前的积土，按下式计算：

$$Q=\frac{3600H^2LK_{时}\ K_{失}}{2\mathrm{tg}\varphi_0 K_{松}\ T}\quad (\mathrm{m^3/h}) \tag{8-3}$$

式中　H——推土板高度，m；

L——推土板长度，m；

$K_{时}$——推土机作业时间利用系数，一般取为 0.85～0.90；

$K_{松}$——土壤松散系数，一般取为 1.08～1.35；

φ_0——土壤自然堆积角度，对于砂 $\varphi_0=35°$，黏土 $\varphi_0=35°\sim45°$，种植土 $\varphi_0=25°\sim40°$；

T——每一工作循环所延续的时间，s；

$K_{失}$——土壤在途中的损失系数，取决于运土距离 L_1，$K_{失}=1-0.005L_1$。

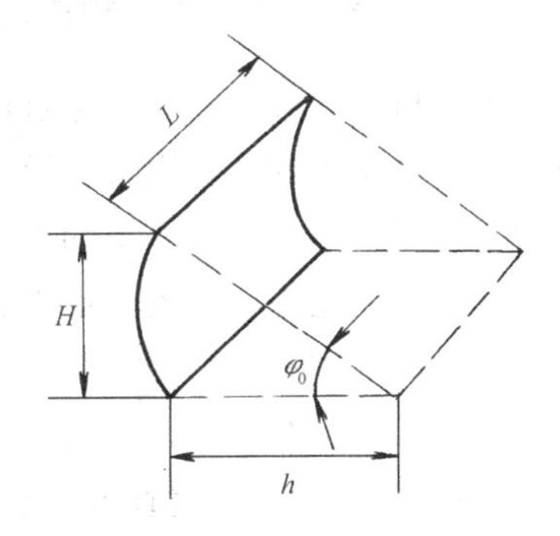

图 8-13　铲刀前的积土

推土机生产率的提高，一方面要考虑如何使每次推土能达到机械的设计能力，即达到或超过铲刀的几何容积，例如：利用有利地形进行下坡推土；另一方面则要根据施工对象采用正确的施工组织，以缩短每一工作循环所用的时间，从而增加每小时的循环次数，例如：推土机在回程中采用高速倒退行驶等等。世界各国为提高推土机的作业范围和生产率，采用了如下新技术、新结构收到了明显的效果：

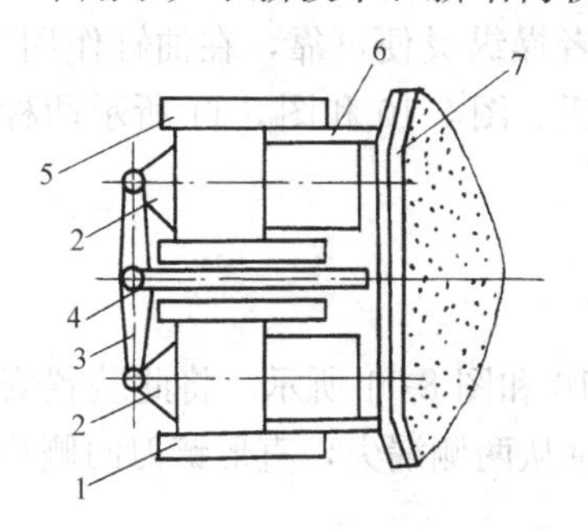

图 8-14　并列式推土机

1、5—拖拉机；2—托架；3—横梁；
4—中间推架；6、8—侧推架；
7—推土板

1. 为适应有毒环境作业需要及处理灼热矿渣、火山熔岩和放射性物料等，国外已生产和使用了无线电遥控的推土机；

2. 为提高作业质量，利用激光为推土机导向，使铲刀始终在水平位置上作业。

3. 采用了并列式和串联式新型的推土机，如由两台 D9G 拖拉机并列组成的 SXSD9G 并列推土机，如图 8-14 所示。其生产率比单机高 2.5 倍。由两台 D9G 拖拉机前后串联而成的串联推土机，如图 8-15 所示。该机是由一人操纵两台机子协调动作，由于牵引力大大提高，推土速度可达 10km/h。

4. 为使推土机在作业现场维修简便，采用了可拆式锯齿形链节，当链齿损坏后，在施工现场不需拆卸履带就能更换，如图 8-16 所示。

5. 履带式推土机的噪声尤为严重，国外已采用低噪声推土机，使声强限制在规定的 85dB 以下。

图 8-15　串联式推土机

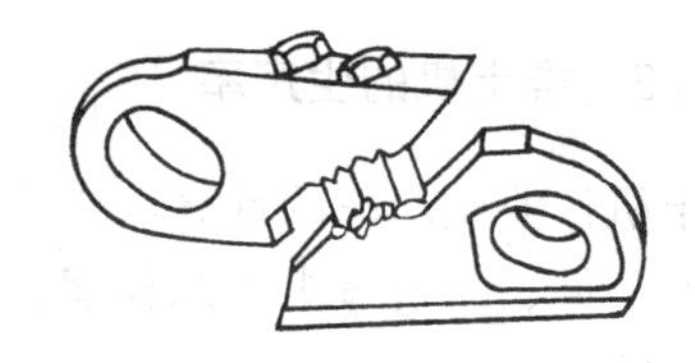

图 8-16　可拆式锯齿形链节

8.3.4　铲运机的特点和用途

铲运机是一种能独立、综合地完成铲装、运输、卸土三个工序的土方机械，它又是土方工程中最主要的和应用最广泛的土方工程机械之一。据统计，在国外工业发达国家中，每年由铲运机完成的土方量约占总土方量的 40%。

铲运机的挖土、装土、运土、卸土和摊布土等过程，都能自己单独连续地完成，因而具有较高的效率和经济性。其铲斗容量较大（目前最大的有 $30m^3$ 以上），运距可较远（自行式铲运机的运距有的可达 5000m）操作人员少，一般铲运机仅需一名司机。

铲运机主要用于大量轻质土方的填挖和运输工作。特别是地形起伏不大、坡度在 20°以内的大面积场地平整。含水量不超过 27%、平均运距在 800m 左右以铲运机施工将可获得最高的技术经济效益。

铲运机一般用于开挖较软的土，当在较硬土上工作时，一般需事先把土犁松，为了增大牵引力，通常使用推土机助铲，即用一台推土机在其后顶推。有时将两台铲运机串联使用。当土壤中含有树根、石块等，应先用推土机扫除后再工作。

由于铲运机具有较高的技术经济指标，近年来得到迅速发展，被广泛应用于公路、铁路、工业建筑、港口建筑、水利和矿山工程。

8.3.5 铲运机的分类

根据铲斗容量、卸土方法、行走机构可分为以下几种：

(1) 按斗容量分：①小容量：3m³ 以下；②中等容量：4～14m³；③大容量：15～25m³或更大。

(2) 按卸土方法分：①自由式卸土；②半强制式卸土；③强制式卸土。如图 8-17 所示。

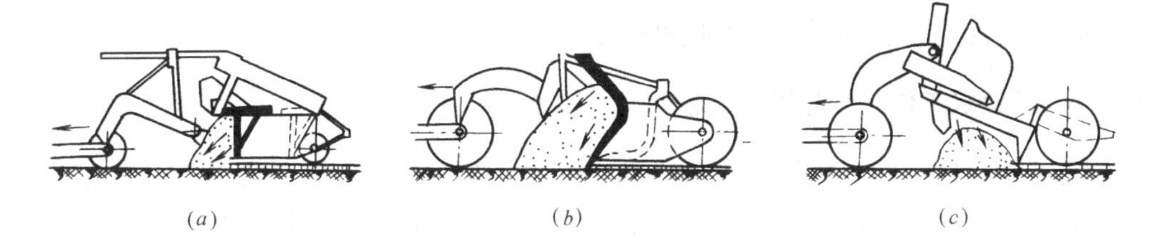

图 8-17 铲斗卸土方法

(a) 强制卸土；(b) 半强制卸土；(c) 自由卸土

1) 强制式卸土铲运机：铲斗的后壁为一块可沿导轨移动的推板，斗内的土是用推板自后向前强制推出。该法之优点是能彻底清除斗底与斗侧壁上所粘附的土，所以适合于运黏土和过湿的土。

2) 半强制式卸土铲运机：卸土时斗后壁连同斗底绕铰接点向前旋转，土开始被强制地向前推移，然后借自重倒出。

3) 自由式卸土铲运机：铲斗是一个整体，卸土时将铲斗倾斜使土完全借自重倒出。适合于卸干燥的土和松散物料。

(3) 按牵引方式的不同可分为拖式和自行式两种，如图 8-18、图 8-19 所示。

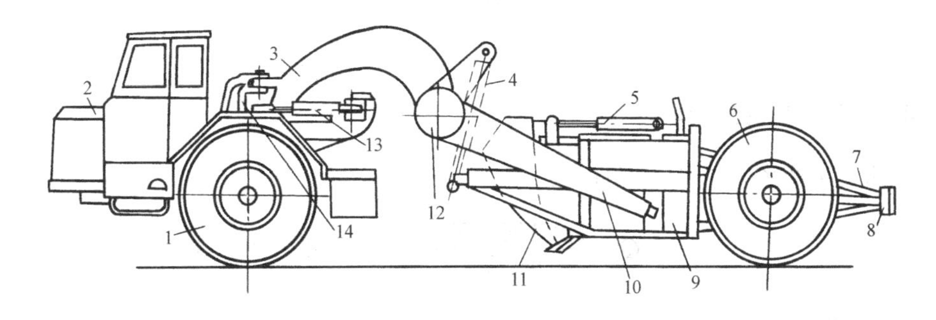

图 8-18 CL7 型自行式铲运机总体组成

1—前轮（驱动轮）；2—牵引车；3—辕架象鼻梁；4—提斗油缸；5—斗门油缸；6—后轮；7—尾架；8—顶推板；9—铲斗体；10—辕架侧臂；11—斗门；12—辕架横梁；13—转向油缸；14—中央枢架

1) 拖式：本身不带动力，工作时由履带式或轮式拖拉机牵引。

图 8-19　液压操纵拖式铲运机

2）自行式：它本身具有动力，车速可达 20～50km/h。

8.3.6　铲运机工作装置与工作过程

以自行式铲运机为例，它的工作装置及其组成如图 8-18 所示。铲斗为其核心部件，斗体用来盛装铲起的土，在斗体底部前端镶嵌着刀片，用来铲土。斗体升降由油缸 4 控制，以适应不同工况的要求。斗门是铲斗的前壁，由斗门油缸 5 控制开闭。

铲运机在工作过程中，可独立完成铲、运、卸三个工序，如图 8-20 所示。工作时斗门打开，斗体落地，斗体前部的刀片即切入土壤，借助牵引力在行驶中将土铲入斗内，如图（*a*）所示。装满后，关闭斗门抬起斗体，使铲运机进入运输状态，如图中（*b*）所示。到达卸土地点后，一边行驶一边打开斗门，在卸土板的作用下强制卸土，如图中（*c*）所示。与此同时，斗体前面的刀片将土铺平，完成铲、运、卸三个工序。

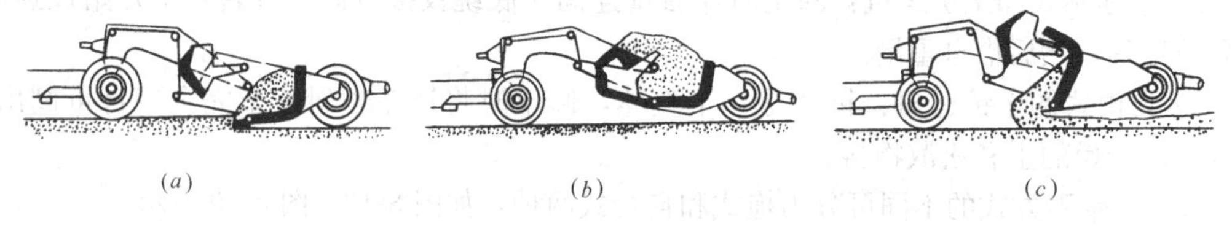

(*a*)　(*b*)　(*c*)

图 8-20　铲运机工作过程

（*a*）铲土；（*b*）运土；（*c*）卸土

8.3.7　铲运机的生产率

铲运机的生产率 Q 可用下式计算：

$$Q=\frac{3600VK_{充}K_{时}}{K_{松}T}\quad (m^3/h) \tag{8-4}$$

式中　V——铲斗的几何容量，m^3；

$K_{充}$——充满系数，与土的物理机械性质以及操作的熟练程度有关。

一般取 $K_{充}=0.6\sim1.25$；

$K_{时}$——工作时间利用系数，$K_{时}=0.85\sim0.90$；

$K_{松}$——土的松散系数，$K_{松}=1.1\sim1.4$；

T——铲运机一个工作循环的时间，s。

由上式可知，为提高生产率，应尽可能地提高充满系数和降低工作循环的时间。

8.4 凿岩机和风镐

8.4.1 空气压缩机（凿岩机和风镐的动力装置）

1. 空气压缩机的分类

常见的空气压缩机分类方法如下：

- 空气压缩机
  - 速度型（轴流式、离心式、混流式）
  - 容积型
    - 回转式（滑片式、螺杆式、转子式）
    - 往复式（模式、活塞式）

石方工程中广泛采用活塞式空气压缩机。活塞式空气压缩机按气缸的排列方式可分成图 8-21 所示的各种形式。

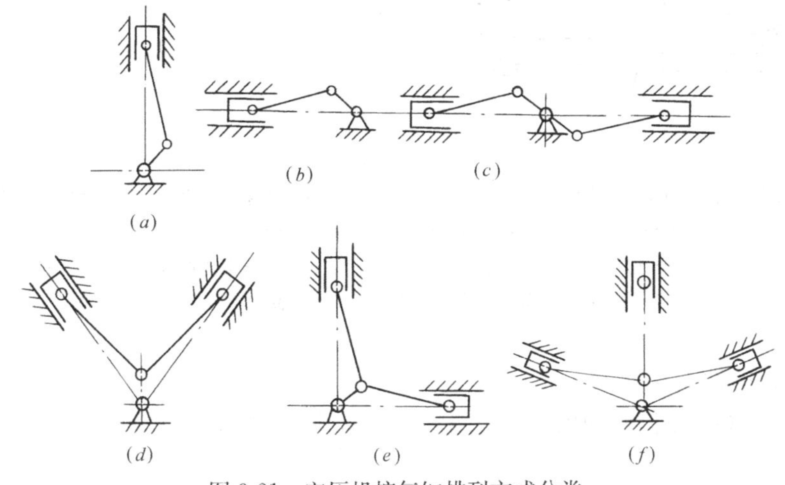

图 8-21　空压机按气缸排列方式分类

(a) 立式；(b) 卧式；(c) 对称平衡式；(d) V 式；(e) 角式；(f) W 式

2. 活塞式空气压缩机的工作原理

图 8-22 所表示的是中小矿山常见的 L 型空压机的工作原理图。由电动机拖动曲轴 2 转动，带动连杆 3 和十字头 4，使活塞杆 5 带动活塞 8 作直线往复运动。当活塞 8 由上向下运动时，活塞上部气缸内形成低压区，外部空气通过进气阀 13 被吸入气缸。一直到活塞运动到最下部为止，吸气过程完了。当活塞由下向上运动时，进气阀 13 关闭，活塞上部容积缩小，气体被压缩，压力升高。当这部分气体压力达到一定大小时，压开排气阀 14，压缩终了，开始排气，一直到活塞运动到上止点为止。活塞再下行时，气缸内残留气体就会膨胀，直到缸内压力低于进气阀 13 打开的压力时，进气阀在外部压力作用下被打开，又开始吸气过程。

空压机吸气、压缩、排气构成一个工作循环。如果空压机为复动式，则在活塞上部气缸内完成一个工作循环时，活塞下部气缸也相应地完成一个工作循环，只是二者相差半个周期。压缩空气由低压缸（图中立缸）排出后，进入中间冷却器 15，冷却后进入高压缸（图中卧缸），再压缩一次后，进入风包，以备使用。为了提高压气机效率，气缸，中间冷却器（有的还没有后冷却器）处都必须通冷却水加以冷却。

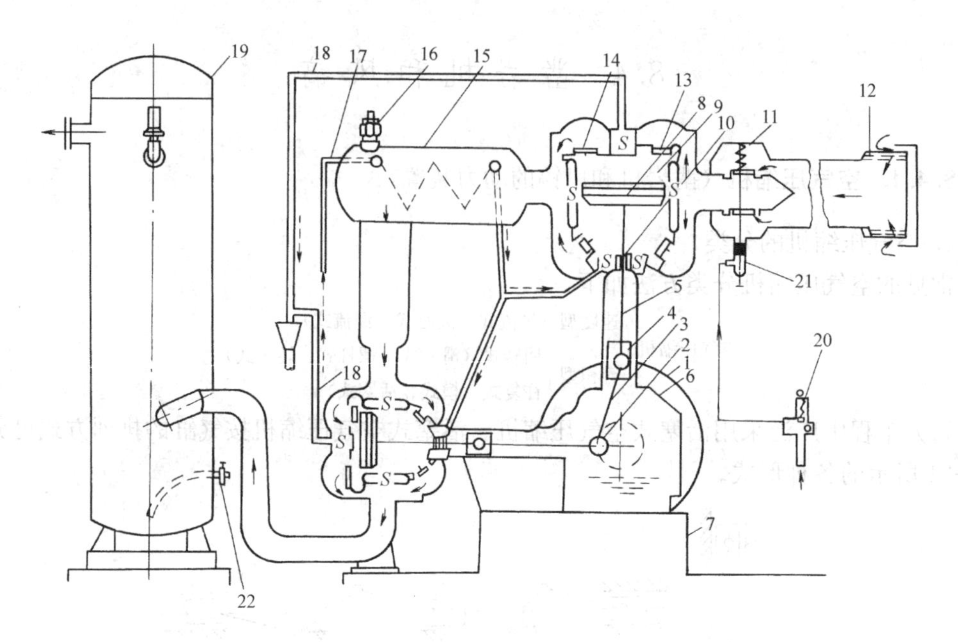

图 8-22 L型空压机工作原理图

1—皮带轮；2—曲轴；3—连杆；4—十字头；5—活塞杆；6—机身；7—底座；8—活塞；9—气缸；10—填料箱；11—减荷阀；12—滤风器；13—吸气阀；14—排气阀；15—中间冷却器；16—安全阀；17—进水管；18—出水管；19—风包；20—压力调节器；21—减荷阀组件；22—油水排泄阀；S—通冷却水空间；→表示气流方向；┈→表示冷却水流方向

3. 空压机的性能参数

(1) 排气量 Q　单位时间内最后一级气缸排出的气体体积，并换算成吸气状态下的空气容积量，称为空压机排气量，单位为 m^3/min 或 m^3/h。

(2) 排气压力 p　最末一级气缸排出的气体压力，称为空压机排气压力，单位为 Pa 或 MPa。

(3) 工作效率 η　将机械能转换成压缩气体能量的有效性，称为空压机的工作效率。

8.4.2 凿岩机

1. 凿岩机的分类

凿岩机按动力来分有风动、电动、液压、内燃等各种形式。在此只简介风动凿岩机。该机它又常按以下方法进行分类。

凿岩机：
- 按推进及支承装置分：手持式、气腿式、向上式、导轨式
- 按配气装置分：有阀式、无阀式
- 按冲击频率分：普通、中频、高频、超高频
- 按转钎装置分：内回转式、外回转式
- 按排粉装置分：干式、湿式、干式集尘岩

在工程中最常见的能表征凿岩机用途、特点和设备技术性能的分类方法是按凿岩机推进及支承方式进行分类。一般分为以下四种机型：

(1) 手持式凿岩机　这类凿岩机重量较轻，一般在 25kg 以下。工作时用手握着机器

进行操作。它适用于钻凿小直径、深度不大的浅眼。属于这种类型的凿岩机有 Y24 或 Y26 等。

(2) 气腿式凿岩机　这类凿岩机安装在气腿上进行作业。它可以钻凿深度为 2～4m 的水平或倾斜炮孔。机重一般在 30kg 以内。国产 7655、YT24、YT28 等型号属于这一类。

(3) 向上式凿岩机　这类凿岩机的气腿与主机在同一纵轴线上，并且连成一体，因而还有"伸缩式凿岩机"之称，它是天井掘进与回采用业中常用的凿岩设备。机重在 40～50kg 左右。国产 YSP45 型凿岩机属于这种类型。

(4) 导轨式凿岩机　这类凿岩机较重，一般在 30～100kg 左右。在使用时，安设在带有推进装置的导轨上，可钻凿水平及各种倾斜角度的炮眼，炮眼最大深度可达 20m。国产 YG40、YG80 和 YGZ90 等型号即属于此类凿岩机。

2. 7655 型气腿式凿岩机

它是一种被动阀式凿岩机。其缸体内无推阀孔道，依靠活塞在缸体内往复运动压缩废气而产生的压力差来变换配气阀的位置。

7655 型气腿式凿岩机还具有操纵手把集中、气水联动、气腿快速缩回、重量轻、扭矩大、结构简单、凿岩效率高等特点，因此，在国内享有较高的声誉，每年生产的数量以万台计。

图 8-23 是 7655 型气腿式凿岩机的外貌。它包括 7655 型凿岩机本体、FT160 型气腿和 FY200A 型注油器三个部分。凿岩机本体又可分解成柄体、气缸和机头三个部分。这三个部分用连接螺栓连在一起。把它架设在气腿上就组成了气腿式凿岩机。下面列出该机的内部主要机构，并分述主要结构的特点和工作原理。

气腿式凿岩机由主要机构（冲击配气机构、转钎机构、推进机构）；辅助机构（排粉机构、润滑机构、消声装置）和操纵机构（操纵阀、调压、换向阀）组成。

(1) 冲击配气机构　气动凿岩机对钎子的冲击都是由活塞在气缸中作往复运动来完成的。活塞能在气缸中产生往复运动，主要是依靠配气装置的作用。冲击配气机构由活塞、气缸、导向套及配气装置组成。配气装置包括配气阀、阀套和阀框。冲击配气机构的动作原理如图 8-24 所示。

活塞冲击行程：此时活塞位于气缸左腔，配气阀 10 在极左位置（图 8-24），从柄体操纵阀气孔 1 来的压气，经气路 2、3、4、5 进入气缸左腔 6，而气缸右腔 8 经排气孔 7 与大气相通，故活塞在压气压力的作用下，迅速向右运动，冲向钎尾。活塞在向右运动的过程中，先封闭排气孔 7，而后活塞左侧越过排气孔。这时气缸右腔的气体受压缩，压力升高，经气路 9 和 11 作用在气阀的左面，而气缸左腔已通大气，故作用在气阀右面的压力小，气阀便向右移动，封闭气孔 5，使气路 4 和 11 联通，于是活塞冲击行程结束，返回行程开始。

活塞返回行程：此时活塞位于气缸右腔，配气阀 10 处于极右位置（图 8-24）。压气经气路 1、2、3、4、11、9 进入气缸右腔，作用在活塞右端。因气缸左腔通大气，故活塞向左运动。在运动过程中，先是活塞左侧封闭排气孔，而后活塞右侧越过排气孔。这时气缸左腔的气体受到压缩，压力升高，而气缸右腔已通大气。气阀左面经气路 11、9、8、7 与大气相通，故气阀在气缸左腔由于压缩废气的作用，移至极左位置，由操纵阀气孔 1 输入

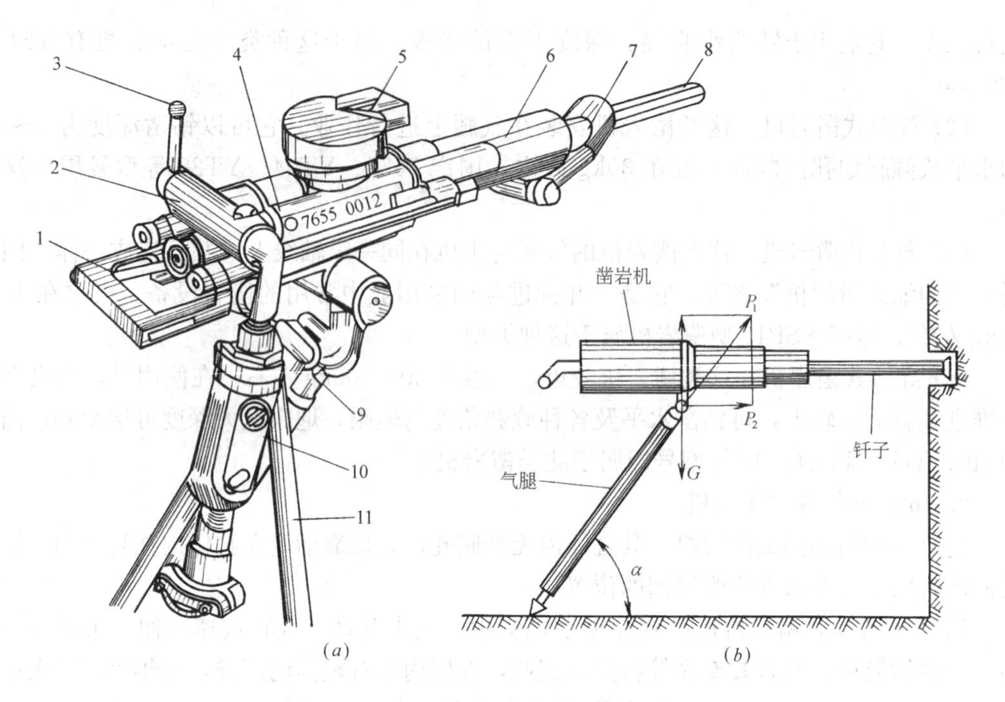

图 8-23　7655 型气腿式凿岩机外貌及推进

1—手把；2—柄体；3—操纵阀手把；4—缸体；5—消声罩及推进；6—机头；7—钎卡；8—钎杆；9—气腿；10—自动注油器；11—水管

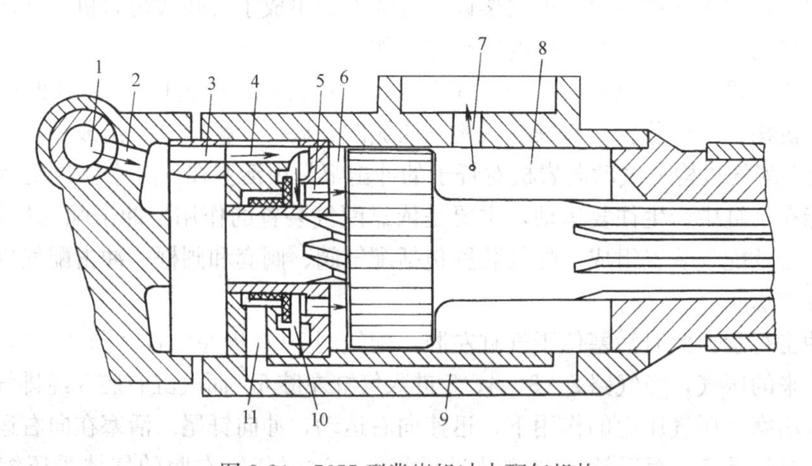

图 8-24　7655 型凿岩机冲击配气机构

1—操纵阀气孔；2—柄体气道；3—棘轮气道；4—阀框轴向气孔；5—阀套气孔；6—气缸左腔；7—排气孔；8—气缸右腔；9—返程气道；10—配气阀；11—阀柜径向孔

的压气再次进入气缸左腔。于是第二次冲击行程开始。

显然，活塞运动的速度与活塞受压气作用面积有关。活塞冲击频率的高低，除与活塞运动速度有关外，还取决于活塞运动行程的长短、配气阀的结构形式及其运动灵活程度等因素。

(2) 转钎机构　7655 型凿岩机的转钎机构如图 8-25 所示。它由棘轮 1、棘爪 2、螺旋棒 3、活塞 4（其大头一端装有螺旋母）、转动套 5、钎尾套 6 等组成。整个转钎机构贯穿于气缸及机头中。由图 8-25 可以看出：螺旋棒插入螺旋母中，其头部装有 4 个棘爪。这些棘爪在塔形弹簧（图中未画出）的作用下抵住棘轮的内齿。棘轮用定位销固定在气缸和柄体之间，不能转动。转动套的左端有花键孔，与活塞上的花键相配合，其右端固定有钎尾套。钎尾套具有 6 方孔，6 方形的钎尾插入其中。

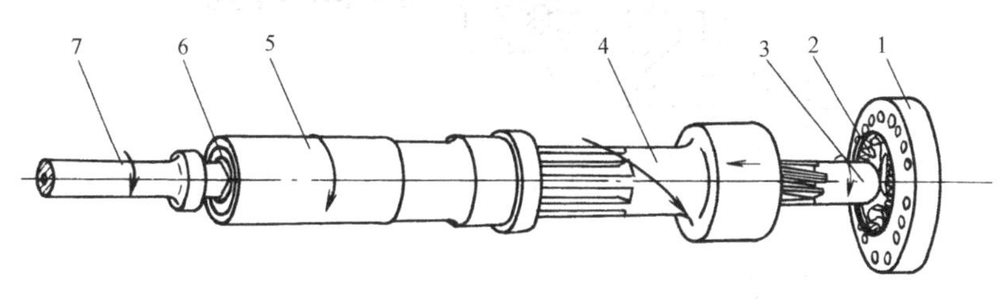

图 8-25 内棘轮和螺旋棒的旋转机构

1—棘轮；2—棘爪；3—螺旋棒；4—活塞柄；5—转动套筒；6—钎套筒；7—钎子

由于棘轮机构具有单方向间歇旋转的特性，故当活塞冲击行程时，利用活塞大头上螺旋母的作用，带动螺旋棒沿图 8-25 中虚线箭头所示的方向转动一定的角度。棘爪在此情况下处于顺齿位置，它可压缩弹簧而随螺旋棒转动。

当活塞返回行程时，由于棘爪处于逆齿位置，棘爪在塔形弹簧的作用下，顶住棘轮内齿，阻止螺旋棒旋转。这时由于螺旋母的作用，迫使活塞在返回行程时沿螺旋棒上的螺旋槽依图中实线所示的方向转动，从而带动转动套及钎子转动一定角度。

这样，活塞每冲击一次，钎子就转动一次。钎子每次转动的角度与螺旋棒螺纹导程及活塞运动的行程有关。

这种转钎机构的特点是合理地利用了活塞返回行程的能量来转动钎子，具有零件少、结构紧凑的优点。其不足之处是转钎扭矩受到一定限制，螺旋母、棘爪等零件易于磨损。

(3) 排粉机构　凿岩机钻孔过程中，在孔底形成大量岩粉。并滞留孔底，使凿岩效率不断降低，并最终使凿岩机无法作业。凿岩机排粉机构的作用就是及时地排出孔底的岩粉。

7655 型凿岩机的排粉装置由注水加吹风和强力吹风两部分组成。

1) 注水与吹风机构 7655 型凿岩机的排粉机构具有气水联动特点。凿岩机一经开动，注水机构即可自动向凿孔内供水，排除凿岩过程中形成的岩粉。凿岩机停止工作时，又能自动关闭水路，停止向孔内供水。显然，这是一种湿式排粉装置，可以减轻粉尘对人体呼吸器官的危害。图 8-26 为 7655 型凿岩机的气水联动注水机构。

凿岩机开动时，压气由柄体气室经柄体端大螺母 1 上的气道 2 到达注水阀 3 的前端面，克服弹簧 6 的阻力，推阀后移，开启水路。水经水针 9 进入钎子中心孔，再由钎头出来注入眼底。水与岩粉形成的浆液经钎杆和炮眼壁之间的间隙排出。

凿岩机停止运转时，柄体气室压气消失，弹簧推动注水阀关闭水路，停止注水。

水压应比气压约低一个大气压，否则，水会渗入凿岩机内，洗掉润滑油，使零件生锈。

水量影响钻速和润湿效果，既不能过大，也不能过小。为提高钻速和改善润湿效果，

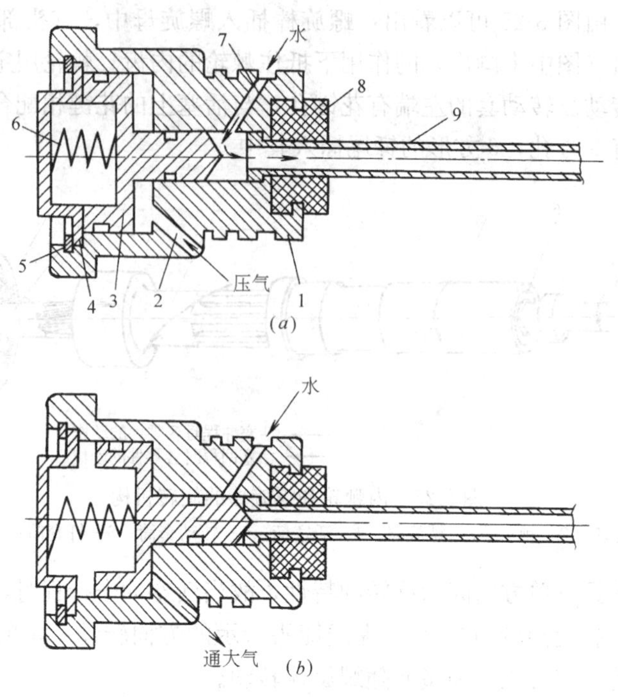

图 8-26　气水联动注水机构

(a) 供气供水；(b) 停气停水

1—柄体端大螺母；2—气道；3—注水阀；4—弹簧压盖；
5—挡圈；6—弹簧；7—水道；8—密封垫；9—水针

水内可加入少量表面活性剂，例如环烷酸皂，12～14 烷基苯磺酸钠等，以降低水的表面张力。

2) 强吹粉气路　当炮孔较深或向下打眼时，聚积在孔底的岩粉较多，如不及时排除就会影响凿岩机的正常工作。

打眼结束时，为了使眼底干净，提高爆破效果，也必须强力吹风，以便将眼底岩屑和泥水排除。强力吹扫炮眼系统如图 8-27 所示。

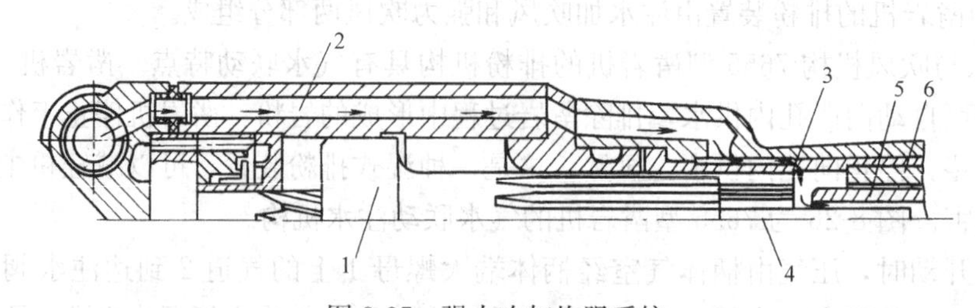

图 8-27　强力吹扫炮眼系统

1—活塞；2—强吹气道；3—转动套筒气孔；4—水针；5—钎尾；6—钎套筒

将操纵把手扳至强吹位置时，凿岩机停止运转。这时，压气经过气道 2 和气孔 3，进入钎子中心孔，再通过钎子送往眼底，吹出岩粉。

(4) 支承及推进机构　为了克服凿岩机工作时产生的后坐力，并使活塞冲击钎尾时钎刃抵住眼底，以提高凿岩效率，必须对凿岩机施加适当的轴推力。轴推力是由气腿发出的，同时，气腿还起着支承凿岩机的作用。图 8-23（*b*）表示打水平炮眼时气腿凿岩机的推进及支承原理。

凿岩时，随着炮眼的延伸和凿岩机的前进，气腿的支承角 α 逐渐减小。从图 8-23（*b*）的力的分解中可以看出，气腿对凿岩机的支承力逐渐减小，而对凿岩机的轴推力则逐渐增大。因此，在凿岩过程中，要调节气腿的角度及进气量，使凿岩机在最优轴推力下工作，以充分发挥其机械效率。

7655 型凿岩机采用 FT160 型气腿。该型气腿的最大轴推力为 1600N，最大推进长度为 1362mm。这种气腿有三层套管。气腿用连接轴与凿岩机铰接在一起。连接轴上开有气孔与凿岩机上的相应气路相连。从凿岩机来的压气由连接轴气孔进入，经架体 2 上的气道到达气腿上腔，迫使气腿作伸出动作。

（5）操纵机构　7655 型凿岩机有三个操纵手柄，分别控制凿岩机的操纵阀，气腿的调压阀及换向阀。三个操纵手柄都装在柄体上，集中控制，操作方便。

1）操纵阀　它是控制凿岩机运转的开关。其构造如图 8-28 所示。Ⅰ—Ⅰ剖面中 *A* 孔是通往配气装置并到气缸的气孔，Ⅱ—Ⅱ剖面中的 *B* 孔，其作用是当机器停止冲击时进行小吹风；B—B 剖面中的 *C* 孔是凿岩机停止工作时进行强力吹风的气孔，其断面大于 *B* 孔。

图 8-29 表示操纵阀的五个操纵位置：

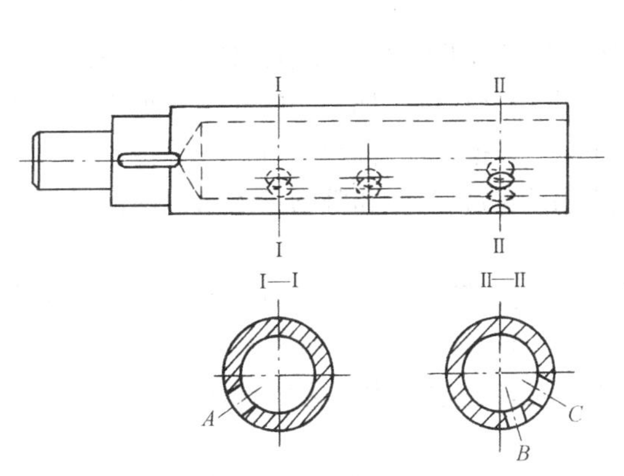

图 8-28　操纵阀的构造

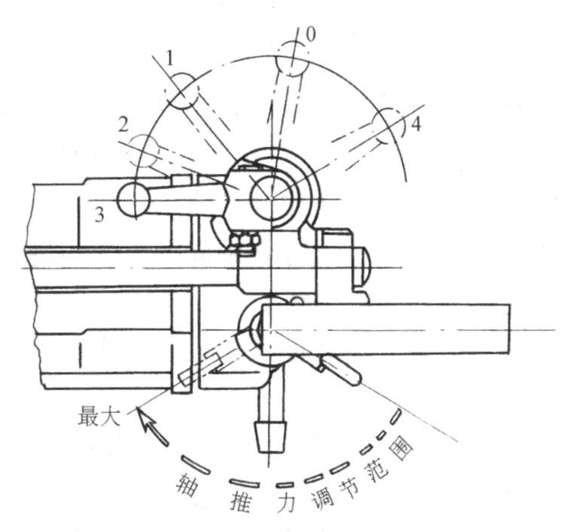

图 8-29　操纵阀、调压阀的使用部位

0 位：停止工作，停风停水；

1 位：轻动转，注水、吹洗。图 8-28 中的 *A* 孔部分被接通；

2 位：中运转，注水、吹洗。*A* 孔接通的面积稍大一些；

3 位：全运转，注水、吹洗。*A* 孔全部接通；

4 位：停工作，停水，强吹扫。图 8-29 中的 *A* 孔不通，*C* 孔接通强力吹扫气路。

2）气腿调压阀和换向阀　这两个阀组合在一起，分别用两个手柄控制，它们都是用来控制气腿运动的，两者相互配合，但又互相独立。调压阀控制气腿的运动，调节气腿的轴推力，以适应凿岩机在各种不同条件下对轴推力的不同要求。换向阀的作用，除配合调压阀使气腿运动外，还控制气腿的快速缩回运用。

8.4.3 风镐

风镐是利用压缩空气作为动力的手持式风动机械，因此，它总是和空气压缩机联合使用。风镐可以用来击碎岩石，摧毁砖石墙等结构物。在道路施工中常用于路基的石方工程，而在路面的翻修工程中主要用来破碎需要翻修的混凝土路面。

风镐由杆身机构和配气装置两部分组成，其构造如图 8-30 所示。

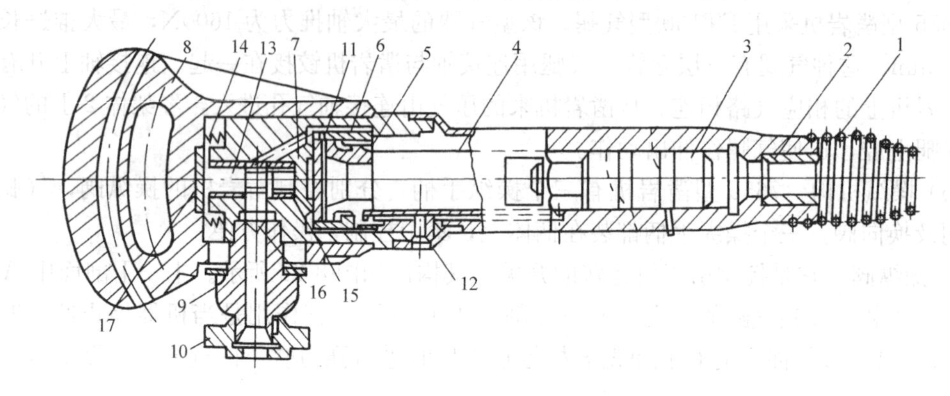

图 8-30 风镐构造示意图

1—弹簧；2—轴套；3—活塞；4—筒身；5—口杯形气阀；6—气阀箱；7—中间环；8—把手；9—气门管；10—连接螺帽；11—平板；12—螺钉；13—阻阀；14、15—弹簧；16—过滤网；17—钢片

在中间环 7 的上端压入阻阀箱，阻阀箱内有带弹簧的阻阀 13。阻阀中部有小槽，阻阀的下部支承的弹簧 15 上，上端则顶在钢片 17 上。钢片位于把手 8 的底部。把手安装在中间环上，并为位于中间环小槽中的弹簧 14 所支承。把手上有通孔，带有过滤网 16 的气门管 9 即穿过此孔而拧在中间环上。过滤网的作用是防止灰尘和脏物进入风镐内部。气门管上连接有供气橡皮管。

活塞 3 在筒身 4 中移动。空气由气阀 5 分配。气阀箱 6 安装在筒身 4 的环槽内并用中间环 7 压紧。在外面送入的压缩空气的作用下，管形气阀 5 就在气阀箱中移动，气阀行程受平板 11 的限制。筒身的下部装着轴套 2，钎尾就装在轴套内。为使钎尾不至落下，安装弹簧 1 用以持住钎尾以防止钎子掉出。

在一般情况下弹簧 14 将把手柄顶至最上面位置，这时阻阀 13 在弹簧 15 的作用下，也被挤到最上面的位置，并以其粗大部分关闭气路，在这种情况下，风镐不工作。按动把手时，阻阀向下移动，使其中部小槽逐渐与进气通路相合，压缩空气即可进入气缸推动活塞 3 运动。当活塞向下运动时，冲击位于钎中的钎尾，使钎子粉碎路面。

8.5 岩石破碎机和冲击器

8.5.1 破碎机的分类

按工作原理和结构特征可分为：

(1) 颚式破碎机［图 8-31 (*a*)］ 其工作部分由固定颚和可动颚组成。当可动颚周期性地靠近固定颚时，则借压碎作用将装于其间的大石块破碎。由于装在固定颚和可动颚上的破碎板表面具有波纹状牙齿，因此对岩石也有劈碎和折断作用。

(2) 旋回破碎机和圆锥破碎机［图 8-31 (*b*)］ 其破碎部件是由两个几乎成同心的圆锥体——不动的外圆锥和可动的内圆锥组成的。内圆锥以一定的偏心半径绕外圆锥中心线作偏心转动，岩石在两锥体之间受压碎和折断作用而破碎。

(3) 辊式破碎机［图 8-31 (*c*)］ 岩石在两个平行且相向转动的圆柱形辊子中受压碎（光辊）或受压碎和劈碎作用（齿辊）而破碎。如果两个辊子的转数不同，还有磨碎作用。

(4) 冲击式破碎机——锤式破碎机和反击式破碎机［图 8-31 (*d*)］ 利用机器上高速旋转的锤子的冲击作用和岩石本身以高速向固定不动的衬板上冲击而使岩石破碎。

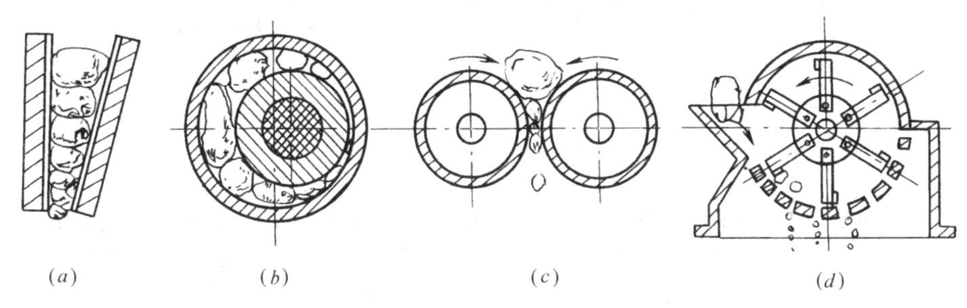

图 8-31 破碎机的主要形式

(*a*) 颚式破碎机；(*b*) 旋回破碎机和圆锥破碎机；(*c*) 辊式破碎机；(*d*) 锤式破碎机

8.5.2 颚式破碎机

颚式破碎机因具有结构简单，价格便宜，工作可靠，维护方便等优点，而被广泛采用。

颚式破碎机有单摆式、复摆式和混合摆式 3 种。图 8-32 为其传动简图。混合摆破碎机的生产效率高，碎石粒度均匀，能耗低，是一种理想的新型破碎机；但结构较复杂，轴及轴承磨损较快，目前只有小型机械可以选用。单摆破碎机，一般只用于粗碎。复摆破碎机比单摆破碎机生产率高，能耗小，产品质量也好，在碎石生产中应用很广。

在单摆破碎机中，动颚板悬挂在固定轴上。破碎机的连杆以其上部端头与驱动的偏心轴铰接，在下部铰接支承二个推力板，其中一个推力板以相反的一端支承在动颚板的下部分上，而另一个推力板的相反端则支承在调节装置上。当偏心轴转动时，动颚板得到以悬挂轴为中心的圆弧的摆动运动。动颚板的最下面的点具有最大的摆幅（挤压行程），取该点运动轨迹在定颚板法线的投影为动颚板的挤压行程（又称工作行程）。破碎板的使用期限在其他相等的条件下取决于行程的垂直分量。上部进料口进入大块料，为了可靠地夹住和破碎物料，需要有较大的行程。单摆颚式的缺点是在破碎腔的上部工作行程较小，一般用于粗碎。

在复摆破碎机中，动颚板铰接悬挂在驱动轴的偏心部分上。其下部铰接支承在推力板上。推力板的另一端支承在调节装置上。动颚板的动作轨迹为一封闭曲线。在破碎腔的上部，该曲线为椭圆，近似为圆，在下部为一拉长的椭圆。

复摆破碎机的机座通常采用焊接结构（图 8-33），其侧壁相互间由箱型的前壁 1 和后梁 4 连接。后梁乃是调节装置的壳体。在接料口的上方固定有保护罩 2，以防石块从破碎腔内飞出。动颚板 9 为铸钢件，安置在驱动轴 3 的偏心部分上。在下部槽内，插入为推力板 8 支承用的垫块。推力板以其另一个端头支承在有楔状机构的调节装置 5 的垫块上。拉

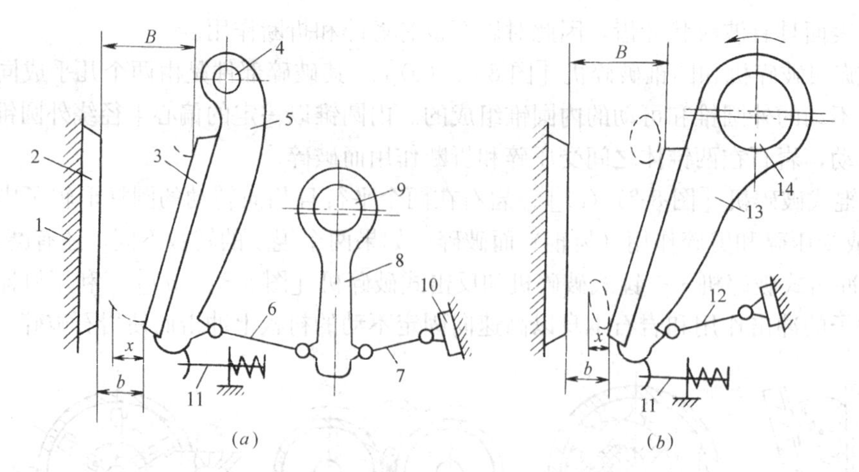

图 8-32　颚式破碎机传动简图

(*a*) 单摆式；(*b*) 复摆式

1—机座；2—定颚板；3—动颚板；4—动颚扳轴；5—单摆式动颚板；6—前推力板（肘板）；7—后推力板；8—连杆；9—连杆偏心轴；10—卸料缝（口）尺寸调节机构；11—拉紧装置；12—推力板；13—复摆式动颚板；14—复摆式动颚板偏心轴

紧装置由拉杆 7 和圆柱弹簧 6 组成。弹簧的拉力由螺母调节。在工作行程时，弹簧压缩。然后，弹簧力求松开，促使颚板复位，并保证铰接杠杆机构与动颚板、推力板和调节装置各构件间常处于闭合的状态。保险装置是推力板，当作用载荷超出许用值时（例如，在破碎腔内落入不能破碎的物料时），推力板将被折断。为此采用不被破坏的保险装置有弹簧式、摩擦层式和液压式。弹簧的刚度应能保证在正常载荷下的破碎工作。当在破碎腔内落入不能破碎的物体时，弹簧能压缩至在动颚板不摆动情况下偏心轴可转动的压缩量。

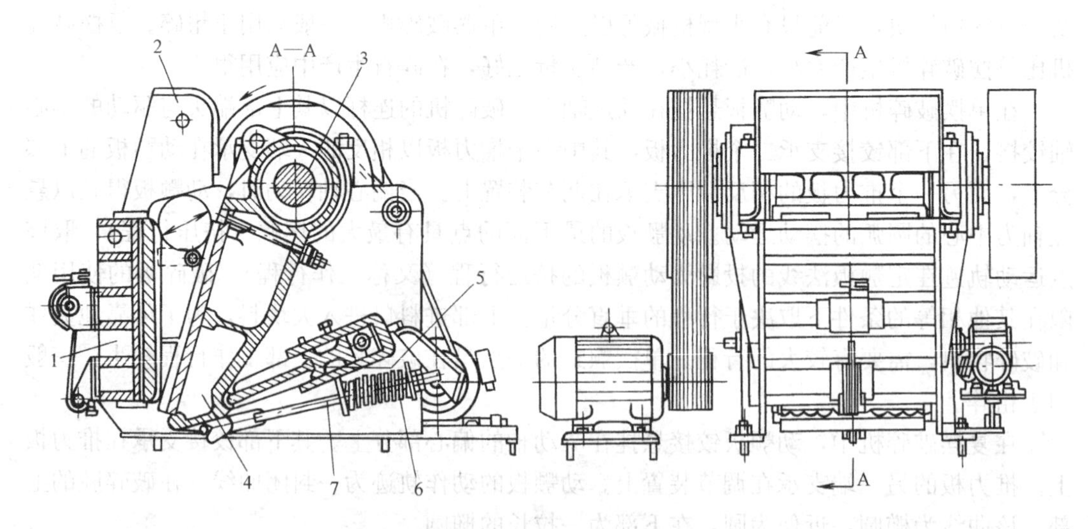

图 8-33　复摆颚式破碎机

1—定颚；2—侧板；3—主轴；4—动颚；5—推力板；6—弹簧；7—拉杆

颚式破碎机采用不停机而自动转到正常工况作业的液压保险装置。当超载时，油液经大孔从油缸中流出，进入蓄能器，以保证装置快速作用。当油经较小截面的槽流回油缸时，将渐渐地恢复初始位置。为了调节出料口的宽度，通常采用楔状机构。

破碎板（动颚板）为该机的主要工作机构，易磨损，为可更换的零件。其金属耗量约占整机金属耗量的1/3。它由高锰钢制成，具有很高耐磨性。破碎板的工作部分常制成槽形。不同的槽形，可破不同粒径的石料。

颚式破碎机的基本参数：

主要参数是 $B\times L$ 即接料口的宽度 B 乘破碎腔的长度 L。接料口的宽度指在动颚板最大远离时破碎腔上部破碎板之间的距离。此尺寸确定进入最大料块的尺寸，即 $D_{max}=0.85B$，而破碎腔的长度决定同时装料直径为 D_{max} 的块料的数量。卸料口的宽度 b，它为在动颚板最大回程时破碎腔破碎板之间的最小的距离，宽度 b 的大小取决于调节装置。这样可以改变成品料的尺寸，或当破碎板磨损时，可以保持成品料稳定的尺寸大小。

颚式破碎机原始数据有：给定的规格尺寸 $B\times L$，原材料的最大料块尺寸 D_{max}，所需成品料的最大料块尺寸 d_{max}，材料的强度 σ_c 和破碎机的生产率 Q 等。

颚式破碎机基本参数的计算包括：接料口和出料口的宽度；定颚板和动颚板间的啮角；主轴最佳转速 n（r/s）；破碎机的生产率 Q（m^3/h 或 t/h）；驱动功率 W（kW）；最大的破碎力 F（N）；保证破碎机工作过程均匀性的飞轮力矩。

8.5.3 碎石冲击器

1. 碎石冲击器主要用途和类型

碎石冲击器与仅作钻孔用的潜孔冲击器不同，它是一种多用途的通用性设备。可用于开挖与破碎大块岩石（俗称大块二次破碎）；在市政建筑、交通运输与矿山用于开凿基岩、拆毁钢筋混凝土结构以及破碎冻土、整治各种混凝土结构的路基与路面等等。

当碎石冲击器与专门的移动式设备（如液压挖掘机）配套，作流动使用时，即为移动式碎石机，见图 8-34；当它与固定式设备（如龙门起重机）配套，在溜井格筛上使用时，即为固定式碎石机。

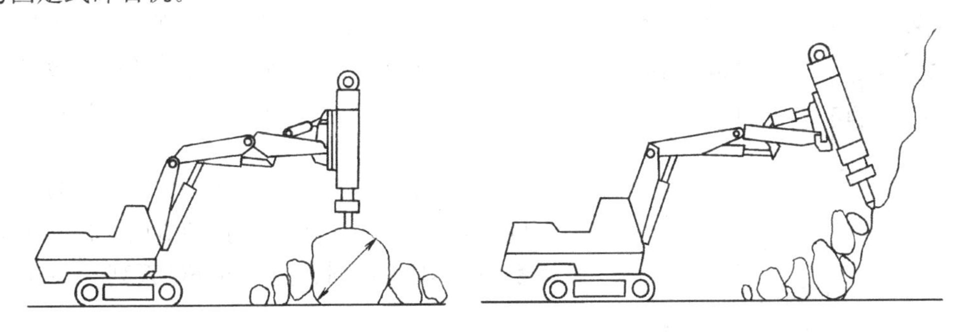

图 8-34　移动式碎石机工作示意图

根据动力不同，碎石冲击器又有汽动和液动之分。

为适于多种用途，将碎石冲击器的锤具制成多种形式。图 8-35 示意了平板形、楔形、锤形、棒形及尖头形等五种主要形式。其中平板形主要用于夯实地面工作，楔形用来劈裂物体，锤形及平头形主要用于将大块物体碎裂成小块物体，尖形用于捣固钢筋混凝土工作。

2. 气动碎石冲击器的结构特点

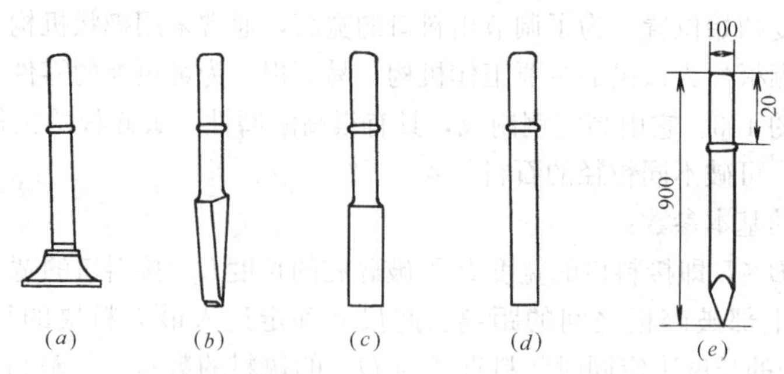

图 8-35 碎石冲击器锤具主要形式

(a) 平板形；(b) 楔形；(c) 锤形；(d) 棒形；(e) 尖头形

国外气动碎石冲击器一般都有很高的使用寿命，其主要技术措施是：

适合不同用途的需要，采用改变碎石冲击器结构行程的方法成对制造，即分别制成强力型和高频型，如图 8-36 所示。日本 NPH 系列的强力型，活塞结构行程长，冲击器的单次冲击能大，主要用于破碎硬岩和矿石；高频型，活塞结构行程短，冲击器的冲击频率高而单次冲击能小，主要用于破碎混凝土结构物及软岩。

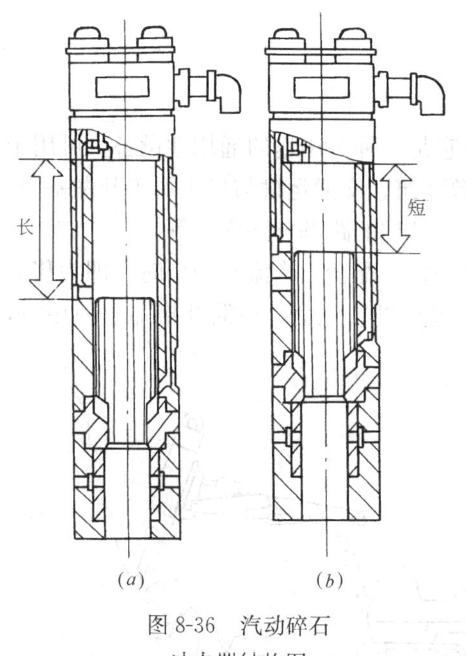

图 8-36 汽动碎石冲击器结构图

(a) 强力型；(b) 高频型

碎石冲击器引用端接入自动注油器，以便对机内各运动表面实施强力润滑；有的冲击器锤具尾端还采用压气自然冷却方式提高钎具寿命。

碎石冲击器根据其结构及配气特点主要有无阀式、被动阀式（板阀型）、主动阀式（碗状阀型）、混合阀式（口杯形阀）、惯性阀式（柱塞阀型）以及抛射体式等六种类型。

其中碗状主动阀式在国外应用最多。它启动灵活、密气性好，并有很长的使用寿命，其使用经济性好，没有压缩空气短路现象，主要缺点是其缸体、阀箱、阀体等主要零件的结构复杂、工艺难度大、要求用户有较高的维护与使用技术条件。

带有口杯形的混合阀其使用经济性较好，结构也简单，国内、外都普遍的应用。日本的 IPH 系列、NPH 系列、国产的 FC 系列均属于这种阀型。

3. FC-300 型混合阀式碎石冲击器

所谓混合阀式，即这种冲击器冲程用网路的压气控制阀换位、返程用被压缩的废气垫的压力迫使阀换位。如图 8-37 所示，FC-300 型冲击器由机头、气缸、机尾等三个部分构成。

这种碎石冲击器的配气机构由辅助阀 1、阀盖 2、杯形阀 3 及阀箱 4 组成。呈口杯形状的阀与阀箱仅有一个配合面（同径配合），而且其配气槽、配气道均布置在阀壁外侧，使之不仅工艺性好，而且寿命长，活塞返程运动时把后室气垫压入杯口内部，而使活塞有

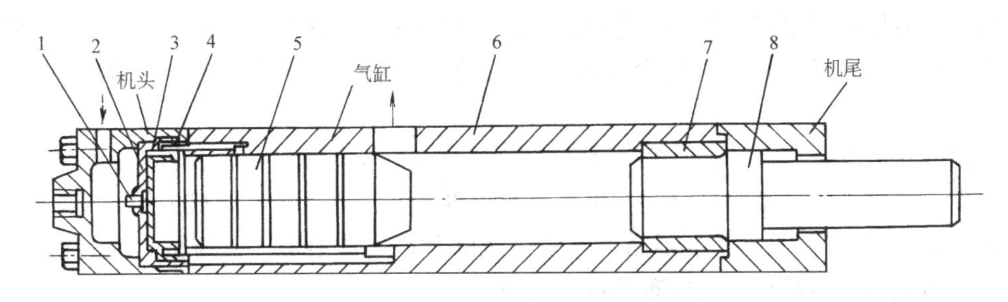

图 8-37　FC-300 型碎石冲击器结构

效行程大大增加。

气缸部分包括缸体 6、活塞 5 及导向套 7。正方形缸体外壳的角处配置连接螺栓孔，使其轮廓尺寸限定在 300mm×300mm 范围之内。嵌入缸体 6 上的导向套 7 用来导向锤头 8，并承受活塞撞击锤具时所产生的附加应力。活塞呈锤头形，工艺十分简单。活塞重量达 80kg，可使单次冲击能量达到 3000J。

机尾内装有锤具，锤具尾部装于导向套内部。由于锤具使用寿命很长，不需经常更换，采用凸环式整体吊挂锤具的方式简易可行。

冲击器防空打原理：当冲击器脱离地面或岩体时，锤具及活塞借自重落下，此时活塞头部的圆柱面封闭了缸体前室进气孔道，使冲击器“闷车”而不至于空打。欲使冲击器重新工作，需重新下放冲击器，用岩石的顶力将锤具顶到上极限位置，即锤肩和导向套接触。活塞头部的圆柱面让开缸壁上的进气孔道，压缩气体重新进入前室推动活塞上移，此时，活塞又随同锤具向上运动，继续进行冲击动作。

4. 液压碎石器

YS-200 型液压碎石器是液压挖掘机的一种配套作业装置，（图 8-34）它是采用先进的液压技术进行设计和制造的一种新型的机械化工具。能广泛适用于市政工程、道路修造、国防施工、矿山建设、炉衬清理、水下破碎等施工工程需要，只需更换部分零件（工具）即可作破碎冲击和夯实工作。

液压碎石器也有固定式，如图 8-38 所示。

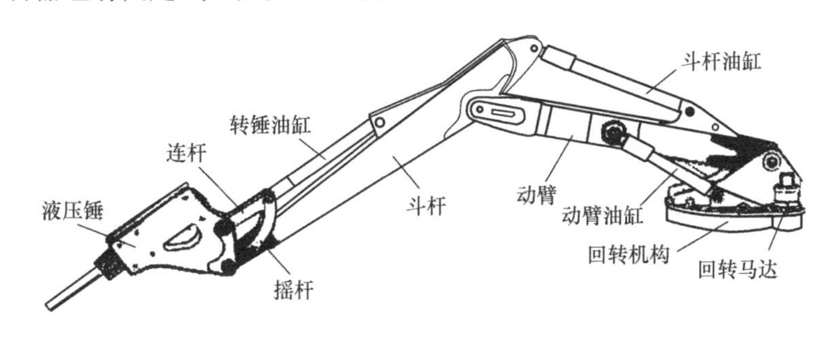

图 8-38　固定液压碎石器

8.6　土石方施工机械化的含义

随着科学技术的进步，各种土石方工程机械日益完善，并不断地满足工程施工的需要。然而如何把它们用好，如何把它们的功能有机的配合起来协调使用，就必须要有科学的组织和管理，做好工程施工的全盘机械化的设计，方能多、快、好、省地完成施工任务。

然而有些施工企业，往往只实现了对劳动力及材料等资源的组织和管理，使得人和物都很紧张，对施工机械及管理（包括维修、配件准备）知之不多，好机械用得不好，对所谓的施工机械化，“化”的程度不高，致使机械的台班大量浪费。机与机，人与机配合不当，造成施工成本高甚至亏损的现象随处可见。

新时代的土石方施工，所谓的人海战术早已成为历史，但却离不开智慧的操作者，如何做好机与机、人与人、人与机之间科学有机的协调是机械化施工的设计者思考的课题，是机械化程度高低的真谛，即最大限度地减少劳动力，最大限度地降低繁重地体劳程度，最大限度降低施工成本。同时也能刺激新型劳动者的成长，开拓工程施工与创新的空间才是施工机械化的真实含义。

思考题与习题

1. 在土石方工程施工中主要用到哪些机械？
2. 单斗挖掘机采用液压传动较机械传动有何优点？
3. 试分析说明 ZL50 装载机传动系统的组成、各部件的作用及动力传递过程。
4. 影响装载机生产率的主要因素是什么？
5. 结合图 8-9 说明履带式推土机的传动系统的组成。
6. 铲运机的使用条件如何？怎样发挥其使用效率？
7. L 型空气压缩机的基本结构组成及工作原理。
8. 试述 7655 凿岩机的基本组成，并说明冲击配气机构和转钎机构的工作原理。
9. 结合图 8-33 说明复摆颚式破碎机的构造及如何调整排石口尺寸。

第 9 章　压实机械和路面机械

土壤压实的目的在于减小土壤的间隙，增加土壤的密实度，提高它的抗压强度和稳定性，使之具有一定的承载能力。

路面铺砌层压实的目的在于获得最大的表面密实度，以抵抗在其上面行驶物体的动力影响，以及水分的侵蚀。压实方法有滚压、夯实和振实三种（图 9-1）。

滚压法（图 9-1*a*）是利用滚轮沿着被压实面往返滚动，借滚轮自重的静压力作用，使被压实层产生永久变形的压实方法。这种滚动静力式的压实机械，在筑路工程中使用很普遍。

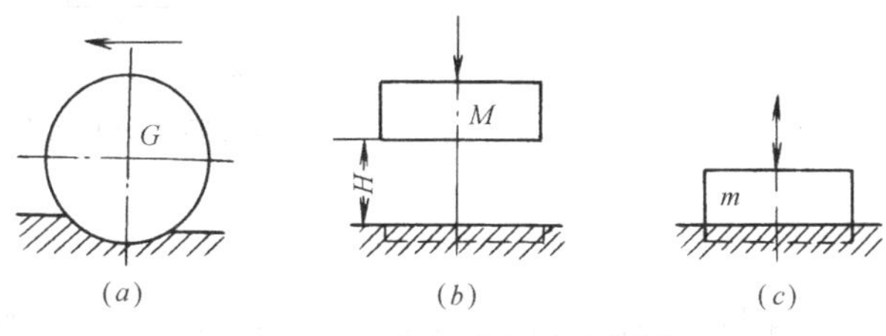

图 9-1　土壤压实方法示意图

(*a*) 滚压法；(*b*) 夯实捣固法；(*c*) 振动法

夯实法（图 9-1*b*）是利用重物 M 自一定的高度 H 落下，冲击压实被压层的压实方法。这种夯实机械目前使用的有动力夯锤和自行式打夯机等。由于它不宜用于大面积的压实工作，故在筑路工程中很少使用。但在其他工程使用较多。

振压法（图 9-1*c*）是利用重物 m 在被压实表面上进行高频率振动，使被压材料颗粒产生位移，相互挤压而增加被压层密实度的压实方法。这种振实机械目前使用的有振捣器和振动压路机等。后者由于压实效果好、经济效益高、自重较轻、节省钢材和能源（油料），故有广阔的发展前途。

内燃压路机的原动机大都是柴油机。这种压路机由于工作平稳、启动性好、操作轻便，因此，目前使用很广泛。

按压路机滚轮性质的不同，它可分为钢轮压路机和轮胎压路机两种类型。

按压路机压实方法的不同，压路机可分为静碾压和动碾压两种。静碾压所使用的压实方法是滚压法；动碾压所使用的是滚压法和夯实法的综合。由于被压实层同时接受两种碾压方式的作用，故压实效果很好。

另外，按滚轮形状的不同，压路机又可分为光面滚轮和凸爪滚轮两种类型。

9.1　静力式压路机

9.1.1　光轮压路机

1. 类型与选择　静力式光轮压路机的工作装置是沉重的光面钢制的滚轮，它是借滚轮自重的静压力作用对被压层进行压实工作的，故压实深度不大，一般用于分层压实。它常用于碾压路基、路面、广场等工程的地基，使之达到足够的承载力和表面平整度的要求。由于它结构简单、价格便宜、工作平稳、碾压面积大、压实质量较好，因此，目前筑路工程中使用很广泛。

如按滚轮和轮轴数目的不同来分；它有二轮二轴式［图 9-2（*a*）］、三轮二轴式［图 9-2（*b*）］和三轮三轴式［图 9-2（*c*）］三种类型。

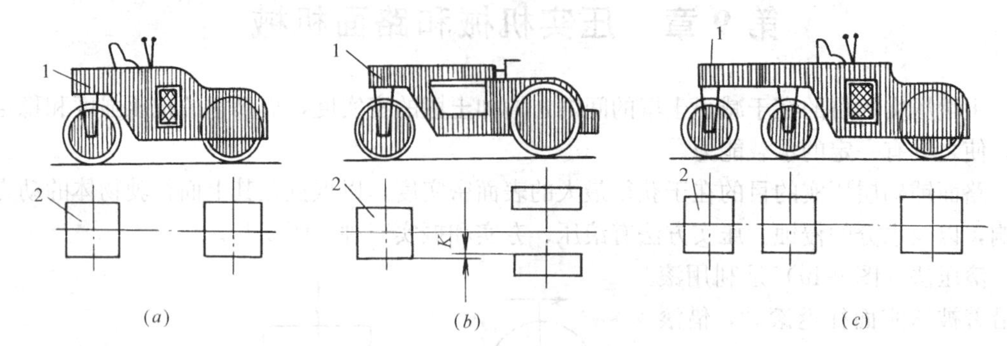

图 9-2　压路机按照轮数和轴数分类简图

（*a*）两轮两轴式；（*b*）三轮两轴式；（*c*）三轮三轴式

1—机身；2—碾压轮

按压路机的整机重量的不同来分，它有小型、轻型、中型、重型和超重型五种类型。机重 3～5t 为小型；5～8t 为轻型；8～10t 为中型；10～15t 为重型；15t 以上为超重型。

小型压路机都是二轮二轴式，宜用于压实人行道或沥青混凝土路面的修补等养路工程；轻型压路机大多是二轮二轴式，宜用于压实轻型沥青混凝土路面和广场等工程；中型压路机有二轮二轴式和三轮二轴式两种，宜用于压实路基、地基以及初压铺砌层等工程；重型压路机有三轮二轴式和三轮三轴式两种，适用于压实路基和砾石、碎石以及沥青混凝土路面的最终压实工作；超重型压路机是一种新产品，徐工集团生产的 18～21t 三轮二轴压路机就属于超重型，它宜用于路基的最终压实以及石砌层和路面的压实工作。

施工中，对压路机的选择，应根据土壤类型和湿度、压实度标准、压实层厚度、压路机的生产率、施工条件以及和其他土方机械的配合等因素综合考虑。如一般黏性土壤可选取用光轮压路机；如土壤湿度越低，路基所需的压实度越大，铺设层较厚，特别是重质土壤，则需选用重型或超重型压路机，并给予较多遍数的碾压。但需防止由于压路机的压实功能过大而破坏土壤的现象。另外，还应根据土方机械和运输工具的生产能力，相应的选择压路机数量和类型。碾压不同的路面时，压路机的选用及施工程序也不同，应严格遵守有关规定。

2. 路基的压实　路基压实的目的在于提高其强度和稳定性。如果路基压实不好，基础不稳，上铺的路面就会很快损坏，因此，路基的压实工作对整个公路建设至关重要。

路基的压实作业，应遵循“先轻后重、先慢后快、先边后中”的原则。

(1) 所谓先轻后重，是指开始时先使用轻型压路机进行初压，随着被压实层密度的增加逐渐改用中型和重型压路机进行复压。

(2) 所谓先慢后快，是指碾压速度随着碾压遍数的增加可以逐渐加快。这是因为在初压作业时，土壤较松散，以较低的速度进行碾压，可以使碾压的作用时间长些，作用深度大些，土壤的变形也就更充分些，以利于发挥压路机的压实功能和避免因碾压过快所造成推拥土壤或陷车的现象。随着碾压遍数的增加，铺筑层的密实度增加而逐渐加快碾压速度，有利于提高压路机的作业效率和表层的平整度。

(3) 所谓先边后中，是指碾压作业应始终坚持从路基两侧开始，逐次向路中心移动碾压的原则，以保证路基的设计拱形和防止路基两侧的坍落。

另外，在碾压过程中，应始终保持压路机行驶方向的直线性。每次到达碾压地段的尽头时应迅速而平稳的换向，并使左右相邻两压实带有 1/3 的重叠量，以保证碾压质量。

要根据不同的土质，选择最佳的含水量，路基土壤才能获得最大的碾压密实度。

3. 路面的压实　路面压实的目的在于获得表面最大的密实度，使道路表面形成一层坚硬的外壳，以保护它在自然气候和运输工具的作用下，都能保持铺砌层的相对稳定。

路面铺砌层碾压的一般方法和路基的压实一样，从初压到以后各个阶段所先用的压路机也是先轻后重，速度由低到高。并要遵守以下施工要点。

(1) 相邻两碾压带应重叠 0.2～0.3m；

(2) 压路机的驱动轮或振动轮应超过两段铺筑层横接缝和纵接缝 0.5～1.0m；

(3) 前段横接缝处可留 5～8m，纵接缝处留 0.2～0.3m 不予碾压，待与下段铺筑层摊铺后，再一起进行碾压；

(4) 路面的两侧应多压 2～3 遍，以保证路边缘的稳定；

(5) 根据需要，碾压时可向铺筑层上洒少量的水，以利于压实和减少石料被压碎；

(6) 不允许压路机在刚刚压实或正在碾压的路段内掉头或紧急制动；

(7) 压路机应尽量避免在压实段同一横断面位置换向。

为了防止混合料粘附在轮面上，影响碾压质量，应在压路机的滚轮面上抹一层特制的乳化剂或散水（有的压路机设有专门的轮面散水装置）。

9.1.2　羊脚碾

羊脚碾主要用来压实土壤，尤其是对大量的新填松土其压实效果很好。它的特点是单位面积的压力大，压实效果和压实深度均较同重量的光轮压路机高（重型羊脚碾其压实厚度可达 30～50cm）。

羊脚碾在碾压开始时，羊脚陷入土中，滚轮表面与土壤接触，其接角面积较大，故单位压力较小。但随着碾压次数的增多，土壤达到一定的密实度后，羊脚就逐渐从土中露出表面，此后机重只是通过羊脚传给被压的土壤。由于羊脚和土壤的接触面很小，单位面积的压力很大，故其压实能力很高。但因为羊脚能深入土壤的下层，对下层的土壤先加以压实，而被压土层的表面却不平整，所以最后还需使用光轮碾来加工。

羊脚碾分拖式和自行式两种类型。

前者自身不带动力，工作时需用牵引车来拖驶。拖式羊脚碾一般有单碾滚（图 9-3）和双碾滚两种。

自行式羊脚碾是在拖式羊脚碾的基础上发展起来的新产品。如自行式山字爪碾和自行式推土碾，它主要为了增加羊脚碾的机动性，以适应土壤碾压工作的需要。它与拖式羊脚碾的主要区别，是将两个完全相同的羊脚滚筒并排地安装在一个框架内，并在框架的前端通过一根鼻式架铰接于一台特制的轮式牵引车上，可以自

图 9-3　单滚羊脚碾

行地进行高速滚压作业。为了增加其重量，在它们的框架前后都装有重物。

自行式推土碾有四个单独的山字爪碾滚。它们分别装在前后的左右半轴上，由发动机通过传动装置来驱动其旋转而进行压实工作。在机体的前方装有推土铲刀，用于堆铺土壤，便于分层碾压。

9.1.3 轮胎压路机

轮胎压路机实际上是一种多轮胎的特种车辆，滚轮是特制的充气光面轮胎。由于脚轮弹性所致的揉压作用，使物料颗粒在各个方向产生位移，因此压实表面均匀而密实。同时，由于脚轮的弹性变形，使压实表面的接触面积比钢轮宽，这就使被压实的土在同一点上所受压力的作用时间长，故压实效果好。由于轮胎压路机有以上特点，再加上灵活机动，故与钢轮压路机相比，是一种比较完美的压实机械。

轮胎压路机由于轮胎的重量轻，为了提高其压实功能，在机架上设有配重。配重可以增减，以调节机重。轮胎的气压也可以调节，以改变其接地压力。因此，轮胎压路机对各种土都有良好的压实效果，特别是在沥青路面的压实作业中，更显示其优越的性能。此外，轮胎压路机的机动性好，有的还装有洒水装置，可以洒水和浇树，具有一机多用的特点。

轮胎压路机早在20世纪50年代就已在国外广泛使用。60年代末我国也开始生产。半个世纪后的今天，我国也有了成熟的技术。LRS1626-2重型轮胎压路机就是洛阳一拖集团研发的新产品，其最大工作质量为26t，接地压力为250～420kPa，额定功率为110/2300kW/rpm。它操作方便灵活且安全舒适，符合人机工程学原理。

图9-4　三一YL25C全液压轮胎压路机

北京BICES绿色2009展会上，三一重工展出了多款新型全液压轮胎压路机，其中YL25C全液压轮胎压路机（图9-4）采用国内首创的全液压传动技术，避免了起步和停车时的冲击；轮胎集中自动充气与调压系统，确保各轮胎气压一致；发动机转速采用智能电控，可实现输出功率与作业工况的合理匹配；3级制动系统，确保了行车的安全可靠；发动机、液压系统等关键部件为国际一流的品牌产品；海运机型可集装箱运输。

9.2 振动压路机和冲击压实机

9.2.1 振动压路机

以上所介绍的几种压路机均属静力式压路机，是通过机重施于滚轮上的静力来压实土壤的。所以这些压路机的自重和尺寸都比较大，才能满足压实的要求。

近年来我国逐渐采用振动压路机。其压实原理是：利用机械高频率的振动（对土壤为17～50Hz）使被压材料的颗粒发生共振，从而减小材料颗粒之间的摩擦力，使被压层易于被压实。由于材料颗粒的质量不同，它们运动的速度也不相同，从而破坏了它们的原始结构，产生了相对的位移，使材料颗粒互相挤紧，从而增加了被压材料的密实度。

振动压路机与静力式压路机相比，在同等结构重量的条件下，振动碾压的效果比静力碾压高1～2倍，动力节省1/3，金属消耗节约1/2，且压实层厚度大、适应性强，而且可根据工作需要调成不振、弱振和强振，因而可兼作轻、中、重三种类型的压路机使用。

振动压路机的缺点是不宜压实黏性大的土壤，同时由于振动频率高，驾驶员容易产生疲劳，因此需要有良好的减振装置。此外，由于影响振动压实的因素较多，所以在设计和使用中，如何结合实际使用范围，被压实土壤的性质和密实度等要求正确选择其振动参数是比较困难的。

振动压路机是利用偏心块高速旋转时所产生的离心力对材料进行振动压实的。产生这种离心力的装置称为振动装置，简称振动器。实际上振动压路机是采用滚轮的滚压和振动器的振压两种压实方法的综合机械。

该机按行驶方法的不同，可分为拖式、手扶式和自行式（图9-5）三种类型。

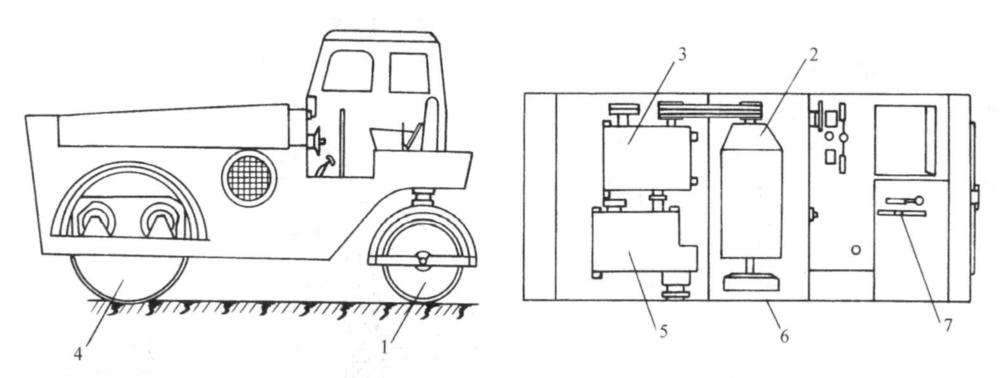

图9-5　YZJ-45型两轮振动压路机的主要组成部分

1—转向轮；2—柴油机；3—分动箱；4—振动轮；5—变速箱；6—机身；7—操纵机构

拖式振动压路机工作时需由牵引车来拖驶；手扶式振动压路机本身能自行，但其行驶方向和速度需由驾驶员在机下手扶来操作，故操作人员工作时需随机走动；自行式振动压路机工作时是由驾驶员直接在机上进行操作的。大、中型振动压路机均采用自行式。

按传动形式的不同，振动压路机可分为机械式和机液式两种类型。

机械式传动是柴油机的动力通过齿轮、链条等机械传动来驱动压路机行走和使碾压轮产生振动的；机液式传动是柴油机的动力通过齿轮油泵产生高压油使碾压轮产生振动，并通过机械传动使压路机行走。

按振动压路自身质量的不同，可分为轻型、中型和重型三种类型。

轻型机重为0.5～2t；中型为2～4.5t；重型为8t以上。

振动压路机按工作轮的形式不同，可分为全钢轮式和组合轮式两种类型。

全钢轮式的振动压路机，其前后轮均为钢轮，并且前轮为振动轮（即驱动轮），后轮为转向轮。组合轮式振动压路机的前轮为钢轮，后轮为胶轮。

国产 YZJ-145 型振动压路机的构造图如图 9-5 所示。它由机架、发动机（柴油机）、工作行走装置（转向轮和振动轮）、传动系统和操纵机构等部分组成。

图 9-6　洛建 LDD314H 全液压双钢轮压路机

机架 6 是用钢板焊接而成的罩壳，它是振动压路机的骨架。柴油机 2 和传动系统安装在机架的中部和前部。机架的后部通过转向立轴和带框架的悬架装着一个较小直径的从动转向轮 1。转向轮的结构和静力式光轮压路机上的相似。

振动轮 4 中装有振动器，振动器的偏心轴通过减振环支承在机架的前部。发动机通过传动系统既可使振动轮滚动，又可使振动轮内的振动器旋转而产生振动。这两者是两个独立的系统，互不干扰，由各自的操纵机构进行操纵。

图 9-6 为洛建 LDD314H 全液压双钢轮压路机。它是专为满足用户对更高压实性能的要求而开发的。该机自重 14t，振动系统采用双频率和双振幅设置，保证了整机在压实不同性质、不同厚度的铺层时，均可达到最佳的压实效果。它是目前国内最大吨位的全液压双钢轮振动压路机。

9.2.2　冲击式压实机

1. 蛙式打夯机　如图 9-7 所示。工作时，由偏心块旋转产生的离心力，使夯锤升起又落下，且可边夯边前进，像青蛙行走一样，故得此名。

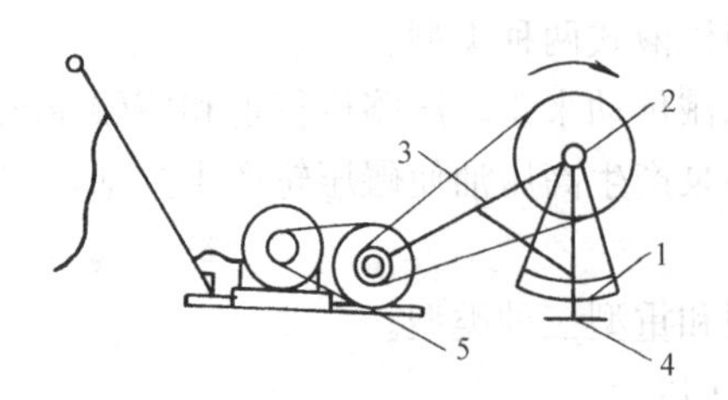

图 9-7　蛙式打夯机

1—偏心块；2—前轴；3—夯头架；4—夯板；5—拖盘

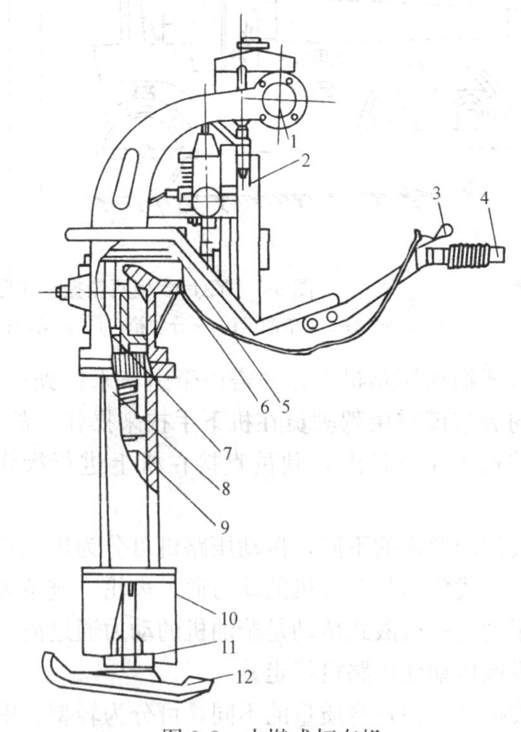

图 9-8　内燃式打夯机

1—油箱；2—汽油机；3—控制开关；4—手柄；5—离合器；6—减速箱；7—曲柄连杆机构；8—圆筒；9—活塞；10—橡皮套；11—压杆；12—夯土板

该机使用方便，操作简单。但因是连续冲击，机体金属结构部易断裂，且夯头架上连接螺栓也易松动，应注意经常检查以防造成偏心块飞出，发生伤人事故。

2. 内燃式打夯机　它是以内燃机为动力的夯实机械。虽其冲击频率很高，且有振动作用，对土壤的主要作用仍是冲击式，其构造如图 9-8 所示。

工作时，内燃机动力经离合器 5 传至减速箱 6，驱动曲柄连杆机构 7，使活塞 9 上下运动。因活塞上下均装有弹簧与夯土架上的圆筒相连，使带有振动的冲击运动传到底部夯土板，夯击土层。夯土板装成倾斜状，跳动时能自行向前移动。

本机的弹簧易于疲劳断裂，操作时劳动强度较大。该机以夯实狭窄的基坑、柱角、屋角、墙边的效果为最佳。与蛙式相比，目前它是一种较先进的夯实机械。

9.3　沥青洒布机和沥青混凝土制备机

除压实机械和路面材料准备机械外，用于修筑、养护道路和场地的专用机械设备，通称路面机械。此类机械因铺筑路面的材料和施工方法不同而异。

沥青路面施工所用的机械主要是沥青洒布机、碎石摊铺机、沥青罐车和轻型压路机。

沥青混凝土路面施工所用的机械主要是沥青混凝土制备机械和沥青混凝土摊铺机。

水泥混凝土路面施工机械主要是水泥混凝土搅拌机、水泥混凝土摊铺机、振捣器等。

9.3.1　沥青洒布车

在采用表面处置式或贯入式施工工艺铺筑路面时，是用沥青洒布车将热态沥青洒布在筑好的碎石路面上，以完成过渡式黑色路面的修筑。沥青洒布机有拖式和自行式之分。拖式又有靠手压油泵和单缸柴油机驱动油泵的手压式和机压式，它们的构造简单，适用于路面维修。自行式是将整套沥青洒布设备装在汽车底盘上，其沥青容量大，适用于大型路面工程和距离沥青供应基地较远的野外筑路工程。

这种车是将沥青箱和洒布系统等工作设备都装在汽车底盘上，可以远距离移动。并可根据路面的宽度、作业要求事先调节好排管长度、各阀门等操作位置进行自动洒布；具有机动性能好、洒布速度快、工效高、作业能力大、洒布质量也较易掌握等优点。因此在有条件的地方，都广泛采用自动沥青洒布车。

1. LS1-3500 型沥青自动洒布车的构造及工作原理

它由沥青油箱、加热系统、循环喷洒系统、传动系统、操纵机构和仪表设备等组成，如图 9-9 所示。

(1) 沥青箱　它是用 4～4.5mm 厚的钢板焊接而成的椭圆形容器，具有充分的强度，容量为 3500L，用来储存热态液体沥青。箱的外壁有玻璃棉制成的保温隔热层，如果运距超过 25km 时，沥青温度下降，保证不了工作温度时，则需继续加热箱内的沥青，所以在箱中专门装有两根“U”形火管，以备必要时加热。箱的顶部是充油口，并设有网状过滤器，充油口用盖子封闭，也可通过充油口进入箱内进行检修工作。箱体外的前部装有一个温度计（测温范围 0～250℃），保证沥青的加热温度和洒布温度控制在要求的范围内。箱内装有浮子油标的液面指示器，浮标通过杠杆、一对锥齿轮与箱后壁外的刻度盘上的指针相连接，从而通过浮标随箱内液态沥青的起落带动指针偏转，以指示箱中的沥青油量。

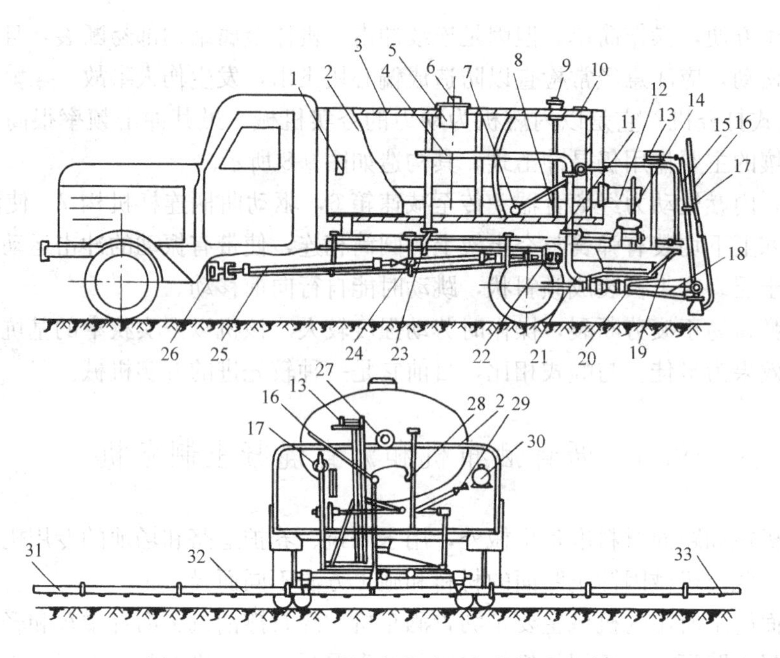

图 9-9　LS1-3500 型沥青自动洒布车构造示意图

1—温度计；2—沥青箱；3—保温隔热层；4—进料管；5—滤油网；6—装料口；7—浮球；8—油箱开关；9—油箱开关手轮；10—加热排烟筒；11—沥青大三通阀；12—加热喷灯罩；13—管路小三通阀操纵手柄；14—沥青大三通阀操纵手柄；15—洒油管升降杆；16—洒油管喷嘴角度调节手柄；17—洒油管升降操作手轮；18—球状联结管；19—放油管；20—小三通阀；21—循环流动管道；22—沥青泵；23—溢流管；24—传动轴中间轴座；25—传动轴；26—分力箱；27—沥青容量指示器；28—加热火焰喷灯；29—吸油管；30—燃料箱；31、32 和 33—左、中和右喷油管

(2) 加热系统　如图 9-10 所示。在沥青箱内中下部装有两根纵向“U”形火管 1，两根火管的进口一端各装置有一只固定式喷灯 2，出口一端连通沥青箱后壁的排烟口 3，废气由此排出。

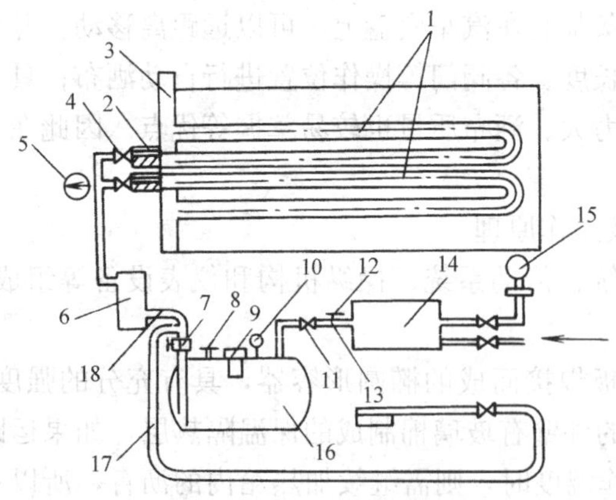

图 9-10　沥青洒布车的加热系统示意图

1—“U”形管；2—喷嘴；3—后壁排烟口；4—喷嘴开关；5、10—压力表；6—滤油器；7—出油开关；8、12—安全阀；9—油箱盖及滤清器；11—进气开关；13—输气管；14—贮气箱；15—小型空压机；16—燃料箱；17—手提喷灯的软管；18—输油管

由汽车上原有的小型空压机 15 制备压缩空气，并储存在储气箱 14 备用，以供给燃料箱 16。箱中燃油在压缩空气的压力下通过输油管 18，经滤油器 6 通向喷嘴 2，由此喷出雾状燃油进行燃烧。火焰喷入“U”形管中加热沥青，废气则由排烟口 3 排出去。每只喷灯设单独阀门开关，以调节燃油数量或停止供油。另装一只手提喷灯作为修补路面时用。

(3) 循环—喷洒系统　这个系统主要有齿轮沥青泵、循环管、洒布管和大、小三通阀等组成。它是洒布车的基本部分，其作用主要是：通过沥青泵、循环管等向沥青箱充油，并完成热沥青的洒布作业；箱内沥青通过在循环管内不断循环，改善与箱内火管的接触加热情况，保持均匀温度；每次洒布完毕，回吸洒布管余料；施工后，用柴油进行清洗。

通过操纵大、小三通阀的位置和沥青泵的转向，可使洒布机按不同要求进行吸油、放油、过油、洒油、循环、人工洒油吸回多余沥青，左边洒油、右边洒油、回吸等多项作业。

(4) 传动系统　除了汽车本身传动部分外，LS1-3500 型洒布车的传动系统采用机械式传动，发动机动力经变速箱、输力箱驱动沥青泵。

2. 生产作业情况

喷洒车在工作前，首先要检查沥青泵有否被冷沥青凝固，如发现有凝固现象，则需用手提喷灯将烤热溶化，直到泵能运转自如为止。然后利用虹吸管或沥青泵对沥青箱进行充油，充油时间一般为 10～15min。装料时可观察到油量指示器所示的箱中油位。充油完毕，将喷洒车开到喷洒地段前 10～15m 左右的地方，按喷洒宽度要求，调装好所需喷管长度。将喷洒管放下至离地面 150～200mm 的高度上，调节好喷嘴角度，然后开动喷洒车进行喷洒。喷洒时，可操纵阀门位置同时使用两边的喷管进行全喷洒，也可只用左边（或右边）的喷管进行半喷洒。有时也可利用手提喷管进行少量喷洒。在使用中特别要注意：每次喷洒完毕均要将循环—喷洒系统管道中的剩余沥青排尽。如果当天工作完毕，还需将沥青箱、沥青泵和管道用煤油或柴油冲洗干净。当采用火焰喷灯加热沥青时，则应经常观察沥青温度保证沥青在循环系统中连续循环。

9.3.2　沥青混凝土制备机械

拌和由碎石、砂、石粉及沥青组成的热态混合料——沥青混凝土的专门机械称为沥青混凝土制备机械。为保证路面施工及铺设质量，要求制备的沥青混凝土具备一定的温度（140～160℃）和一定的材料级配，所以拌制工作必须完成下列工序：将砂、碎石烘干并加热到 180～200℃；筛分后准确地按重量比例配定材料（碎石、砂和石粉）的数量；由专用的沥青锅炉输送定量的热沥青（120℃左右）喷洒在定量的拌和料上，并与其均匀拌和。下面以图9-11为例，对可移式沥青混凝土制备机的构造及生产作业情况作一介绍。

这套设备主要由干燥机组和拌和机组组成，并均安装在焊接的机架上。

干燥机组由冷砂石配料—送料装置、冷料输送机 2、干燥转筒 3（出料口处装有测温电偶）、燃烧系统（火焰喷燃器 5、烟道 6、烟囱 9 以及其他设备如料坑 1、四管除尘器 7、柴油供应和鼓风机等）组成。

拌和机组主要由热料提升机 10、平面振动筛 11、热石料集料斗 12、石粉集料提升 14、石粉仓 15、热沥青输送管 19、称料斗（石、砂、石粉秤料斗）20、双轴强制拌和机 22 以及辅助设备（热沥青供应管 21、螺旋送粉器 16 等）和仪表（热电偶测湿计、电磁阀、电子秤等）。

机组工作时，经过初配的湿冷料（碎石与砂）由冷料提升机 2 连续送进干燥筒 3，干燥筒 3 是一个支承在机架上的不断旋转的长筒，冷料在筒内随其旋转可不断起落。在筒的另一端出口处中央装有火焰喷燃器 5，它是利用柴油作燃料、由鼓风机送风将柴油吹散成雾状燃烧的喷燃器。在进料的同时，它的火焰直接喷入干燥筒内，将连续供入的湿冷料烘干并加热到需要的温度（180～200℃）。干燥筒与水平面约成 5°倾斜角，故砂石料自转筒

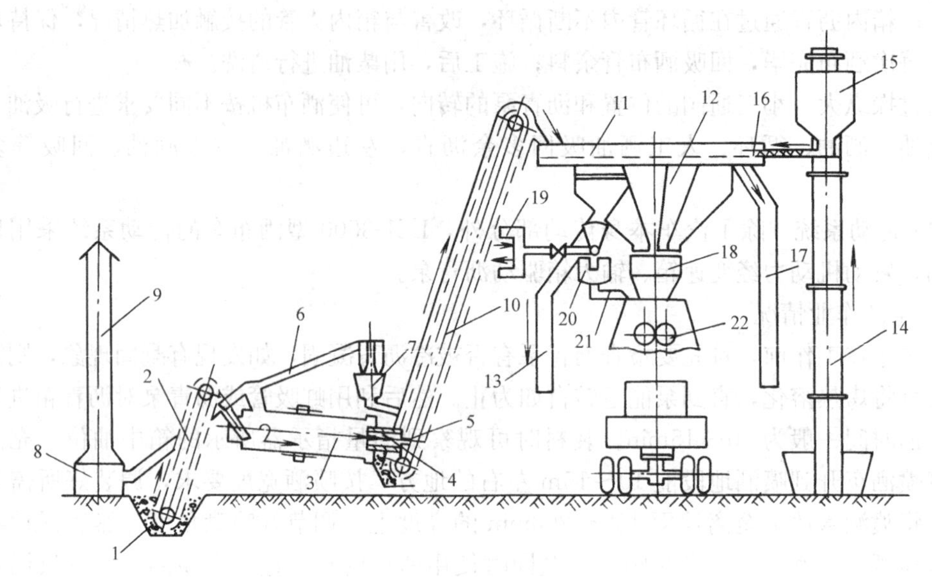

图 9-11　沥青混凝土制备机械示意图

1—料坑；2—冷料输送机；3—干燥转筒；4—燃烧箱；5—火焰喷射器；6—烟道；7—四管除尘器；8—泡沫除尘器；9—烟囱；10—热料提升机；11—平面振动筛；12—热石料集料斗；13—过量落料管；14—石粉集料提升机；15—石料仓；16—螺旋送粉器；17—大石块卸管；18—矿物秤料斗；19—沥青输送管；20—沥青秤料斗；21—沥青供应管；22—拌和机

的进料口（高端）向低端出料口处移动，砂、石料在筒内的流向与火焰的喷向相反，所以其热能利用较好。燃烧的废气则由进料口的烟道 6 排出。

干燥筒所出的热砂石由热料升送机 10 送到平面振动筛 11 进行筛分，将热砂石料分为三料（6.5mm 以下、6.5～18mm、18～38mm），分别储于三个料斗内，不能过筛的大石料由卸料管 17 卸走。热砂石料在升运与筛分时产生的粉尘可由封闭管进入除尘器 7。石粉由石粉仓中用水平螺旋输送器送到石粉集料斗，而后将热砂石料和石粉由称料设备 18 分别过秤定量。此称量设备是电子自动控制的，使该料的集料斗底部扇形活门自行开关，称量后的料送入拌和机 22，拌和机的双轴作相反转动，轴上装有若干叶片，旋转时可将物料进行强制拌和。与此同时，热沥青由沥青仓（预先由沥青锅炉送到沥青仓备用）流进沥青称料斗 20 过秤定量，再进入拌和机与砂石料、石粉一起拌和，即拌制成热沥青混凝土。然后由卸料闸门卸入运料车，经过检验工序，成料达到 140～160℃（极限值±20℃）才算合格，允许出厂送往工地。

图 9-12　加隆 CL-7500 型沥青混合料搅拌站

控制出厂料温的关键是保证干燥筒出口处热砂石料的温度要在 180～200℃（视材料的干湿程度和天气变化等可调节鼓风机风量控制火焰温度）及热沥青温度在 120℃左右。

BICES 2009 年北京工程机械展览会上北京加隆工程机械公司带来的 CL-7500 型沥青混合料拌合设备是目前世界上最大的沥青混合料拌合设备，同时也是目前世界上生产效率最高的设备（图 9-12）。CL-7500 型沥青混合料拌合设备拥有 9 层半筛体结构，可以精确筛分出 10 种骨料，实现精确密集配料，可以满足超高等级路面的苛刻要求。这 10 种骨料包括了从 0.75～40mm 的各种料，可以使间隙更紧密，更均匀，可以使路面载重量更大，使用时间更长。这项技术填补了国内原材料的空白，而世界上目前最多也只能筛分出 6 种料。这款设备的特点是多层分类筛分，精细高效，需要什么筛分什么。同步存料计量精准，想怎么配就怎么配。CL-7500 每小时产量为 600t。

北有加隆，南有安迈，在上海也有一座类似加隆的世界一流的沥青混合料搅拌站屹立在浦东。

9.4 路面材料摊铺机

9.4.1 沥青混凝土摊铺机

1. 分类

在沥青混凝土路面施工中，沥青混凝土混合料的摊铺是一项繁重而关键的工作，该工作可用沥青摊铺机来完成。它可将沥青混凝土混合料均匀地摊铺在筑成的路面基层上，以满足对路面摊铺的横断面形状和厚度等技术要求，并给予初步压实和整平，即可提高建设路面的速度，又可提高其质量。

现代的沥青混凝土摊铺机均为自行式，如按行走装置的不同，又可分轮胎式和履带式，如图 9-13 所示，前者机动灵活，结构简单，故在市区采用较多，而公路广场施工多用履带式。

2. 沥青混凝土摊铺机的构造特点

现以图 9-14 所示国产 PL-74A 型轮胎式沥青混凝土摊铺机为例，简介如下：

该机由车体、动力装置、行走装置、送料装置、整平装置（摊平板）、液压操纵系统及辅助设备、仪表等部分组成。

(1) 车体　由槽钢、角铁和钢板焊接组成。其前下方装有两只 $\phi 520 \times 230$mm 的实心橡胶导向轮，后下方装有两只驱动轮；

(2) 送料装置　由料斗、板式送料器、进料闸门和螺旋摊铺器等组成；

(3) 动力装置　由一台柴油机和变速箱组成；

(4) 整平装置（摊平板）　按路面的不斜度，以调整螺旋分别调节三段摊平板的高低（即需要摊铺的混合料厚度）；

(5) 液压系统　由油泵、管路、油缸、溢流阀、压力表和电磁阀等组成。

油泵为 YB-2 叶片泵，通过 5 只 34E-10B 电磁操纵阀分别控制 $\phi 50/\phi 85$ 双节双作用油缸，使料斗上下工作；以及 $\phi 65$ 单节双作用油缸，控制摊平板上下，前面油缸为摊平板的微调油缸，后面为其粗调油缸。

3. 沥青混凝土摊铺机生产作业过程

该机开始工作前，先由控制吊臂升降油缸的电磁阀按钮，调好摊平板离地面的高度；

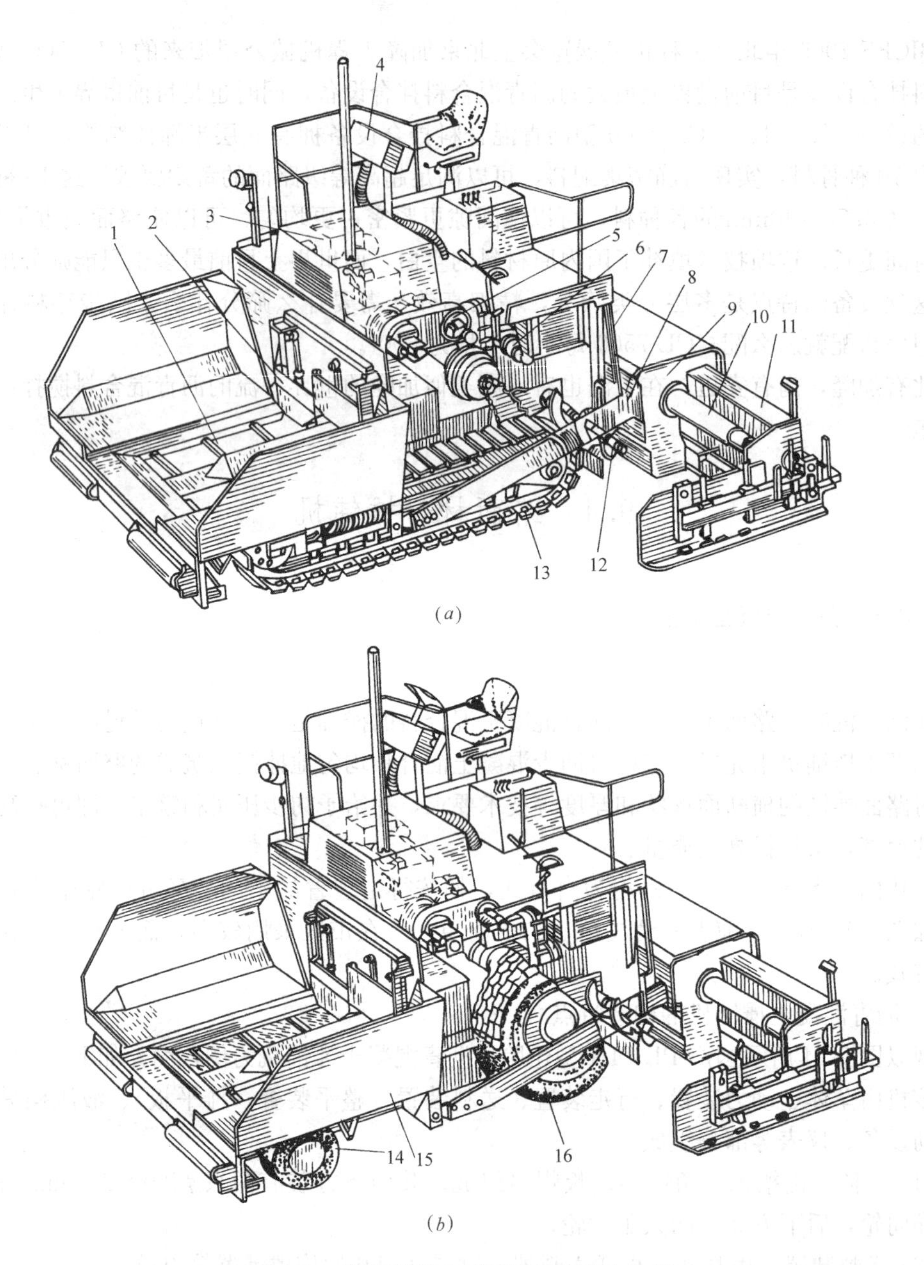

图 9-13　沥青混凝土摊铺机的构造和外貌

(a) 履带式；(b) 轮胎式

1—液压独立驱动双排刮板输送器；2—液压独立控制闸门；3—带吸音罩的发动机；4—操纵台；5—带差速器和制动器的变速箱；6—轴承集中润滑装置；7—振捣熨平装置伸缩液压油缸；8～11—伸缩振捣熨平装置；12—独立液压驱动双排队螺旋分料器；13—具有橡胶板和永久润滑的履带行走装置；14—前方向轮；15—料斗可控制侧壁；16—可充加水的驱动气胎轮

由进料闸门上的两根螺杆调好进料门的大小，当运料自卸汽车将混合料运到摊铺机前，自卸汽车的后轮抵住摊铺机的两个后推滚子，由摊铺机推着前进（此时自卸汽车的离合器分离），自卸汽车将料卸入摊铺机的料斗中，保证卸料和摊铺的连续作业。料斗里的材料由板式送料器通过料门送到摊平板前，再由螺旋摊铺器将料分摊均匀。当摊铺机向前移动

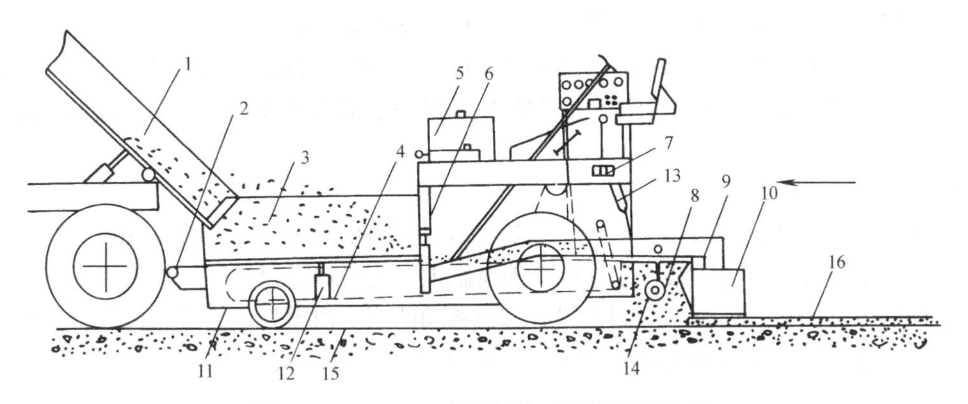

图 9-14　PL-74A 型轮胎式沥青混凝土摊铺机

1—卸料汽车；2—后推滚子；3—料斗；4—板式送料器；5—发动机；6—进料闸门；7—吊臂升降油缸电磁阀调节按钮；8—螺旋摊铺器；9—摊平板吊臂；10—摊平板；11—车架；12—料斗上下油缸；13—摊平板升降吊臂油缸；14—挡料板；15—路基；16—新摊铺路面

时，摊平板将分布于路面的材料刮平，车后就出现已铺平的疏松沥青混凝土路面。这样，自卸汽车不断卸料，摊铺机不断摊铺前进，新的路面经压路机压实后即告铺成。

9.4.2　水泥混凝土摊铺机

采用摊铺机摊铺水泥混凝土时，有分批摊铺和连续摊铺两种作业方式。而摊铺机又分轨道式和滑模式两种类型。

1. 轨道式摊铺机

这种摊铺机是由摊铺机、整面机、切缝机等组成摊铺列车，通过一次就摊铺成一条行车带。当采用分批式摊铺时，所用的分批式横向摊铺机如图 9-15 所示。

该机的作业方式是混凝土由自卸汽车运来后先卸入摊铺机料斗内，然后料斗横向移

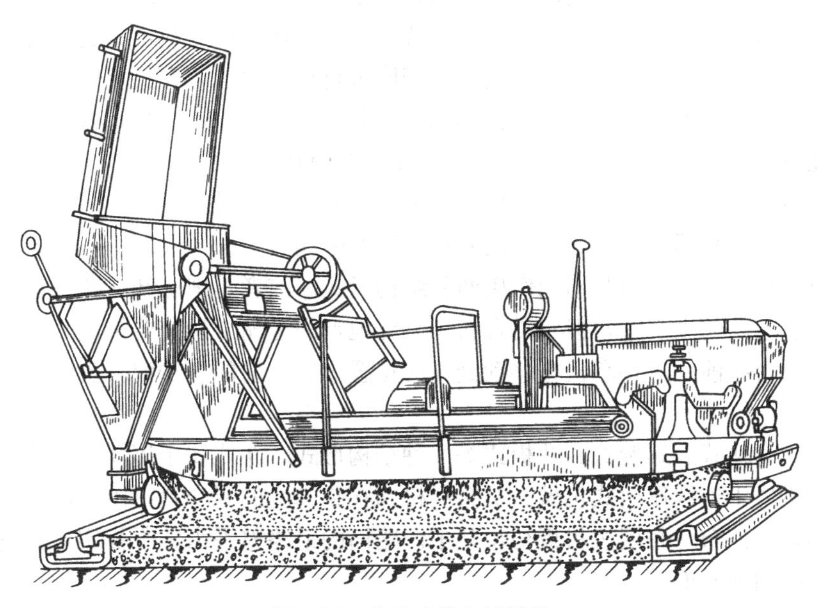

图 9-15　分批式横向摊铺机

动，当斗门开启后混凝土即摊铺在基础上，如此往复循环进行。

连续式轨道摊铺机与分批式轨道摊铺机不同，自卸汽车将混凝土直接卸在路基上，摊铺机利用螺旋摊铺器连续摊平混凝土，此时摊铺机一边沿轨道前进，螺旋摊铺器一边左右横向摊铺。

2. 滑模式摊铺机

如图 9-16（*c*）所示，它的特点是不需轨模，用由四个液压缸支承腿控制的履带行走机械行走。整个摊铺机的机架支承在四个液压缸上，它可以通过控制机构作上下移动，以调整摊铺层厚度。在摊铺机的两侧设置有随机移动的固定滑模板，因此不需另设轨模或模板。它一次通过就可以完成摊铺、捣实、整平等多道工序。与轨模式相比施工作业程序少，而工效高。

滑模式摊铺机的摊铺过程与轨道连续式摊铺机的摊铺过程基本相同。

9.4.3 水泥混凝土路面成套机械

目前最有效地快速建设水泥混凝土路面可由滑模式现代成套机械来实现。它包括主要机组和畏助工艺设备等。主要机组有：路基整平（定型）机[图 9-16(*a*)]，混凝土布料机[图 9-16(*b*)]，滑模式混凝土摊铺机[图 9-16(*c*)]，混凝土修饰机和拉毛机（带有液体膜料洒布装置）。辅助设备有：转载输送机、钢盘网用台车、振动沉网机、纵横伸缩缝切割机、灌缝机和成套机械运输平板车等。

路基整平机　用于生荒地路槽的处理与其底部的整平，以及砂质路基或土路基的最终整平和压实。在机上装有整平和压实工作机构。

按工作机构的形式，整平机可分为铲刀式和铣刀式。铲刀式整平机装备有压实振动梁。工作机构为一个具有整平刀片的铲刀，它可以最终整平路基，铲除多余的土，并能把土重新局部地进行摊布。铲刀的提升下降机构可以调节铲入深度。铣刀式整平机的工作机构是一个装有为整平已加固土用的铲刀或为整平砂质路基用的螺旋式推运器。镶有硬质合金可更换的铣刀刀具在铣削筒上按螺旋线布置安装。被切下的物料由输送器送至路基外。

进入成套机械的路基整平机具有通用的四履带自行式底盘，在机上的工作机构装备有按给定的道路方位和断面工作的自动控制随动系统[图 9-16(*a*)]。主机架系箱形截面的焊接结构，在下部同轴安装着两个为在加工地段宽度内初铣削、松散和布料路基土用的铣刀。螺旋布料器可以把多余的土输送到路户上或转送到输送带上，同时沿路基宽度布料。每个铣刀和螺旋布料器具有自己独立的并可互换的驱动装置。

布料机　具有连续作用和周期作用两种结构形式。前者是把已卸在路基上的混合料分布开来，具有较高的生产率，但对混合料到摊铺地点的运输工作需要精确的组织。后者是循环进行，在摊布前一份料和机械移动到新的位置之后，新的一份混凝土料才开始沿路基摊布。

布料机具有斗式、螺旋式和叶板式等几种结构形式，斗式属于周期作用式机械，其他形式的布料机属于连续作用式机械。被布料机卸在路基上的混合料，由螺旋、叶板或斗在横方向内均匀地摊布，并用拨料板初步整平。路面的最终整平由整平板实现，它可以造成单坡或双坡路面横断面。

成套机械中的布料机[图 9-16(*b*)]用于自路边接受从自卸汽车上倒出混凝土混合料，

并把它沿路基宽度和厚度摊布。在主机架的下面安装铣刀螺旋和拨料板，工作机构的结构借助于三个液压油缸，可以调节它们端边和中部的位置，以获得路面单坡和双坡断面。在机上还装备有可伸式输送器。

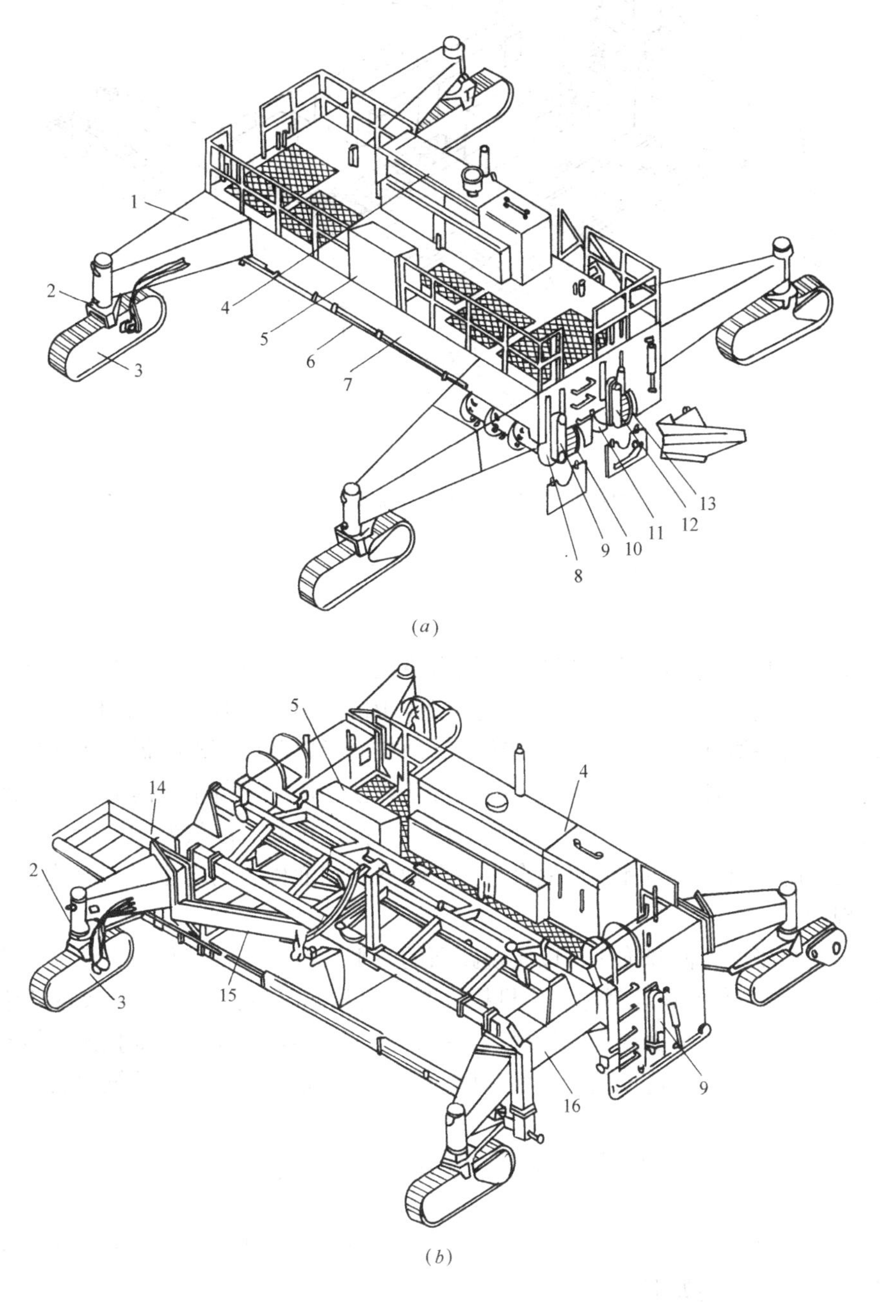

图 9-16 快速建设水泥混凝土路面成套自动化机械（一）

(a) 路基整平机；(b) 混凝土布料机

1—机架支臂；2—履带台车支叉；3—履带台车；4—动力装置；5—控制操纵台；6—转向液压油缸；7—主机架；8—螺旋式铣刀；9—螺旋式铣刀驱动装置；10—螺旋铣刀式铲刀；11—螺旋分料器；12—螺旋分料器驱动装置；13—螺旋式铲刀；14—接料料斗；15—输送器支架；16—可伸式输送器

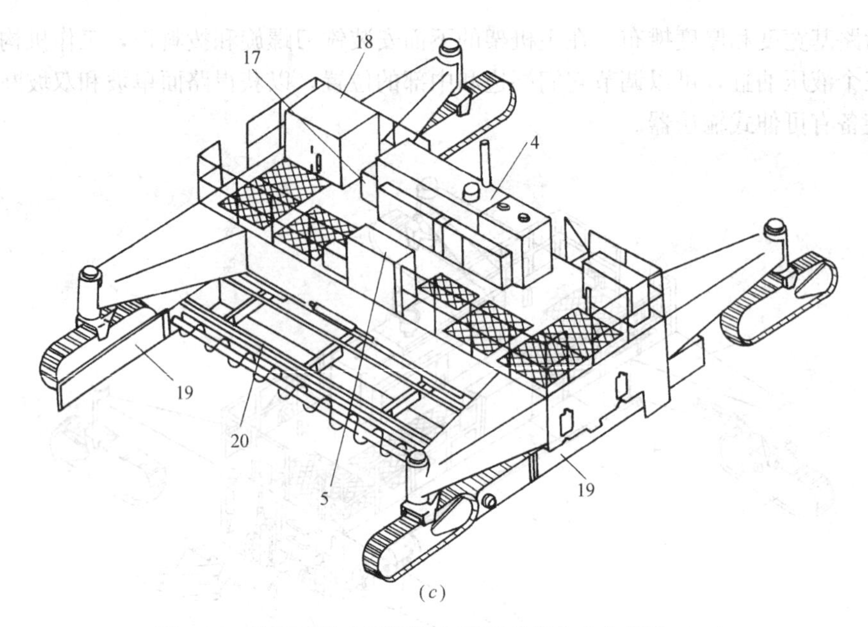

图 9-16 快速建设水泥混凝土路面成套自动化机械（二）

(c) 混凝土摊铺机

17—内部（插入）式振动器驱动装置发电机；18—水箱；

19—滑模（侧模板）；20—工作机构构架

摊铺机　成套机械的混凝土摊铺机采用滑模式［图 9-16 (c)］它用于混凝土混合料的整平、成型、压实和修饰。在机械的主机架上，固装螺旋分料器、拨料板、内部式振动器、振动梁、第一级和第二级摆动修饰梁、浮动光面板以及侧面滑模板。螺旋分料器用于混合料的摊布，分料器的拨料板具有平面的形状，便于压平混凝土。内部式振动器可以保证混合料层厚并均匀的压实其振动频率为 180Hz。振动梁具有配量的作用，在内部式振动器处理混合料时，再次匀布和整平混合料。振动梁在路面横方向内往复运动是靠四个液压马达来实现的。

修饰机　混凝土路面修饰机可以实现路面的整平、成型、密实和最终修饰（抹平和抹光）。它具有整平、密实和抹平等工作机构。整平机构包括叶片轴、螺旋或振动梁。表面抹平抹光可以利用在水平面内完成摇摆运动的光面带或梁，以及具有垂直振动的光面板实现。拉毛机用于在路面上造成粗糙表面。侧面模板可以定型混凝路面的侧边表面。

9.5　路面机械发展三阶段

我国路面机械是一个年轻的行业，20 世纪 70 年代前，力量非常薄弱，现对近 30 年的发展作三个阶段简述如下：

1. 引进阶段

20 世纪 80 年代中期到 90 年代中期，对各个行业都是一个重要的发展阶段，路面机械也不例外。通过大规模的引进国外技术，使我国路面机械的技术水平得到了很大的提升，产生了跨越式的发展效果，大大缩小了和国外先进水平的差距。与此同时，也造就了一大批具有现代化专业知识的技术人员，为路面机械行业快速发展提供了技术活力。图

9-17 中交西安筑路机械有限公司（以下简称西筑）引进生产的沥青摊铺机。

图 9-17 西筑引进生产的沥青摊铺机

2. 消化吸收、技术扩展阶段

20 世纪 90 年代，我国开始了大规模的公路建设，国家第一次制定了以五纵七横国道主干线为骨架的国家公路网规划。在我国第一条高速公路沪嘉路和沈大路于 1988 年建成通车之后，中国的公路建设进入了一个以建设高等级公路为主的新时期。我国路面机械工业的发展也迎来了生机勃勃的春天。国家加大了对路面机械科研攻关、技术引进、企业技术改造项目的支持力度。

西筑推出具有世界先进水平的 J4000 型搅拌设备，之后已立足于自主研发为主，近年又推出了 J5000 型（图 9-18），它采用集装箱式或模块化结构，无地脚安装，运输快捷、安装方便、结构紧凑、占地面积小。额定生产能力为 400t/h，整个设备体现环保节能和人性化设计，具有高可靠性，紧凑运输单元满足用户需求的市场理念。

徐工科技 RP1356-Ⅰ型智能摊铺机应用多 CPU 控制的全电子摊铺控制系统，主操纵面板及两个遥控器均采用触摸式按键，具有良好的人机交互界面，主机各系统之间及各系统与自动找平系统之间形成具有相互通信系统功能的局域网络，运用 GSM/GPRS 和 GPS 通讯与定位技术，真正实现远程监控和定位、施工质量在线检测、找平一体化智能化控制。该机在国内处于领先水平，同时更加符合国际上对环境保护和人性化日益

图 9-18 J5000 型搅拌设备

重视的要求。该机具有使用维修方便、环保节能、高可靠性和广泛的适应性等特点，最大摊铺宽度可达 13.5m。

如上仿制性的自主开发产品的数量、品种、质量都有了很大的发展，可以说 20 世纪 90 年代的 10 年奠定了我国路面机械工业向现代化发展的基础。

3. 面向 21 世纪的机遇和挑战

（1）在新的世纪里我国公路建设又迎来了一个新的高速发展时期，交通部开始着手制定新的高速公路网规划，包括 7 条首都放射线、9 条南北纵向、18 条东西横向组成的《国家高速公路网规划》于 2005 年正式颁布实施。国家一系列加强交通基础设施的政策和措施将在相当长时期内刺激我国公路建设的加速发展，并将为路面机械工业提供良好的市场前景。

（2）随着我国加入 WTO 和全球经济一体化的趋势，中国巨大的潜在市场不仅为中国同样为国外企业提供了极大的机遇。路面机械良好的市场前景不仅是面向全国的，同时也是面向世界的。

（3）面对路面机械良好的市场前景，国内路面机械生产企业的布局也发生了重大变化。一些国外路面机械领域的著名企业看好中国的市场前景，纷纷在中国建厂，1997 年美国英格索兰公司在无锡设厂生产压路机，这是路面机械行业第一家外商独资企业。一下子拉近了与中国用户的距离，从供货周期、售后服务等方面占据了先机。英格索兰设厂的成功，引发了其他外资品牌竞相来中国建厂。1999 年戴纳派克在天津武清开发区设立独资工厂生产压路机和摊铺机，随后宝马格在上海、维特根在河北廊坊、卡特彼勒在徐州，安迈、玛连尼在上海先后建立了独资公司。

迄今为止，世界上著名的路面机械跨国公司已全部登陆中国。包括沥青搅拌设备、沥青摊铺机、压路机、铣刨机等主要的施工、养护设备领域的大部分世界顶级的制造商，都在中国建立了自己的生产基地。当年学习模仿的对象，如今“同台竞技”。

我国路面机械的核心技术主要还是来源于国外，尤其是缺乏原创性的技术创新。如何从复制他人技术和仿制性的自主开发过渡到创新性的自主开发和原创性的技术创新是这个阶段的特点，也是我国路面机械工业在新时期中的必由之路。

思考题与习题

1. 论述碾压、震压和冲击三种类型的压实机理。
2. 叙述静力压实机的分类和使用要领。
3. 为什么轮胎压实机会得到广泛应用？
4. 路面施工的主要机械有哪些？
5. 试述沥青混凝土摊铺机的分类。
6. 试述水泥混凝土摊铺机的分类。
7. 成套的现代化混凝土路面机械有哪些特点？
8. 全液压轮胎压路机有何优势？

第10章 起 重 运 输 机 械

10.1 概 述

10.1.1 起重运输机械在土木工程中的作用

起重运输机械是土木工程机械中重要的组成部分，是一种用作垂直运输并作短距离水平运输的机械设备，广泛地应用于建筑、桥梁、交通、设备安装、港口、机场、大型电站等工程领域。起重机械主要用于建设构件、建设材料和各类设备的提升、安装、搬运和装卸等作业。随着建设工业水平的提高，施工技术的不断创新和发展，以及超高层建筑、现代化大型工业基地、特殊结构建筑、大型水电核电站等施工工程的日益增多，起重机械在机械化施工中起到决定性的作用，为工程的高速度、高质量、高效率创造了必备的条件。

10.1.2 起重机的类型

在基本建设施工中所使用的起重机类型很多，常用的起重机分类见表10-1。

建筑起重机分类 表10-1

<table>
<tr><td rowspan="6">塔式起重机</td><td rowspan="3">轨道式</td><td>上回转式塔式起重机</td><td rowspan="10">建筑起重机</td><td rowspan="7">建筑卷扬机</td><td rowspan="3">单卷筒</td><td>单卷筒快速卷扬机</td></tr>
<tr><td>上回转自升塔式起重机</td><td>单卷筒慢速卷扬机</td></tr>
<tr><td>下回转式塔式起重机</td><td>单卷筒调速卷扬机</td></tr>
<tr><td colspan="2">快速安装式塔式起重机</td><td rowspan="3">双卷筒</td><td>双卷筒快速卷扬机</td></tr>
<tr><td colspan="2">固定塔式起重机</td><td>双卷筒慢速卷扬机</td></tr>
<tr><td colspan="2">内爬塔式起重机</td><td>双卷筒调速卷扬机</td></tr>
<tr><td rowspan="2">履带起重机</td><td colspan="2">机械式履带起重机</td><td colspan="2">三卷筒调速卷扬机</td></tr>
<tr><td colspan="2">液压式履带起重机</td><td rowspan="3">施工升降机</td><td colspan="2">齿轮齿条式附墙升降机</td></tr>
<tr><td rowspan="2">汽车起重机</td><td colspan="2">机械式汽车起重机</td><td colspan="2">钢丝绳式附墙升降机</td></tr>
<tr><td colspan="2">液压式汽车起重机</td><td colspan="2">混合式附墙升降机</td></tr>
<tr><td>轮胎起重机</td><td colspan="2">轮胎起重机</td><td rowspan="3"></td><td rowspan="3"></td><td colspan="2" rowspan="3"></td></tr>
<tr><td rowspan="2">桅杆起重机</td><td colspan="2">斜撑式桅杆起重机</td></tr>
<tr><td colspan="2">缆绳式桅杆起重机</td></tr>
</table>

10.1.3 起重机的主要参数

起重机的性能参数是其工作性能和技术经济的指标，是设计和选用起重机的主要依据。

1. 起重量（Q）

起重量是起重机起吊重物的质量，单位为 t 或 kg。起重量通常不包括起重钩、吊环之类吊具的质量，但包括抓斗、电磁吸盘的质量，而塔式起重机的起重量则要包括吊具的质量。起重机起吊质量参数通常以额定起重量表示，即起重机在各种工况下安全作业所允许起吊重物的最大质量。起重机所起吊的质量与起重机的工作幅度密切相关，当工作幅度改变时，相对应的起重量也随之变化，因而起重机的最大额定起重量是指起重机在最小工作幅度下所允许起吊重物的最大质量值，但由于幅度太小，无法使用，故只是一种名义上的起重能力。

2. 幅度（R）

起重机回转中心轴线至起重吊钩中心线的水平距离称为幅度（或称起重半径），单位为 m。起重机的幅度与起重臂的长度和仰角有关。由于起重机的幅度是表示起重机在不移位时的工作范围，因此幅度也是衡量起重机工作性能的一个重要参数，见图 10-1。

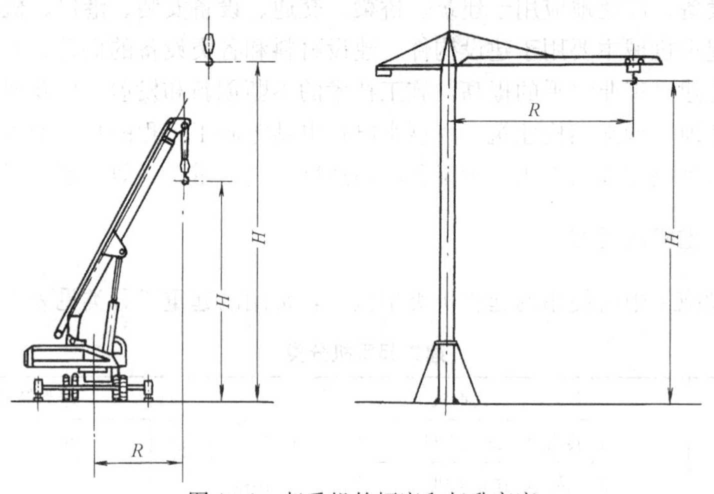

图 10-1 起重机的幅度和起升高度

3. 起重力矩（M）

起重量 Q 与相应于该起重量时的工作幅度 R 的乘积为起重力矩 $M=Q\times R$，单位为 kN·m。起重力矩是综合起重量和幅度两个因素的参数，能比较全面和确切地反映起重机的起重能力。我国塔式起重机规定以基本臂最大工作幅度与相应的起重量的乘积作为额定起重力矩来表示塔式起重机的起重能力。

4. 起升高度（H）

起升高度是指地面或轨面（指轨道式起重机）到吊钩钩口中心的垂直距离，单位为 m。起重机的起升高度见图 10-1。小车此时在最小幅度处。

5. 工作速度（v）

起重机的工作速度主要包括起升、变幅、回转和行走的速度。对伸缩式起重机还包括吊臂伸缩速度和支腿收放速度。这些均是指起吊额定起重量时的速度。

起升速度是指起重吊钩（或取物装置）的上升速度，单位 m/min；变幅速度是指起重吊钩（或取物装置）从最大幅度移到最小幅度的平均线速度，单位 m/min；回转速度是指转台每分钟的转数，单位 r/min；行走速度是指起重机整机移动速度，单位 m/min 或 km/h。

6. 轨距与轮距

轨距是指两根轨道中心线之间的距离。轮距是指前后轮组之间的中心距离。轨距与轮距是两个重要参数，因为它直接影响起重机的稳定性和起重机本身尺寸。

7. 自重、配重

自重是指起重机处于工作状态时其自身的全部重量，单位为 t。它反映了起重机设计、制造和材料的生产技术水平。配重是为了平衡起重臂工作时的起重载荷而配置的。

10.1.4 起重机的工作级别

起重机是间歇工作的机械，工作状态具有重复短暂的特点，作业时各机构时开时停，时而正转时而反转，每天工作班次也不一样，故机械及其机构的繁忙程度不同。此外，各种起重机的载荷轻重也不一样，有的经常满载，有的只吊轻载。起重机的工作级别，就是表示起重机工作的繁忙程度和工作条件的参数，是起重机工作特性的重要标志。

根据起重机工作的繁忙程度（称起重机的利用等级）见表 10-2，以及载荷情况（称载荷状态）见表 10-3，将起重机划分为 A1～A8 八个级别，见表 10-3。其目的，就是为了能够根据使用要求和工况条件合理地选用、设计和制造起重机，以取得良好的技术经济效益。

起重机的利用等级 **表 10-2**

利用等级	总工作循环次数 N	使用情况	利用等级	总工作循环次数 N	使用情况
U0	1.6×10^4		U5	5×10^5	经常中等使用
U1	3.2×10^4		U6	1×10^6	
U2	6.3×10^4	不经常使用	U7	2×10^6	
U3	1.25×10^5		U8	4×10^6	繁忙地使用
U4	2.5×10^5	经常轻闲使用	U9	$>4\times10^6$	

起重机的载荷状态名义载荷谱系数 K_q、工作级别划分 **表 10-3**

载荷状态	名义载荷谱系数 K_q	利用系数										说明
		U0	U1	U2	U3	U4	U5	U6	U7	U8	U9	
Q1-轻	0.125			A1	A2	A3	A4	A5	A6	A7	A8	很少起升额定载荷，一般起升轻微载荷
Q2-中	0.25		A1	A2	A3	A4	A5	A6	A7	A8		有时起升额定载荷，一般起升中等载荷
Q3-重	0.5	A1	A2	A3	A4	A5	A6	A7	A8			经常起升额定载荷，一般起升较重载荷
Q4-特重	1.0	A2	A3	A4	A5	A6	A7	A8				频繁地起升额定载荷

10.2 起重机的主要零部件

10.2.1 钢丝绳

1. 钢丝绳的构造与类型

钢丝绳是起重机械和其他建筑机械中用于起吊、牵引或捆扎重物的挠性零件，具有强度高、韧性好、耐磨、自重轻、工作平稳、能承受冲击载荷以及不易骤断等特点。

(1) 钢丝绳的构造

起重机用的钢丝绳是由直径为0.4～2mm，其抗拉强度为1200～2000MPa的高强度钢丝编绕而成。钢丝有光面钢丝(NAT)、A级镀锌钢丝(ZAA)和B级镀锌钢丝(ZBB)。

(2) 钢丝绳的分类

1) 按照编绕的方式分为：单绕、双重绕等类型。单绕是一层或数层钢丝编绕而成；双重绕是先由钢丝绕成股，再由若干股围绕绳芯绕成绳，双重绕钢丝绳是起重机中最常用的一种。而双重绕钢丝绳又有以下类型：

a. 右同向绕绳(ZZ)、左同向绕绳(SS)[图10-2(*a*)]

同向绕钢丝绳在编绕时，其钢丝绕成股与股绕成绳的方向相同(即同为右旋或左旋)。这种钢丝绳的各钢丝之间接触良好，表面较平滑，挠性好，磨损少，使用寿命较长；但容易松散和扭转，不宜用来悬吊重物，只适宜用于经常保持张紧状态的地方。

b. 右交互绕绳(ZS)、左交互绕绳(SZ)[图10-2(*b*)]

交互绕钢丝绳在编绕时，其钢丝绕成股与股绕成绳的方向相反。即右交互绕绳：钢丝绕成股为左旋，股绕成绳为右旋；左交互绕绳则相反。这种绳的刚性较大，挠性和使用寿命都较顺绕绳差，但由于绳与股的扭转趋势相反，丝与股的扭动自身抵消，克服了扭转和易松散的缺点。是目前起重机中应用较广的钢丝绳。

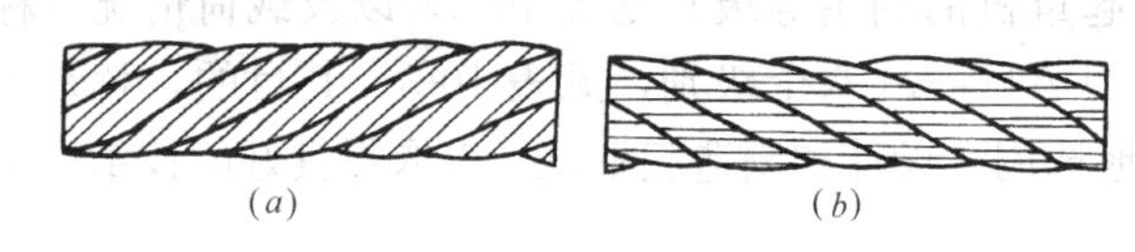

(*a*)　(*b*)

图10-2　双重绕钢丝绳

2) 按钢丝绳中钢丝与钢丝的接触情况分为：

a. 点接触绳[图10-3(*a*)]

点接触绳的绳股中各层钢丝直径均相同，而内外各层钢丝的节距不同，相互交叉，形成点接触，其特点是接触应力高，寿命短，但制造工艺简单，价格低，起重机中应用较广。常用的点接触绳有6×19和6×37两种形式。图10-4(*a*)所示为6×19的截面形状。

b. 线接触绳[图10-3(*b*)]

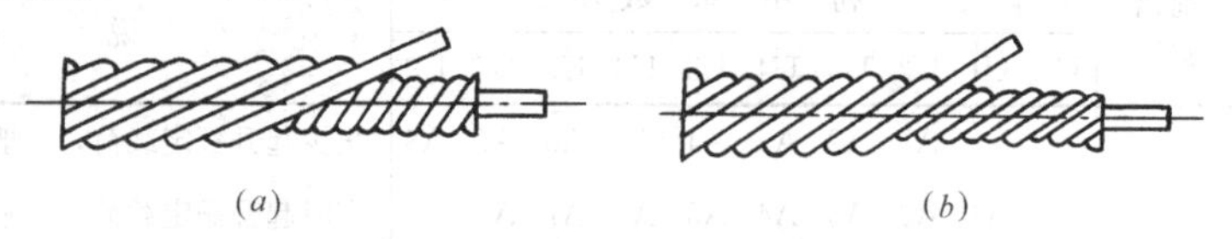

(*a*)　(*b*)

图10-3　点接触绳和线接触绳

(*a*) 点接触式；(*b*) 线接触式

线接触绳的绳股由不同直径的钢丝绕制而成，各层钢丝的节距相同，并使外层的钢丝位于内层钢丝之间的沟槽内，内外层钢丝之间形成线接触。特点是接触情况好，承载能力大，挠性好，抗疲劳性能也较好，所以在起重机中应用广泛。

线接触绳又分为S型[西鲁型或外粗式，图10-4(*b*)]，W型[瓦林吞型或粗细式，图10-4(*c*)]，F型[填充型，图10-4(*d*)]。S型绳股中同层钢丝直径相同，外层钢丝最粗。W型绳股的外层钢丝粗细不同，粗钢丝位于内层细钢丝的沟槽中。F型绳股在内层钢丝沟槽中填以极细的钢丝，再包上外层钢丝，使其填充系数大，挠性高。

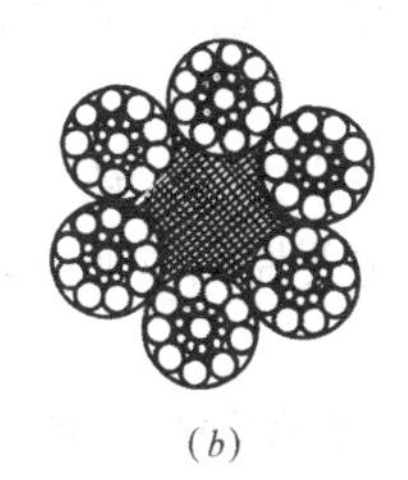
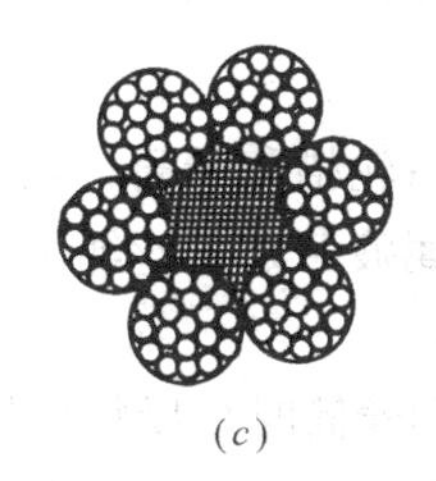

(*a*) (*b*) (*c*) (*d*)

图 10-4 钢丝绳的截面形状

(*a*) 点接触式；(*b*) 线接触 S 型；(*c*) 线接触 W 型；(*d*) 线接触 F 型

为了使起升高度大时钢丝绳不扭转，现已生产有无扭转钢丝绳，其原理是使绳股所产生的扭转力矩方向相反而大小相等；也有在绕制工艺上采用预变形加工同向绕方法，即在成绳前，使绳股获得应有的弯曲形状，完全消除扭转、松散现象。

(3) 钢丝绳的绳芯

绳芯分为：纤维芯（FC）、天然纤维芯（NF）、合成纤维芯（SF）、金属丝绳芯（IWR）。纤维芯钢丝绳具有较高的挠性，弹性好，但承受横向压力及耐高温性能差。金属芯钢丝绳强度高，能承受高温和横向压力，但挠性差。

2. 钢丝绳的标记方法

钢丝绳是标准化产品，按照国家标准（GB 8918—2006），钢丝绳的标记方法示例如下：

钢丝绳 18 NAT 6×19 S+NF 1770 ZZ 190 GB 8918—2006

其中 18——钢丝绳的公称直径（18mm）；
NAT——钢丝表面状态（光滑）；
6——股数（6 股）；
19——每股中钢丝数（19 根钢丝）；
S——结构形式（西鲁式）；
NF——天然纤维芯；
1770——钢丝公称抗拉强度；
ZZ——右同向绕；
190——最小破断拉力；
GB 8918—2006——产品标准号。

3. 钢丝绳的选择计算

钢丝绳在工作时，受力情况复杂多变，内部应力状态也是比较复杂的。目前选择钢丝绳通用的计算方法是根据钢丝绳工作时所受最大静拉力，由简化静力计算法确定。

钢丝绳工作时所承受的最大工作静拉力 S_{max} 应满足下式要求：

$$S_{max} \leqslant \frac{S_p}{K} \quad (kN) \tag{10-1}$$

式中 S_p——钢丝绳的钢丝破断拉力总和，kN；查相关手册。

K——安全系数，见表 10-4。

安全系数 *K* 和系数 *e* 值 **表 10-4**

起重机类型	工作类型		*K*	*e*
塔式、自行式桅杆式起重机	手动		4.5	16
	机械驱动	轻级	5.0	16
		中级	5.5	18
		重级	6.0	20
载人起升机构			9.0	30

根据计算结果，按 GB 8918—2006 的有关表格可选择所需用的钢丝绳直径及规格。

4. 钢丝绳的使用寿命

钢丝绳在工作时进出滑轮槽和卷筒，除产生拉应力外，还有挤压、弯曲、接触和扭转等应力，因此而造成的金属疲劳是钢丝绳破坏的主要原因。所以，要延长钢丝绳的使用寿命，应考虑以下几个因素：

(1) 钢丝绳绕过滑轮和卷筒时，反复弯折，使钢丝绳加剧疲劳，降低寿命，因此应尽可能减少弯折次数，尤其是反向弯折应避免，如图 10-5 所示。

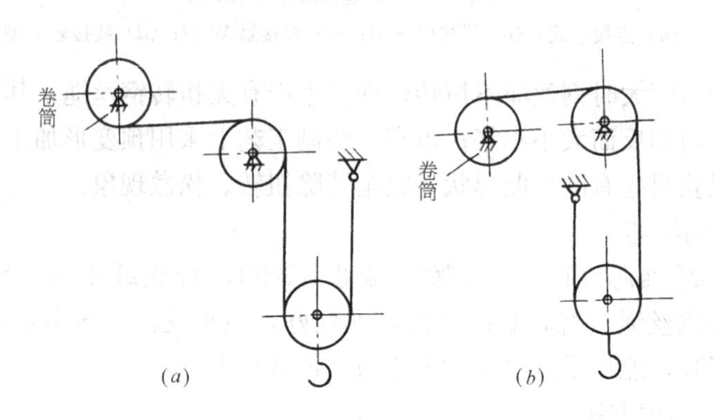

图 10-5 钢丝绳的绕轮方向

(a) 反向；(b) 同向

(2) 滑轮和卷筒直径较小时，钢丝绳的弯曲应力、挤压应力增大，降低使用寿命，因此滑轮和卷筒直径 D 与钢丝绳直径 d 之间必须要有适当的比率，即 $D/d \geqslant e$，e 值见表10-4。

(3) 滑轮与卷筒的材料太硬，对钢丝绳的寿命不利，因此常用铸铁做滑轮和卷筒材料。

(4) 润滑不良，将使钢丝绳锈蚀，降低使用寿命，因此应加强维护保养。

5. 钢丝绳的报废标准

钢丝绳破坏时，外层钢丝由于疲劳和磨损首先开始断裂，随着断丝数的增加，破坏速度逐渐加快，当断丝数量发展到一定程度时，就保证不了钢丝绳的使用安全性，所以钢丝绳的报废标准规定为：当钢丝绳中的一个节距内（即钢丝绳一股的螺距）的钢丝断丝数达到规定的百分数时，即为报废。对于交绕绳报废标准为断丝数达到总丝数的 10%；对于顺绕绳为断丝数达到总丝数的 5%；对于运送人或危险物品的钢丝绳的报废断丝数标准减半。

此外，报废标准还应考虑钢丝绳的径向磨损与腐蚀。当钢丝绳中有一股折断，或外层表面钢丝磨损或腐蚀量达 40%时，不论断丝多少，应立即报废。当低于 40%时，断丝数的报废标准见表 10-5。

钢丝绳报废断丝数标准的折减 **表 10-5**

外层钢丝直径磨损（%）	10	15	20	25	30	40
报废断丝数标准的折减为（%）	85	75	70	60	50	报废

6. 钢丝绳端头固接方法

钢丝绳在使用时需与其他零件连接，其端头固接方法主要采用以下几种：

(1) 绳卡固定法 [图 10-6 (*a*)]

绳卡由 U 形螺栓、底板和螺母组成，钢丝绳绕过心形套环后，绳卡底板应扣在绳的工作段上，U 形螺栓扣在绳的尾段上。此种固接方法，简单可靠，应用十分广泛。用绳卡固定时，其绳卡的数量与钢丝绳的直径有关，当 $d \leqslant 16$mm 时，取 3 个；$16 < d \leqslant 27$ 时，用 4 个；$27 < d \leqslant 37$ 时，用 5 个；$d > 38$ 时，用 6 个。

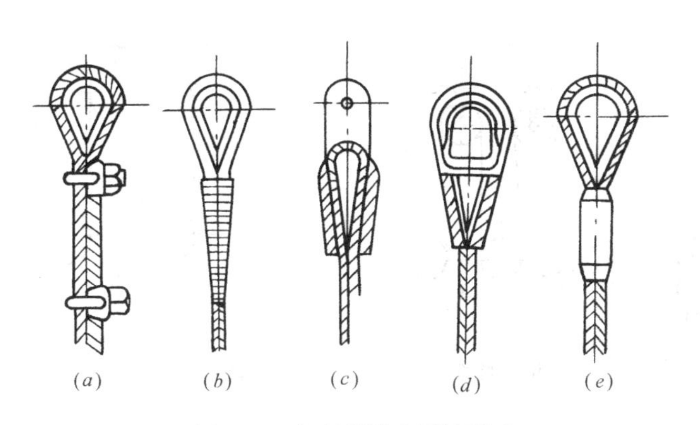

图 10-6 钢丝绳端头固接形式

(2) 编结法 [图 10-6 (*b*)]

钢丝绳的端头绕过套环后与自身编结在一起，然后用细钢丝绑紧，d 为钢丝绳直径，绑扎长度 $l=(20 \sim 30)d$，同时 l 不应小于 300mm。

(3) 楔形套筒固定法[图 10-6(*c*)]

用特制的钢丝绳斜楔固定，但不宜用于承受振动载荷的情况，以免有拉脱危险。

(4) 灌铅法[图 10-6(*d*)]

将绳端拆散，穿入锥形套筒内，并将钢丝末端弯成钩状，然后灌入熔铅，冷却即成。

(5) 铝合金压头法 [图 10-6 (*e*)]

将钢丝绳端头拆散后分为六股，各股留头错开，并切去绳芯，弯转 180°后用钎子分别插入绳的各股之间，装入铝合金套管中，然后用压力机压制成形，这种方法加工工艺性好，重量轻，安全可靠。

10.2.2 滑轮与滑轮组

1. 滑轮

滑轮是起重机械中一种专用零部件，主要用来引导钢丝绳，改变钢丝绳的运动方向，平衡钢丝绳分支的拉力。并常用若干个滑轮构成滑轮组，达到省力或变速的目的。

滑轮按用途可分为定滑轮与动滑轮。装在固定轴上的滑轮称定滑轮。装在可移动轴上的滑轮称为动滑轮。

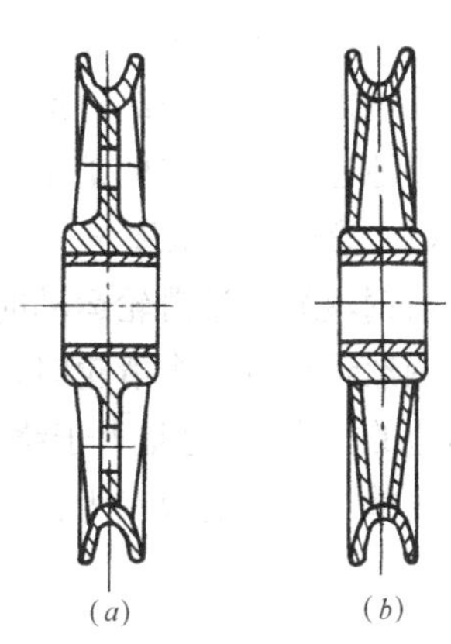

图 10-7 滑轮

(*a*) 铸造滑轮；(*b*) 焊接滑轮

滑轮的材料通常采用铸铁或铸钢，铸铁滑轮[图 10-7 (*a*)]对钢丝绳的寿命较为有利，但性脆且强度较低。对重型工作情况常采用铸钢滑轮。为减轻滑轮的重量，可采用焊接滑轮[图 10-7(*b*)]。用尼龙和铝合金制成的滑轮，质量轻，并可提高钢丝绳的寿命。

滑轮的主要尺寸是直径 D，即滑轮槽底处的直径。如前面所述，选择应满足 $D\geqslant ed$ 的要求。滑轮的其他尺寸已有标准，可查阅有关手册。

2. 滑轮组

在起重机械中常常利用一组滑轮进行工作，这种由钢丝绳依次绕过若干个定滑轮和动滑轮所组成的装置称为滑轮组（图 10-8）。

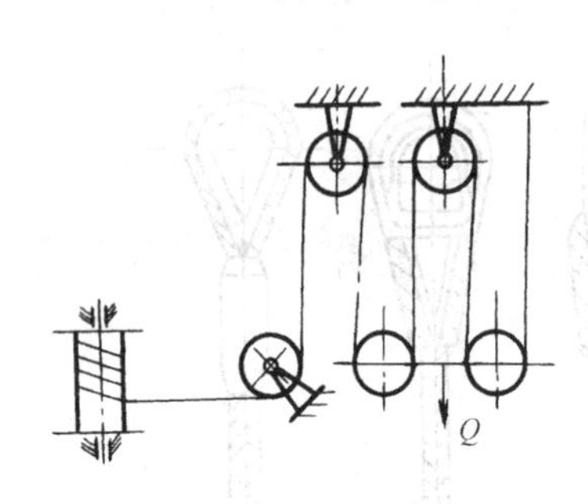

图 10-8　简单滑轮组

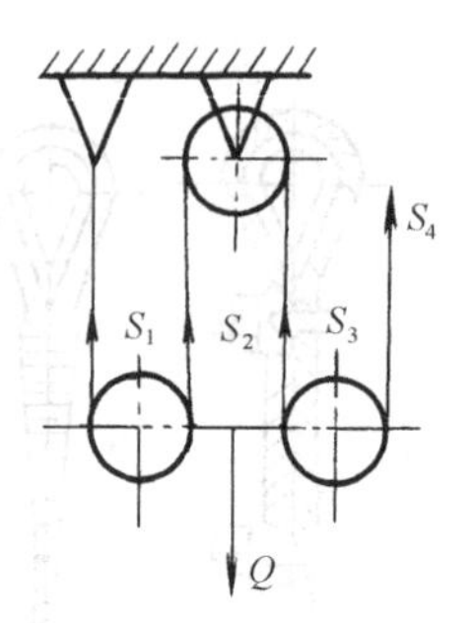

图 10-9　滑轮组的效率

滑轮组按工作原理，可分为省力滑轮组和增速滑轮组两种。前者是起重机和建筑机械上最常用的形式，它可以用较小的拉力起吊或牵引较大的重物。后者可用来改变从动载荷的速度或位移。以下主要介绍省力滑轮组。

（1）滑轮组的倍率 α

倍率 α 是滑轮组在工作时省力的倍数，其大小等于滑轮组中承载分支数 Z_2 与绕入卷筒的钢丝绳分支数 Z_1 之比，倍率 α 也是滑轮组的减速比，即绕入卷筒的钢丝绳速度 v_1 与重物上升速度 v_2 之比。由下式表示：

$$\alpha=\frac{Z_2}{Z_1}=\frac{v_1}{v_2} \tag{10-2}$$

滑轮组倍率的大小关系到钢丝绳的合理选用和机构的尺寸参数。当倍率增大时，钢丝绳每个分支拉力减小，钢丝绳、滑轮及卷筒的直径也可减小，卷筒所需的驱动力矩也小，但滑轮数目增多，钢丝绳绕过滑轮的次数增加，滑轮组的效率降低，钢丝绳的磨损加快。因此应恰当地选用滑轮组的倍率。

（2）滑轮组的效率 η_0

当钢丝绳绕过滑轮运动时，如不考虑阻力，绕入边拉力等于绕出边拉力。但实际上，每当钢丝绳绕过一个滑轮时，就要产生一定摩擦损失，因而滑轮两边的拉力是不相等的，绕出边的拉力 S_2 总是大于绕入边的拉力 S_1（图 10-9）。

故单个滑轮的效率为：

$$\eta=\frac{S_1}{S_2}<1 \tag{10-3}$$

倍率为 α 的滑轮组效率为 η_0 为：

$$\eta_0=\frac{1-\eta^{\alpha}}{\alpha(1-\eta)} \tag{10-4}$$

由此可见，η_0 与倍率 α 和 η 有关。各种倍率的滑轮组效率见表 10-6。

各种倍率时的滑轮组效率　　表 10-6

滑轮效率 η	倍率 α						
	2	3	4	5	6	7	8
滑动轴承 0.95	0.975	0.95	0.93	0.90	0.88	0.86	0.84
滚动轴承 0.98	0.99	0.98	0.97	0.96	0.95	0.94	0.93

(3) 绕入卷筒钢丝绳的最大拉力

当钢丝绳绕过倍率为 α 的滑轮组，经过 n 个导向轮绕入卷筒，起重载荷为 Q 时，卷筒上的钢丝绳的最大拉力 S_{max} 为：

$$S_{max}=\frac{Q}{\alpha\cdot\eta_0\cdot\eta^{n}} \tag{10-5}$$

式中　η_0——滑轮组效率，见表 10-6；

η——导向滑轮效率，取 $\eta=0.96$。

【例 10-1】　如图 10-8 所示，钢丝绳绕过滑轮组，经导向轮进入卷筒，当起重载荷为 Q 时，求绕入卷筒钢丝绳的拉力。

解：由图可知，滑轮组的倍率 $\alpha=4$，查表 10-6 得滑轮组效率 $\eta_0=0.97$（滚动轴承）。绕入卷筒钢丝绳的拉力：

$$S_{max}=\frac{Q}{\alpha\cdot\eta_0\cdot\eta^{n}}=\frac{Q}{4\times0.97\times0.96^{2}}=0.28Q$$

故，当滑轮组的倍率 α 为 4 时，绕入卷筒上的钢丝绳拉力为起吊重物载荷的 28%。

10.2.3　卷筒

卷筒是起重机械用来卷绕钢丝绳的部件，同时是运动转换的简单可靠部件，即将本身的回转运动转换为钢丝绳的直线运动；亦是运动转换的部件，即将本身的驱动力矩转换成钢丝绳的牵引力。

1. 卷筒的类型

主要有光面卷筒和槽面卷筒（图10-10）。

光面卷筒用于多层钢丝绳卷绕，所以一般容量较大，因而对减小卷筒尺寸较为有利。但多层卷绕的钢丝绳所受的压力大，相互摩擦大，对钢丝绳寿命不利。在起重机中，所卷绕的钢丝绳一般都很长，故常采用光面卷筒。

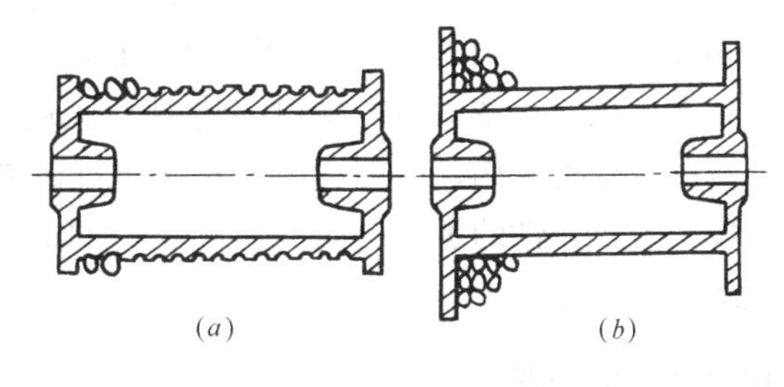

图 10-10　卷筒

(a) 槽面卷筒；(b) 光面卷筒

槽面卷筒通常用于单层钢丝绳

的卷绕。这种卷筒的外表面加工有螺旋槽，使钢丝绳与卷筒的接触面积增加，减少接触应力，减小钢丝绳相互间的摩擦，从而提高了钢丝绳的使用寿命，但容绳量较小。

卷筒常用灰铸铁、球墨铸铁或铸钢制成，大型卷筒多用钢板焊接而成。

2. 卷筒的主要尺寸有

(1) 卷筒的名义直径 D：该直径是从绕在卷筒上的钢丝绳中心算起的直径。它可按公式 $D \geqslant ed$ 计算。

(2) 卷筒的长度 L：由所需卷筒的钢丝绳长度来决定。

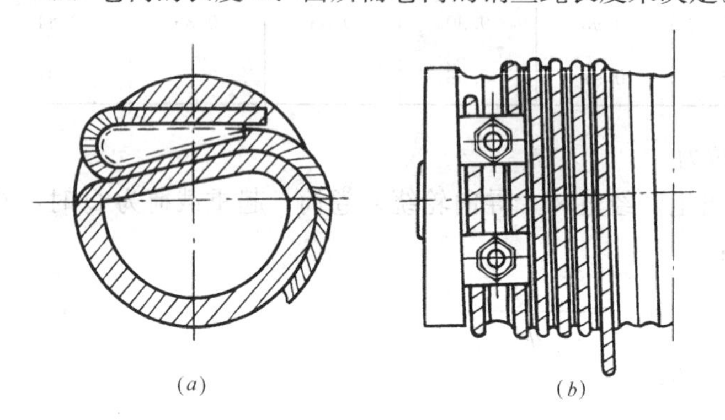

图 10-11 钢丝绳在卷筒上的固定

(3) 卷筒的壁厚 δ：取决于卷筒在钢丝绳拉力的作用下，产生的弯曲、扭转和压缩应力。一般采用简化算法，具体可参考有关手册。

3. 钢丝绳端头在卷筒上的固定方法

(1) 楔形块固定法：在筒壁上有楔形孔，绳端嵌入孔中，并用楔形块夹紧，适用于直径较细的钢丝绳 [图10-11(*a*)]。

(2) 压板螺栓固定法：用压板将绳端压住，靠螺母拧紧。此法简单可靠，应用比较广泛 [图 10-11(*b*)]。

钢丝绳在卷筒上应保留 2～3 圈作为安全圈不能放出，以保证工作时钢丝绳不至于从卷筒上拉脱。

10.2.4 吊钩和其他取物装置

吊钩是起重机械中最常用的取物装置，由于吊钩在提起重物过程中受力大且受冲击载荷，因而要求必须安全可靠。一般中小起重量的吊钩常用 20 号或 16Mn 钢锻造而成，锻后还要经过退火处理并去鳞片，表面应光洁，不许有毛刺疤痕、裂纹等，也不许用焊接方法对裂纹等缺陷进行填补。吊钩也不能用铸造的方法加工。

起重吊钩分单钩和双钩两种（图 10-12），其中单钩应用较广。吊钩的形式和尺寸均已标准化，使用时可根据起重机的起重量和工作级别查阅有关手册。

除吊钩以外，起重机还常用其他取物装置（图 10-13）。

双颚抓斗 [图 10-13 (*a*)] 用于装卸散粒物料，有单绳操纵和双绳操纵两种，应用比较广泛；多爪抓斗 [图 10-13 (*b*)] 用于抓取大块物料，多为双绳操纵；马达抓斗 [图 10-13 (*c*)] 自带开闭机构，抓取力较大；起重电磁铁利用电磁吸盘 [图 10-13 (*d*)] 取物，用于吸取具有导磁性的黑色金属及其制品，可以大大缩短装卸时间；夹钳 [图 10-13 (*e*)] 用于搬运成件物品。

10.2.5 制动器

制动器是实现停止或减缓机械运动速度的装置，也称为闸或刹车，用以保证工作的准

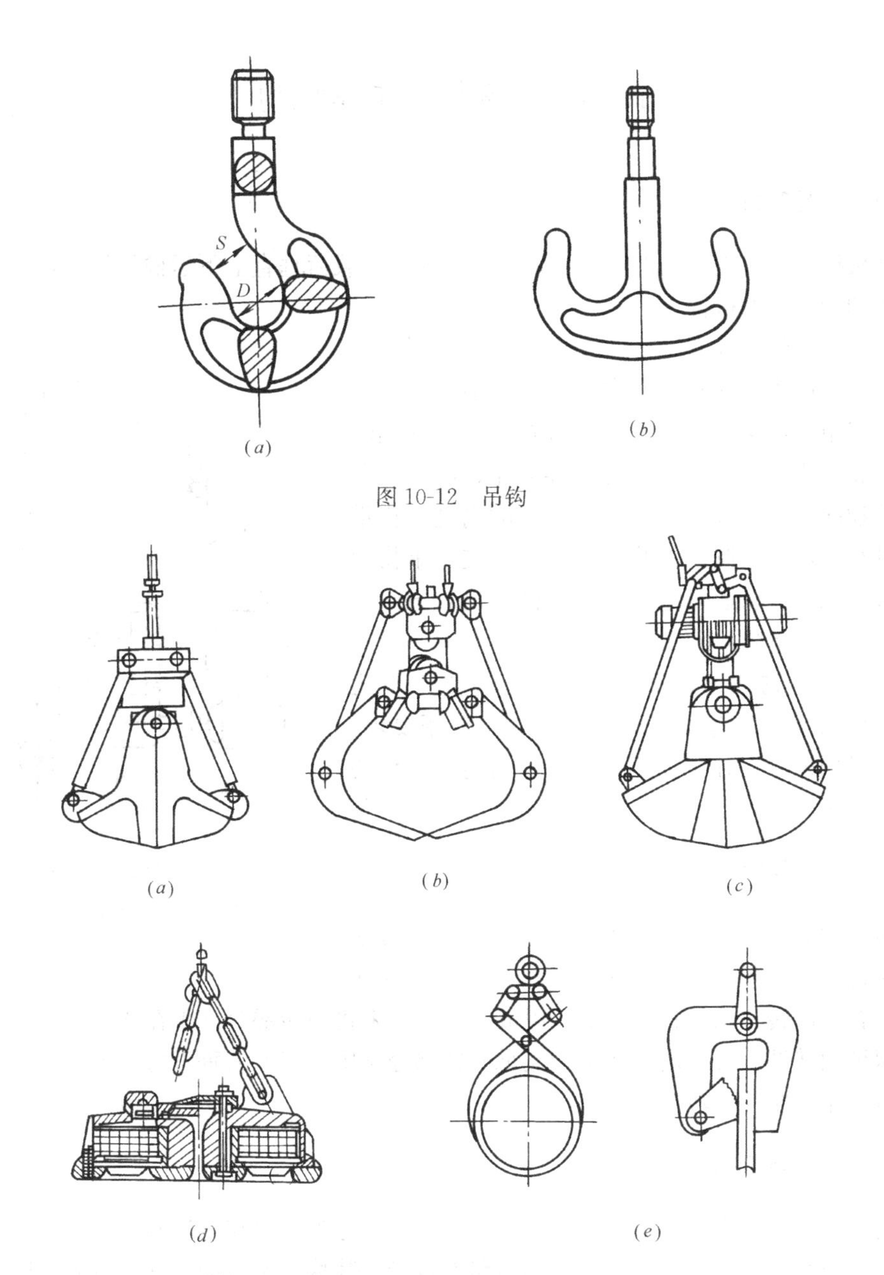

图 10-12　吊钩

图 10-13　其他取物装置

(a) 双颚抓斗；(b) 多爪抓斗；(c) 马达抓斗；(d) 电磁吸盘；(e) 夹钳

确性和安全。在起重机械中，各种制动器应具有以下的功能；有足够的制动力矩，工作安全可靠，制动平稳，松闸迅速，摩擦材料的耐热和散热性能好，操纵灵活等。

起重机上常采用的制动器主要有带式和块式两种结构形式。根据工作状态，制动器还分为常开式和常闭式两种，常闭式制动器经常处于制动状态（闭闸），仅当让机构运转时才打开（松闸），常开式制动器经常处于松闸状态，只有需要时才进行制动。

制动器通常安装在机构的高速轴上，由于高速轴的工作转矩小，所需制动力矩也小，其外形结构也较为紧凑。制动器大多为标准产品，根据所需可从标准产品中选取。

10.3 起重机的工作机构

10.3.1 起升机构

起升机构用来实现重物的升降运动，是完成起重载荷垂直上下运输的机构，它是起重机最主要和最基本的机构。

图 10-14 为常用的起升机构简图，当机构工作时，动力由电动机产生，通过联轴器、减速器后，以一定的转速和扭矩传递给卷筒，从而使绕在卷筒上的钢丝绳 4 进行卷入或放出运动，并通过导向轮、滑轮组及吊钩使重物起升或下降。当需要在一定的高度停止重物时，可利用常闭式制动器将机构制动，支持重物的重量。起升机构可以通过改变电动机的正反转方向使起吊载荷上升或下降。

为保证起吊物快速、准确、安全地垂直上下运输，起升机构一般具有不同的速度以满足使用要求。这种起升机构也可以独立使用，此时就是通常所称的卷扬机（或称绞车）。

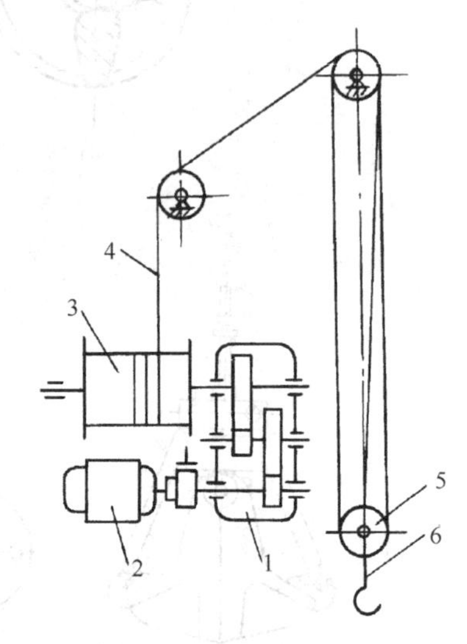

图 10-14 起升机构示意图
1—减速器；2—电动机；3—卷筒；4—钢丝绳；5—滑轮组；6—吊钩

10.3.2 回转机构

回转机构的作用是使起吊重物绕起重机的回转中心作旋转运动，使起重机扩大工作范围。它主要由回转支承装置和回转驱动装置两大部分组成。前者用来将回转部分支承在非回转部分上，其作用是保证回转部分有确定的运动和支承回转部分作用于其上的垂直力、水平力和倾翻力矩。后者是用来驱动回转部分转动的装置。

10.3.3 行走机构

行走机构是使起重机整机行走移位的机构。它可分为无轨与有轨两种。

前者主要采用轮胎或履带在普通的道路上行走，其特点是机动性好，行驶速度快，作业范围广，转移方便，但需要专门制造行走底盘，技术水平要求较高。一般自行式起重机，如汽车式、轮胎式、履带式均属无轨运行。

后者是依靠刚性车轮在专门铺设的轨道上行走，主要由驱动电机、传动装置和行走车轮等部件组成。其特点是构造简单、结构紧凑、行走阻力小，行走钢轮承载能力大，并可带载行走。

后者又有集中驱动和分别驱动两种形式。集中驱动是在行走机构中只有一套驱动装置，通过传动轴来驱动两边行走车轮，由传动轴直接驱动的车轮，称为主动轮，其余的为从动轮。分别驱动是在行走机构中，装有两台以上的驱动装置，每台驱动装置驱动起重机的一个主动行走轮。

为了防止起重机因外力（风力等）作用而在轨道上滑行发生事故，有轨行走装置上装有手动夹轨器，在非工作状况或作固定式起重机使用时，利用夹轨器将起重机夹持在轨道上，以保证安全。

有轨行走机构适用于有固定场地的轨距较大的门式起重机。在大型水利工地，多有采用门式行走机构的塔式起重机。

10.3.4 变幅机构

变幅机构用于改变起重机的工作幅度，即改变起重机吊钩到回转中心线之间的水平距离，以扩大起重机的工作范围，并使起吊重物可作短距离的水平方向移动。

建筑起重机的变幅机构可分为：小车变幅、动臂变幅和伸缩臂变幅（图 10-15）。

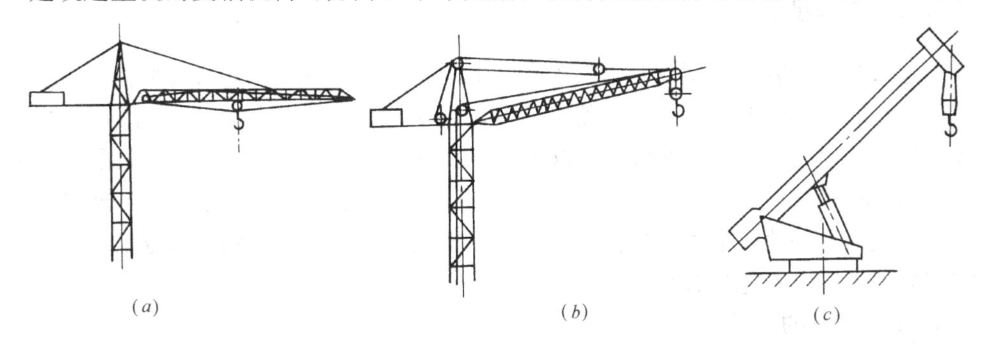

图 10-15 变幅方式
(a) 小车变幅；(b) 动臂变幅；(c) 伸缩臂变幅

小车变幅是采用专门的起重小车在水平吊臂上来回运行，吊钩及钢丝绳滑轮组等都安装在起重小车上，起吊重物随小车运行以达到变幅的目的，起重小车的运行，是靠变幅卷扬机、滑轮组和钢丝绳所组成的变幅机构驱动的。变幅卷扬机卷筒可正反转，牵引小车沿水平臂作往返运动，被吊起的重物即可作水平运动，起吊方便、转运速度快、省功率、幅度有效利用率大。但吊臂承受较大的正反弯矩，所以吊臂构造复杂，自重较大。

动臂变幅：动臂变幅包括铰接臂动臂变幅，它是通过改变吊臂的仰俯角度来实现的。这种变幅机构是将吊钩、钢丝绳滑轮组等都安装在吊臂的端头，变幅机构工作时，使吊臂作仰俯运动，从而改变吊钩与回转中心的距离。动臂变幅的臂架受力良好，因而臂架结构较简单，自重较轻，但幅度有效利用空间较小，变幅速度不均匀，变幅时其机构所需驱动功率较大。

伸缩臂变幅：尤以汽车起重机使用最为广泛。这种起重臂一般为多节厢形臂架套装而成，工作时根据需要改变伸缩吊臂的长度和仰角，同时也改变了工作幅度。其臂长和仰角的改变都是通过变幅液压油缸来实现的。其结构简单、紧凑、重量轻、工作平稳且操纵灵活。

变幅机构按传动方式可分为机械式和液压式两种。前者主要由变幅卷扬机、变幅滑轮组、钢丝绳等组成。其中小车式变幅机构的变幅卷筒比较小，钢丝绳的缠绕圈数少，卷筒可以正、反转，牵引小车沿水平吊臂作往返运动。它传动可靠，操作方便，但机构复杂，自重大。后者是通过变幅油缸改变吊臂仰俯角来实现变幅的，其结构简单、紧凑、重量轻，工作平稳且操纵灵活，多用于自行式起重机。

10.4 自行式起重机

自行式起重机是起重机械中通用的一种起重设备，广泛地应用在建筑工程、工业设备安装、港口码头、车站仓库以及市政建设中。其特点是通用性强、机动灵活、行驶速度快、可迅速转移作业场地等，但起重高度和工作幅度受到一定限制，不适于高层建筑的施工。

自行式起重机按行走装置（底盘）的不同，可分为汽车式、轮胎式和履带式三种类型。

10.4.1 汽车起重机

汽车起重机是指装在通用或专用汽车底盘上的起重机，汽车原有的驾驶室用作起重机行驶操纵，在回转平台上另设有一驾驶室，专门用于起重作业操纵，因而有两个驾驶室。汽车起重机行驶速度高，多在60km/h以上，一般可与汽车编队行驶，具有载重汽车的行驶性能，因而转移工地迅速方便。但汽车起重机的布置受汽车底盘的限制，通常车身较长，转弯半径大，场地狭窄时不好作业；并且只能在起重机左右两侧和后方工作。由于作业时需打支腿，所以不能带载行驶。

1. 汽车起重机的分类

(1) 汽车起重机按传动方式可分为机械传动、电传动［图10-16(*a*)］、液压传动［10-16(*b*)］三种。目前汽车起重机广泛采用液压传动，因其具有结构紧凑、传动比大、传动平稳、操纵省力、重量轻等特点。

(2) 汽车起重机按起重臂的结构形式可分为桁架臂［图10-16(*a*)］和箱形伸缩臂［图10-16 (*b*)］两种。桁架臂用钢丝绳滑轮组变幅，箱形伸缩臂用液压油缸变幅。

桁架臂自重轻，但基本臂即工作臂一般为定长，工作幅度和起升工作高度较小，当需要时，吊臂可人工接长，十分方便。这种桁架式汽车起重机多为小型机械传动起重机，采用汽车通用底盘，由于传动和使用性能上较落后，现已逐渐被液压箱形臂起重机所替代。

箱形伸缩臂是采用几节不同尺寸的箱形截面，并套装在一起而成。其中最外面即最下面的一节称为基本臂，直接与回转平台铰接，其上依次为第二节臂、第三节臂，一般起重臂节数为2～4节。工作时靠专门的一套液压伸缩机构使起重臂逐节伸出达到所需的工作高度和幅度，不工作时起重臂依次缩回，以保证转移时在公路或城市道路上顺利行驶。

为了进一步提高汽车起重机的起升高度，在箱形臂端通常还配备了构造简单、自重轻的可折叠桁架式副臂，以供作业时灵活选用。如利勃海尔的LTM1160/1等型起重机上都装有这种起重臂，其最大的起升高度可达98m。

(3) 按起重量大小分为：小型（3～12t）、中型（16～50t）、大型（65～125t）；125t以上为特大型。常用汽车起重机的起重量在16～40t之间。

2. 汽车起重机的组成

汽车起重机由吊钩、起重臂（臂架）、回转机构、行走机构、支腿和配重等组成。

为了提高抗倾覆性，增加稳定性，汽车起重机作业时，必须要打支腿，用刚性支腿支

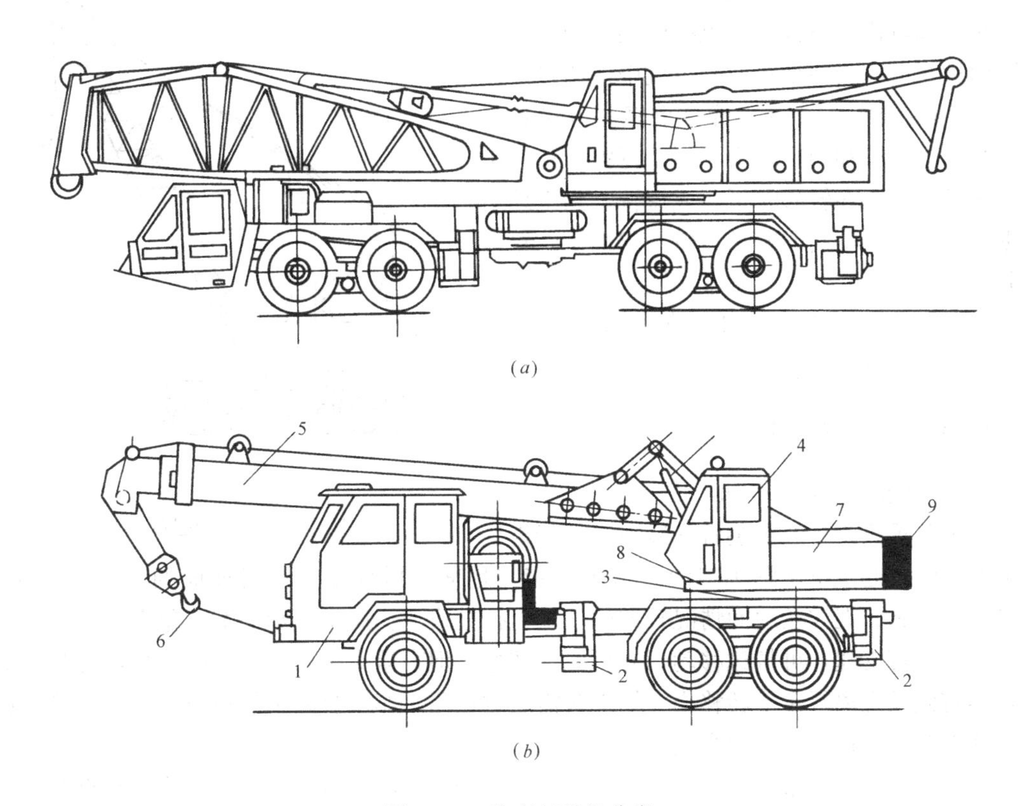

图 10-16　汽车起重机分类

(a) QD100 型接长臂汽车起重机；(b) 液压汽车起重机构造示意图

1—底盘；2—支腿；3—转台；4—操纵室；5—吊臂；6—吊钩；7—变幅液压缸；8—回转支承；9—配重

承于地面上，用以传递起重载荷。支腿形式常见有蛙式、H 式及 X 式三种，都是液压传动的，起重作业时，支腿在液压缸活塞杆的带动下伸出并支承于地面，作业结束时，活塞杆缩回并带动支腿收回。

3. 汽车起重机的型号和主要参数

(1) 型号：我国汽车起重机的型号编制方法为：Q—汽车起重机；Y—液压式。如：QY-25，QY-16，分别表示额定起重量为 25t 和 16t 的全液压汽车起重机。近年来我国引进国外先进技术生产的液压起重机日益增多，其编号与我国制定的编号不一致。如：LTM1050，CXP1032 等就是引进德国 LIEBHER 技术生产的全液压汽车起重机。

(2) 主要参数：额定起重量(t)，起升高度(m)、工作幅度(m)、起重力矩(kN·m)。通常用起重特性表和起升高度曲线来表示汽车起重机的主要性能参数。

10.4.2　轮胎式起重机

轮胎式起重机采用专用轮胎底盘，与汽车式起重机比较，具有轴距小，转弯性能好，仅有一个司机室，即能完成行走驾驶，又能完成起重作业操纵，工作时可在驾驶室前后左右全方位起重作业，在一定载荷范围内可带载行走，但行驶速度低于汽车式起重机。多用于港口、码头及建筑工地狭小的地方作业。

轮胎起重机的吊臂形式也有桁架臂和箱形伸缩臂两种，但在大中型轮胎起重机中桁架臂（图10-17）用得较广泛。桁架臂自重轻，可接长到数十米，分主臂和副臂，为了便于行驶转移，吊臂做成折叠式，在转移时折叠成短臂，到工地后根据需要可装成不同的臂长。轮胎起重机的箱形臂其形式与汽车式起重机基本相同。

国产的轮胎起重机编号通常表示为：QL—轮胎起重机；QLY—液压式轮胎起重机。

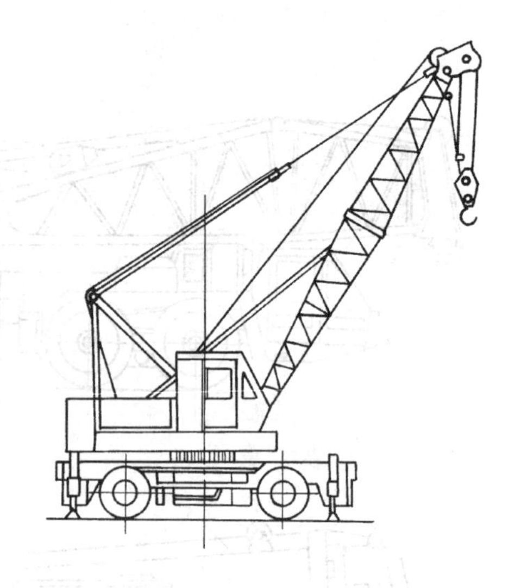

图 10-17　轮胎起重机

10.4.3　履带起重机

1. 履带起重机的特点和组成

履带起重机是将起重装置安装在履带行走底盘上的动臂式起重机（图 10-18）。由于履带与地面接触面积大，对地面的平均压强小，故可以在松软、泥泞及地面情况较差的场地上行驶作业。履带支承面宽，稳定性好，因而作业时不需打支腿，可带载移动，并可原地转弯。但自重大，对路面有破坏性，行驶速度慢，不宜做长距离行走。转移作业场地时需通过铁路平车或公路平板拖车装运。该机在建筑工地上及工业设备吊装中得到广泛的应用。

履带起重机由起重臂、回转机构、履带及起升、变幅、行走机构等组成。起重臂常采用多节桁架结构，下端铰接在转台前，顶部有变幅钢丝绳悬挂支持，有的还铰装有副臂。其起重量和起升高度较大，常用的起重量为 10～50t。常用的起重高度为 20～60m。

为提高该机的适应性和利用率，通常可一机多用，在起重作业中可变换不同的取物装置，如双吊钩、抓斗等完成各种起重工作。它也可改装成打桩机、钻孔机等。

由于履带起重机的作业特点，近年来国际上发展了履带塔式起重机（图 10-18），这种起重机更进一步提高了起升高度和工作幅度，并具有履带底盘的行驶特性。其构造主要利用履带式起重机的行走、起升、回转和变幅机构，在底盘上铰接垂直的塔身，塔身上再铰接吊臂，因而具有履带式起重机与塔式起重机的共同优点，这种机型是目前履带式起重机发展的一种新机型。

2. 履带起重机发展趋势

SCC10000 履带式起重机是上海三一科技公司自主研发的超大吨位液压起重机（图 10-19），其最大额定起重力矩为 14000t · m，最大起重量 1000t，在 2008 年获同类产品亚洲之最。当主臂和副臂组成塔式工况时，最长可达 96m+96m，此时最大起升垂直高度可达 19m。该公司针对核电站主要组成件的吊装进行考虑，成功地实现了在 50m 作业半径内，使 250t 的设备起升 50m 高，是国外同级别者所不能及的。

仅之一年，2009 年三一科技又研制成 SCC11800 新产品，该机身具 8 种工况组合。主臂带超起工况，最大起重能力已达 1180t，最大起重力矩已达 15500t · m，最长主臂 144m。变幅副臂工况最大起重能力 580t。重型固定副臂工况最大起重能力 650t，钢丝绳额定拉力 23t，发动机 597kW，采用极限荷载控制技术，控制液压总泵排量，保证发动机

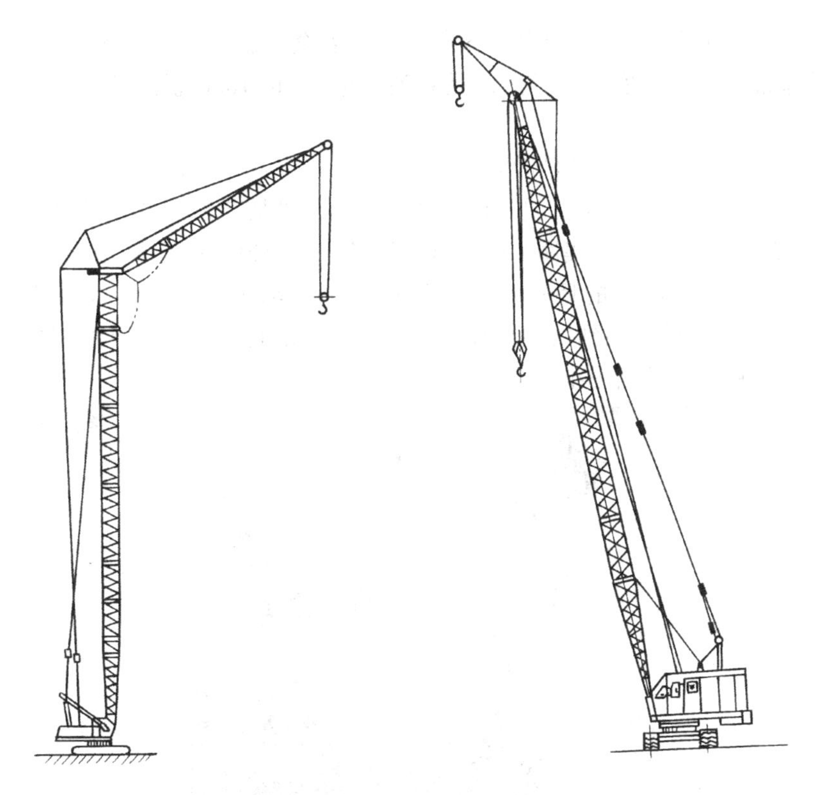

图 10-18　履带起重机与履带塔式起重机

图 10-19　三一 SCC10000 履带式起重机

输出在最佳工作状态。

SCC11800 借助强大的起重能力，优化的运输方案，可靠的控制系统和灵活的适用性，在大型吊装工程大显身手，是 2009 年最具影响的产品之一。

在国外，生产履带式起重机的公司约有 15 家，其中以德国的利勃海尔公司的产品在整体上代表国际先进水平。使用 LIC00N 控制系统安全可靠，大吨位的产品安装了全球卫星定位通信系统，可进行实时监控。产品系列齐全，LR11350 型已进入市场，其最大起重能力为 1350t×12m。

美国特雷克斯公司的产品 CC8800-1TWIN（3200t×12m）型号起重机（图 10-20）是 2 台 CC8800-1（1600t）拼成的，是目前全球最大吨位的履带起重机。其最大起重力矩为 43900t·m。2008 年中国核建集团采购了这台设备，金额超过亿元人民币，它首先在山东海阳核电站使用，它是可折的环轨结构，保证了最大运输 3.5m，最大单件运输重量为 60t。它是双臂合作起吊，独到的结构设计，具有鲜明的特点，通化（通用零部件）程度也很高，都是发展开放的新思维。

图 10-20　特雷克斯 CC8800-1TWIN(3200t×12m)

美国马尼托瓦克公司目前投入市场最大起重能力的产品为 21000（907t×8.5m）（图 10-21），它的下车有 4 组 8 条履带行走装置（四角各有一辆无炮坦克），该机具有不拘形式的设计风格。

图 10-21　马尼托瓦克 21000（907t×8.5m）

日本神钢公司的产品为 SL6000（550t×8.3m）。日本与德国的产品相比，技术性能仍有较大差距，但是，日本产品制作精良。

中国除上海三一科技公司之外，还有徐工重机、抚挖、中联重科等名列前茅。与先进国家相比，在主要性能参数等方面已具有综合可比性，但在材质，制造，外观，零部件的配套能力和配套软件等方面尚有差距。

抚挖 FWT-55 伸缩臂式履带起重机

如图10-22所示，它的最大额定起重量为55t，是在特定场合下使用的新型起重机械，主要应用在桥梁下，隧道内等高度以及建筑工地内转场频繁的场合，完全省去拆装臂架所需的人工及费用。本机同时兼备汽车起重机无需拆装臂架和可带载行走的优点，也是2008年我国最有影响力的产品。

图10-22 抚挖FWT-55伸缩臂式履带起重机

根据国内外的发展，履带起重机有下列的大趋势。

(1) 安全设计与安全控制为重中之重。

世界大吨位，不断刷新纪录。随着千吨级甚至2000吨级大型装置的一次吊装施工作业，吊装的单笔价值都越来越大，动辄逾亿元，风险越来越大，所以安全是重中之重。智能化操作控制系统，远程诊断和在线监控等可能成为产品的标准配置。

(2) 持续朝大吨位发展，以空间换时间的观点越来越深入。

随着电力，石油，造船，核电等规模越来越大，工期越来越短，为其质量和速度，施工现场提出以空间换时间的新型作业模式，对超大型起重设备的要求越来越高。例如，中国石化集团第四化建在天津滨海区百万吨乙烯工程中的千吨大塔需要起吊，就花费1.4亿人民币从国外引进最大起重能力为1600t的履带起重机，完成了“中华第一吊”。这给超大吨位的研发，制造技术的发展带来极大的促进和拉动。履带起重机不愧称起重之母。

(3) 严控的单件运输成本成为必然。

随着全球化的国际市场，对运输有着严格的要求，单件运输尺寸及重量稍有超差，即会带来运输成本的增加，因此新材料，新工艺，新设计方法及新型结构等将得到极大的关注。

(4) 打造专用和多功能变形产品。开发风电技术，混合动力技术是必由之路。

(5) 模块化，系列化，通用化，重视人性化和人机工程学，降低成本，提升产品竞争力为立足之本。

10.5 塔式起重机

10.5.1 概述

塔式起重机是现代土木工程施工及设备安装工程中主要使用的设备之一，简称塔机。该机在结构形象上突出的特点是有一个直立的塔身，在其上部装有直接进行垂直起吊工作的起重臂，并形成了广阔的“T”形结构，因而具有较高的有效起吊高度和较大的作业空间；又因它能全回转且幅度可改变，如以塔身为中心，吊臂长度为半径可形成较大的有效施工覆盖面。随着建筑物的高度增加，塔机独具的优越性就更显突出，已成为现代土木工程施工中必不可少的“良机”。它对加速施工进度、缩短工期、降低工程成本起着重要的作用，并能促进建筑新技术、新工艺的发展，是施工现代化、文明施工的象征，更是土木工程施工企业技术经济实力和企业形象的标志。随着国家建设的发展也促使塔机在性能、构造上更先进、更完善。

塔式起重机具有下列优势：

1. 塔机的吊臂较长，其直立塔身又靠近建筑物，且吊臂装在塔身的顶部，故幅度利用率很大，可达全幅度的80%。而普通的履带式、轮胎式起重机幅度利用率不超过50%。塔机的幅度利用率比其他类型的起重机高，表明它在水平面内塔机作业的范围较大(图10-23)。

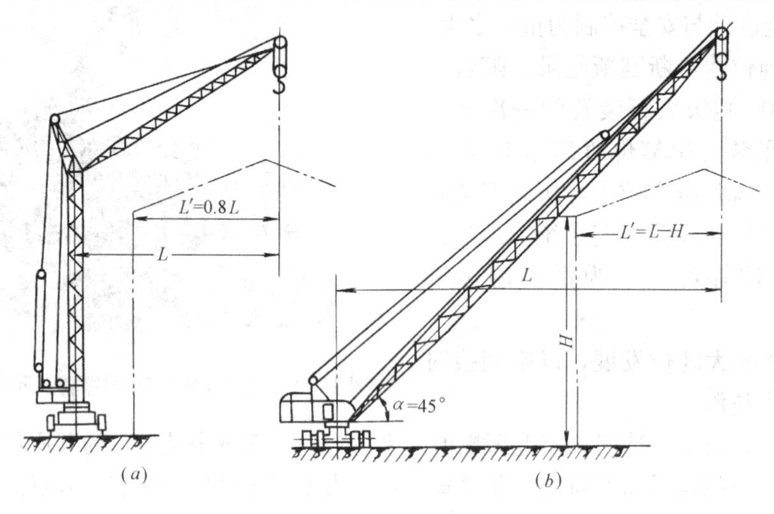

图10-23 塔式起重机和轮胎起重机幅度利用率比较

(a) 塔式起重机；(b) 轮胎起重机

2. 塔机的塔身较高，因而有较高的起升高度，可满足不同的层数及高度的建筑物与构筑物的施工。由于它的起升高度主要取决于塔身的高度，塔身越高获得的起升高度就越大。目前，采用建筑物外附着式的塔机起升高度可达200多米。

3. 塔机具有可靠的自身稳定与平衡，无须牵缆。起吊性能好，起吊重物能同时进行垂直和水平运输，并同时可做360°全回转运动，机动灵活迅速。

4. 能起吊各种类型的建筑材料、制品、预制构件及建筑设备，特别适合起吊超长、超宽的重大物件。

5. 塔机具有多种工作速度。起升机构一般包括正常作业的起吊速度，安装就位的慢速度、空钩下降的快速度等。所以大大地提高生产率。

6. 机械化、标准化程度高，能适应频繁的工作转移，并且工作平稳，安全可靠。

但塔机结构庞大，自重大，运输和转移工地所需时间较长，费工且成本高。

10.5.2 塔式起重机的组成、类型及型号

塔机主要由钢结构、工作机构、安全装置及电气系统等组成。钢结构包括塔身、起重

臂（或称吊臂）、平衡臂、塔帽和底座等。它是塔机的支撑骨架，也是承受并传递载荷的主要部分。工作机构包括起升、变幅、回转和大车行走四大机构。安全装置及电气系统包括起升高度限位器、幅度限位器、起重力矩限止器以及电动机、控制器、配电柜等，以保证塔机正常安全工作。

塔机的类型很多，常用的主要有以下类型（图 10-24）：

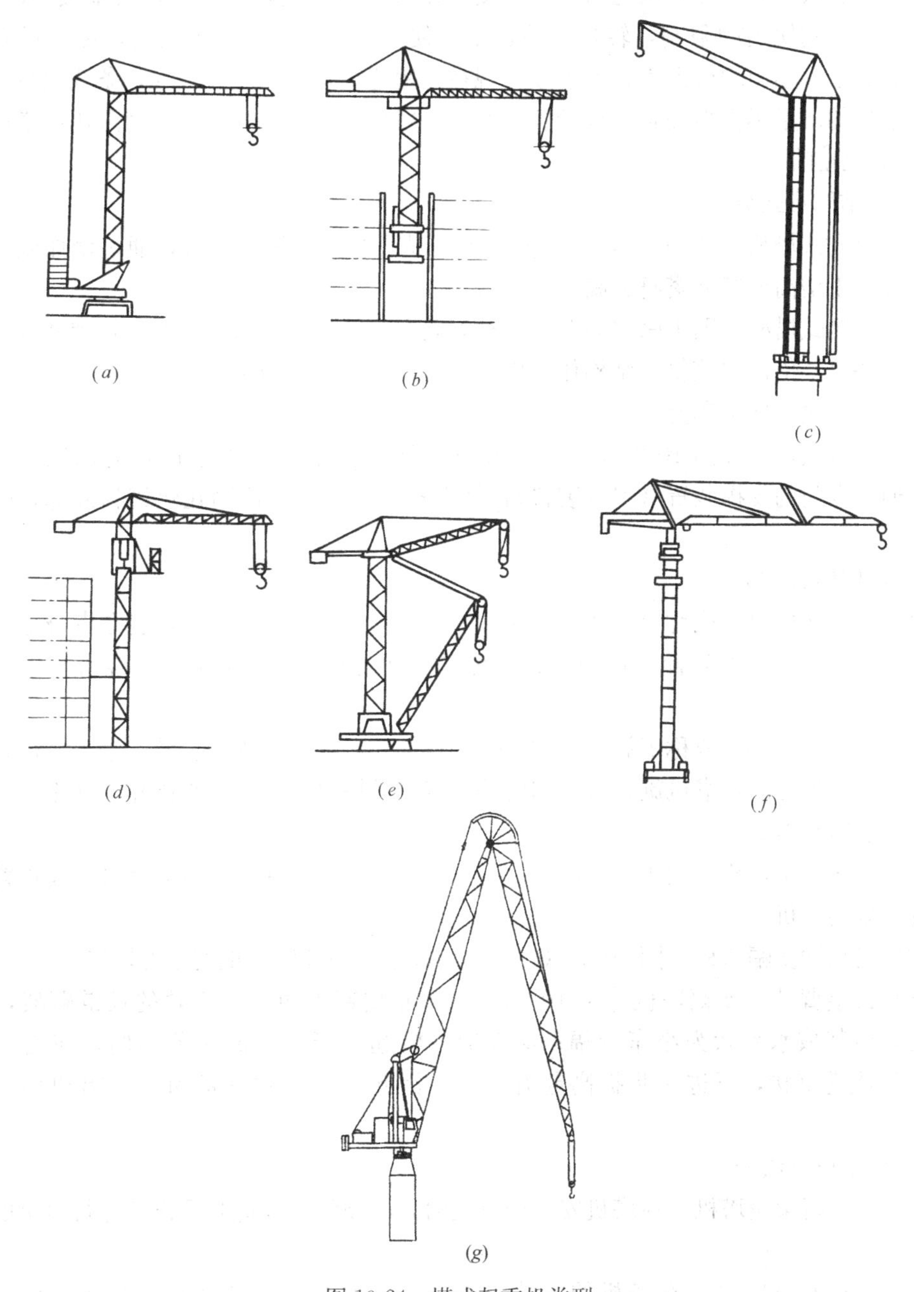

图 10-24　塔式起重机类型

（*a*）下旋式小车变幅；（*b*）内爬式；（*c*）下旋动臂式；（*d*）附着式自升塔机；（*e*）塔桅式；（*f*）轨道式自升塔机；（*g*）铰接臂动臂变幅塔机

1. 按行走方式分

(1) 固定式塔机［图 10-24(*d*)］塔身固定在混凝土基础上，整机不行走。此机整体稳定性好，塔机下部构造简单。

(2) 轨道式塔机［图 10-20(*f*)］起重机的行走机构中装有轨轮，可在地面铺设的轨道上行走，并可带载行走。现在多用在水利工程上的大型门式行走塔机。

对于轨道式塔机，在高层建筑上曾一度使用过，由于铺轨费用高，轨基又难以稳定，工作范围又受到轨道的限制，转移工地也不方便。塔机本身体型细而高，尽管设有夹轨器，也难免会频频出现机毁人亡的事故。现在房屋建筑多为点式和板式，条式很少，再加上国内塔机的产量不但多而且臂也较长，所以一般多采用固定式，必要时采用群塔即多台固定式塔机施工。

2. 按结构形式分

(1) 自升式塔机［图 10-24(*d*)、(*f*)］它是依靠自身的液压装置，通过增加或减少塔身的标准节来增高或减低塔身的高度。

(2) 内爬式塔机［图 10-24(*b*)］是一种安装在建筑物内部（电梯井、楼梯间或特设开间等）的塔机。借助建筑物的结构作为塔身支撑，当建筑物施工高度增加时，通过专门的爬升装置沿建筑物向上爬升。

(3) 附着式塔机［图 10-24(*d*)］这种塔机当塔身达到一定高度时，为保证整机的稳定性，通过专门的支撑装置（附着装置），将塔身按一定间隔锚固在建筑物外部，以改善塔身受力。

3. 按回转方式分

(1) 上回转塔机（或称上旋式）［图 10-24(*d*)、(*f*)］回转支承安装在塔身上部，塔机旋转时，塔身及以下装置不转动，而回转支承以上的吊臂、平衡臂等绕塔身中心线作360°全回转。

(2) 下回转塔机（或称下旋式）［图 10-24(*a*)、(*c*)］回转支承安装在塔身底部，介于回转平台与底架之间，塔机旋转时，回转平台以上的塔身、吊臂等都能相对底架全回转。

4. 按变幅方式分

(1) 小车变幅塔机［图 10-24(*a*)、(*b*)、(*d*)、(*f*)］利用起重小车沿水平起重臂运行来实现变幅的塔机。

(2) 定长臂变幅塔机［图 10-24 (*c*)］利用起重臂的仰俯实现变幅的塔机。

(3) 铰接臂动臂变幅塔机［图 10-24 (*g*)］起重臂为两节可折叠的铰链臂架，一般作业时，臂架成水平状为小车变幅；必要时，将起重臂的根部一节仰俯，与前一节臂形成变折或垂直状，可进一步提高起升高度。因此可以同时具备动臂变幅和小车变幅的性能。

5. 按架设方法分

(1) 非自行架设塔机　在塔机安装或拆运时，必须依靠其他起重设备进行整机的安装和拆运。

(2) 自行架设塔机　在塔机的安装与拆运中，主要依靠自身的动力装置和机构来完成。

10.5.3 QTK40 型塔式起重机

QTK40 型塔机（图 10-25）是一种下旋式塔机，具有伸缩塔身、小车变幅、整体拖运、快速安装、轨道式运行等特点。主要用于 8 层左右的民用建筑施工，采用 30°仰臂工作时，可用于 10 层以内的住宅吊装工作。

1. 主要性能

该机主要性能由起重机特性曲线表示（图 10-25）。起重特性曲线是塔机用来表达主参数的一种重要方式，且直观、易懂、准确。该曲线反映了塔机的起重量、工作幅度及相应起重力矩三个主要参数及相互关系。可查相关建筑机械使用手册。因国情不同，目前国内生产较少。国外多建 5 层以下的建筑，而劳动力少，可得到广泛使用。

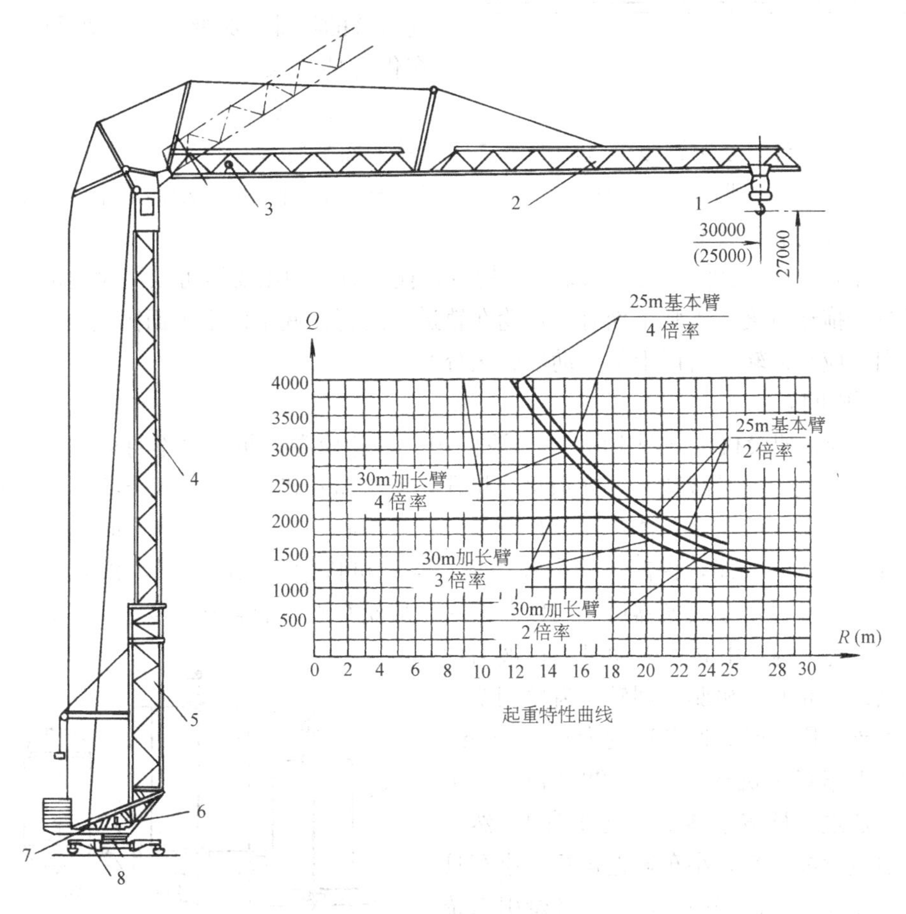

图 10-25　QTK40 型塔式起重机及起重特性曲线

1—起重小车；2—起重臂；3—小车牵引机构；4—内塔身；5—外塔身；6—回转机构；7—卷扬机；8—底架

2. 钢结构

本机的钢结构主要有：塔身、起重臂、回转平台和底架等（图 10-25）。

(1) 塔身　由可伸缩的内外两节组成，均为型钢焊接的格构式结构。内塔身的顶部与起重臂铰接，外塔身底部与回转平台的人字架铰接，并可绕人字架转动。内、外塔身之间在工作状态时用弹簧插销定位联成上下一体；拖运时拆除弹簧插销，使内塔缩入外塔身中。为适应建筑物高度的需要，内塔身下部可加接1～3节，每节高度2.5m，见图10-26。当需加接标准节时，将内塔缩下，把标准节与内塔身底部用插销连接，然后内塔身伸出外塔身，即可达到增高的目的。

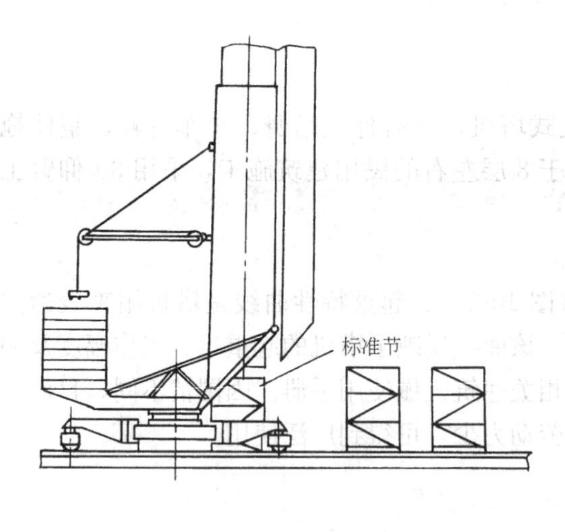

图10-26 引入标准节

（2）起重臂 为正三角形断面的格构式结构，共分三节。拖运时可折叠以减少长度。起重臂的下弦杆为箱形断面兼作起重小车的运行轨道。小车牵引机构设置在起重臂的根部。必要时，臂架可仰30°。小车仍可带载水平变幅，并具有动臂变幅和小车变幅的优点。

（3）回转平台 是用钢板焊接的框架结构，其上面装有起升与架设共用的卷扬机、平衡重，前部通过人字形钢桁架与塔身连接，回转机构工作时，可带动回转平台以上的所有部分相对下面的底架转动。

（4）行走底架 由箱形梁和四条支腿构成，拖运时，四条支腿可以同时向前或向后收拢，以减少拖运宽度。支腿下面有行走轮在轨道上运行。底架的上平面固定装有回转支承的大齿圈，应与回转平台以上的转动部分区分开。

3. 工作机构

（1）起升、架设机构（图10-27） 该机构为双卷筒卷扬机该机本身就是一台起重机械，它由电动机1通过减速器3分别驱动起升卷筒4和安装卷筒5。两个卷筒上的齿圈6、8通过拨叉9可分别与减速器输出筒上的接合齿轮7相啮合，实现起升和安装两种功能，从而发挥卷扬机的效能，提高机构的利用率。起升机构中吊钩的钢丝绳滑轮组系统具有二、四倍率，通过倍率交换器可使用任一倍率，从而有不同的起升速度，可提高工效。

（2）回转机构 由立式电动机通过液力偶合器和摆线针轮减速机驱动回转小齿轮围绕回转支承的外齿圈回转。回转速度为0.7r/min。

（3）小车牵引机构［图10-28（*a*）］ 由电动机1通过蜗杆减速器3驱动卷筒4，然后再由牵引钢丝绳5带动小车往返运行。小车具有两种工作速度，以提高生产率。其牵引系统见图［10-28（*b*）］。

（4）行走机构 由两台主动台车和两台被动台车组成，主动台车由电动机通过液力联轴器和行星摆线针轮减速器驱动并带动整机行走。

（5）钢丝绳滑轮组架设系统 架设时塔身的竖立、外伸及展开臂架等是靠一套安装机构

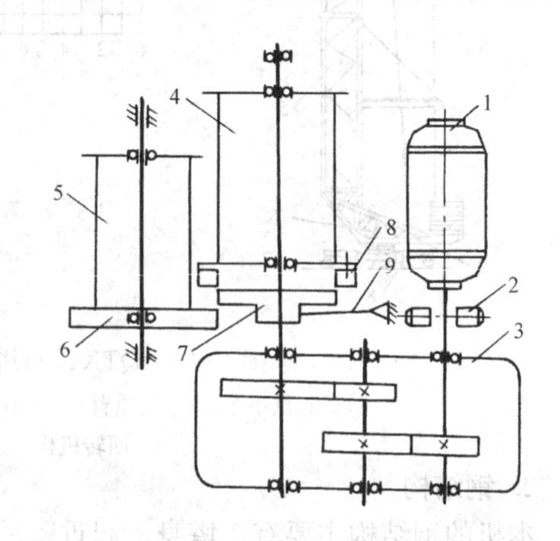

图10-27 起升、架设机构

1—电动机；2—制动器；3—减速器；4—起升卷筒；5—安装卷筒；6—外齿圈

7—接合齿轮；8—内齿圈；9—拨叉

实现的、该机构有电动机、安装卷筒和滑轮组钢丝绳组成（图 10-29）。立塔滑轮组 4，一排固定在回转平台上，另一排装在外塔身底部，伸塔滑轮组 1 分别在外塔身顶部与内塔身的底部。立塔时，由电动机驱动安装卷筒 5，收钢丝绳，使内塔身不断伸长。

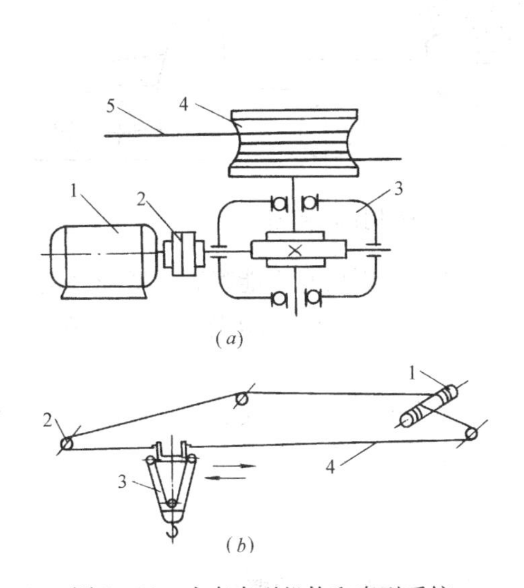

图 10-28　小车牵引机构和牵引系统

（a）牵引机构

1—电动机；2—联轴器；3—减速器；4—卷筒；5—牵引钢丝绳

（b）牵引系统

1—卷筒；2—导向滑轮；3—起重小车；4—牵引钢丝绳

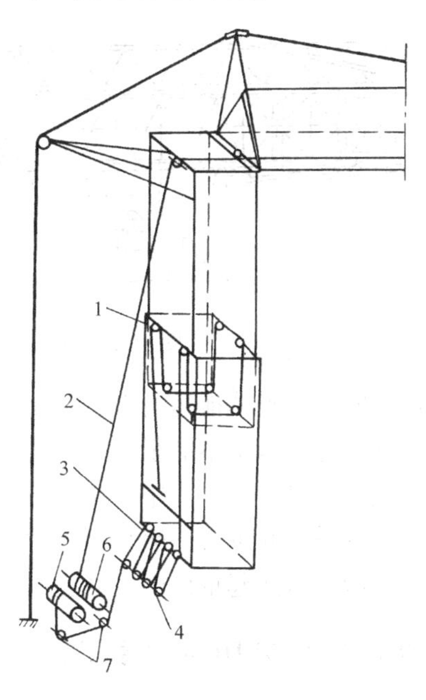

图 10-29　钢丝绳架设系统

1—伸塔滑轮组；2—起升钢丝绳；3—安装钢丝绳；4—立塔滑轮组；5—安装卷筒；6—起升卷筒；7—导向滑轮

4. 架设与拖运概况

因本机具有整体拖运，快速安装的功能，在转移工地时主要部件都不需要拆装，其立塔（即将塔身从水平拖运状态立至垂直塔身位）、伸塔（内塔从外塔身中伸出）、拉臂（起重臂从拖运状态拉到水平工作状态），动作如图 10-30 所示。

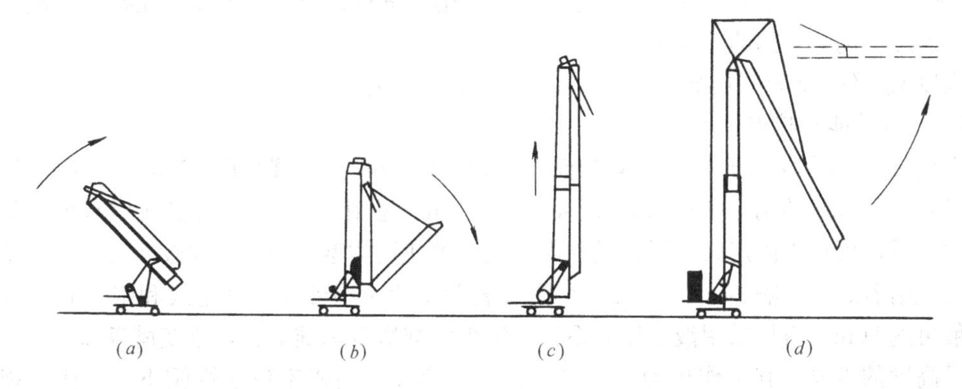

图 10-30　一般安装程序示意图

（a）吊臂随塔身一起竖起；（b）翻转吊臂拼接；（c）伸出内塔身；（d）转起吊臂

该机拖运时（图 10-31），内塔身缩在外塔身里，起重臂三节段折叠，塔身与起重臂绕人字架转动呈卧式拖运状态。回转平台下面装有一套轮胎拖运装置。公路运输和工地之间转移，只需一辆载重汽车即可。

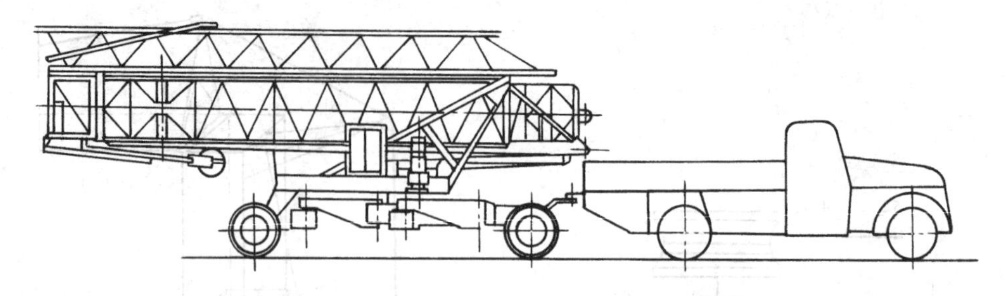

图 10-31　QTK40 型塔式起重机整体拖运示意图

快速安装、整体拖运的塔式起重机都是下回转式，因塔身不能附着，塔身高度受到一定的限制，起重量也不能很大，且构造较复杂，整体拖运受道路运输尺寸的限制。所以，这类塔式起重机一般多为中、小型。

大型的塔式起重机一般采用上回转式，其结构简单、拆装方便、起升高度不受塔身限制。目前国内塔式起重机的发展更倾向为上回转式。

10.5.4　SCM-D160 动臂式塔机

SCM-D160 型动臂式塔机（图 10-32）是一种上回转式、动臂变幅、自升式的新型塔式起重机，这种塔机采用引进的先进技术，使其技术性能先进，构造合理，并可带载变幅，施工吊装时就位准确，特别适用于施工场地狭窄、空间拥挤的城市商业区，是目前国际上较流行的一种机型。

该机主要构造和主要技术性能参见图10-32。

10.5.5　QTZ 系列自升塔机

该机是上回转式、小车变幅、外附着自升多功能塔机。它是吸收国外塔机（如法国 Potain）的先进技术，新开发的一类新机型。包括 QTZ25、QTZ40、QTZ60、QTZ80 及 QTZ100 等。该系列塔机构造简单，造型美观，用钢量省，安全保护装置完善，性能参数达到了国际上同类产品的先进水平。

现以 QTZ40 型为例介绍该塔机的性能、构造、特点等。

1. 主要性能与特点：

本机具有广泛的适应性，其标准起重臂长可达 30m，加长臂可达 35m 和 40m。最大起重量 4t，标称起重力矩 40t·m，最大为 47t·m，见图 10-33。若更换或增减少数部件及辅助装置，可获得固定式、附着式和内爬式三种使用类型。当建筑物较高时，则可采用固定式或附着式，每隔 20m 高架设一组附着装置于建筑物外部，固定式和附着式起升高度一般可达 80m。塔机采用液压顶升系统来实现增减塔身标准节数，改变塔身高度，以满足起升高度的需要。其工作机构具有调速性，效率高。司机室位于塔帽下，宽敞、视野好，操纵方便。

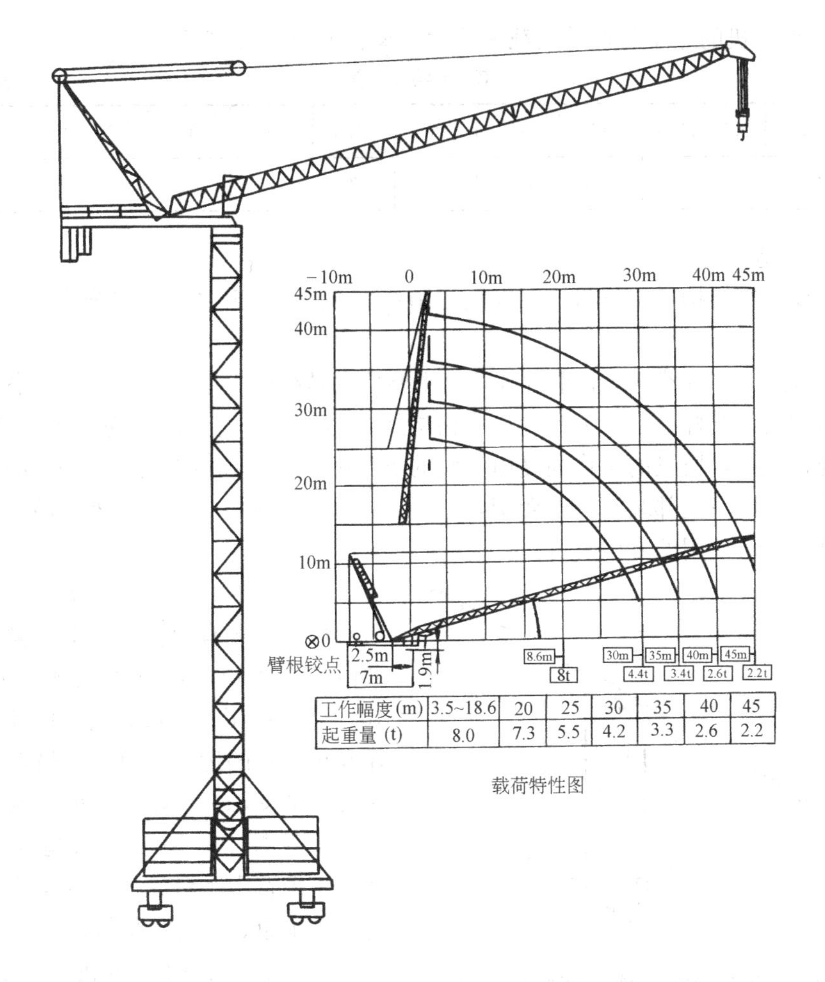

工作幅度(m)	3.5~18.6	20	25	30	35	40	45
起重量 (t)	8.0	7.3	5.5	4.2	3.3	2.6	2.2

图 10-32　SCM-D160 型动臂式塔式起重机

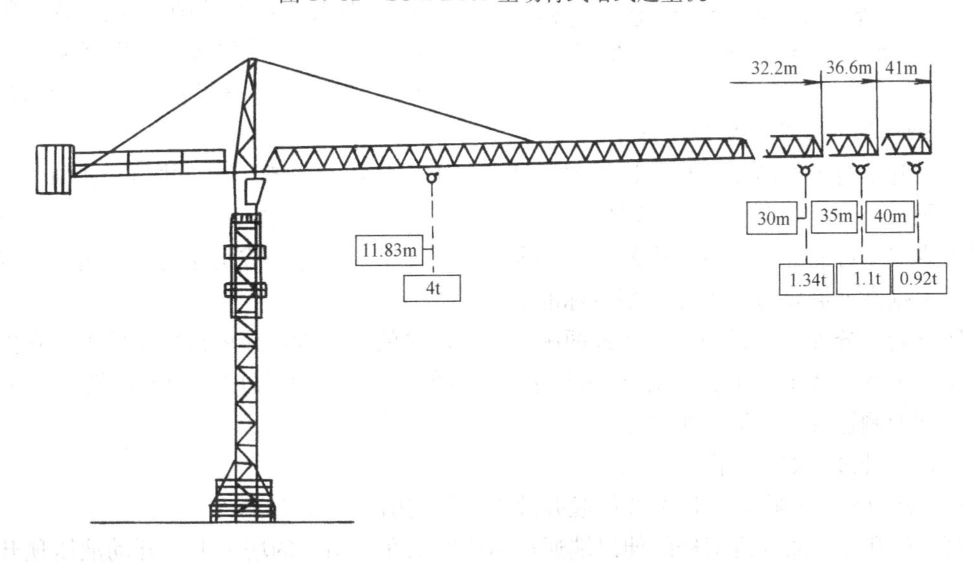

图 10-33　QTZ40 型塔式起重机

QTZ40 型塔机的起重特性采用载荷特性表来表示，见表 10-7。

载荷特性表 **表 10-7**

工作幅度（m）	2.5～11.8	16	18	20	21.5	26	30	36	38	40
起重载荷（t）	4	2.8	2.4	2.1	2	1.6	1.34	1.05	0.98	0.92

2. 主要构造

该机主要由钢结构、工作机构、电气控制系统、液压顶升系统、安全装置及附着装置等组成。

（1）钢结构　包括塔身、起重臂等，其主要特点是结构简单，标准化强。塔身主要由若干标准节构成，其标准节由型钢焊接成格构式方形断面，每节高度为 2.4m，标准节之间用高强螺栓连接，塔机的工作高度由安装的塔身标准节节数多少决定。塔身的底架装在底部基础节上，塔身上部装有顶升套架，套架上装有液压顶升机构，套架和液压顶升机构是作为接高塔身时使用的专门装置。

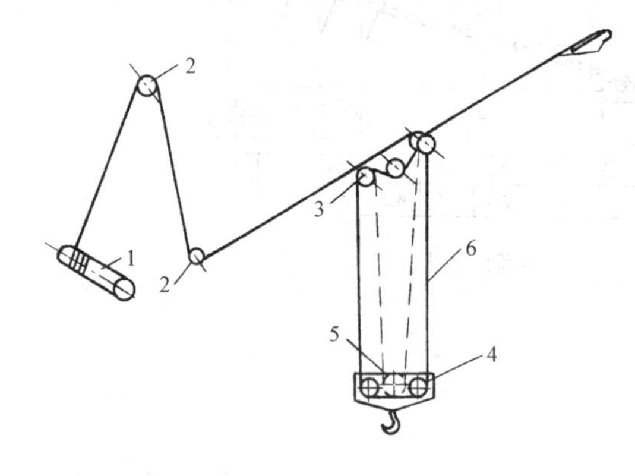

图 10-34　起升钢丝绳滑轮组倍率变换示意图
1—起升卷筒；2—导向滑轮；3—起升滑轮组；4—吊钩；5—倍率变换滑轮；6—钢丝绳

塔身顶部装有回装支承及塔帽，其前后对称地铰接有起重臂和平衡臂，起重臂共由五节组成，可分别构成 30m、35m、40m 臂，断面为三角形钢结构件，下弦兼作起重小车的运行轨道，单吊点的起重臂拉杆一端支承在塔帽上，另一端拉在起重臂的上弦杆上，用于支承起重臂成水平状。平衡臂由平台、扶栏等构成，上面放有平衡配重、起升机构等。

（2）工作机构　本机的工作机构与 QTK40 型类同，但其中的起升钢丝绳滑轮组的倍率为两倍率或四倍率互换式（图 10-34），从而可调整起升速度与起重量。

3. 液压顶升系统和自升过程

塔式起重机工作高度的自升过程主要是由液压顶升系统与爬升套架共同完成的。

液压顶升系统（图 10-35）安装在爬升套架上，在自升过程中通过油泵、阀、液压油缸等提供安全可靠的动力将塔机的上部逐渐抬起，使塔身顶部形成足够的空间用以加接标准节。根据高度需要每次可加装多节标准节。

爬升套架分外套架式和内套架式两种，用得较多的是前者，该塔机也是此类。它主要由套架、平台、扶手等组成。套架在塔身标准节的顶端，其上部用螺栓与回转支承座相连。在套架侧边安装着液压顶升系统。

塔机自升过程如下（图 10-35）：

（1）起重机首先将塔身标准节吊起并放入套架的引渡小车上。

（2）顶升时，油缸活塞杆的伸出端通过鱼腹梁抵在已固定的塔节上。开动液压顶升系统使活塞杆在压力油的作用下伸出，这时套架连同上部结构及各种装置，包括液压缸等被顶升，直到规定的高度。

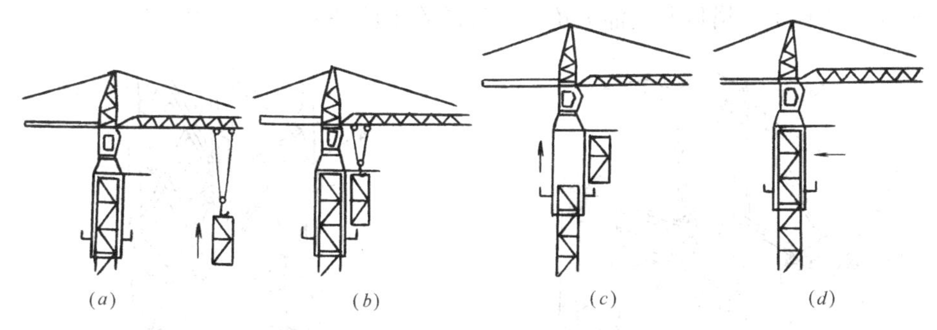
(a) (b) (c) (d)

图 10-35 QTZ40 型塔式起重机自升过程示意图

(a) 吊起标准节；(b) 标准节吊挂在引渡小车上；(c) 外套架侧顶升升高；(d) 接高一个标准节

(3) 将套架与塔身固定，操纵液压系统使活塞杆缩回，形成标准节的引进空间。

(4) 将引渡小车上的标准节引进空间内，与下面的塔身连接校正。这时塔身自升了一个标准节的高度。

重复上述过程，可反复顶升加装标准节，直至达到要求高度。

10.5.6 F0/23B 型塔机

F0/23B 型塔机是我国引进法国 POTAIN 公司先进技术，按照该公司的产品设计、制造工艺、检验技术等生产的新型塔机。

1. 主要性能及特点

该机是上回转、小车变幅、自升式塔机，它具有轨道行走、固定附着式、内爬升式三种使用类型。行走式最大起升高度为 61.6m；附着式最大起升高度为 203.8m；为满足其工作幅度要求，分别设有 30m、35m、40m、45m 及 50m 长的起重臂；其最大起重量 10t，最大起重力矩为 145t·m。这种塔机的主要特点是：设计新颖、机构紧凑、片式塔身、运输方便、起重量大、自重轻、性能先进、使用安全可靠等。它被广泛地应用于多层、高层民用建筑、工业建筑、码头、电站水利等工程施工。

2. 主要构造与工作机构

该机主要由塔身、起重臂、塔帽等钢结构组成。塔身标准节为片式结构（图 10-36），四主肢杆均为角钢，每片由一主肢与若干腹杆焊成一体，而每一标准节由四片用高强螺栓连接而成。片式运输时比整体式的方便，占用空间少。运输成本低。安装或加节时也比较方便，事先在工地上将片式塔身组装成塔身标准节，然后再通过塔机的自升装置将标准节逐节安装到一定的高度。起重臂根据不同的要求可安装不同的加长臂，形成上述的五种工作幅度。

该机具有起升、变幅、回转及行走四个工作机构，还有液压顶升机构。

3. F0/23B 型内爬式塔机

内爬式塔机（图 10-37）安装在建筑物的内部，利用建筑物的高度向上爬升。其特点是：塔身短不需要附着装置，不占用建筑物的施工现场用地，无需铺设轨道基础及复杂的锚固装置，爬升高度不受限制，且结构简单，用钢量省，造价低，因而优点突出。但由于起重机全部重量都压在建筑物上，建筑结构需要加强，增加了建筑物造价；不能水平移动；司机视野差；施工结束后，塔机的拆卸较烦，需要其他辅助起重设备，且屋顶需加强。内爬式在一些特殊形式的构筑物以及超高层建筑中使用较多，例如：北京中央电视塔、上海东方明珠电视塔以及南浦大桥等工程的施工就是采用内爬式塔机。

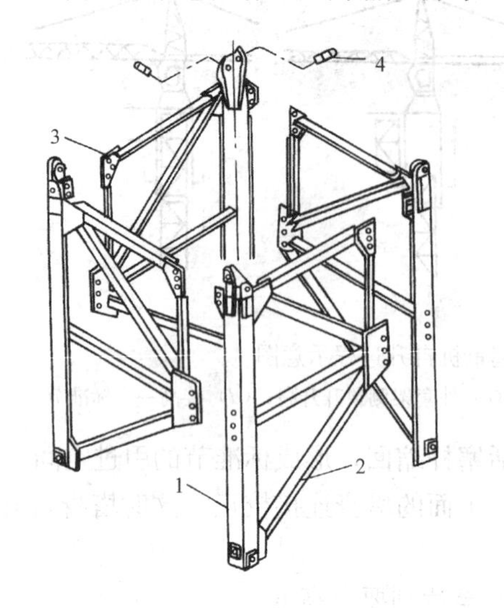

图 10-36 片式标准节示意图

1—主肢杆；2—腹杆；

3—连接板；4—连接螺栓

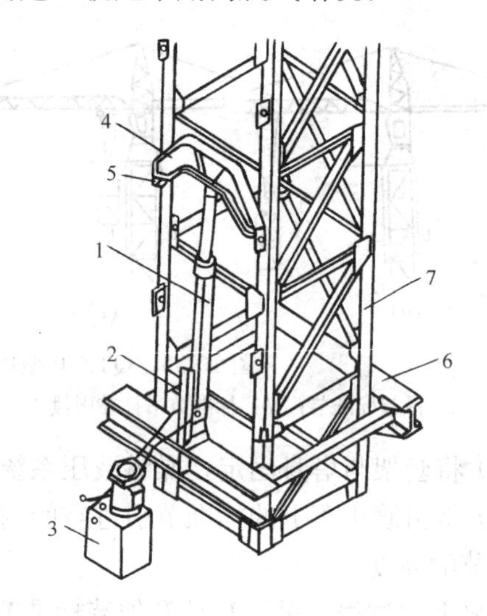

图 10-37 内爬式爬升机构示意图

1—油缸；2—油缸支架；3—泵站；

4—顶升横梁；5—横梁销；

6—爬升框架；7—塔身

(1) 内爬式塔机的构造和顶升系统

内爬式在构造上与外附着式相似，只换装了部分零、部件。爬升部分的构造如图 10-37 所示，主要有爬升框 6、顶升横梁 4、横梁销 5 等，每个塔机装有三个爬升框。其爬升机构是采用液压顶升机构，包括油缸 1、油缸支架 2、泵站 3 等。爬升框中间箍住塔身，两头支承在建筑物上，当顶升时需松开爬升框，液压油缸一端铰接在爬升框上，另一端与顶升横梁 4 连接，顶升横梁的两端与塔身用梁销连接，泵站中有电动机，液压泵为顶升机构提供动力。

(2) 爬升的基本过程（图 10-38）

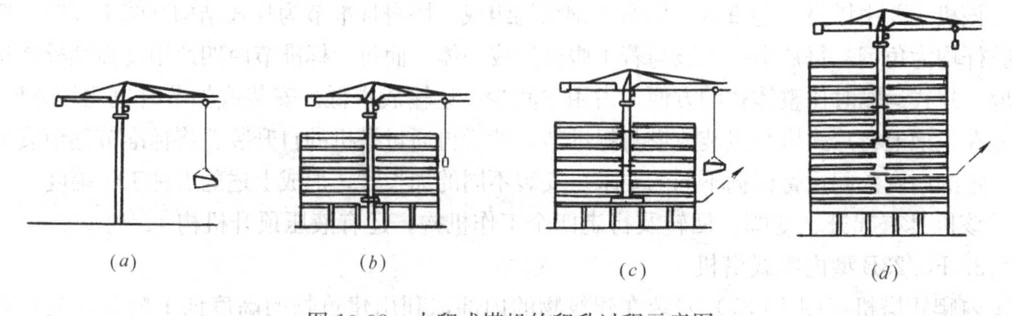

图 10-38 内爬式塔机的爬升过程示意图

1) 在施工前将塔机安装完毕后，作为固定式塔机使用，用于土方、基础及下面几层的主体施工，见图 10-38 (*a*)。

2) 当塔机周围建筑物施工到一定高度，需要爬升时，在塔身上安装两道爬升框，并在下爬升框处安装顶升机构。见图 10-38 (*b*)。

3）拆除塔身底部与基础的连接销，启动顶升机构，连续顶升，当塔身底部上升至下爬升框时，将塔身底部与下爬升框连接，并将顶升机构安装到上一节爬升框处。此时，塔机已爬升了一定的高度。见图 10-38（*c*）。

4）待建筑物施工到一定高度时，安装第三道爬升框。然后拆除下爬升框与塔身底部的连接销，再次启动顶升机构继续爬升，当塔身底部爬升到上一节爬升框位置时，将其连接固定，再将顶升机构由原来位置拆除安装到上一道爬升框处，为下一次爬升作准备。并拆除下爬升框安装在最上部。见图 10-38（*d*）。

如此重复进行，不断地爬升以满足施工的高度要求。

10.5.7 平头塔机

所谓平头塔机，即臂架与塔身成 T 形结构的上回转塔机。

1994 年南京中升公司从国外引进平头塔机技术，之后在国内逐渐被接受，打破了有帽（尖）塔机的一统天下。

四川建机生产的 P300 平头塔机如图 10-39 所示，中联重科、虎霸建机、广西建机、方圆建机等多家企业都有大型平头塔机生产。

图 10-39 SCM P300 平头塔机

1. 平头塔机的力学理论

平头塔机与有帽塔机相比，受力状态，连接方式都有明显的不同。平头塔机起重臂和平衡臂上弦杆主要受拉，下弦杆主要受压，没有交变应力的影响。其力学模型单一而简明。起重臂受力均匀。对结构及连接部分损坏小，起重臂钢结构寿命长，安全性高。

有帽塔机的水平臂主要受力杆件经常受到拉、压交变应力的作用，是起重臂疲劳损伤甚至断裂及焊缝开裂的主要原因，使得起重臂的钢结构寿命大减。

2. 结构上的特点

（1）安装高度低，装拆简单、容易、快捷、省时，运输和仓储成本低。

(2) 起重臂的适应性好，利用率高，采用变截面设计，可以逐节的按先后次序分开独立装拆。增加起重臂的组合，模数设计的同一臂节可以用在另外一台平头塔机上，提高起重臂的适用性和利用率。

几年来，我国平头塔机发展的速度加快，抚顺永茂建机厂是该机生产的佼佼者，2008年该厂生产了目前国产最大吨位的STT753超大型的平头塔机，最大起重量为40t，最大起重力矩为7500kN·m，最大工作幅度为80m时的臂端起重量为5.4t，该机现已正式生产，以满足国内外用户对此类紧缺型塔机的急需。

10.5.8 国内塔机发展现状

1. 我国塔机生产的里程碑

我国塔机生产自2009年2月1日开始执行国家标准《塔式起重机》GB/T 5031—2008，可以说该标准是其发展道路上的里程碑。该替代标准明显的特点之一，就是向国际标准化（ISO）跨进了一大步。原因有二：其一，多种零部件已变得国际通用化；其二，中国的工程机械，其中也包括塔机的大发展，不但国内大量使用，并且已大踏步地迈出国门走向世界市场，其标准向国际接轨乃必然趋势。特点之二，国际安全的条款明显增多，并且要求很严，这是和国际标准靠拢最多的内容。强调安全是重中之重。从塔机的制造到使用，都强调了安全和环保。特点之三，强调利用现代新技术、新材料、新工艺。讲究人机工程学，使机械在使用上更加人性化。开放的新思维贯穿标准始终。充分发挥各个厂家自主创新的空间，删去不必要的清规戒律。特点之四，增加制造商应该提供的资料和要求。该向用户明示的要一一交代，在新标准中明确责权，协调供需双方的关系。避免产生不必要的纠纷。

《塔式起重机》GB/T 5031—2008表明了我国塔机目前发展现状和未来的前景。

2. 塔机发展现状简介

北京建工机械厂、沈阳三洋建机厂、四川建机厂在20世纪80年代处于行业领先地位，被业界称为“三杆大旗”。90年代末，抚顺永茂建机厂、中联重科，注意产品特点，避免产品同质化，走高端路线，也进入标杆阵容，领导着行业的新潮流。随着国家经济的发展，各处大兴土木，塔机生产的厂家，进入21世纪后如雨后春笋已有300余家了。

水平臂塔机　四川建设机械公司近年来不断加速大开发，已形成M900/M1200、M1500/M2200塔机系列。该公司生产的M1500塔机(图10-40)，最大起重力矩1500t·m，最大起重量63t，特别配置后可达85t，最大起重时的工作幅度24.4m。最大幅度80m时吊重15t。固定独立式起升高度105m，走行独立式提升高度101m。

行走独立式借鉴了大吨位门机的行走底架，其行走底盘，高度达65m，轨道距离15m，工作车辆可以从底盘下方通行。固定使用时，分固定支腿和底架压重两种。前者简单，后者复杂，但后者基础成本低，可反复使用。

附着使用时，最大起升高度可达400m。所有的传动采用直流调速和变频调速技术。整机的逻辑控制采用PLC技术。所有的数据都能在操纵室内的触摸屏上显示，达到同期国际先进水平。它已在襄樊崔家营水利工程和小弯水电站建设中使用。M2400塔机在试生产。其起重力矩2400t·m，最大载重量80t。最大工作幅度80m。独立式最大提升高度100m，标准节采用片式。同样有行走底盘式、固定式、固定附着式。

图 10-40 SCM M1500 塔机在湖北襄樊崔家营水利枢纽工程

沈阳三洋建筑机械有限公司自行研制开发的 M125/75 塔机的最大起重量为 50t，80m 幅度时起重量为 7.5t。该塔机主要受力部件均采用 Q345B 塔身节，采用自定心、无焊接接头由八片组成的片式结构，运存方便，安装速度快。回转机构采用 RCV 无级调速系统，保证启动、制动平稳就位准确。

永茂塔机出口到亚洲、欧洲、澳洲、非洲和美洲等近 70 个国家和地区，是海关统计连续三年中国塔机出口量最大的塔机制造商。它的 ST 和 STT 系列塔机结合了 Comansa 平头设计理念和波坦塔头设计特点，2009 年又自主研发了超大型 1200t·m 的 ST80/116 塔机，最大起重量 50t，最大臂长 80m 时吊重 11.6t，多项技术指标达到国际先进水平。

此外，中联重科 2008 年推出了 D1100 大型塔机，最大起重力矩达 1100t·m，最大起重量 63t，最大工作幅度 80m 时起重量约 10t，符合欧洲 FZM 标准，D1100 大型塔机的标准节新型快捷链接销轴，带有一定锥度，为国内首创，安装高效、省力。其外置式爬升架可以一次性安装标准节及其通道。

动臂塔机　近几年竣工的北京央视新台址工程、上海环球金融中心、广州新电视塔均选用了澳大利亚 Favco 公司的大型动臂塔机进行施工。其中，央视新台址使用的 M1280D (1200t·m，最大起重量为 64t)。这些数百米之高的超高层建筑施工需要的起重量大、起升高度高、起升速度快的动臂塔机只能依赖进口；不过，我国各制造商正在奋起直追，近两年争相推出大型动臂塔机。

国内川建、抚顺永茂、沈阳三洋、中联重科、江麓等塔机制造商生产的动臂塔机最大起重量一般在 30t 左右，如抚顺永茂 STL720 (720t·m，最大起重量 32t)、江麓 QTD480 (480t·m，最大起重量 32t)。中联重科 TCR6055-32 型动臂式塔机（图 10-41）。是目前国产起重能力最大的动臂塔机，最大起重量达到 32t，最大起重力矩达到 6300kN·m，工作幅度达到 60m。同时该机具有安全装置双重保护系统（起重力矩限制器和幅度限位）、定高变幅功能和新型内爬装置（爬梯分段且直接挂在内爬框架主梁下盖板的中央，使整个内爬装置结构更为紧凑，所需电梯井空间更小，受力更合理）。

进入 21 世纪以来，我国火电建设主力吊装机械迅速从 DBQ 系列转向 FZQ 系列，一

图 10-41　TCR 6055-32 型动臂式塔机

般是固定的，上部回转，下部顶升。臂架铰接点后置，起重量大，起升高度大，自重轻，装拆快捷等特点。郑州科润机电工程公司 FZQ 系列塔机起重力矩从 1380～2400t・m。其起重量从 63t 到 100t。上海电力机械厂与澳大利亚合作生产的 NTK2500，是按我国标准设计的。其变幅起升、回转等执行机构均采用国际先进技术水平的直流调速系统，最大起重量 140t。

山东丰汇设备技术公司系列塔机产品中，包括 FZQ2200，其额定起重力矩为 2200t・m，最大起重量为 100t，在塔身结构上进行了重大创新，采用了三项专利技术。带附着装置的活动组合式起重机塔节、K 自形腹杆组合式快装塔节、带锁紧的锥度销；塔身采用快装管桁结构，由模块化单元组合，相同单元结构可完全互换，起重臂采用 1000MPa 细晶粒超高强度合金钢制造，中间节完全互换。该新产品 K 型腹杆快装单元结构攻克了超大型塔机塔身刚度与运输超限的行业性技术瓶颈，可以大幅度降低转场成本。采用全变频无级调速控制系统，起升机构配 LEBUS 折线卷筒，操控及安全保护系统具有载荷自动识别、抗野蛮操作等先进功能。

1976 年至 1980 年代后期，丹麦 Kroll 公司的 K-10000 塔机主要用于苏联的核电站建设，生产了 15 台后再也没有获得订单。目前 K-10000 塔机仍保持着塔机的记录。据介绍，Kroll 公司开始设计起重力矩达 25000t・m 的水平臂塔机，可以在 57m 的幅度上起重 400t，或在 100m 的臂端起重 200t。

在高层建筑的钢结构吊装方面，大型塔机是不可替代的，在这个领域里，500～1500t・m 的动臂塔机占主导地位。在水电、造船等行业，轨道行走的水平臂塔机因其成本低、使用方便等优势，必将得到更广泛使用。随着中国塔机行业的快速发展，中国塔机技术水平与国外先进塔机技术水平的差距正在不断缩小，雄心勃勃的中国塔机制造商也将不断推出挑战极限的超大型塔机。

10.5.9　塔机常用的安全保护装置及事故浅析

塔式起重机工作高度较高，起吊幅度宽，造成事故时，容易发生倒塔、折臂以及进行拆卸时摔塔等。为此国家规定塔式起重机必须设有安全保护装置，常用的有：

1. 起重量限制器

起重量限制器是用来限制起升钢丝绳单根拉力的一种安全保护装置。塔机在塔身的顶部装有起重量限制器，起升钢丝绳绕过起重量限制器的滑轮，并通过杠杆将弹簧压缩，当钢丝绳的载荷达到极限值时，使起升机构断电。

2. 起升高度限位器

起升高度限位器是用来限制吊钩上升高度的，当吊钩上升将要触及起重臂端部之前，使起升机构自动断电，达到保护作用。

3. 幅度限位器

幅度限位器用来限制吊臂的仰俯角，使吊臂仰俯达到一定位置时发出警报，到极限位置时自动断电源。

4. 小车行程限位器

小车行程限位器装在小车变幅式起重臂的头部和根部，包括终点开关和缓冲器，用来切断小车牵引机构的电路。

5. 大车行程限位器

大车行程限位器包括装在轨道两端尽头的止动缓冲装置和装在起重机行走台车上的终点开关。在台车的金属结构上还装有夹轨器，用来夹紧钢轨。

6. 起重力矩限制器

起重力矩限制器用来保证塔式起重机起吊时所产生的最大力矩不得超过允许值，有机械式和电动式的，其中电动式使用得比较广泛。

除自然灾害如暴风雨等造成的塔机倾翻事故之外，在实际工作中，人为的事故也频繁发生，人为超载事故是塔机事故的主要原因之一。

（1）人为切断安全装置，特别是力矩限制器，或者是明知因下雨锈蚀等原因造成力矩限制器失去作用时，也不及时修复，强行大量超载，以致整机倾翻。

（2）司机对塔吊物情况不太清楚而超载，如吊物有锚固阻尼或斜拉等原因。

（3）操作失误造成冲击，导致塔机的倾翻。

拆立塔过程中造成的倾翻事故

立塔时，采用汽车起重机作辅机。当塔身立好后，挂上平衡臂，如再将配重块满挂，足以使其倾翻。故安装程序是：这时只能挂上一块配重块，等前面的起重臂挂上后，再将配重块挂满。有些人为了省去移动汽车起重机的麻烦，没有按程序，结果引发事故。说明一点，有些塔机的塔身刚度较大，配重块却不大，加满也不至倾斜，这只是例外。拆塔时，同上述道理，如果在配重满挂时去拆卸起重臂，就会出现向后翻的事故。

顶升接高时的倾翻事故

塔机上部的结构对塔身中心的弯矩有：配重块与平衡臂及上面的卷扬机构所形成的向后方向的弯矩，起重臂向前方向的弯矩，这些力矩都是不能改变的，而起重臂上的小车移动，就可以平衡弯矩。

在操作中若不按此要求，即 $\Sigma M \neq 0$，这时塔机上部重力与弯矩会全部加在套架上，从套架结构来看，它的上前侧面开有很大的引进窗口，刚性削弱很多，基本上不承受扭矩。因此在顶升工作中，塔身标准节与塔机上部的连接螺栓拆去，即油缸已顶升，塔机上部载荷全由顶升套架承受时，就不允许前、后臂的不平衡现象，即小车是不能随意移动，起重臂也不允许回转，另外突然刮大风也会造成不平衡。

在该情况下，任何其他多余的操作均是违章操作。据统计，在顶升工作中所发生事故的50%是在此情况发生的。这类事故都伴随一个特点，在顶起塔机上部后，遇到了麻烦，如连接销不好装等，操作人员就去转动一下吊臂来调整，结果就出现了事故。或者有操作人员未按统一指挥而误移动了小车而倾翻，甚至有被突然的大风刮翻的现象。

其他情况的塔机倾翻事故

轨道式塔机出现的倾翻事故，这类事故相对较多，国内中小型轨道式塔机已基本淘汰。另外如拆卸附着杆时违章作业造成塔机倾翻，或机械原因造成折臂而引发倾翻等。

为了避免上述多种事故的发生，最好的措施就是要严格执行国家标准 GB/T 5031—2008 按塔机说明书上的要求办事。

10.6 龙门起重机

龙门起重机是常用于工矿企业、露天料场、车站码头仓库、建筑工程、电站与造船厂的一种起重机械。

龙门起重机（图 10-42）由龙门架（大车）、起重小车和大车行走机构组成，作业时大车沿轨道行走，同时起重小车沿大车上部主梁移动，通过起重吊钩的升降，可以完成在矩形空间内的起重和装卸工作。大车桥架两侧装有高架支腿，支腿有下横梁，支腿和主梁整体呈龙门形状。桥架支腿下装有行走钢轮，沿轨道行走。为防止起重机不工作时被大风吹倒，一般在钢轮下装有夹轨装置。

龙门起重机的主要类型有：

(1) 根据主梁的形式不同，分为单梁式和双梁式两种；

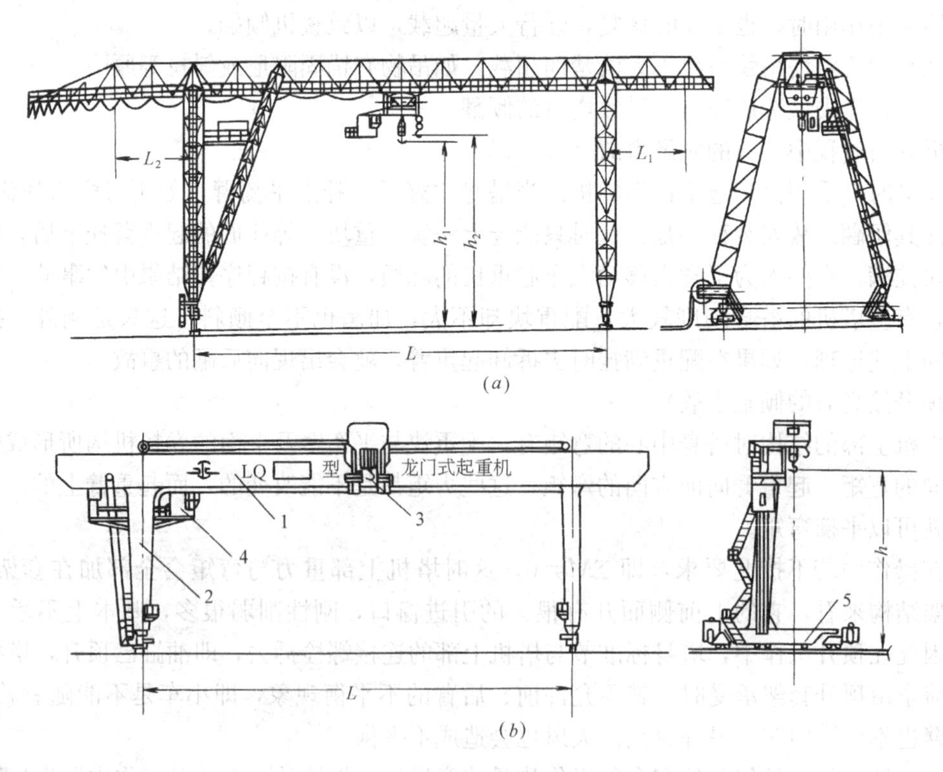

图 10-42　龙门起重机

(a) 桁架式（八字形支腿）；(b) 箱形式（L 形支腿）

1—主梁；2—支腿；3—起重小车；4—操纵室；5—下横梁

(2) 根据整机的钢结构，分为桁架式[图 10-42(*a*)]和箱形式[图 10-42(*b*)]两种结构；

(3) 根据支腿的形式，分为“八”字形［图 10-42（*a*）］和“L”形［图 10-42（*b*）］等。也有在特殊情况下用的龙门起重机，只有一个支腿，另一端直接装钢轮，支承在厂房或仓库结构的轨道上。

为了扩大作业范围，龙门起重机的主梁常伸出于支腿之外，成悬臂结构，悬臂长度一般是桥架跨距的 30%～40%。可以是双悬臂式（两端都伸出）或单悬臂式（只有一端伸出），这样的构造不单可以对起重和装卸工作有利，还能减小主梁的弯矩。

图 10-42（*b*）所示为一种 L 型双悬臂式箱形结构的龙门起重机，由单梁主梁 1、支腿 2、起重小车 3、操纵室 4 和行走机构等组成。其主梁、支腿、下横梁都是箱形结构，并且根据受力状态做成变断面，使受力较好。由于大车的构件少，又是箱形结构，所以连接容易，安装方便。

龙门起重机的大车行走机构通常采用以下三种形式：

(1) 用一台电动机驱动两侧支腿。电动机装在桥架上部的中间，经过减速器、水平轴、锥形齿轮和垂直轴，带动钢轮旋转。这种驱动形式，保证了支腿两边行走的同步性，但是，由于传动轴较长，锥形齿轮较多，机构笨重，工作可靠性低，装拆不方便。

(2) 一台电动机装在一侧支腿下横梁上，通过一根水平传动轴和锥形齿轮与圆柱齿轮，带动另一侧支腿下的车轮旋转，即一个支腿主动、另一支腿从动。这种传动形式比前一种有所改善，在腿架结构具有足够的刚性条件下，工作相当可靠，否则容易发生偏斜。

(3) 每个支腿各装一或两台电动机，分别驱动。电动机装在支腿下横梁上，通过圆柱齿轮驱动行走车轮。这种传动形式布置合理，拆装方便，工作可靠性较大，但必须保证两台电动机的同步运行。

龙门起重机的额定起重量是指允许起吊的最大物件质量，加上能够从吊钩上取下的系挂装置（不包括吊钩装置）的质量之和。如果配置以抓斗、电磁吸盘等，起重量也包括抓斗、电磁吸盘等本身的质量。

龙门起重机的起重量范围很大，可达到 3～250t。但建筑工业和建筑制品工厂、仓库的龙门起重机的起重量多为 5～50t。跨距大小一般应根据起重装卸工作的需要来决定，可跨越一条或数条铁路进行工作，但建筑工业用的龙门起重机，跨距一般为 14～38m。

龙门起重机的技术性能可查有关手册。

10.7 建筑施工升降机

10.7.1 建筑施工升降机（电梯）

建筑外附施工升降机是近来发展较快的一种建筑升降机，广泛地应用于多层、高层建筑施工中，当与塔机配合使用时，可高速、高效、准确地完成人、物的垂直运输作业。它附着在外墙外。

建筑施工电梯按传动方式区分为齿轮齿条传动（SC 型）、卷扬机钢丝绳传动（SG 型）和混合传动（SH 型）三种。齿轮齿条传动式工作准确性较高，可靠性大，可以乘人载物，是最常用的一种；卷扬机钢丝绳传动方式结构简单，但安全性较差，一般只用于载货。按吊笼的数目区分，有单笼和双笼两种，按导轨架的结构区分，有单柱和双柱两种。

图 10-43 所示为 SC100/100 型建筑施工电梯的外形图，该机型系吸收国外先进技术设计制造的，结构简单，装拆快速方便，操纵简单。其主要技术参数见表 10-8。

SC100/100 建筑施工电梯技术参数 **表 10-8**

额定载重量	额定乘员	额定起升速度	最大提升高度	电动机功率	标准节尺寸	吊笼尺寸（长×宽×高）
2×1000（kg）	2×12（人）	38（m/min）	150（m）	2×7.5（kW）	0.65×0.6×1.5（m）	3×1.3×2.7（m）

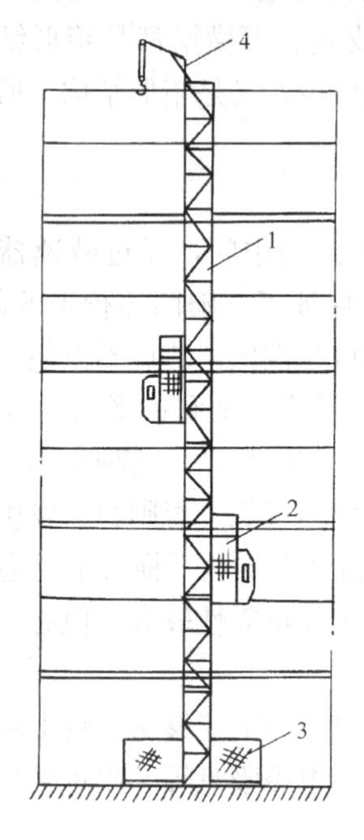

图 10-43 SC100/100 型建筑施工电梯
1—塔架；2—吊笼；3—底笼；4—小吊杆

SC100/100 型施工电梯由单柱式垂直导轨架、双吊笼、驱动装置、安全装置、附墙装置和电气设备等组成。导轨架为型钢焊接成的格构式金属结构，由若干标准节组成。

每节的高度为 1.5m 左右，标准节之间用销轴连接，导轨架两侧装有传动用的齿条。导轨架隔一定高度（12～20m）用附着架固定在建筑物上。导轨架两侧各装有一个吊笼，每个吊笼的额定载重量为 1t，吊笼是用角钢焊成的矩形空间，前后有可以升降开启的门，供施工人员和物件出入。吊笼内靠导轨架一侧安装有电梯传动机构。底笼是施工电梯与基础连接的部分，用槽钢焊成平面框架，并用地脚螺栓牢固地装于基础上，底笼底部装有缓冲弹簧，可减轻冲击。底笼上有导轨梁的基础节，吊笼不工作时停于底笼上，底笼四周装有钢丝网围栏，以保证施工电梯正常工作。吊笼上装有小吊臂 2，用于安装、拆卸导轨架的标准节。

传动机构采用两台电动机并列传动，经蜗杆蜗轮减速器带动齿轮旋转，使其与导轨架上的齿条啮合，从而带动吊笼上升、下降运行。

10.7.2 隐形施工升降机

随着超高层建筑的增多，需要高速高效的施工升降机。对升降机的研发重点应该侧重在施工升降机的节能和减少环境污染等。隐形施工升降机对传统施工工艺进行了创新性的改革，改变传统施工方法，目前的外附墙升降机是由外料台向建筑物内输送材料，而隐形施工升降机则变为由内向外输送料，利用电梯井道作防护栏，并利用电梯井壁承重，利用楼板作料台，工作及运输原理发生了变化，更加适合现代化施工要求。

1. 主要结构

隐形施工升降机（图 10-44）曳引系统由曳引机、导向轮、曳引钢丝绳、曳引绳头等部件组成；导向系统由导向架、导轨、导靴等部件组成；机械安全保护系统主要由缓冲器、限速器、安全钳、制动器等部件组成；电气控制系统主要有控制柜、操纵箱和安装在有关电气部件上的电气元件和各种电线电缆组成。

(1) 曳引机　曳引机是驱动施工升降机的吊笼和对重装置作上、下运动的动力装置。带减速器的曳引机包括蜗轮蜗杆减速器、星形齿轮减速器、摆线形减速器等多种形式。如蜗杆在蜗轮下方，称下置式曳引机；蜗杆在蜗轮上方，称上置式曳引机。有减速器的曳引机广泛应用于运行速度≤2.0m/s的各种施工升降机上。为减小运行噪声和提高平稳性，一般采用蜗轮副作减速传动装置。

(2) 吊笼　它由吊笼架和围壁两大部分组成。吊笼架及围壁其外形尺寸都可调，以适用于不同井道，且分为封闭和半封闭两种。

(3) 对重　对重是钢丝绳曳引式施工升降机赖以正常运行必不可少的配重体物。它位于井道内，通过曳引绳经曳引轮与吊笼连接。在施工升降机运行过程中，它通过对重导靴在对重导轨上滑行，平衡吊笼重量。

(4) 吊笼门　由门机、门扇、地坎等组成。吊笼门由门机带动开闭。

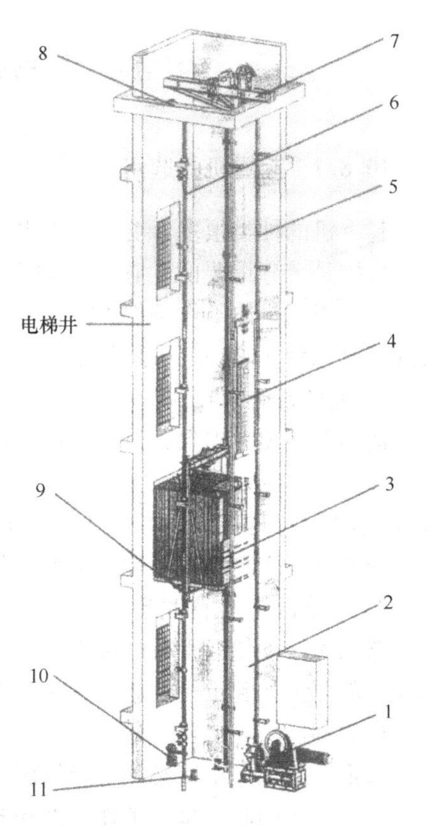

图 10-44　隐形施工升降机

1—主机；2—曳引绳；3—吊笼，4—对重；5—T 型轨（空心）；6—T 型轨；7—顶梁；8—限速器；9—安全钳；10—张紧轮；11—缓冲器

(5) 安全保护系统　包括制动门、层门、吊笼门、顶安全栅栏、顶安全窗、限速器、安全钳、缓冲器等。吊笼运行中超过额定速度一定程度时，限速器装置开始动作，夹住限速器安全钳连动绳。安全钳装置在限速器带动下卡住导轨，保持吊笼不下落，同时切断控制回路电源。吊笼发生下滑时，缓冲器装置将缓冲吊笼撞击井道底部的力道。

(6) 控制系统　控制系统使用微机控制，可使施工升降机控制系统体积减小，节省能源，可靠性提高。微机作为主要控制部件，具有传输快捷和切换方便的特点。

2. 主要优点

(1) 改善工作环境　由露天料台作业，改为室内作业，提高工人工作效率，增加安全系数。井道是全封闭的，设备运行时噪声和灰尘都很小，改善了施工现场及附近居民环境条件。可适用各种恶劣的施工环境。

(2) 节省费用　隐形施工升降机无需搭建料台，同时省去外井架，加重脚手架及施工料台用工与用料，彻底避免了工人操作时的危险。

(3) 提高工程质量，传统的施工因为搭建料台都要在外墙上预留施工洞，在工程结束后再进行填补，造成在南方施工墙体渗水，在北方施工冬天墙体挂霜，同时造成外墙装修时色泽感观不一致等现象，对工程整体质量造成影响。而利用隐形施工升降机则无需预留洞，也就避免了上述问题的存在，适合各种复杂外造型装饰，特别是幕墙和高级装饰，一次整体施工，有效地提高了工艺质量，杜绝了以往的质量通病。

10.8 起重机的选用及稳定性验算

10.8.1 起重机的选用

起重机的种类很多，功能差别也较大，在建筑施工或构件、设备吊装前，选择合适的起重机械是十分重要的，它直接关系到施工质量、施工与安装周期、成本和生产率。因此，必须根据具体工作条件，综合考虑各方面的因素，借鉴一些成熟的实际生产经验，进行选择对比后才能确定所需的型号。选用时一般应从以下几个方面考虑：

1. 现场条件

选用前必须考虑到：①施工现场目前已有机械与技术力量的配备情况；②水、电及动力来源供应情况；③施工工期及安装工程量的大小；④建筑物的外形尺寸（跨度、高度等）；⑤所起吊构件、设备的外形尺寸、重量、安装高度；⑥现场活动范围。起重机进出现场的道路、安装场地及辅助机械设备情况等。

2. 起重机的技术性能

选用时必须使起重机的起重量，起吊高度、工作幅度等主要工作特性能满足现场起重作业的需要。如起重机的起重量必须根据施工现场安装的最大设备与构件来选择，并考虑起重机的幅度与起吊位置等因素；起重机的最大起升高度必须大于设备和构件的起吊高度；起重机的工作幅度必须与现场所需的工作范围相适应，不得超出工作特性曲线的规定范围。起重机的起重量、工作幅度和起升高度是相互影响的，选用时必须综合考虑。

3. 起重机运输安装条件

选择起重机时还应考虑施工现场的活动范围、道路条件及辅助机械情况。安装自升式塔式起重机的底座、基础节、起重臂和平衡臂时，需借助其他行走式起重机械。塔式起重机的起重力矩越大，所需的其他起重机械吨位就越大。如安装 40t·m 的自升式塔式起重机，一般需要不小于 8t 的汽车式起重机辅助安装与拆卸。又如轨道行走式塔式起重机，铺设行走轨道时，需占用一定的场地，而在狭窄场地施工时，这一点往往难于办到，此时可选用加长起重臂的固定式塔式起重机。整体架设整体拖运的 QTK 型塔式起重机之拖运尺寸，即长度与高度、转弯半径能否进入施工现场、顺利通过城市道路；汽车起重机起重臂端轨迹的最小转弯半径、前轮轨迹的最小转弯半径、下回转式塔式起重机回转平台尾部回转半径等数值大小都是选用起重机必须考虑的问题。

此外，建筑施工的综合技术经济指标，起重机的台班费用，也是选用起重机的重要因素。

10.8.2 起重机的稳定性验算

1. 定义和稳定系数

起重机在起重作业时，由于起吊过重的重物，启动、制动时过大的惯性力，支承面的沉陷或巨大的风载荷等原因，起重机有可能会突然丧失稳定性造成倾翻事故。起重机抵抗倾覆力矩的能力称为起重机的稳定性，其中又包括载重稳定性（工作状态稳定性）和自重稳定性（非工作状态稳定性）以及架设稳定性。

起重机在失稳时的倾翻线，由起重机的支腿尺寸或轮胎尺寸确定。起重机起吊临界起重量时，处于稳定的临界状态，就是在倾翻线的内、外侧的力矩互相平衡，稳定力矩 M_s 与倾翻力矩 M_t 相等，即：$M_s=M_t$。

起重机的稳定性用稳定系数 K 来表示。稳定系数 K 是位于倾翻线内侧的稳定力矩 M_s 和位于倾翻线外侧的倾翻力矩 M_t 之比值：即

$$K=\frac{M_s}{M_t} \tag{10-6}$$

当 $K=1$ 时，起重机处于临界状态，因而，K 必须大于 1，起重机工作时才有足够的稳定性。验算时要按最不利的工作条件考虑，如轨道的坡度、风力及起升、回转动作产生的各种惯性力等。

2. 塔机稳定性

塔机的整体稳定性，即指塔机抵抗倾覆的稳定性，塔机在现场安装完毕后，除应保持自身的自然稳定外，还应在各种最不利的工况下和最大外载荷（峰值）组合作用下，该塔机均能正常工作并能保持整机稳定而不会发生倾翻事故。

通常所指某个塔机的稳定性没问题，是指该塔机稳定性系数在各种工况下均能符合要求，并留有裕量塔式起重机要求 $K\geqslant 1.15$。其稳定性的具体计算可参考有关书籍或设计手册。

思考题与习题

1. 交绕钢丝绳和顺绕钢丝绳有何主要区别？各适用于哪些地方？
2. 试分析提高起重钢丝绳使用寿命的措施。
3. 滑轮组在起重机中有何作用？什么是滑轮组的倍率？试分析滑轮组倍率对机构的影响。
4. 滑轮组如图 10-34 所示，经导向轮绕入卷筒，当载荷 $Q=50$kN 时，求绕入卷筒钢丝绳的拉力 F（滑轮均采用滑动轴承）。
5. 为什么起重吊钩不能用铸造方法制造？常用哪些方法制造起重吊钩？
6. 起重机的主要性能参数包括哪些内容？起重机有哪些主要机构？用途各是什么？
7. 动臂变幅式起重机和小车变幅式起重机各有什么优缺点？
8. 为什么履带式起重机起重量最大？
9. 为什么说使用塔机是工地施工文明的象征？
10. 试述汽车起重机的优势。
11. 平头塔机与有帽尖的塔机相比有何特点？

第11章 钢筋加工机械

作为钢筋混凝土结构中的骨架——钢筋，要经过各种方式的加工和处理，这些加工和处理有的是出于结构上的需要，如剪切、弯曲、焊接；有的是出于工艺方面的要求，如除锈、调直、墩头等；有的是出于强化或节约材料的目的，如冷拉和冷拔。

细钢筋（直径小于14mm）大都以盘圈方式出厂，在制成骨架前要经过：除锈、调直、冷拉、冷拔、剪切、弯曲和点焊等工序。

粗钢筋大都是以8～9m长的线材出厂的，在制成骨架前要经过调直、除锈、剪切、对接、弯曲、绑扎等工序。

钢筋工程机械就是完成这一系列工艺过程的机械设备。

11.1 冷拉机和冷拔机

钢筋强化加工的原理是通过机械对钢筋施以超过屈服点的外力，使钢筋产生不同形式的变形，从而可以提高钢筋的强度和硬度，减小塑性变形；同时还可以增加钢筋长度，相应地节约了钢材，因此在钢筋加工中广为应用。常用的钢筋强化机械主要有冷拉机、冷拔机等。

11.1.1 钢筋冷拉机

所谓冷拉，实际上是在常温下进行钢筋超屈服极限的拉伸。经过冷拉后的钢筋，屈服极限可以提高20%～25%，钢材可以节约10%～20%，长度可以增长3%～8%。此外，还可起到平直钢筋及除掉钢筋表面氧化铁皮的作用。粗细钢筋均可进行冷拉，但粗钢筋拉直需要的拉力甚大，一般以冷拉细钢筋为多。

冷拉设备的类型有卷扬机式、阻力轮式、液压缸式等数种，其中卷扬机式最为常用。

1. 卷扬机式冷拉机

图11-1为JJM型卷扬机式冷拉机，它主要由地锚、卷扬机、定滑轮组、动滑轮组、导向滑轮及测力装置等组成。其工作原理是：由于卷筒上钢丝绳的两端是正、反向穿绕在两副动滑轮组上，因此，当卷扬机旋转时，夹持钢筋的一副动滑轮组被拉向卷扬机，使钢

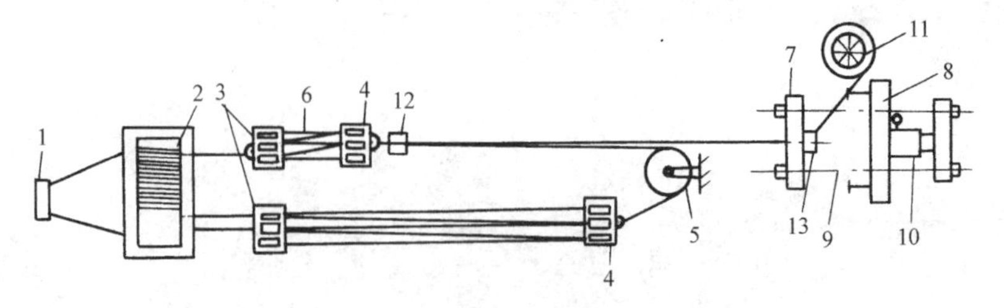

图11-1 卷扬机式冷拉机示意图

1—地锚；2—卷扬机 3—定滑轮组；4—动滑轮组；5—导向滑轮；6—钢丝绳；7—活动横梁；8—固定横梁；9—传力杆；10—测力器；11—放盘架；12—前夹具；13—后夹具

筋被拉伸，而另一副动滑轮组则被拉向导向滑轮，为下次冷拉时交替使用。钢筋所受的拉力经传力杆、活动横梁传给测力器，从而测出拉力的大小。对于拉伸长度，可以通过标尺直接测量或用行程开关来控制。

卷扬机式冷拉机具有结构简单，制造和维修容易，冷拉行程不受设备限制，便于实现单控和双控制等优点，所以应用甚广。

2. 阻力轮式冷拉机

阻力轮式冷拉机主要由放盘架、阻力轮式冷拉器及钢筋调直机组成，适用于冷拉直径为 6～8mm 的圆盘钢筋。它的工作原理如图 11-2 所示：以电动机为动力，经减速器使绞轮 3 以 40m/min 的速度旋转，通过阻力轮 1 将绕在绞轮上的钢筋 6 拉动前进，并把冷拉后的钢筋送入调直机进行调直和切断。钢筋的拉伸率可通过调节阻力轮来控制，一般为 6%～8%。

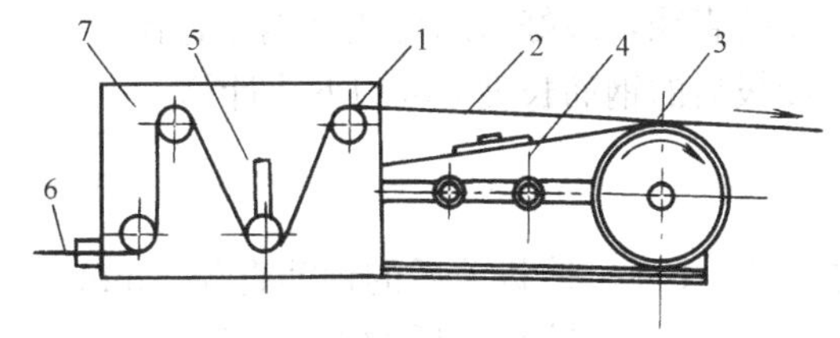

图 11-2　阻力轮式冷拉机原理

1—阻力轮；2—钢筋；3—绞轮；4—变速箱；5—调节槽；6—钢筋；7—钢板架

3. 液压式冷拉机

结构紧凑、工作平稳、噪声小、自动化程度高，而且能正确测定和控制拉伸率与拉伸应力。但该机的行程短，使用范围受到限制。

该机中的钢筋冷拉夹具和测力器在钢筋冷拉中是很关键的配套件，它们直接关系到钢筋冷拉效率、操作安全以及冷拉钢筋的质量。

11.1.2　钢筋冷拔机

钢筋冷拔是在强拉力作用下，将直径 6～10mm 的 HPB235 级光面钢筋在常温下通过钨合金制成的拔丝模（图 11-3），使钢筋产生塑性变形，从而拔成强度高、规格小的钢筋。将冷拉与冷拔相比较，差别在于：冷拉是纯拉伸的线应力，而冷拔产生的是拉伸与挤压兼有的三维应力；冷拉只需一次完成，而冷拔需要多次才能完成；冷拉钢筋直径范围大，冷拔钢筋直径小；冷拔钢筋可以提高强度 40%～60%，而冷拉钢筋只能提高 20%～25%。

钢筋的冷拔工艺是除锈→轧头→润滑→多次拔丝。

轧头是用轧头机将钢筋端头直径变小，以便使钢筋在开始拔丝时穿过拔丝模。轧头机有手动式与电动式两种，其结构原理如图 11-4 所示。

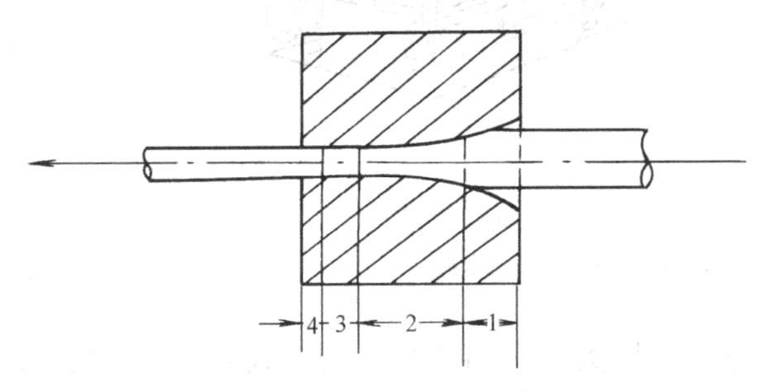

图 11-3　拔丝模拔丝示意图

1—进口导孔；2—挤压区；3—定径区；4—出口

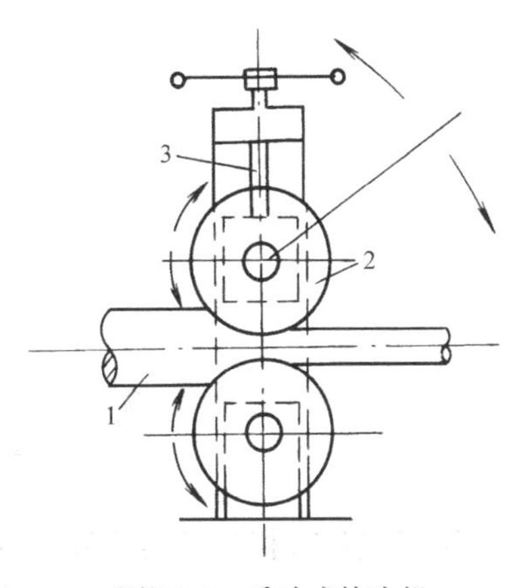

图 11-4　手动式轧头机

1—钢筋；2—轧辊；3—调整轧孔螺旋

钢筋通过一次拔丝模，直径即可缩小 0.5～1mm；定径区使受挤压后的钢筋直径趋于稳定，该区的长度约为所拔钢筋直径的一半；出口区则等于冷拔后钢筋的直径。为了减小拔丝力和模孔磨损，对模孔的粗糙度级别要求很高。为了避免断丝，冷拔速度一般应控制在0.2～3m/s。

拔丝模的模孔直径有多种规格，应根据所拔钢筋每道压缩后的直径选用。冷拔最后一道的模孔直径，最好选用比成品钢筋直径小 0.1mm，以利于保证冷拔后钢筋规格。

冷拔后的钢筋长度 l 可用下式计算：

$$l=\left(\frac{d_0}{d}\right)^2 l_0 \tag{11-1}$$

式中 d_0、d——冷拔前后的钢筋直径，mm；

l_0、l——冷拔前后的钢筋长度，m。

冷拔总压缩率 β，是指由盘条冷拔成成品钢筋的横截面总缩减率，其计算公式如下：

$$\beta=\frac{d_0^2-d^2}{d_0^2}\times 100\% \tag{11-2}$$

冷拔次数越多，总压缩率越大，钢筋的抗拉强度也就越高，但塑性也越差。为保证冷拔钢筋强度和塑性的稳定性，在冷拔时必须控制总压缩率。在一般情况下，ϕ5 钢筋宜用 ϕ8 拔盘条拔制，ϕ4 和 ϕ3 钢筋宜用 ϕ6.5 盘条拔制。

按照卷筒布置的方式，钢筋冷拔机有立式和卧式两种，每种又有单卷筒和双卷筒之分。拉拔后的钢筋仍盘圈。

图 11-5 是一种立式单筒拔丝机，它的卷筒固套在齿轮箱立轴上，电动机通过变速箱和对锥齿轮带动卷筒旋转。当盘圈钢筋 2 的端头经轧细后穿过润滑剂盒及拔丝模 5 而被固结在卷筒侧面，开动电动机即可进行拔丝。卷筒转速约为 30r/min，拔丝速度可达 75m/min。

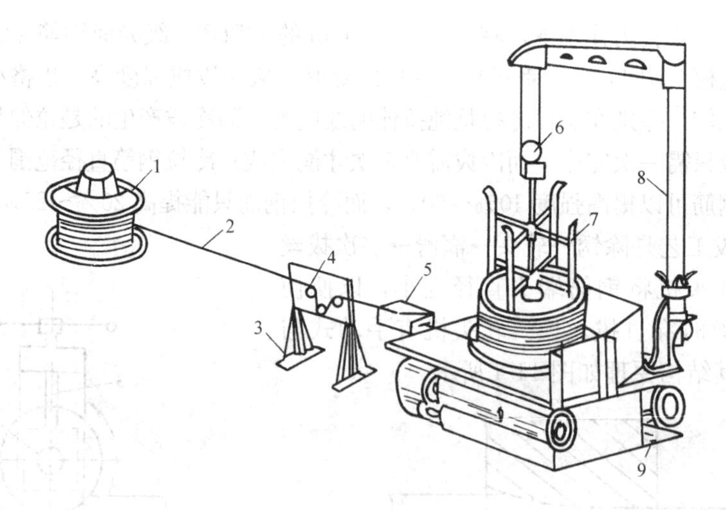

图 11-5 立式单筒拔丝机

1—盘圆架；2—钢筋；3—剥壳装置；4—槽轮；5—拔丝模；6—滑轮；7—绕丝筒；8—支架；9—电机

卧式拔丝机相当于卷筒处于悬臂状态的卷扬机。图 11-6 所示为卧式双筒拔丝机，由电动机驱动，通过变速箱减速，使卷筒以 20r/min 的转速旋转，强力使钢筋通过拔丝模盒 4 而完成拔丝工序。

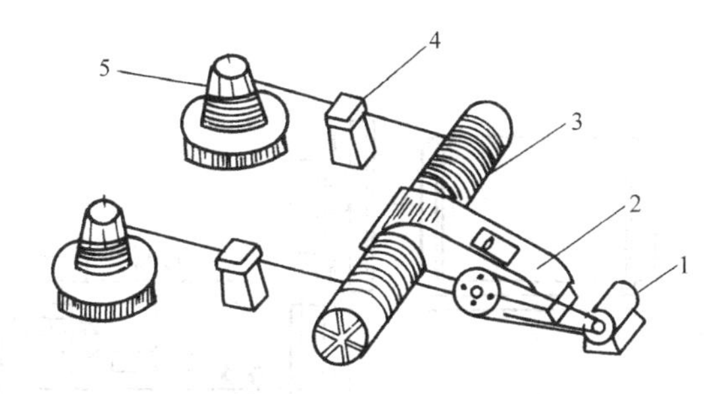

图 11-6　卧式双筒拔丝机

1—电动机；2—变速箱；3—卧式卷筒；
4—拔丝模盒；5—放圈架

冷拔工作所需的能量相当大，例如 1/750 型拔丝机的功率达 40kW，因此对于拔丝模及卷筒都要进行冷却（卷筒内部水冷）。

11.2　钢筋调直机和弯曲机

11.2.1　钢筋调直机

钢筋调直机可以自动地将盘圈的细钢筋和经冷拔处理后的低碳钢筋除锈、调直和切断。常用的调直切断机有 GT4-8 型和 CT4-14 型两种。此外还有自动化程度较高的数控钢筋调直切断机。

1. 常用的调直切断机

GT4-8 型调直切断机适用于直径为 4～8mm 盘圈钢筋的调直与切断，其切断长度为 300～600mm。该机主要由放盘架、调直筒、传动箱、切断机构、承受架及机座等组成，其外表如图 11-7 所示。

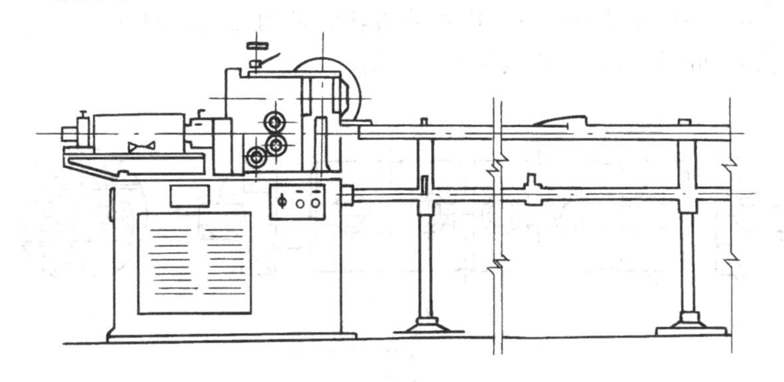
图 11-7　GT4-8 型调直切断机外形

该机工作原理可由图 11-8 来说明，电动机经三角胶带驱动调直筒 2 旋转，实现钢筋调直。经电动机上的另一胶带轮以及一对锥齿轮带动偏心轴，再经二级齿轮减速，驱动上下压辊 14、15 等速反向旋转，从而实现钢筋牵引运动。又经过偏心轴和双滑块机构 17、18，带动锤头 19 上下运动，当上切刀 20 进入锤头下面时即受到锤头敲击，完成钢筋切断。

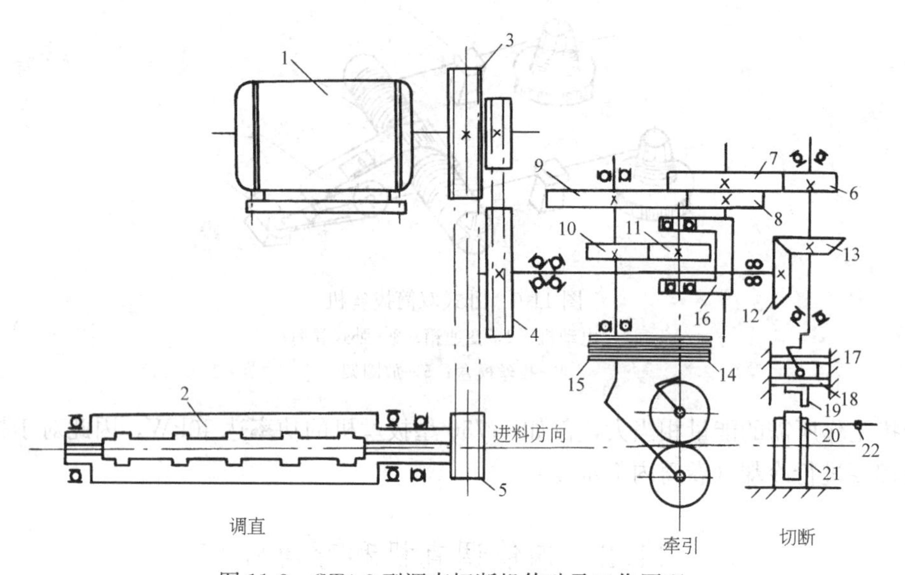

图 11-8　GT4-8 型调直切断机传动及工作原理

1—电动机；2—调直筒；3、4、5—皮带轮；6～11—齿轮；12、13—锥齿轮；14、15—上、下压辊；16—框架；17、18—双滑块机构；19—锤头；20—上切刀；21—方刀台；22—拉杆

上压辊 14 装在框架 16 上，转动偏心手柄可使框架稍作转动，以便根据钢筋直径调整压辊间隙。方刀台 21 和承受架的拉杆 22 相连，当钢筋端部顶到拉杆上的定尺板时，将方刀台拉到锤头下面，即可切断钢筋。定尺板在承受架上的位置，可以按切断钢筋所需长度进行调节。

2. 调直筒

调直筒是调直机的重要部件，其构造如图 11-9（*a*）所示。调直筒支承在两个轴承上，筒体上有五个径向孔洞，孔内各放有一个工具钢制成的调直块 3，其横向有通孔以便钢筋通过。调直块靠两个螺旋塞 4 夹住，并调整到各调直块轴向孔的轴线呈蛇形位置，如图 11-9（*b*）所示。当钢筋通过调直筒内各调直块的轴向孔时，调直筒高速旋转，钢筋被调直块反复逼直，同时还可以除掉钢筋表面的锈皮。

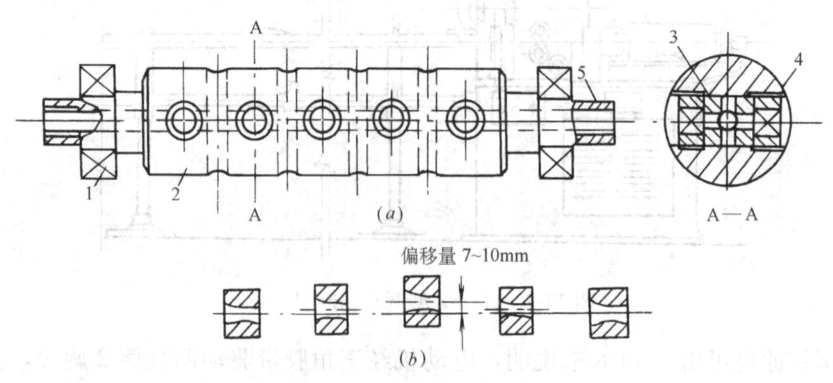

图 11-9　调直筒构造及调直块布置

1—轴承；2—筒体；3—调直块；4—螺旋塞；5—孔口

3. 高速数控带肋钢筋调直切断机

机械式钢筋调直切断机的体积大、结构较复杂，设备的故障率较高，因此完善钢筋调

直切断机的各项功能对于提高建筑施工的效率和质量有着重要意义。HSGT4/14 高速数控带肋钢筋调直切断机是目前较为理想的设备，在此简述如下：

(1) 适用范围与技术性能

该设备适用于建筑工程、冶金和机械行业等领域，自动化程度高，操作劳动强度低，调直效果好，定尺切断长度误差小，能够保证带肋钢筋调直后横、纵肋无扭转，表面无划痕。其主要性能参数如下：

调直钢筋直径/(mm)	$\phi4\sim\phi14$
调直钢筋抗拉强度/MPa	$\phi14$，$\sigma_b\leqslant650$
最小定尺切断长度/(mm)	300
切断长度误差/(mm)	±2
牵引速度/(m/min)	90

该机采用双线调直，自动定长、计数，可实现无料和故障停机。

(2) 工作原理

该设备总体结构由放料装置、导料装置、调直系统、液压剪切系统、集料装置和控制系统组成，总体示意如图 11-10 所示。

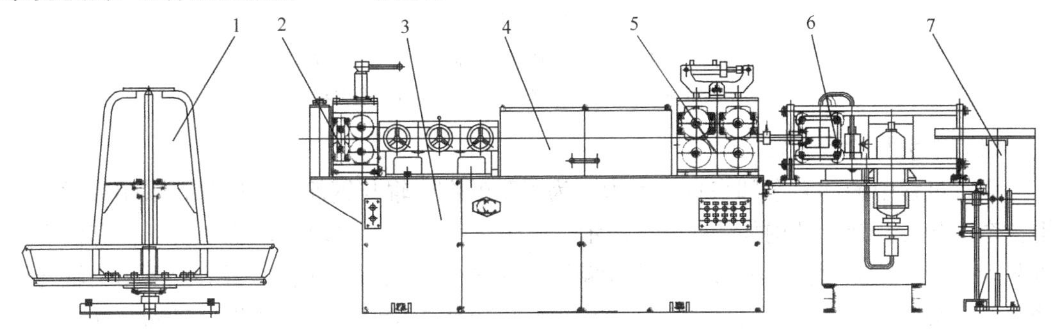

图 11-10 高速带肋钢筋调直切断机总体示意图

1—盘料架；2—导料装置；3—机架主体及数控装置；4—调直部分；5—牵引与检测装置；6—随动液压同步剪切装置；7—承料机构

放线装置选用旋转立式盘料架，放置待调直加工的钢筋，可随调直机进线速度同步旋转，减少放料操作对钢筋表面的损伤。调直机采用整体框架式结构，以确保机架刚度，在各个进出料口都设有可开启的圆形防护套，以减少因速度高、间距大而产生的钢筋甩尾、小规格窜料等问题。承料架上采用滚动轨道，以减小牵引功率，保证调直后钢筋表面质量。

从调直机构出来的钢筋由上下压辊牵引前进，经由检测装置对其长度进行测量，通过剪切机构后进入承料架。当检测长度与设定长度相符时，控制器给出剪切信号，液压剪同步随动剪切钢筋，最后调直切断后的钢筋在承料架上完成落料与集料。

(3) 调直辊系配置

钢筋调直原理是利用对钢筋的反复弯曲，同时使钢筋部分地处于塑性状态，形成一种残余变形，这种变形与钢筋的原始曲率相反，从而达到调直目的。双曲线转毂式与孔模滑块式的调直速度较低，主要用于调直较小规格的钢筋，属于非主动式调直机，对钢筋表面的损伤较大。

如图 11-11 所示，该机采用双线平行辊式调直机调直钢筋，辊子表面与钢筋表面的相对运动为滚动，通过各调直辊对钢筋施加超过弹性变形的压力，在相互垂直的两个方向上形成反弯曲率，产生钢筋的塑性变形。增加调直辊与钢筋表面的接触长度，以减少辊子表面对钢筋的接触应力，消除辊子对钢筋实施反弯而造成对其表面的压伤。三辊止转调直辊系，使得预调直后的钢筋经过大变形统一其残差得到等曲率，并在精调过程中不绕自身轴线转动，在两个相互垂直的调直平面内经反复变形而真正实现二维调直。它不仅能很好地减少调直后钢筋的损伤，保证钢筋表面肋的质量，提高钢筋的使用性能，同时也能提高调直速度，保证生产效率。

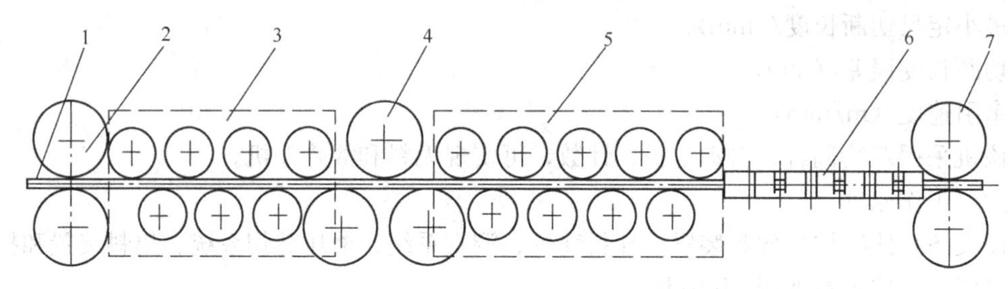

图 11-11 调直示意图

1—钢筋；2—夹持辊；3—预调垂直辊系；4—三辊辊系；5—精调垂直辊系；6—水平精调辊系；7—牵引辊

(4) 牵引与检测装置

调直过程中的动力全部来自牵引力，为了降低牵引辊与钢筋间的压紧，采用 2 对牵引辊。牵引与检测装置结构如图 11-12 所示，其中牵引下辊为主动辊，前牵引下辊有伺服电机驱动摆线针轮减速器，通过啮合齿轮箱驱动后牵引下辊同速回转，每对上下牵引辊与钢筋间的接触摩擦力即为牵引动力。后牵引上辊同时作为检测辊，由柔性联轴器与光栅角位移传感器同轴连接，2 个牵引上辊可通过压下油缸调节其压紧力，确保牵引与检测均无打滑现象产生。

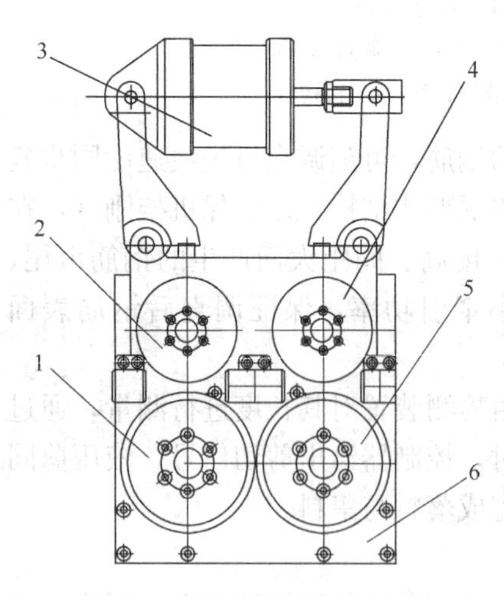

图 11-12 牵引与检测装置

1—前牵引下辊；2—前牵引上辊；3—压下油缸；4—后牵引上辊（检测辊）；5—后牵引下辊；6—支架

当钢筋通过调直机机构调直后，在向前移动过程中带动检测辊旋转，光栅角位移传感器则产生高频脉冲信号，并将信号传送给 PLC 高速计数器，光栅角位移传感器旋转一周所产生的脉冲数是固定的，因此，通过高速计数器的数值、固定脉冲数值、旋转脉冲编码器旋转周长，就能计算出钢筋向前移动的长度。在检测装置中，检测辊的尺寸精度是确保检测准确的关键，测量轮的设计周长为 400mm，光栅角位移传感器的脉冲输出为方波 2000，当已调直的钢筋被牵引轮送出 400mm，检测辊被带动转动一圈，光栅角位移传感器输出 2000 脉冲给 PLC 高速计数器，即调直后的钢筋每前进 0.2mm，光栅角位移传感器发出一个脉冲信号。

(5) 随动液压同步剪切系统

目前，大多数采用锤击式切断机构实现定尺剪切，切断时方刀台停止运动，被切钢筋停止前进，这时上下牵引轮必须打滑，否则钢筋将被顶弯，产生严重连切，同时为避免出现顶刀现象，钢筋的牵引速度必须限制在 0.7m/s 以下。

液压随动剪切机构对钢筋进行跟随，使得剪切机构与钢筋同步进行，不仅能够彻底解决锤击式切断机构本身存在的问题，而且能极大地降低钢筋的表面磨损，保证较高的切断精度和剪切质量，同时也能大大提升调直的速度，提高生产率。液压随动剪切机构依靠锤重力回程，对于较小直径的钢筋，其刚性较小，顶动刀体座移动时极易造成钢筋的弯曲，从而使得钢筋切断长度的偏差较大或者根本无法切断钢筋。本设计中，刀体座的移动为主动式，去除重锤，而在刀体座下部安装齿条，与支架上的齿轮啮合，剪切时，小伺服电机驱动齿轮齿条机构，带动整个刀体座与钢筋同步前进；剪切完了，小伺服电机反转，带动刀体座返回至初试位置，等待下一个剪切动作开始。

图 11-13 所示液压系统采用液压节能回路，可获得很高的响应速度和平稳性，同时也可很大程度地减小切断误差（误差可降为 2mm），大大提高了调直机的工作效率（调直速度为 90m/min）。

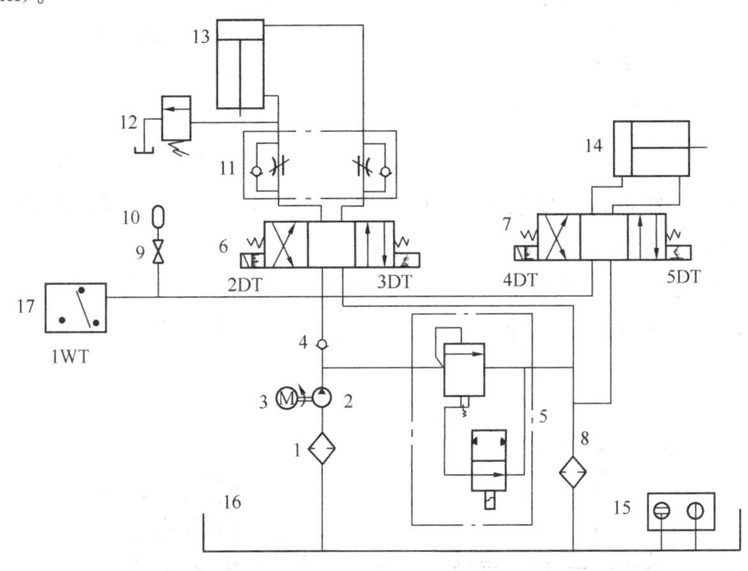

图 11-13 液压系统

1、8—过滤器；2—液压泵；3—电机；4—单向阀；5—电磁溢流阀；6、7—换向阀；9—截止阀；10—蓄能器 11—双向节流阀；12—溢流阀；13—剪切液压缸；14—压下油缸；15—液位、液温计；16—空气滤清器；17—压力继电器

（6）数控系统

本机采用 PLC 技术应用到调直切断机上，实现数字化控制。控制系统采用二级计算机控制，机旁配有接触式显示器，可以直接编辑数据，自动修正切断误差，实现单根计数、计量总数及钢筋总量。触摸屏与 PLC 通过 DP 或 MPI 相连，旋转脉冲编码器与 PLC 的输入信号相连，当计算后的长度与触摸屏上设定长度相同时，PLC 输出剪切信号。同时具备在发生故障和材料用完时自动停车功能。

作为一种新型的调直切断设备，设计中引入液压与数控技术，大大提高了调直切断机的可靠性、稳定性，并且生产效率高。调直后的钢筋表面肋基本无划伤、切断端头齐整，钢筋强度损失小于5%，调直后钢筋的直线度小于1mm/m，为钢筋加工产品的市场化推广奠定了可靠的技术基础。

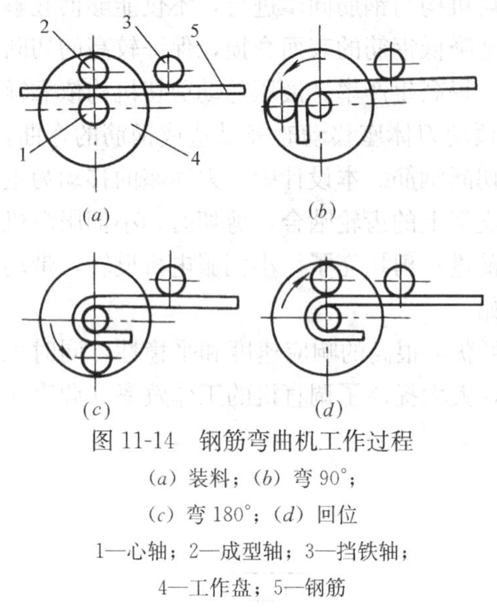

图 11-14 钢筋弯曲机工作过程

(a) 装料；(b) 弯 90°；

(c) 弯 180°；(d) 回位

1—心轴；2—成型轴；3—挡铁轴；

4—工作盘；5—钢筋

11.2.2 钢筋弯曲机

钢筋弯曲机是把钢筋弯成各种形状的专用机械。例如，把钢筋弯成钩形、元宝形、箍形等以适应钢筋混凝土构件的需要。另外，它还可以作为粗钢筋调直机使用，目前普遍使用的钢筋弯曲机有GC40型和GW40两种。

钢筋弯曲机的原理如图11-14所示，工作盘4的中心有一个与盘固定的中心滚轴1，工作盘上的外周有孔，可插入滚轴2，另一个滚轴3固定在工作台上，钢筋5紧贴着固定滚轴3而平放在滚轴2和中心滚轴1之间，当工作盘以低速回转时，滚轴2便推压钢筋的悬伸端围绕着中心轴1作圆弧运动，从而将钢筋5弯曲，其内侧的曲率就是中心轴1的半径，而弯曲角度可以依需要而停止工作盘；如要改变钢筋弯曲的曲率，可以换不同直径的中心滚轴，所以这是一种通用弯曲设备。

图11-15所示为GW40型钢筋弯曲机传动系统图。电动机1的动力经一级胶带传动，两级齿轮传动，一级蜗杆传动，带动工作盘5转动。工作盘的调速靠更换不同的配换齿轮6、7实现。

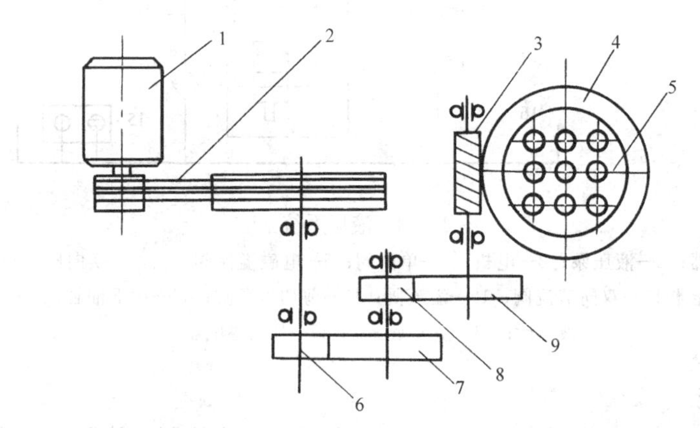

图 11-15 GW40型钢筋弯曲机传动系统

1—电动机；2—三角带传动；3—蜗杆；4—蜗轮；5—工作盘；

6、7—配换齿轮；8、9—齿轮

钢筋弯曲机的外形见图11-16。它由电动机、机架和工作台等组成。工作盘上有9个轴孔，中心孔用来插中心轴，周围的8个孔用来插成型轴或轴套。在工作盘两侧的插入座5上，每侧有6个孔供插入挡铁轴用；此外，两侧还设一根辊轴6以作移动钢筋用。

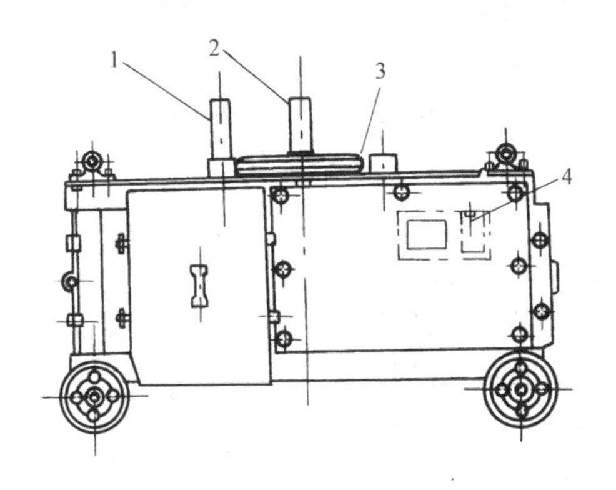

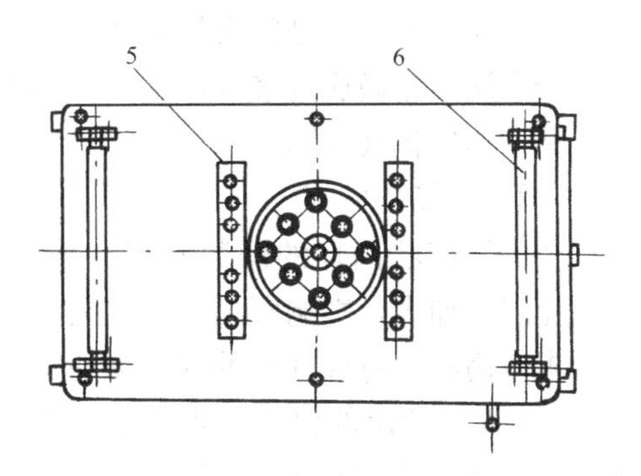

图 11-16　GW40 型钢筋弯曲机

1—挡铁轴；2—中心轴；3—工作盘；4—倒顺开关；5—插入座；6—辊轴

为保证钢筋设计的弯曲直径，该机配有不同直径的心轴，心轴的直径有 16、20、25、35、45、60、75、85、100（mm）共 9 种规格，以供选用。

11.2.3　新颖的圆形箍筋成型装置

圆形箍筋主要用于圆形梁、桩、圆形桩，电气化铁路的圆形支柱和环形混凝土电杆现浇桩等作为构造筋。

圆形箍筋成型机结构简单，效率高，可持续工作，制成的圆形箍筋平直度和圆度都能满足要求。现将此装置和制作工艺简介如下：

1. 成型装置和原理

成型装置如图 11-17 所示。电气化铁路的圆形支柱和环形混凝土电杆等通常用 ϕ5mm～ϕ8mm 的冷拔丝制作各规格圆形箍筋，将成卷的 ϕ5mm～ϕ8mm 的冷拔丝放在转料盘上，冷拔丝通过导料模（可用报废的冷拔丝拉丝模）经过压紧轮与导料主动轮之间压紧后，压紧轮与导料主动轮上都带有冷拔丝直径 1/3 深的圆形槽，由电机带动减速机（速度 20r/min 左右）使导料主动轮旋转并推动冷拔丝进料，冷拔丝受调节轮的导向作用被顶弯成圆环。调节导圈杆滑块使导圈杆托着成型的圆环转动，则冷拔丝在导圈杆上等距离连续成型，便缠绕成了等径的螺旋状圆环。

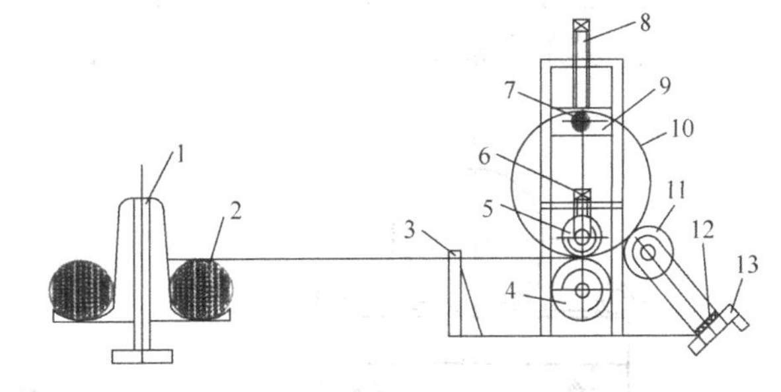

图 11-17　箍筋成型示意图

1—转料盘；2—冷拔丝；3—导料模孔；4—导料主动轮；5—压紧轮；6—压紧轮弹性压杆；7—导圈杆；8—导圈滑块调节螺杆；9—导圈杆滑块；10—螺旋状圆环；11—调节轮；12—调节刻度盘；13—调节手柄

2. 圆形箍筋直径的调节

圆形箍筋直径大小的调节，可通过调节轮所在位置来实现。初次使用时，可先试制几个圆形箍筋，确定调节轮所在的位置与圆形箍筋直径相对应的大概位置，即记录下调解刻度盘的圈数与刻度。调节轮向下移动，则圆形箍筋的尺寸变大；调节轮向上移动，则圆形箍筋的尺寸变小。把压紧轮、导料主动轮和调节轮做成轴径和厚度一样，但外径不一样，可以互换安装，用以扩大圆形箍筋外径的加工范围。

3. 圆形箍筋的成型

等径的螺旋状圆环的圈数到了一定数量时，需要剪断拿下，以免阻力加大，影响圆形箍筋的尺寸变化。如果对外径的偏差要求较高时，每种规格的圆形箍筋建议用 $\phi12$ 的圆钢制作一个如图 11-18 所示的剪圈托架。托架外径 D 为所需圆形箍筋的外径减去 2 倍冷拔丝直径后的尺寸，如果所用材料回弹一样，也可不用。把螺旋状圆环套在托架上剪开，然后逐个点焊成型。（此装置为江西省电力设备总厂制造）

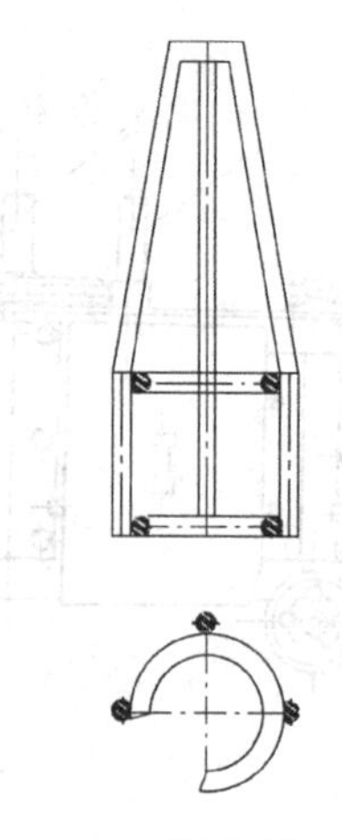

图 11-18 剪圈托架示意图

11.3 钢筋切断机

钢筋切断机用于对钢筋原材或调直后的钢筋按混凝土结构所需要的尺寸进行切断。按其切断传动方式可分为机械传动和液压传动两类，按其安装方式又可分为固定式、移动式和手持式三种。其常用的型号有 G15-40 型，GQ40L 型，DYJ-32 型及 GQ-20 型等。

11.3.1 立式钢筋切断机

GQ40L 型立式钢筋切断机的外形如图 11-19（*a*），它主要由电动机、离合器、切刀及压料机构组成。其工作原理可用图 11-19（*b*）来说明，由电动机通过三角胶带、齿轮传动

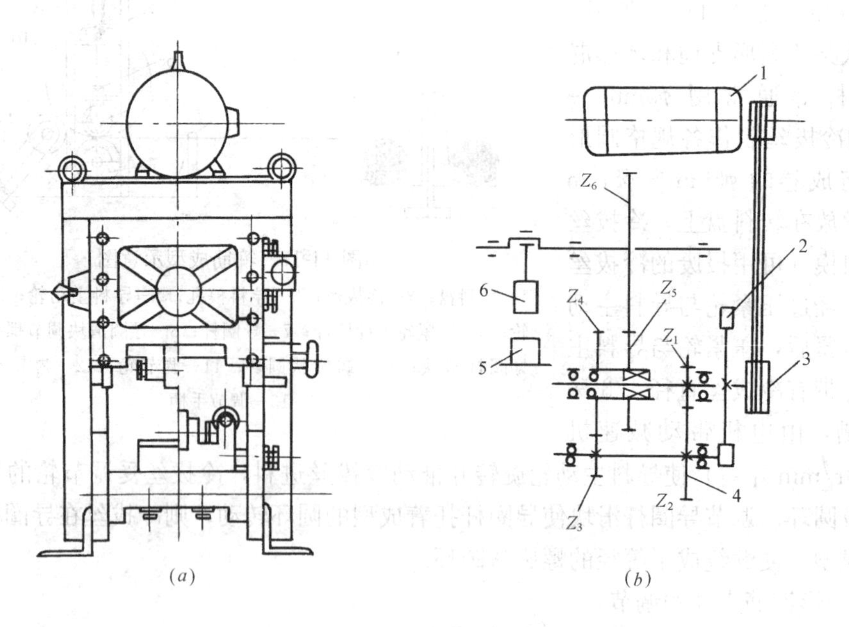

图 11-19 GQ40L 型立式钢筋切断机外形及传动系统

1—电动机；2—飞轮；3—皮带轮；4—齿轮；5—固定刀片；6—活动刀片

带动装有活动刀片的曲轴回转，并由手柄控制离合器的结合与脱开来实现上下运动，进行切断钢筋。

该机的压料机构是通过手轮的旋转，带动一对具有内梯形螺纹的斜齿轮，使螺杆上下移动，来实现对不同直径钢筋的压紧。由于该机构靠螺纹来实现上下运动，所以压紧后还具有自锁作用。

GQ40L 型立式钢筋切断机具有体积小、重量轻、能耗少、操作灵活、安全可靠、生产效率高等特点。适用于钢筋加工生产线，也可用于施工现场切断钢筋及圆钢。

11.3.2 电动液压切断机

DYJ-32 型钢筋切断机是一种由液压传动和操纵的移动式切断机械，其系统工作总压为 32t，可切断钢筋的最大直径为 32mm。其外形如图 11-20 所示，该机的副刀片固定不动，而由电动机直接带动柱塞式高压泵工作，泵产生的高压油推动活塞运动，使活动刀片实现切断动作。当高压油推动活塞运动到一定位置时，两个回位弹簧被压缩而开启主阀，工作油开始回流，工作完毕，弹簧复位，此时主阀尚未关闭，必须用手扳动钢筋，给主刀一定力，方可继续工作。

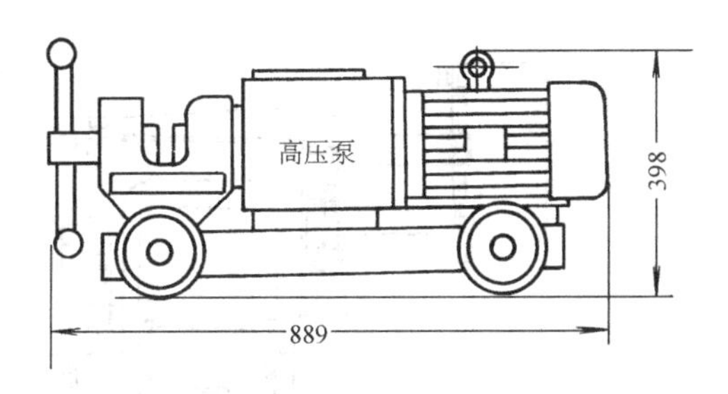

图 11-20 DYJ-32 型电动液压切断机外形

工作前，要将切断刀片安装正确、牢固、在运转零件处加足润滑剂，待试车正常后才允许进行钢筋切断工作。固定刀片与活动刀片之间应有 0.5～1.0mm 的水平间隙。间隙不宜过大，否则钢筋切断端头容易产生马蹄形。

工作时，钢筋要放平、握紧，切不可摆动，以防刀刃崩裂，钢筋蹦出伤人。

11.4 钢筋焊接机

为保证钢筋接头质量，充分利用钢材以及提高钢筋成型加工生产率和机械化水平，对钢筋、钢筋网和骨架等的加工，已广泛采用焊接方法来完成。常用的焊接机械，属于加压焊类的有点焊机、对焊机；属于熔化焊类的有交流弧焊机、直流弧焊机、硅整流弧焊机；同时，摩擦焊和电渣焊设备也获得一定应用。

11.4.1 钢筋点焊机

点焊是采用接触焊接的方法，使互相交叉的钢筋，在其接触处形成牢固的焊点。点焊机的种类很多，按结构形式可分为固定式和悬挂式两种；按压力传递方式可分为杠杆式、气压式和液压式三种；按电极类型可分为单头、双头和多头等形式。其中 DN 系列短臂固定式，DN3 系列长臂固定式以及 DN7 系列多头点焊机等，都适合于钢筋预制加工中点焊各种形式的钢筋网。

图 11-21 是 DN-25 型点焊机的外形和工作原理。该机为杠杆弹簧式短臂点焊机，主要由焊接变压器、电极、分级开关、压簧、脚踏开关等组成。其电源是一个降压变压器，它把 380V 或 220V 的交流电变成几伏至十几伏的分档可调低压电。如图 11-21 所示，弯

压器由次级线圈 3，初级线圈 5 和变压器调节级数开关 7 等组成，时间调节器 6 是控制通电时间长短的电气装置，可由人工或自动控制。

加压机构 4 是使两电极压紧钢筋的装置，可利用脚踏板 8 及杠杆推力压紧弹簧来实现。当踩下踏板时，带动压紧机构 4 使上电极压紧钢筋，同时时间调节器也接通电路，低电压电流经弯压器次级线圈 3 引到电极，钢筋交叉点在极短时间内产生大量的电阻热，使交叉点的材料达到熔融状态，在电极压力作用下形成焊接点；当开脚踏板时，电极松开，时间调节器断开电源，点焊结束。

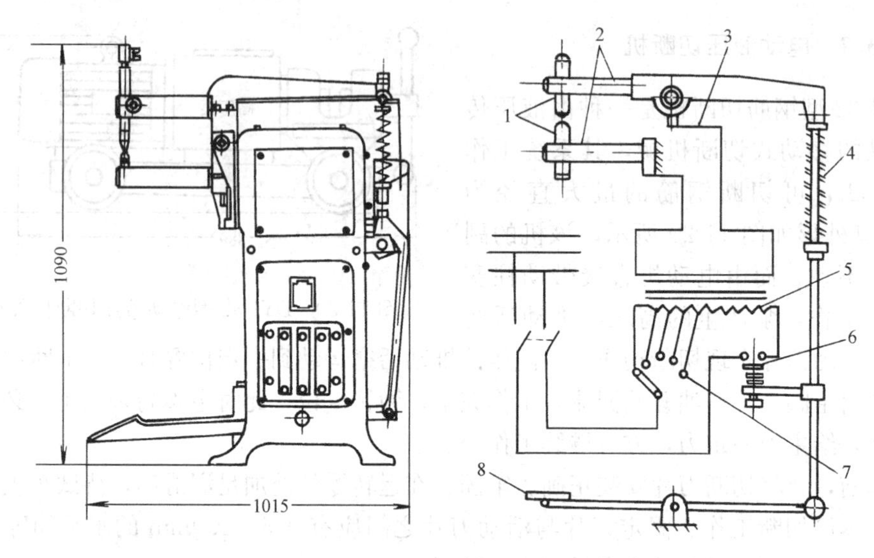

图 11-21 DN-25 型点焊机外形及其工作原理

1—电极；2—电极卡头；3—变压器次级线圈；4—压紧机构；5—变压器初级线圈；6—时间调节器；7—变压器调节级数开关；8—脚踏板

DN-25 型点焊机工作稳定，变压器的次级线圈、电极臂、电极等均有循环水进行冷却，以保证焊机正常工作。

11.4.2 钢筋对焊机

直径 14mm 以上的粗钢筋，常以 8～9m 长的节段出厂，在使用时需要切断或接长；切断下来的短段作为废料抛弃，浪费很大，用对焊的方法把钢筋段连接起来既可满足钢筋骨架的需要又减少了浪费。

所谓对焊，是将两被焊接件放置在焊机具内，并使两待焊接端相对放置且保持接触，通以焊接电流使其加热到足够的温度，同时施加挤压力，从而使焊件焊牢。对焊机有 UN，UN1，UN5，UN8 等系列，在建筑施工中常用的是 UN1 系列对焊机。

图 11-22 是 UN1-75 型对焊机的外形和工作原理。该机为手动对焊机，采用边界闪光焊时，可焊最大直径为 32mm 的钢筋。它主要由焊接变压器、固定电极、移动电极、加压机构及控制元件等组成。其工作原理如图 11-22（*b*）所示，固定电极 4 装在固定平板 2 上，活动电极 5 则装在滑动平板 3 上，滑动平板与压力机构 9 相连，并可沿机身上的导轨移动。电流从变压器次级线圈 10 引到接触板，再从接触板到电极。当移动活动电极使两

待焊端部接触时，由于接触处凹凸不平，接触面积小，电流密度和接触电阻很大，焊件端部温度升高而熔化，同时利用加压机构压紧，使两焊件部紧紧地融为一体，随即切断电流，便完成焊接。

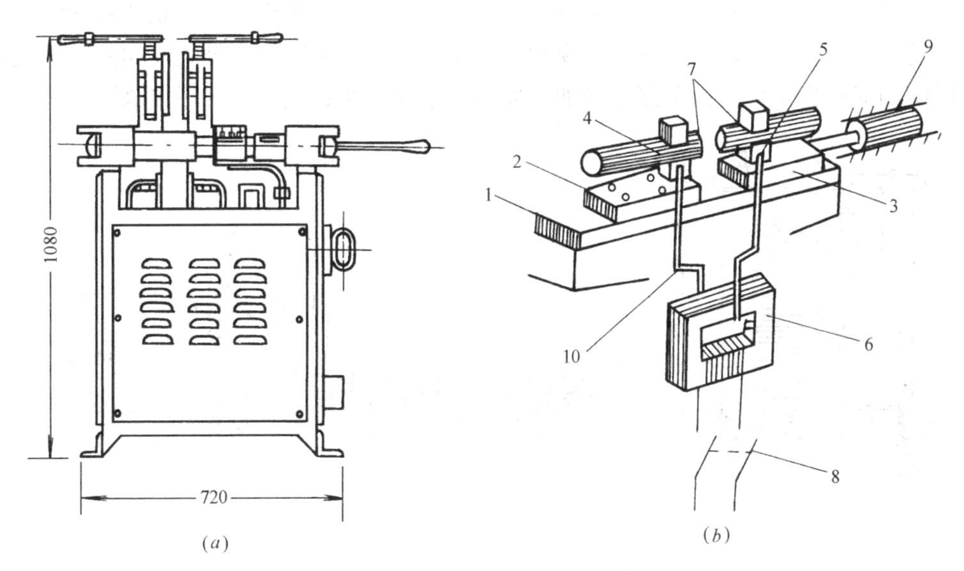

图 11-22 UN1-75 型对焊机的外形及其工作原理

1—机身；2—固定平板；3—滑动平板；4—固定电极；5—活动电极；6—变压器；7—钢筋；8—开关；9—压力机构；10—变压器次级线圈

与点焊机一样，对焊机的变压器次级线圈、悬臂、电板等也都必须用水冷却，所以工作前应打开冷却水阀。

11.4.3 钢筋弧焊机

电弧焊是利用电弧的热量熔化母材和填充金属而形成焊点或焊缝的一种焊接方法。而弧焊机实质上是用来进行电弧放电的电源，其作用是维持不同功率的电弧稳定地燃烧。

弧焊机可分为交流和直流两类。交流弧焊机又称焊接变压器，其基本原理与一般电力变压器相同，它是将 220V 或 380V 的电压降到弧焊需要的电压，同时将电流增加到弧焊需要的电流。建筑工程中常用的型号有 BX_1、BX_3、BX_6、BX_7 等。

直流弧焊机又分为焊接发电机和焊接整流器两种。焊接发电机为三相感应电动机或内燃机拖动的电焊发电机组，工作时，它发出适合于弧焊的直流电。常用的型号有 AX、AX_3、AX_4 和 AX_5 等。焊接整流器一般采用硅元件整流，把交流电变为直流电故又称为硅整流弧焊机。常用的型号有 ZXG、ZXG_1、ZX 和 ZX_5 等。

各种弧焊机的结构上差异较大，在制造和使用方面也各有优缺点。其中弧焊变压器是弧焊电源中最简单而又普遍采用的一种弧焊机，它具有结构简单、体积小、重量轻和携带方便等特点，适合于焊接各种低碳钢、低合金钢焊件以及作为电动切割之用。

图 11-23 为 BX_3-300 型动绕组式弧焊变压器的外形和工作原理。变压器的初级线圈分成两部分，并固定在两铁芯柱的底部；次级线圈也分两部分，装在两铁芯柱的上部并固定在可动支架上。利用调节手轮转动螺杆，使两次级线圈沿铁芯柱上下移动，以改变初级与

次级线圈间的距离来调节焊接电流的大小。初级、次级线圈可分别接成串联和并联两种接法。

BX_3-300型弧焊变压器的工作原理如图11-23（*b*）所示，其降压特性是靠初级、次级线圈间的漏磁获得的。其电流的粗调节是通过改变初级、次级线圈的串联和并联两种接法来实现的，其电流的细调节则通过改变初级、次级线圈的距离来满足的，如距离越大，两种线圈间的漏磁也越大，由于漏抗增加，使焊接电流减小；反之，则焊接电流增大。

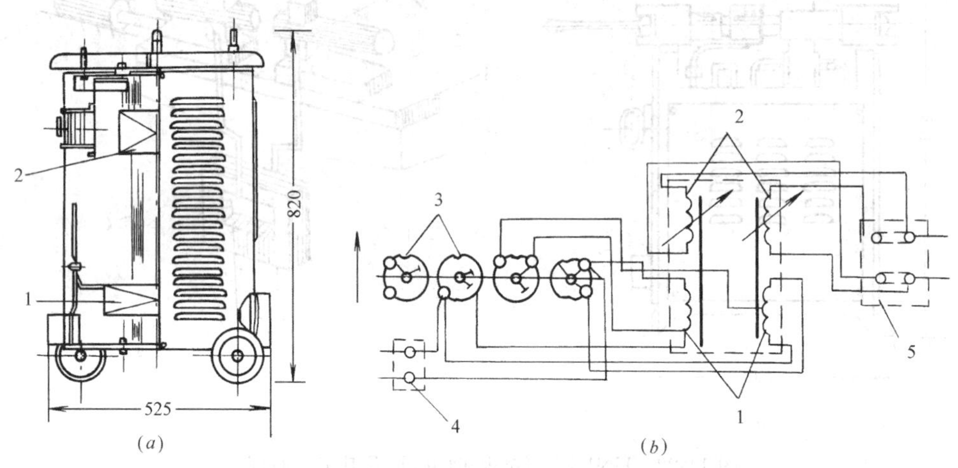

图11-23　BX_3-300型弧焊变压器外形及工作原理

1—初级线圈；2—次级线圈；3—电源转换开关；4—初级接线板；5—次级接线板

11.4.4　电渣压力焊机

电渣压力焊属焊接中的压力焊。电渣压力焊利用电流通过渣池所产生的热量来熔化母材，待到一定程度后施加压力，完成钢筋连接，这种钢筋接头的焊接方法与电弧焊相比，焊接效率高5～6倍，且接头成本较低，质量易保证，它适用于直径为16～32mm的HPB235级、HRB335级竖向或斜向钢筋的连接。

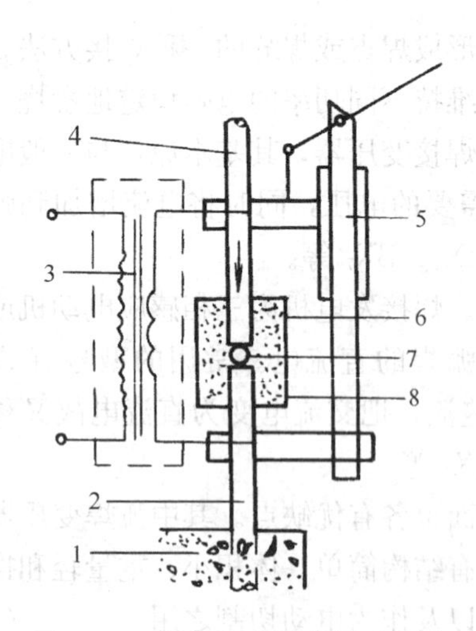

图11-24　钢筋电渣压力焊示意图

1—混凝土；2—下钢筋；3—焊接电源；4—上钢筋；5—焊接夹具；6—焊剂盒；7—铁丝球；8—焊剂

电渣压力焊的主要设备包括：三相整流或单相交流电的焊接电源；夹具、操作杆及监控仪的专用机头；可供电渣焊和电弧焊两用的专用控制箱等（图11-24）。电渣压力焊耗用的材料主要有焊剂及铁丝。因焊剂要求既能形成高温渣池和支托熔化金属，又能改善焊缝的化学成分，提高焊缝质量，所以常选用含锰、硅量较高的埋弧焊的焊剂。

铁丝常采用绑扎钢筋的直径为0.5～1mm的退火铁丝，制成球径不小于10mm的铁丝球，用来引燃电弧（也可直接引弧）。

电渣压力焊的工艺过程见图11-25。

（1）电弧引燃过程——焊接夹具夹紧上下钢

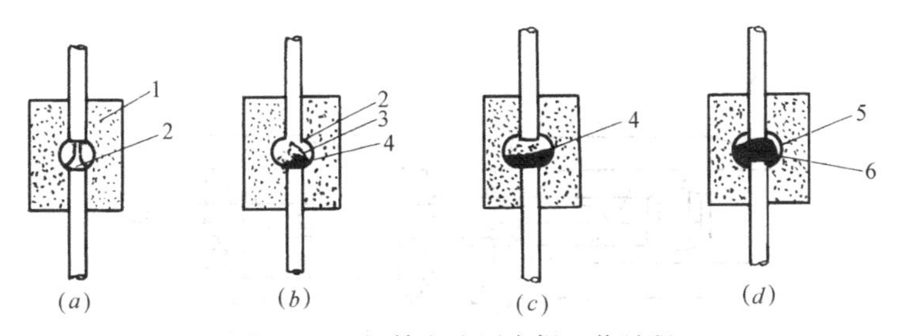

图 11-25 钢筋电渣压力焊工艺过程

(*a*) 引弧过程；(*b*) 造渣过程；(*c*) 电渣过程；(*d*) 挤压过程

1—焊剂；2—电弧；3—渣池；4—熔池；5—渣壳；6—熔化的钢筋

筋，钢筋端面处安放引弧铁丝球，焊剂灌入焊剂盒，接通电源，引燃电弧（图 11-25*a*）；

(2) 造渣过程——靠电弧的高温，将钢筋端面周围的焊剂熔化，形成渣池（图11-25*b*）；

(3) 电渣过程——当钢筋端面处形成一定深度的渣池后，将钢筋缓慢插入渣池中，此时电弧熄灭，渣池电流加大，渣池因电阻较大，温度迅速升至 2000℃以上，将钢筋端头熔化（图 11-25*c*）；

(4) 挤压过程——当钢筋端头熔化达一定量时，加力挤压，将熔化金属和熔渣挤出，同时切断电源（图 11-25*d*）。

电渣压力焊工艺参数主要有焊接电流和电压、通电时间、钢筋熔化量以及压力大小等。

11.5 预应力钢筋张拉机

预应力钢筋张拉机械是对预应力混凝土构件中的预应力筋施加张拉力的专用设备，目前常用的有液压式拉伸机和机械式张拉机，还有电热张拉设备。

11.5.1 液压式拉伸机

液压拉伸机由千斤顶、高压油泵及连接油管等部分组成。高压油泵用于向液压千斤顶输出压力油，以下主要介绍拉杆式和穿心式千斤顶。

1. 拉杆式千斤顶

拉杆式千斤顶即称拉伸机，以活塞杆作为拉力杆件，适用于张拉带有螺丝端杆的粗钢筋、带有螺杆式锚夹具或粗镦头锚夹具的钢筋束，并可用于单根或成组模外先张和后张自锚工艺中。其构造简单，操作容易，应用较广。按其拉伸力有 40t、60t 和 80t 几种。

拉杆式千斤顶主要由大缸（主缸）、活塞、活塞杆、小缸（副缸）、套碗及顶脚等组成，如图 11-26 所示是 60t 拉杆式千斤顶的构造原理图。大缸 1 和大缸活塞 2 是拉杆式千斤顶的主要工作部分。活塞上有油封圈 3，小缸 4 位于活塞杆 7 的一端，小缸活塞 5 是一个空心的圆柱体，当钢筋张拉后，通过它的作用，可将大缸活塞及活塞推回到张拉前的位置。

拉杆式千斤顶可用电动油泵供油，也可用手动油泵供油。但很少用。电动油泵可以同时供应两台或两台以上千斤顶共同操作。当高压油液从前油嘴 8 进入大缸时，推动大缸活

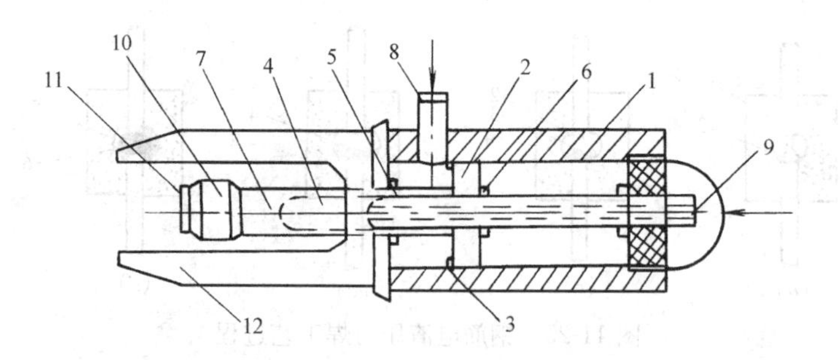

图 11-26　拉杆式千斤顶

1—大缸；2—大缸活塞；3—大缸油封圈；4—小缸；5—小缸活塞；
6—小缸油封圈；7—活塞杆；8—前油嘴；9—后油嘴；
10—套碗；11—拉头；12—顶脚

塞及活塞杆，连接在活塞杆末端套碗 10 中的钢筋即被拉伸，其拉力的大小，由高压油泵上的压力表读数表示。回程时，将前油嘴 8 打开，从后油嘴 9 进油，活塞杆 7 被油液压回原位。

2. 穿心式千斤顶

穿心式千斤顶的构造特点是沿千斤顶轴线有一穿心孔道，供穿预应力筋或张杆之用。这种千斤顶主要用于张拉带有夹片式锚具的单根钢筋、钢筋束及钢绞线束，如配置一些附件，也可以张拉带有其他形式锚具的预应力筋，它是一种通用性强、应用较广的张拉设备。张拉吨位有 20t、60t、90t 等数种。

图 11-27 所示为 YC-60 型穿心式千斤顶，张拉力为 60t，适用于张拉钢筋束或钢绞线束。它主要由张拉油缸 1、顶压油缸 2、顶压活塞 3 和弹簧 4 等组成。在张拉油缸上装有前油嘴 9 和后油嘴 8，顶压油缸上也有一油嘴 13。钢筋束或钢绞线束穿入后，在千斤顶尾部用工具式锚具 10 锚固。

千斤顶张拉时，从后油嘴 8 进高压油，前油嘴 9 回油，张拉油缸 1 便向后移动，利用装在千斤顶尾部的工具式锚具 10 将钢筋张拉。张拉到需要吨位后，后油嘴关闭

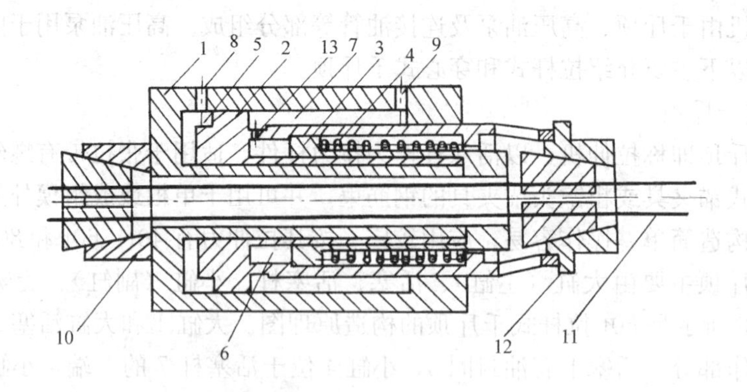

图 11-27　YC-60 型穿心式千斤顶

1—张拉油缸；2—顶压油缸（小缸）；3—顶压活塞；4—弹簧；5—张拉工作油室；6—顶压工作油室；7—张拉回程油室；8—后油嘴；9—前油嘴；10—工具式锚具；11—钢丝；12—锚具；13—油嘴

油阀，从前油嘴进油，油液进入顶压油室内，使顶压活塞3向前推出，顶压锚塞，使钢筋锚固。

回程时，打开后油嘴回油，张拉油缸向前移动。紧接着把前油嘴也打开，使顶压油室内的油液流回，顶压活塞靠弹簧4的作用回位。

11.5.2 机械式张拉机

机械式张拉机是采用机械传动的方法张拉预应力钢筋的设备，主要用于小吨位、长行程的直线、折线和环向张拉预应力筋工艺中。用于直线配筋的机械式张拉设备一般由张拉车、夹持和测力等部分组成。张拉车有手动和电动两种，只介绍后者。

电动张拉车

电动张拉车形式很多，一般均由以下几部分组成：

张拉部分——由电动机带动的轻便卷扬机或螺杆；

测力部分——带油压表的微型千斤顶、杠杆或测力弹簧；

夹持部分——钳式、偏心块式或楔块式等夹具；

控制装置——倒顺开关、磁力开关和自行断电装置等；

行走部分——行走小车。DL-1型弹簧测力螺杆式电动张拉车适用于张拉单根冷拔低碳钢丝及刻痕钢丝，如图11-28所示，它由电动机、变速箱、螺杆、螺母、弹簧测力计、夹具等部分组成。

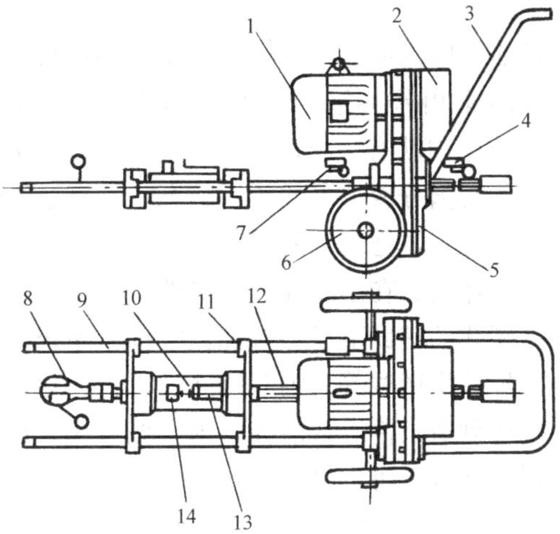

图11-28 DL-1型电动螺杆张拉机

1—电动机；2—配电箱；3—手柄；4—前限位开关；5—变速箱；6—胶轮；7—后限位开关；8—钢丝钳；9—支撑杆；10—弹簧测力计；11—滑动架；12—梯形螺杆；13—计量标尺；14—微动开关

电动机转动时，通过一级直齿减速装置，使中心轴转动，中心轴的中心孔内固定有梯形螺母，螺母带动螺杆向前或向后作直线运动。弹簧测力计一端与螺杆连接，另一端与钢丝钳铰连接。弹簧测力计两端的滑动架使其托持在支撑杆上，并能前后滑动，同时保持螺杆、测力计、螺母处于同一中心位置。

螺杆的向前、向后运动由电动机的正、反转来控制。为了安全可靠，防止机件碰撞，机上装有前后限位行程开关，当螺杆运动超越极限时，行程开关打开，电机立即停转。弹簧测力计上装有微动行程开关，工作时调节好标尺，当张拉力达到给定数值时，微动开关常闭触点断开，交流接触即行释放，电机停转，张拉自动停止。

DL-1型张拉机的张拉力为1t，张拉速度为2m/min，采用1.5kW的电动机驱动，是冷拔低碳钢丝预应力混凝土的专用定型张拉设备，适用于张法台座生产工艺。

11.6 钢筋加工配送商业化

钢筋的拉与拔、断与焊、弯与直、粗与细的工艺过程，都可由单独的机械进行，有的用人单独操作，有的已经自动化，如把这些加工机械集于一个工厂，即可实现各种规格的钢筋进行各种加工工艺的工厂化。

钢筋加工工厂化，使多种加工操作，可在厂房里，也可在条件较好的固定场棚或广场上进行，减少工地的露天作业，特别是大面积钢筋网片的点焊取代工地露天绑扎。

钢筋加工工厂化，使操作人员的技术水平和熟练程度易于提高，钢筋构件的加工质量更能符合设计要求。

各种规格的钢材可集中运至工厂，便于调剂钢材规格的余缺，使钢构件的成本降低。

施工工地减少堆放钢筋和钢筋加工所占的施工场地，大大减少工地钢筋加工人员，促进工地文明施工。可按计划和设计要求及时把钢筋构件配送到工地，促进工程进度按计划进行。

目前我国钢筋加工生产落后于商品混凝土，已成为制约施工机械化程度提高的瓶颈。与发达国家相差甚远。成型钢筋工业化生产及配送在发达国家很普遍，差不多50～100km范围内就有一个现代化钢筋加工厂。而我国仍以施工现场进行并以单机生产为主。为了改善我国分散加工的落后状态，城乡建设部把专业化加工配送技术列为《建筑业十项新技术》之一，把现今的劳动密集型的钢筋工程施工组织管理模式化快步地转向钢筋加工与配送专业化。在不断提高主机性能和生产质量的基础上，逐步升级换代，开发新产品，增加机械式的辅助上料装置和数字控制系统、形成剪切生产线、弯曲生产线、调直切断生产线、焊接生产线等。围殴钢筋加工专业化、工业化发展奠定基础。为钢筋加工产品的商业化配送创造条件。目前在国内大城市或大型工地已有20余家配送企业，为全国各地树立可行的样板，可供借鉴。

思考题与习题

1. 拔丝模的构造特点是什么？钢筋冷拔机的作用是什么？
2. 冷拔与冷拉在工艺上有何不同？
3. 机械传动切断机和液压传动切断机比较，其工作原理有何不同？
4. 调直机的功用是什么？调直筒和调直块是怎样调直钢筋的？
5. 弯曲机是如何弯曲钢筋的？
6. 钢筋对焊机和钢筋点焊机的工作原理分别是什么？
7. 电弧焊的工作原理是什么？它有几种常用类型？

第12章 混凝土机械

混凝土结构和钢筋混凝土结构在现代土木工程中日益广泛的应用，使得混凝土机械已成为土木工程机械的重要组成部分。按照用途不同，混凝土机械一般可以分为：混凝土搅拌机、混凝土搅拌楼与混凝土搅拌站、混凝土搅拌输送车、混凝土输送泵与泵车、混凝土振动器以及各种混凝土成型机械等。

12.1 混凝土搅拌机

12.1.1 搅拌机的类型和工作原理

混凝土搅拌机是把具有一定配合比的砂、石、水泥和水等物料搅拌成均匀的质量符合要求的混凝土的机械。按搅拌原理的不同它可以分为自落式与强制式两大类。其工作原理如图12-1所示。

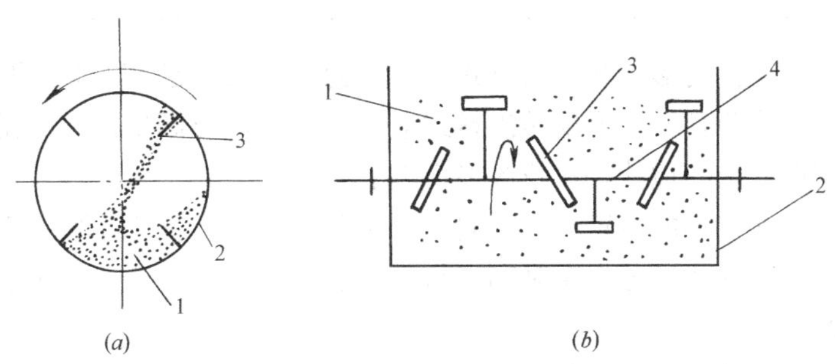

图12-1 混凝土搅拌原理图

(a) 自落式搅拌；(b) 强制式搅拌

1—混凝土拌和物；2—搅拌筒；3—叶片；4—搅拌轴

自落式搅拌机的搅拌筒内壁焊有弧形叶片。当搅拌筒绕水平轴旋转时，叶片不断将物料提升到一定高度，然后自由落下，互相掺合。因此，自落式搅拌机主要是按重力机理进行搅拌作业。在这种搅拌机中，由于物料的运动轨迹因下落时间、落点和滚动距离不同，使物料颗粒相互穿插、翻动、而达到均匀拌合。它的优点是结构简单，功率消耗少，维护方便，但搅拌作用不够强烈，效率较低，主要用于搅拌一般骨料的塑性混凝土。

强制式搅拌机主要是根据剪切机理进行搅拌。它有随搅拌轴转动的叶片。这些不同角度和位置的叶片转动时通过物料，克服物料的惯性、摩擦力和黏滞力，强制其产生周向、径向、轴向运动，而叶片通过后的空间，又由翻越叶片的物料、两侧倒坍的物料和相邻叶片推送过来的物料所填充。这种由叶片强制物料产生剪切位移而达至均匀混合的搅拌，比自落式要强烈得多。因此，它除可用于搅拌一般骨料的塑性混凝土外，还特别适于搅拌干硬性混凝土和轻骨料混凝土。并且搅拌质量好，生产效率高，但结构较复杂，动力消耗大，叶片、衬板等磨损较快。

自落式和强制式搅拌机的主要机型如表 12-1 所示。

混凝土搅拌机形式 **表 12-1**

	反转出料		倾翻出料	
	JZ		JF	
自落式				
	涡　浆	行　星	单卧轴	双卧轴
	JW	JX	JD	JS
强制式				

自落式搅拌机按搅拌筒形状和出料方式不同分为鼓筒式（已淘汰）、只有锥形反转出料式和锥形倾翻出料式两种。锥形反转出料式应用较广，锥形倾翻出料式适合于大容量、大骨料、大坍落度混凝土的搅拌，在我国多用于水电工程。

强制式搅拌机按搅拌轴的布置形式不同，分为立轴式和卧轴式两种。其中立轴式又分为涡浆式与行星式；卧轴式又分为单卧轴式与双卧轴式等。卧轴式搅拌机是目前国内外发展较快的强制式搅拌机型。

混凝土搅拌机的型号表示方法如下：

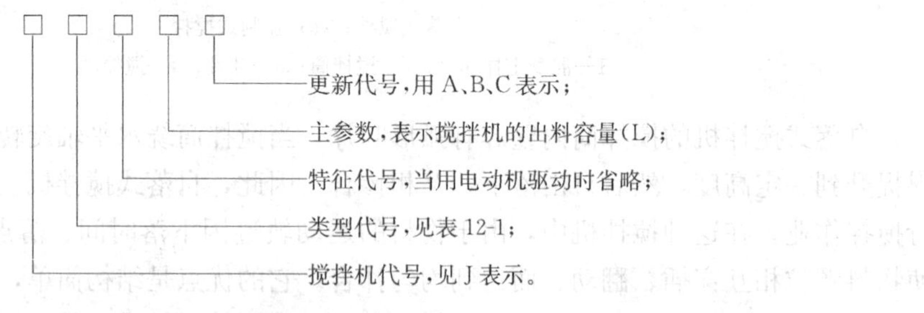

例如，JZ250 表示锥形反转出料式混凝土搅拌机，电动机驱动，出料容量为 250L。

12.1.2　锥形反转出料式搅拌机（自落式）

图 12-2 是锥形反转出料式混凝土搅拌机的外形，它由液压上料装置、搅拌筒、摩擦轮式驱动系统，供水系统和单轴拖式底盘等组成。

搅拌装置见图 12-3。搅拌筒通过滚道 11 支承在四个橡胶滚轮上，其中两个为主动轮，另两个为从动轮。电机 10 经三级齿轮减速后驱动主动滚轮 7 旋转。滚轮依靠它与滚道之

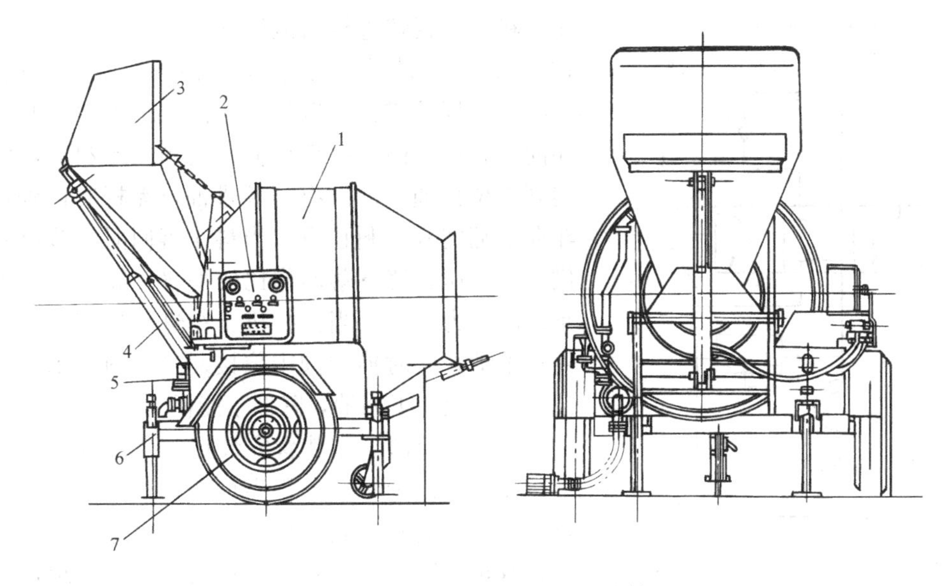

图 12-2 锥形反转出料混凝土搅拌机

1—拌筒；2—电器控制箱；3—料斗；4—油缸；5—供水管道；6—支腿；7—行轮

间的摩擦力带动搅拌筒回转。电机还直接通过单向超越离合器 9 驱动轮油泵 8，向料斗提升油缸供给压力油。单向超越离合器的作用是保证搅拌筒反转出料时，油泵不会发生逆转。

搅拌筒内中部焊有两组交叉布置的搅拌叶片，两组叶片与搅拌筒轴线有一定倾斜角，且彼此方向相反。其中一组较短的叶片 5，由撑脚支撑着，称为高叶片或副叶片；由于叶片交叉布置，加之两端筒体呈锥形，叶片不仅能提升物料，而且还能强制物料沿轴向窜动，因而强化了搅拌作用，使搅拌的效率和质量都得到提高。在搅拌筒的出料锥 2 一端，焊有一对（或三块）和低叶片倾斜方向一致的螺旋形出料叶片 1，彼此在空间交叉成 180°，当搅拌筒正转时，螺旋运动的方向里，将物料推向筒内，协助搅拌叶片工作；当搅拌筒反转时，螺旋运动的方向向外，从而在低叶片的协助下，将搅拌筒内拌好的混凝土卸出。这种卸料方式使搅拌机省去了专门的卸料机构，简化了结构。搅拌筒只需反转就可以完成卸料，这是它的一大优点。

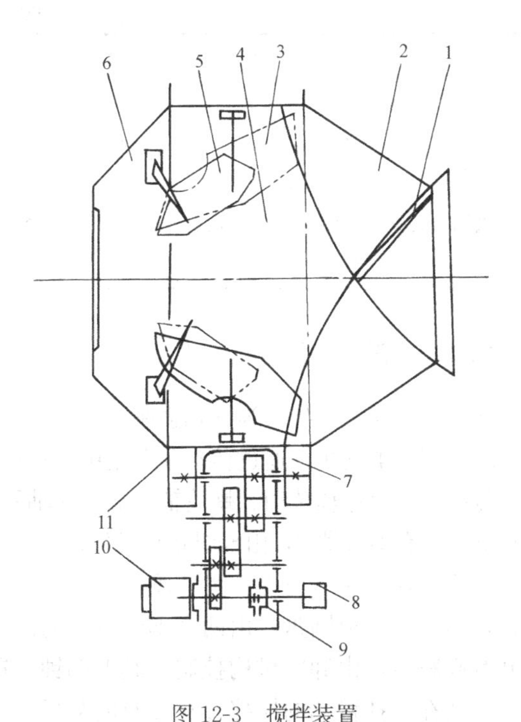

图 12-3 搅拌装置

1—出料叶；2—出为锥；3—低叶片；4—中部筒体；5—高叶片；6—进料锥；7—主动橡胶滚轮；8—油泵；9—单向超越离合器；10—电动机；11—滚道

搅拌机的上料采用翻转式箕形上料

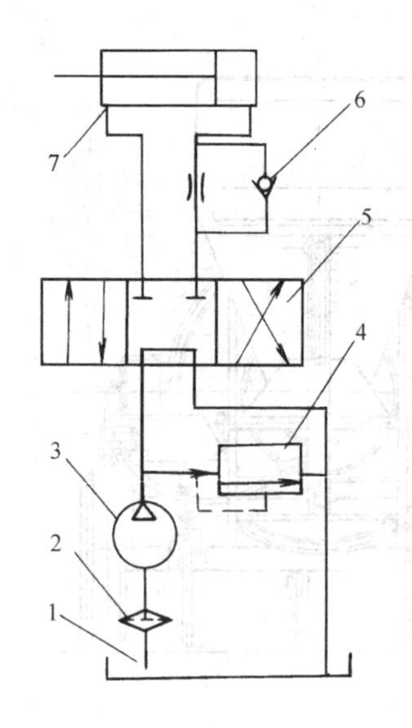

图 12-4 上料斗液压驱动系统
1—油箱；2—滤油器；3—齿轮泵；
4—溢流阀；5—手动三位四通阀；
6—单向节流阀；7—油缸

斗，料斗的翻转进料由液压油缸顶升来完成，如图 12-4 所示。当操纵三位四通换向阀 5 左位接通时，油缸的无杆腔进油，有杆腔回油，压力油顶升上料斗向上翻起，向搅拌筒内倾倒物料。卸料后，使换向阀右位接通，油缸有杆腔进油，无杆腔回油，料斗向下翻转到待料位置。当料斗落回时，节流阀提供一定背压，使下落动作比较平缓。溢流阀 4 限定系统的压力大小。当搅拌机正在进行搅拌时，料斗停止不动，此时换向阀中位接通（如图所示位置），油泵在无负荷下回油，降低了能耗。

搅拌机上部工作装置安装在一个单轴拖式底盘上，短途可以拖行，远距离可装在汽车上转场。底盘设四个套筒式支腿，行走时支腿通过螺旋机构缩回，双轮着地；作业时支腿伸出，双轮离地，以保证支承稳定。

部分国产锥形反转出料式混凝土搅拌机的性能参数如表 12-2 所示。

锥形反转出料式混凝土搅拌机性能参数 **表 12-2**

机　型	JZ200	JZ350	JZ500
出料容量（L）	200	350	500
进料容量（L）	320	560	800
生产率（m^3/h）	6～8	12～14	18～20
搅拌时间（s）	≤45	≤45	≤45
骨料最大粒径（碎石/卵石）（mm）	40/60	40～60	60～80
额定功率（kW）	4	4	5.5

12.1.3 涡浆式搅拌机（强制式）

涡浆式混凝土搅拌机为立轴强制式搅拌机，它的外形结构和其他搅拌机类似，其传动系统见图 12-5。电动机 5 通过传动装置集中驱动搅拌机立轴和上料机构。动力经三角带传动和蜗杆传动带动蜗轮轴转动。蜗轮轴上端经联轴器连接搅拌机立轴 1，驱动搅拌装置旋转；涡轮轴下端装有离合器 8，由操纵机构控制离合器的结合与分离，实现料斗的上升或下降。

本机的搅拌装置由搅拌盘和垂直安装在搅拌盘中央的搅拌转子组成，如图 12-6 所示。搅拌盘为一环槽形圆盘，由两个不同直径的同心圆筒与底板焊接而成。其环形槽底部边缘处开有卸料口，由卸料机构控制。其上部钟形罩盖上设有加料口。搅拌转子由转鼓、搅拌臂和安装在搅拌臂端的搅拌叶片 4 及内刮板 2、外刮板 1 等组成。搅拌臂与转鼓采用弹性连接，防止卡料时造成机件的损坏。搅拌时，转鼓通过搅拌臂带动搅拌叶片在环形槽内作强制搅拌运动。内、外刮板分别朝向搅拌圆盘的内壁，用以刮除壁上的粘附物料，并送回到搅拌叶片处搅拌。

本机采用自动水表供水系统，如图12-7所示。供水系统由离心水和自动水表等组成。工作时，由水表预选流量，然后启动水泵，当通过水表流入搅拌筒的水量达到预选值时，水表的自动开关即会关闭，停止供水。

本机结构较简单，重量轻，工作适应性较广，最适宜于搅拌干硬性混凝土。但转轴受力，能耗大，盘中央的一部分容积，因为叶片在那里的线速度太低，搅拌效果差而不能利用，使有效工作容积有所降低。目前，该机在我国中、小型建筑工程中应用较多。

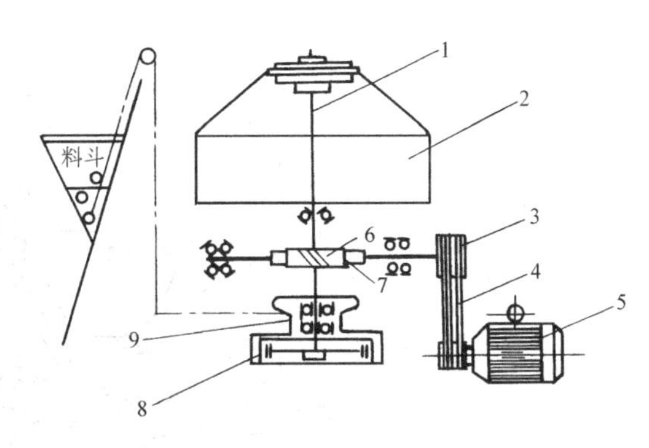

图12-5 涡浆式搅拌机的传动系统

1—立轴；2—搅拌圆盘；3—带轮；4—三角胶带；5—电动机；6—蜗杆；7—涡轮；8—内胀离合器；9—钢丝绳卷筒

部分国产涡浆式混凝土搅拌机的性能参数如表12-3所示。

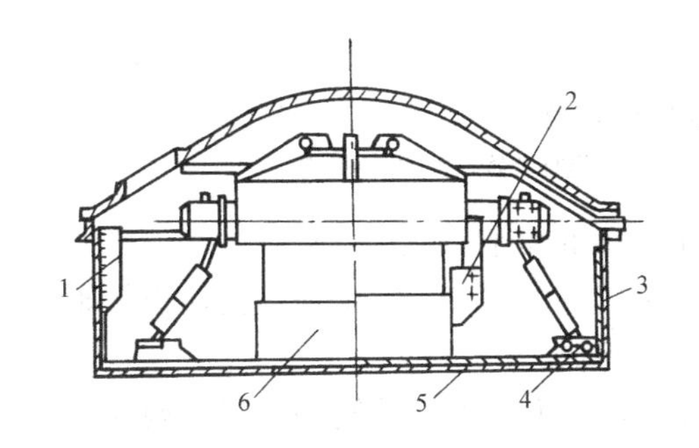

图12-6 搅拌装置

1—外刮板；2—内刮板；3—外衬板；4—搅拌叶片；5—底衬板；6—内衬板

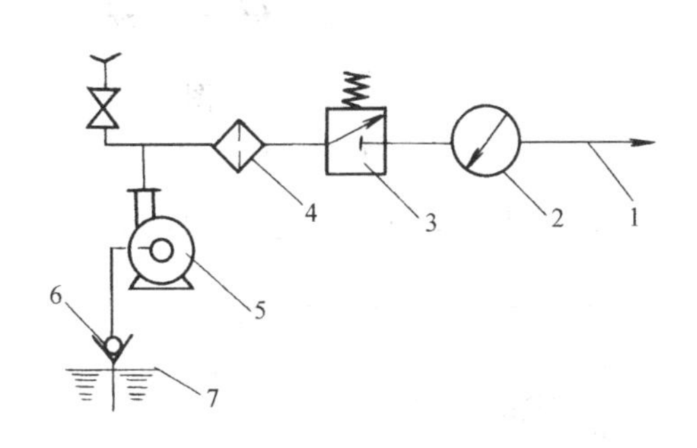

图12-7 自动水表供水系统

1—搅拌筒；2—水表；3—电磁阀；4—滤网；5—水泵；6—单向阀；7—水面

涡浆式、单卧轴式搅拌机性能参数 **表12-3**

参数 \ 机型	JZ250	JZ350	JZ500	JD200	JD250	JD350
出料容量(L)	250	350	500	200	250	350
进料容量(L)	400	560	800	320	400	560
生产率(m^3/h)	10～12	14～21	20～25	10～12	12～15	15～20
搅拌时间(s)	≤35	≤35	≤35	≤35	≤35	≤35
骨料最大粒径（碎石/卵石）(mm)	40/60	40/60	40/60	40/60	40～60	40～60
额定功率(kW)	15	18.5	30	7.5	11	15

12.1.4 单卧轴式搅拌机

单卧轴式混凝土搅拌机的外形结构如图12-8所示，它由上料机构、搅拌装置、传动系统、卸料机构以及供水系统、润滑系统和机架等部分组成。为了便于手推车或机动翻斗

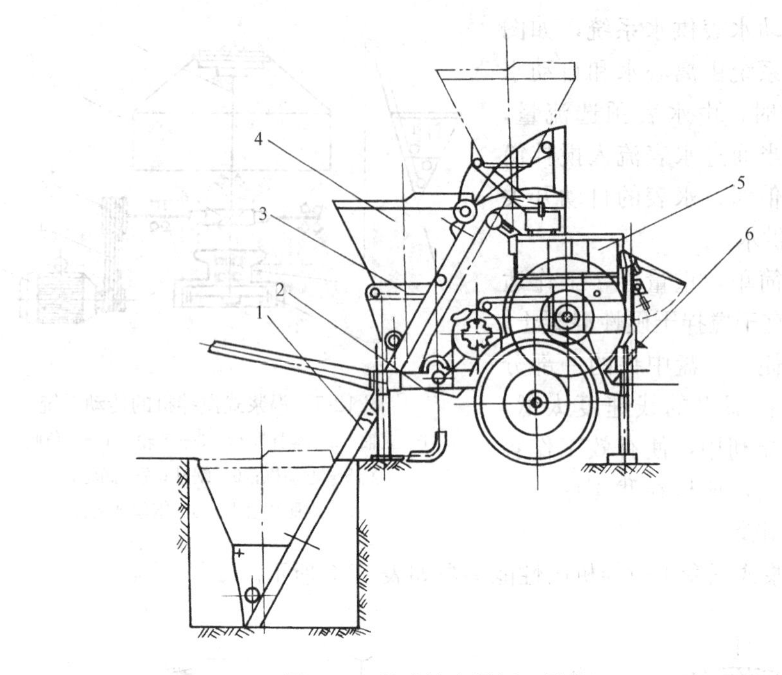

图 12-8 单卧轴式混凝土搅拌机

1—导轨；2—机架；3—上料机构；4—料斗；5—搅拌装置；6—卸料机构

车上料，料斗的运行导轨延伸至地面以下，以降低料斗的装料高度。

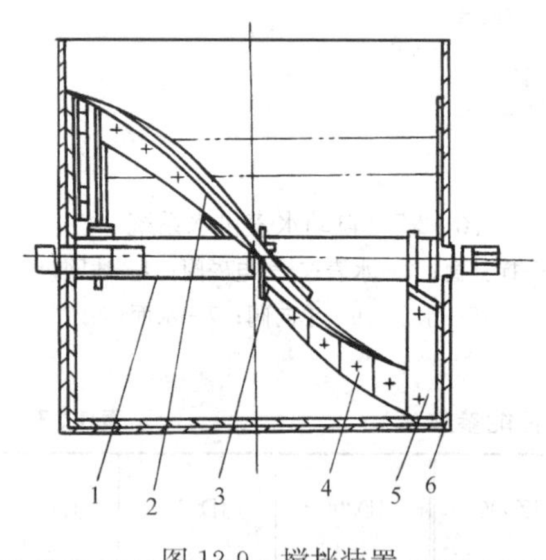

图 12-9 搅拌装置

1—搅拌轴；2—衬带；3—搅拌臂；4—搅拌叶片；5—侧叶片；6—衬板

搅拌装置见图 12-9，它由搅拌筒、搅拌轴和搅拌叶片等组成。

用钢板卷焊而成的搅拌筒为槽形，两端用侧板封闭。筒内壁用螺钉固定着瓦片状的耐磨衬板 6。搅拌轴从两侧壁中央穿过，轴上固定着四根径向搅拌臂，呈水平放置。搅拌轴与筒体内壁圆弧部分保持同轴线。在搅拌臂的另一端，通过螺栓紧固着两条方向相反的（一条右旋，一条左旋）带状螺旋形搅拌叶片 4。二条螺旋叶片均各占一个象限，约 90°～100°中心角，对称布置。每条螺旋叶片由耐磨合金制成的 6 块小叶片组成用螺栓固定在衬带上。在靠近轴端的两根搅拌臂上还各固定着一个侧叶片 5，用于刮取粘附在侧壁上的物料并辅助搅拌。搅拌轴的一个外伸端上装有链轮，动力经链传动传入，驱动搅拌轴进行搅拌。

搅拌时，由于两条反向的螺旋叶片在搅拌轴的带动下作相反的螺旋运动，且有 180°的相位差，因而物料被两个螺旋推动在筒内作水平面和垂直面的交叉运动，同时还受到叶片的剪切、挤压和翻转，搅拌作用十分强烈，搅拌效率高而且质量好。另外，拌合料对筒壁的平均压力较小，因而筒壁对物料在搅拌中的推移摩擦阻力也相应减小，搅拌能耗降低，轴的负荷比立轴相对减轻，延长了设备的使用寿命。

该机的传动系统如图 12-10 所示，采用搅拌与上料集中驱动方式。

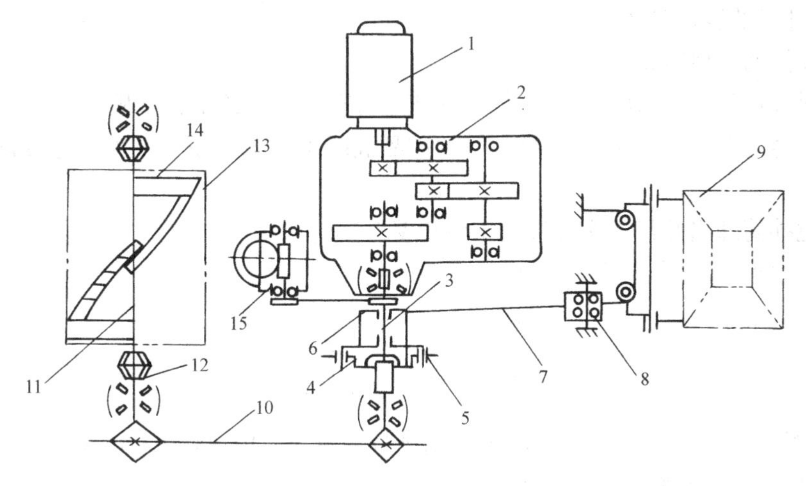

图 12-10　传动系统

1—电动机；2—齿轮减速器；3—传动轴；4—离合器；5—制动器；6—卷筒；7—钢丝绳；8—滑轮；9—料片；10—链传动；11—搅拌轴；12—轴端密封；13—搅拌筒；14—搅拌叶片；15—黄油泵

图中电动机 1 的动力经齿轮减速器 2 作三级减速增扭后，一路经链传动 10 驱动搅拌轴回转；另一路经传动轴 3、离合器 4 驱动和控制钢丝绳卷筒 6 回转。当离合器接合时，卷筒带动钢丝绳绕过滑轮牵引料斗 9 上料；当离合器分离时，料斗靠自重下降，并由卷筒上的带式制动器 5 控制其下行速度。电动机动力的另一支引出线用于驱动黄油泵 15，由该泵提供压力润滑脂，对搅拌轴端进行压力润滑和密封。

搅拌轴穿过搅拌筒两端壁板支承处的轴端密封是卧轴式搅拌机上的重要结构。轴要转动，就必然存在着间隙，但又要防止搅拌筒内的水泥浆顺着间隙渗漏出来，浸蚀轴承、损坏机件。可靠的轴端密封，既能保证搅拌轴的转动自如，又能防止漏浆。

本机的供水和前面所述机型的供水方式相同。卸料采用侧开闸门机构，即在搅拌筒圆弧面下侧开设卸料口，用连杆机构控制卸料门的开启和关闭，拌好的混凝土靠叶片的搅动和自重卸出。部分单卧轴式混凝土搅拌机的性能参数见表 12-3。

12.1.5　搅拌机的选择和运用

1. 机型选择

混凝土搅拌机应根据工程具体条件（工程量大小、工期长短等）和对混凝土的性能要求等方面来正确加以选择。

（1）从工程量和工期方面考虑，若混凝土工程量大且工期长，应选用中型或大型固定式混搅拌机群、搅拌站台票或搅拌楼（详见下节）；若工程量不太大且工期不长，宜选用中型固定式或移动式搅拌机组：若混凝土量零散且较少时，则宜选用小型移动式搅拌机。

（2）从动力方面考虑，应优先选用以电动机为动力搅拌机；仅当电力不足或缺乏电源时，选用以柴油为动力的搅拌机。

（3）从搅拌的混凝土性质考虑，如混凝土为塑性或半塑性时，宜选用自落式，若混凝土为高强度、干硬功夫性或为轻质时，则应选用强制式。

2. 搅拌机的生产能力计算

(1) 搅拌机的容量参数

1) 搅拌筒的几何容积 V_0；

2) 进料容量 V_1，指每批装入搅拌筒并能进行有效搅拌的干料体积；

3) 出料容量 V_2，指每批卸出搅拌筒的成品混凝土体积，该容量为额定容量，是其主要参数；

4) 由搅拌筒卸出并经捣实后混凝土体积 V_3。

各容量之间的基本换算关系如下：

$$V_1=0.25\sim0.5V_0;$$

$$V_2=0.65\sim0.7V_0;$$

对干硬性混凝土，$V_3=0.7\sim0.8V_2$；对塑性混凝土，$V_3=0.8\sim0.9V_2$。

(2) 搅拌机的生产率 Q 按下式计算：

$$Q=\frac{3.6V_2}{t_1t_2t_3}\cdot k \quad (m^3/h) \tag{12-1}$$

式中 V_2——出料容量，L；

t_1、t_2、t_3——分别为装料、搅拌、卸料时间，s；

k——每循环工作时间的利用系数。

3. 搅拌机的运用

搅拌机处于混凝土制备系统的中心环节，与其配套的装、卸料机械的生产能力应略大于搅拌机的生产能力，以充分发挥搅拌机的效率。在实际运用中，应定期检测供料和供水的误差，保证拌合物的搅拌质量。对于锥形反转出料式搅拌机，摩擦传动部位不得有石、油等杂物侵入；对于卧轴式搅拌机的轴端密封，必须保持压力润滑脂的供给。强制式搅拌机的搅拌叶片和拌筒衬板间的间隙应定期检查、调整。搅拌机停止作业时，应及时仔细清洗干净。

12.2 混凝土搅拌站

为了改善建筑工地的施工文明，减少施工占用面积，搞高混凝土的质量，把混凝土的搅拌作业集中在一个地方进行，混凝土搅拌站就是集中搅拌混凝土的地方，亦称混凝土工厂。因其机械化和自动化程度高，生产率较大，所以，对混凝土需要量大，施工周期长，施工地点集中的大、中型工地都自身建立混凝搅拌站。在经济发达的城区和乡镇也建立混凝土工厂，为其周边的建筑工地和预制厂提供商品混凝土。图 12-11 为中型搅拌站的外貌。

12.2.1 搅拌站的组成

1. 搅拌楼：以搅拌机为核心的搅拌楼是搅拌站的主体，即是主体结构又是主体装置。其中主要设备是搅拌机，顶层可设置 2～3 台混凝土搅拌机，也可设置多台。

目前商品混凝土搅拌设备普遍采用强制式搅拌机。强制式搅拌机搅拌质量好，过载能

图 12-11　中型搅拌站外貌

力强，卸料无离析，生产效率高，能适应多种性能的混凝土搅拌，双卧轴搅拌机由于搅拌性能好，搅拌时间短，生产效率高，适应性好，结构特点突出，可靠性好，生产出的混凝土适应范围较广，非常适合商品混凝土生产。单卧轴搅拌机和单立轴搅拌机由于其结构特点和适应性，在商品混凝土搅拌设备上应用已越来越少：行星式搅拌目前应用也不普遍，多见于进口设备。

2. 水泥仓筒：它是贮存散装水泥用的封闭式筒体结构，它高矗在搅拌楼的身旁，它的下部装有进出水泥的以吹风机为主的风送系统。

3. 提料机械：它是把堆场上的砂，石运到搅拌楼上的机械，其种类很多，有斜坡皮带运输机，有拉铲，有扒机，有吊斗等。

4. 供水和清洗设备：站内不但有停车场和进出方便的道路，还要有清洗车辆等用的清洗设备和提供搅拌楼水源的设备。

提供搅拌站设备的厂家有很多。三一重工，中联重科等大企业，一般年产量达 200 套以上，最高达 400～500 套。

12.2.2　搅拌站的类型

根据搅拌站在某地使用时间的长短。分为永久型和临时型，根据年产量的大小，亦分为大型、中型和小型。

混凝土搅拌站按照机械设备垂布置的方式，可以分为单价式布置和双阶式布置两种形式。

单阶式布置如图 12-12（*a*）所示，砂、石、水泥等材料一次提升到搅拌楼（站）最高层的贮料斗，然后配料、搅拌直至混凝土卸出，均借物料的自重下落而形成垂直生产工艺体系。单价式布置机械设备安排紧凑，占地面积小，动力消耗较少，生产率高，机械化和自动化程度较高，但建筑结构高度大，对基础要求高，基建投资较大。单阶式布置适用于大型永久性混凝土搅拌楼。

双阶式布置如图 12-12（*b*）所示。砂、石、水泥等材料分两次提升，第一次将材料提升至贮料斗；经配料称量后，第二次再将材料提升并卸入搅拌机。双阶式布置的机械设备由于安装高度不大，组装方便，材料提升高度也较小，因而具有设备简单、投资少、建成快等优点，但其占地面积较大、动力消耗较多，机械化和自动化程度较低。双阶式布置适用于中小型移动式搅拌站。

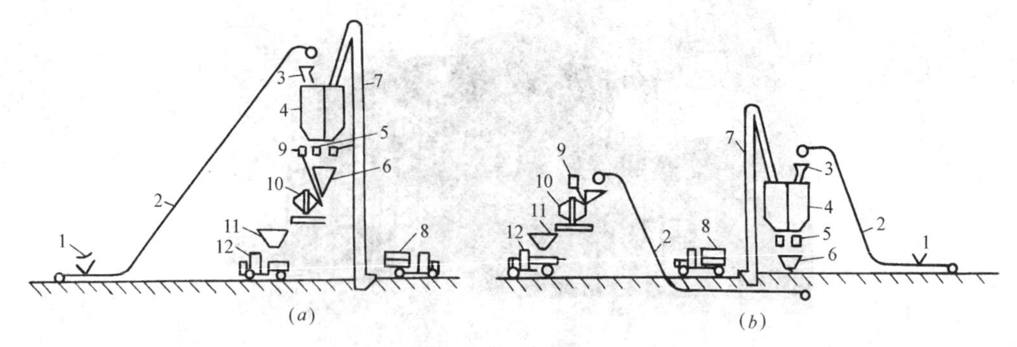

图 12-12 混凝土制备装置垂直布置方式

(a) 单阶式；(b) 双阶式

1—进料斗；2—带式运输机；3—回转卸料槽；4—贮料斗；5—配料器；6—集料漏斗；7—输送水泥的斗式提升机；8—水泥运输车；9—量水器；10—搅拌机；11—熟料斗；12—运输混凝土的汽车或搅拌运输车

混凝土搅拌楼和搅拌站的型号表示方法如下：

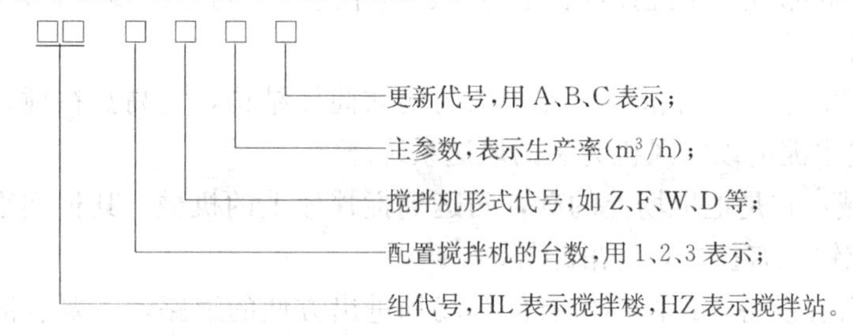

例如，HL3F90 表示安装三台倾翻出料混凝土搅拌机，生产率为 $90m^3/h$ 的混凝土搅拌楼；HZ1Z20A 表示安装一台锥形反转出料混凝土搅拌机，生产率为 $30m^3/h$，第一次改型的混凝土搅拌站。

12.2.3 大型搅拌楼

大型混凝土搅拌楼是一种将砂、石、水泥和水按一定配比，周期性地和自动地搅拌成混凝土的成套设备。其组成设备以垂直分层单价式布置，形似一座楼房，高可达 24～35m。除基础外，全部采用装配式钢结构，以便建筑工程结束后，可以拆卸，运往他处再次安装使用。

混凝土搅拌楼示意图如图 12-13 所示。自上而下分为进料、贮料、配料、搅拌和出料五层，机电设备分装各层，采用电气程序集中控制。

各层机械设备的配置情况如图 12-14 所示。进料层有砂、石和水泥的进料装置。它包括输送骨料的带式输送机 1，分料用的电动回转漏斗 2，输送水泥或掺合料用的斗式提升机 4 和螺旋输送机 5。水泥也可由风动输送装置 3 直接送至进料层。贮料层为六角或八角形金属结构装配式贮料仓。料仓分格，可以同时分别贮存不同标号的水泥，不同粒径的骨料和掺合剂，并设有水箱 8 和外加剂贮箱 9。配料层设有砂、石、水泥和水的配料称量器。各种拌合料经自动称量后，分别经集料漏斗 14，回转喂料器 15 和水管 16 进入搅拌层中数台搅拌机的搅拌筒中，搅拌完成后的混凝土自动卸入出料层中的出料斗18待运，成品混凝土由专用的混凝土吊罐或混凝土搅拌输送车运往施工现场。

自动配料称量是实现自动化生产的重要环节。配料器的称量设备从构造上可分为杠杆秤和电子秤两种，杠杆称结构比较简单，使用可靠，易于调整和维护。

12.2.4 移动式混凝土搅拌站

移动式混凝土搅拌站通常采用双阶式布置，其机械设备一般分成三组，分别安装在可移动的台车上，或直接做成可迁移的。水泥贮斗和水泥配料器为一组，由散装水泥运输车供应水泥；各种骨料贮斗和各自的配料器为另一组，由装载机或带式输送机供料，配好的各级骨料由带式输送机送到搅拌机的进料口；第三组由搅拌机及水箱和量水器等组成。搅拌机为单机，架设较高，以便出料能直接卸到自卸汽车上或搅拌输送车上。这种组合式装置的优点是能由牵引车拖送，机动性高，转移工地迅速，而且组合时间短，能很快投入生产。

图12-15所示为双阶式混凝土搅拌站的一种形式。

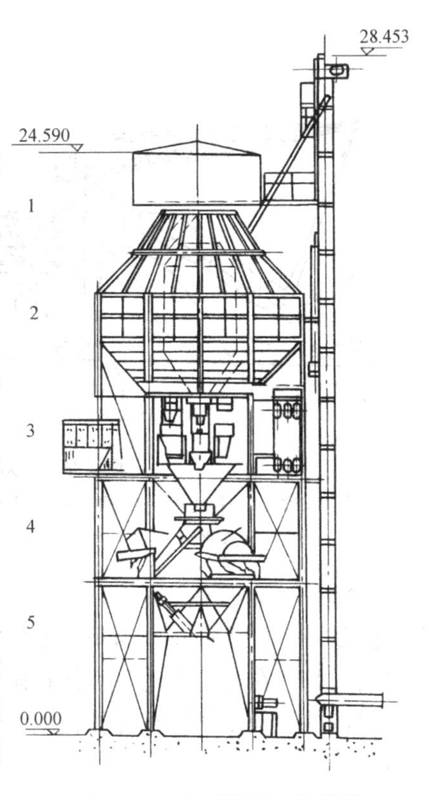

图12-13　大型混凝土搅拌楼
1—进料层；2—贮料层；3—配料层；4—搅拌层；5—出料层

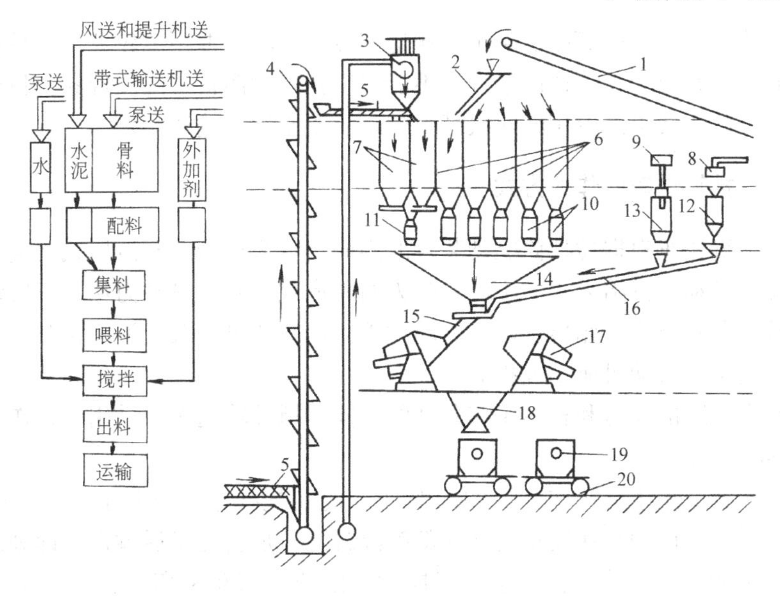

图12-14　大型混凝土搅拌楼结构布置
1—运送骨料带式输送机；2—回转漏斗；3—水泥风送装置；4—多斗提升机；5—螺旋输送机；6—骨料贮仓；7—水泥贮仓；8—水箱，9—外加剂贮箱；10—骨料配料器；11—水泥配料器；12—量水器；13—加剂量器；14—集料漏斗；15—回转喂料器；16—水管；17—搅拌机；18—出料斗；19—混凝土吊罐；20—平板车

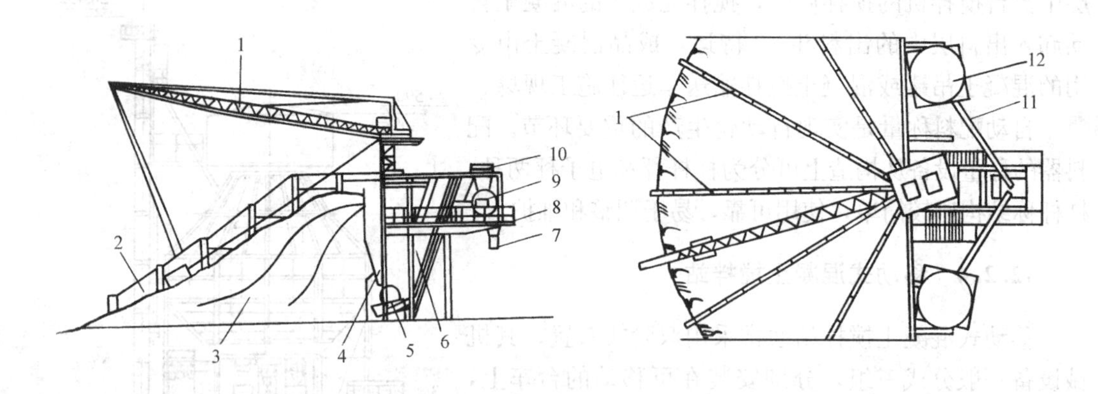

图 12-15　双阶式混凝土搅拌站的一种形式

1—拉铲吊臂；2—挡土墙；3—砂、石物料；4—卸料闸门；5—骨料称量设备；6—骨料提升机；7—出料口；8—工作平台；9—搅拌机；10—水泥称量设备；11—螺旋输送机；12—金属水泥筒仓

图中骨料堆于扇形贮仓，拉铲可以用来堆料和作一次提升。由于拉铲可以回转，其服务范围是一个以悬臂长度为半径的扇形。扇形料场用挡土墙加以分隔，可以贮存各种不同的骨料。骨料在自重作用下经卸料闸门进入秤斗，称量后由提升机进行二次提升卸入搅拌机。水泥的称量设备设在搅拌机上方，由倾斜的螺旋输送机进行二次提升，经称量后直接卸入搅拌机内。

12.3　混凝土搅拌输送车

对于集中拌制混凝土或商品混凝土，输送到浇筑现场不但距离较大，而且输送量也较大。不但如此，而且要求在输送的过程中不能产生初凝和离析等降质现象。目前，能够较理想地满足这一保质要求的专用输送机械，就是混凝土搅拌输送车。

12.3.1　搅拌输送车的作业方式

混凝土搅拌输送车根据搅拌筒驱动装置的不同，分为机械式和液压式两类，后者应用较广。根据搅拌筒动力供给方式的不同又分为两种形式：其一是动力从汽车发动机分动箱引出，通过减速器和开式齿轮传动直接驱动搅拌筒，或通过油泵及油马达驱动搅拌筒；另一种形式是采用单独发动机驱动搅拌筒。

根据混凝土运距的长短和材料供应条件的不同，搅拌输送车可采用下列作业方式：

1. 成品混凝土输送

这种作业方式适用于运距在 8～12km 以下。先将搅拌输送车开至混凝土搅拌楼的出料口下，驱动搅拌筒以加料速度正转加入新鲜混凝土。加料完毕后输送车即驶出，在输送途中，拌筒 1～3r/min 的转速作低速持续搅动，以防止初凝和离析分层；车到施工现场后，搅拌筒反转卸出混凝土。成品混凝土输送是搅拌输送车的主要作业方式。

2. 湿料搅拌输送

搅拌输送车装入经称量的砂、石、水泥和水等拌合料，在输送途中，搅拌筒以 8～12r/min的转速对物料进行搅拌，在卸料前完成混凝土的搅拌作业。

3. 干料输送途中注水搅拌

若运距在 12km 以上，通常是将干混合料装入输送车的搅拌筒内开往工地。在到达施工现场前 15～20min 时加水进行搅拌，到达使用地点时搅拌完成，反转卸料。

12.3.2 搅拌输送车的结构和工作原理

1. 总体结构

搅拌输送车的结构如图 12-16 所示。它由载重汽车底盘与搅拌装置两部分组成。因此，搅拌输送车能按汽车行驶条件运行，并用搅拌装置来满足混凝土的输送过程中的要求。

图中搅拌装置的工作部分为搅拌筒，是一个单口的梨形筒体，支承在不同水平面的三个支点上，筒体前端的中心轴安装在机架的轴承座内，呈单点支承；筒体后端外表面焊有环形滚道，架设在一对滚轮上，呈两点支承。搅拌筒的动力由前端中心轴处输入。搅拌筒纵轴线与水平面具有 16°～20°前低后高的倾斜角。筒体前端封闭，后端开口，因此，供进出料用的进料斗、出料槽均布置在搅拌输送车的尾部。

2. 搅拌筒的内部结构

拌筒的内部结构如图 12-17 所示。

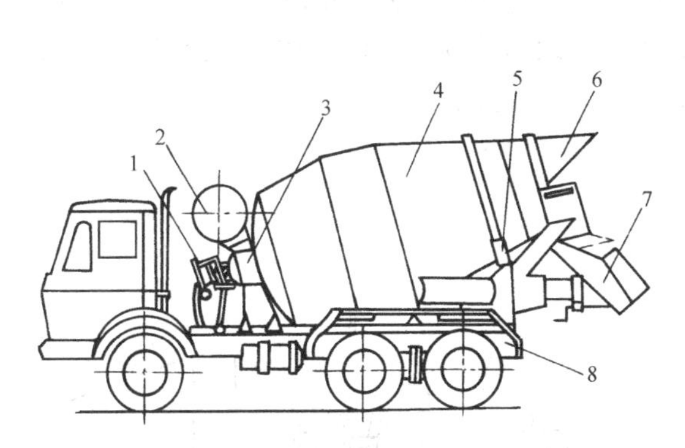

图 12-16 混凝土搅拌输送车

1—液压马达；2—水箱；3—支承轴承；4—搅拌筒；5—滚轮；6—进料斗；7—卸料槽；8—汽车底盘

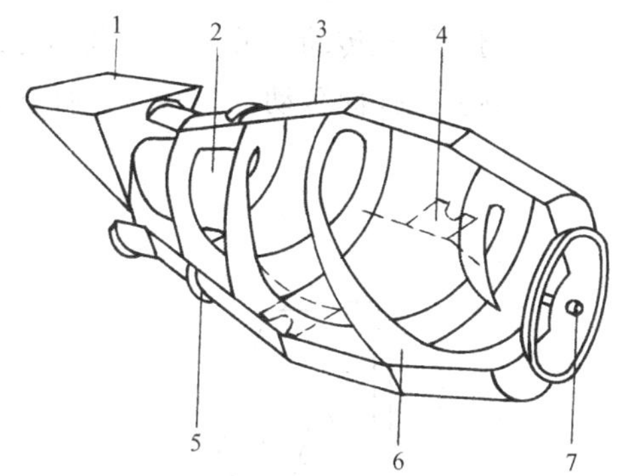

图 12-17 搅拌输送车的搅拌筒

1—进料斗；2—进料导管；3—筒体；4—辅助搅拌叶片；5—环形滚道；6—带状螺旋叶片；7—中心轴

在拌筒内壁焊有两条相隔 180°相位的带状螺旋叶片 6，筒体转动时可使物料在不断提升和向下翻落的过程中沿叶片的螺旋方向运动，受到搅拌。正转时，物料向里运动进行拌合，反转时，拌好的混凝土则顺着螺旋叶片向外旋出。卸料速度由搅拌筒的反转速度控制。为了引导进料，防止物料进入时损坏叶片，在筒口处设置有一段导管 2。进料沿导管内壁进入；出料沿导管外表面与筒口内壁之间的环槽形通道卸出。

3. 装料与卸料机构

装料与卸料机构装在拌筒尾部开口的一端，如图 12-18 所示。

与搅拌筒 7 相连的进料斗 1 铰接在支架 3 上，进料斗的进料口与搅拌筒内的进料导管口贴紧，以防物料漏出，清洗搅拌筒时，只要将进料斗向上翻起，露出搅拌筒的料口即可。

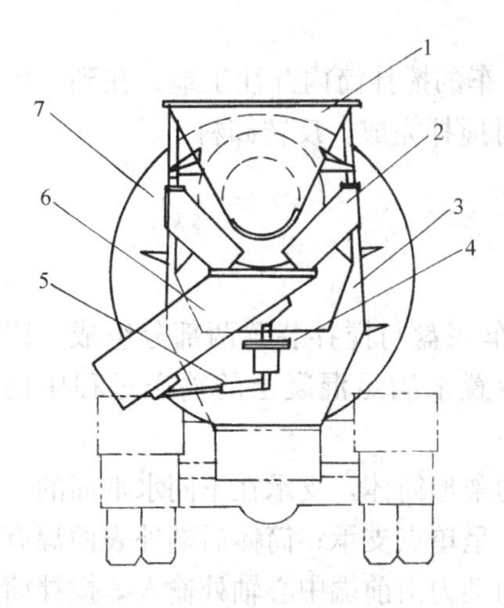

图 12-18 装料与卸料机构
1—进料斗；2—固定卸料槽；3—支回；4—调节转盘；5—调节杆；6—活动卸料槽；7—拌筒

两块固定卸料槽 2 分别装在支架 3 两侧，其下方的活动卸料槽可以通过调节转盘 4 使其回转 180°，也可通过调节杆 5 改变其倾斜角；因此，活动卸料槽能适应多种不同卸料位置的要求。

4. 气压供水系统

此系统，主要用于清洗搅拌筒。当用于干料输送途中注水搅拌作业时，由随车水箱经水表向干料提供定量搅拌用水。

推广使用，气压供水系统，如图 12-19 所示。因不设水泵，既简化结构，又减轻重量。它利用汽车制动系统中储气罐内的压缩空气，经过减压后引入密闭的压力水箱。水箱中的水在压缩空气的作用下，沿管道流出，经喷嘴射水清洗拌筒，或流经水表向搅拌筒内干料供给搅拌水。

5. 驱动控制系统

20 世纪八九十年代，搅拌车操纵控制系统主要采用软轴控制器。图 12-20 所示为一台液压机械传动的搅拌驱动装置总成。此传动系统的主要特点是通过液压传动部分调速，利用发动机通过取力传动轴、液压传动系统及齿轮减速器，减速驱动搅拌筒转动。正转，搅拌和装料；反转，卸料。

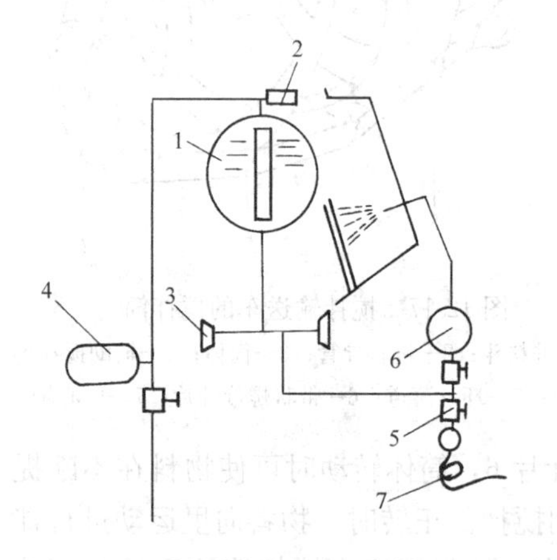

图 12-19 气压供水系统
1—压力水箱；2—安全阀；3—进水阀；4—汽车储气罐；5—截止阀；6—水表；7—冲洗软管

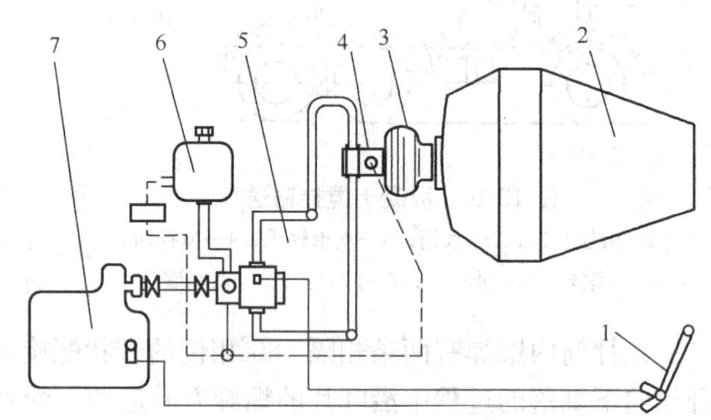

图 12-20 混凝土搅拌运输车驱动控制系统
1—操纵杆；2—搅拌筒；3—减速器；4—液压马达；5—油泵；6—油箱；7—发动机

根据搅拌车工序，工作者通过操纵装置，改变液压泵的斜盘角度来实现对拌筒转速和转向的控制，采用机械连杆加软轴，可实现在驾驶室内操作。

部分混凝土搅拌输送车的性能参数见表 12-4。

混凝土搅拌输送车性能参数　　表 12-4

型　　号	JCQ3	JCD6A	MR4500
拌筒几何容量（m^3）	5.6	9.35	8.9
公称搅动量（m^3）	3.0	6.27	6.0
公称搅拌容量（m^3）	2.5	5.0	4.5
拌筒倾斜角（°）	18°	16°	16°
拌筒转速（r/min）	0～16	2～16	1～10
水箱容量（L）	250	250	220
供水方式	气压式	气压式	水泵式
底　　盘	JN362	T81P13	三菱 FV413

12.4　混凝土输送泵和泵车

混凝土输送泵和泵车，和混凝土搅拌输送车一样，是另一类输送混凝土的专用机械。它们以泵为动力，沿管道连续输送混凝土，可以一次完成水平和垂直运输，将混凝土直接输送到浇筑地点。中间环节少，生产效率高，特别是对施工场地狭窄，浇筑工作面小，或配筋密集的建筑物浇筑，是一种有效而经济的输送机械。由于泵送混凝土作业具有机械化程度高、机动性好、输送量大、占用人力少、工人劳动强度低、施工组织简单、工程进度快、造价低、混凝土质量高等优点。因此，人们常用混凝土搅拌站、混凝土搅拌输送车和混凝土输送泵或泵车的运用程度来衡量混凝土工程施工机械化水平的高低。

12.4.1　混凝土泵及泵送设备

1. 混凝土输送泵　它是由动力系统，液压系统，电控系统，润滑系统，冷却系统，S阀及搅拌机构，清扫机构等组成的泵送机器，用以完成对混凝土的泵送，是泵送设备的核心。

按构造和工作原理区分，它有挤压式，活塞式和风动式三种。其中活塞式又分机械式和液压式，市场多采用液压式。

2. 拖泵（图 12-21）　把上述混凝土泵，包括它的所有组成部分，有机组装在半封闭的拖车上，它可用机动车辆拖拉到工地。工作时四腿撑地，轮子抬起。转移工地时，四腿缩进轮子落地。方便转移，故称拖泵。如在工地停留时间较久，固定不动，也称固定泵。

图 12-21　拖泵

拖泵的动力，比下述的泵车较大，它利用管道和布料杆可把混凝土水平泵送至1000m以外的浇筑点，也可垂直泵送至400m以上高度的浇筑点。但不如泵车移动方便。

3. 泵车　泵和布料杆及专用车辆，组装成的联合体称为泵车。三者各发展各自功能，可泵，可布，可行，可灵活方便的进出狭小的施工场合。

4. 臂架布料杆　它可简称布料杆，也可称臂架。它是由多节杆件交接而成的臂架，如同手臂可折叠，可伸曲，可转 360°，可上扬，可下俯，可水平伸张。臂架上铺有可折叠的软管。如由独立的液压系统驱动，它可成独立的液压机械。因此，它有独立固定式，移动式，如果单独放在车上，则成车载式，并有布料车生产，置于船上，则成船载式。还有内爬式和轨道行走式。它和输送泵合作可实现连续浇筑：由布料杆和泵及管道的不同连接可实现多种泵送组合，适用各种施工现场，能够充分发挥泵送的整体效益。

5. 输送管道　混凝土输送管多采用多节薄壁低合金钢管，以减轻重量，减少磨损，另有橡胶软管装在输送管道末端，用于直接向浇筑点摊铺混凝土。输送管管径改变时要用到锥形管接头，转弯处要用弯管接头。这些地方的流动阻力大，计算输送距离时要换算成水平计算长度。在垂直输送时，为防止停泵时立管中的混凝土因自重倒流，在垂直管的底部设有逆流防止阀。

12.4.2　液压活塞式混凝土泵

由于液压技术在工程机械上的广泛应用，特别是对混凝土泵中分配阀、防堵等关键技术的新突破，液压活塞式混凝土泵迅速发展起来，成为混凝土输送泵的主要形式。

1. 泵送混凝土工作原理

双缸液压活塞式混凝土泵的工作原理和结构示意图如图 12-22 所示，它主要由料斗、两个液压缸、两个混凝土缸、分配阀、Y 形管和水箱等组成。

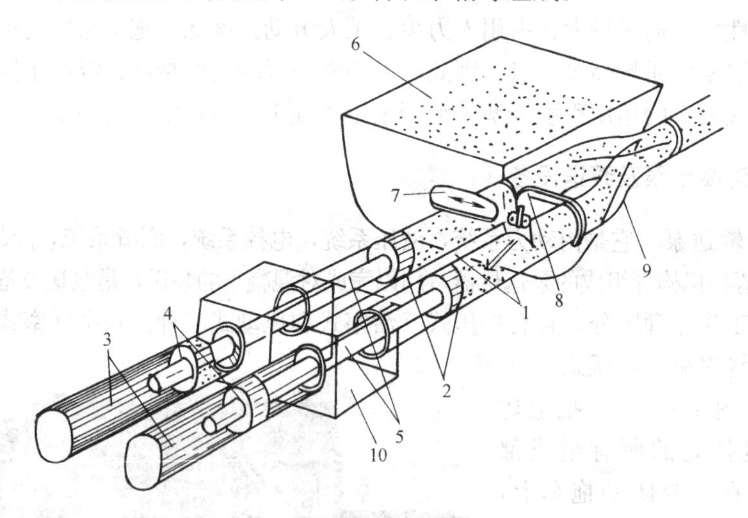

图 12-22　双缸活塞泵的工作原理

1—混凝土缸；2—混凝土缸活塞；3—液压缸；4—液压缸活塞；5—活塞杆；6—料斗；7—吸入阀；8—排出阀；9—Y 形管；10—水箱

两个混凝土缸 1 分别与两个液压缸 3 串联，两个混凝土缸的活塞 2 由与各自相连的液压缸活塞 4 驱动。在混凝土缸的前端设有进料口和排料口，进料口与料斗相通，排料口与 Y 形管 9 相通，并由闸板式分配阀（吸入阀 7 和排出阀 8）控制其“接通”和“切断”两种状态。两个闸板阀的动作由另两个液压缸（图中未示出）控制。各缸和分配阀动作的协调配合由液压系统的控制油路来保证。

泵送作业时，当一个混凝土缸（图中所示为右侧缸）进入吸料行程，吸入阀 7 打开文该缸的进料口，同时排出阀 8 关闭其排料口。于是，后退的活塞从料斗 6 中吸入混凝土。与此同时，另一个混凝土缸（图中所示为左侧缸）的进料口被封闭，排料口被打开，使处于排料行程的混凝土缸由于活塞前进而将混凝土压送到输送管路中。当两个混凝土缸的活塞同时到达各自的行程终点时，分配阀换位，使各缸进、出料口的接通和切断状态与刚才相反。随之，泵送作业进行下一个行程，由左侧缸吸料，由右侧缸排料。如此交替反复，循环工作，将混凝土源源不断地沿管道输送出去。

水箱 10 对液压缸和混凝土缸起分隔作用，并向混凝土缸活塞提供润滑和清洗用水。

2. 分配阀

控制混凝土吸入和压出的分配阀是混凝土输送泵的关键。分配阀一般应具有以下条件：吸入、压出过程流畅、阻力小；阀门有良好的密封性；分配阀换位及时，到位准确，一般应在 0.2～0.27s 内完成；排堵性好，当活塞反抽（又称反泵）时，管道中的混凝土易于返回料斗，以及结构简单，易于维护，寿命长等。除平面式闸板阀外，新近发展起来的一种管形分配阀提高了混凝土泵工作的可靠性。管形分配阀的主要特点是不用交叉形的 Y 形管，管阀呈流畅的曲线形（如 S 形或 C 形），因而泵送与反抽能力强，不易堵塞。图 12-23 所示为垂直设置 S 形管形分配阀工作示意图。垂直 S 形管形阀上口号输出管道口通过浮动密封管接着相接控制管形阀绕垂直轴线往返转动，其下口交替与两个混凝土缸的排料口接通，当一缸接通排料时，另一缸进行吸料，循环往复作业。

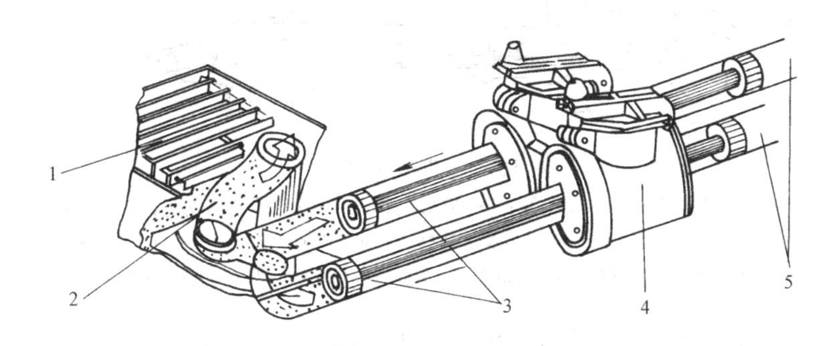

图 12-23　S 形垂直设置管形分配阀

1—料斗；2—S 形分配阀；3—混凝土缸；4—水箱；5—液压油缸

3. 输送管道

混凝土输送管多采用多节薄壁低合金钢管，以减轻重量，减少磨损，另有橡胶软管装在输送管道末端，用于直接向浇筑点摊铺混凝土。输送管管径改变时要用到锥形管接头，转弯处要用弯管接头。这些地方的流动阻力大，计算输送距离时要换算成水平计算长度。在垂直输送时，为防止停泵时立管中的混凝土因自重倒流，在垂直管的底部设有逆流防止阀。

12.4.3 混凝土泵车

混凝土泵车是在固定式混凝土输送泵基础上发展起来的具有自行、泵送和浇筑摊铺混凝土综合能力的高效能的专用混凝土机械。

混凝土泵车主要由汽车底盘、双缸液压活塞式混凝土输送泵和液压折叠式臂架管道系统三部分组成，其形结构如图 12-24 所示。

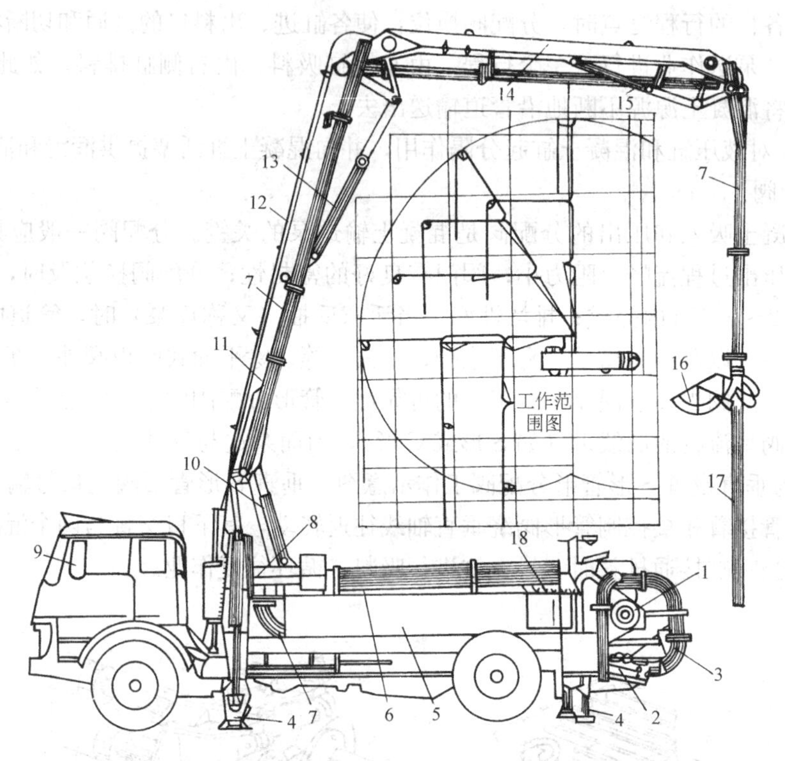

图 12-24 混凝土泵车

1—料斗和搅拌器；2—混凝土泵；3—Y 形出料管；4—液压外伸支腿；5—水箱；6—备用管段；7—输送管道；8—支承旋转台；9—驾驶室；10、13、15—折叠臂油缸；11、14—臂杆；12—油管；16—软管支架；17—软管；18—操纵柜

在车架前部的旋转台 8 上，装有三段式可折叠的液压臂架系统 11，它在工作时可进行变幅、曲折和回转三个动作。输送管道 7 从装在泵车后部的混凝土泵出发，向泵车前方延伸，穿过转台中心的活动套环向上进入臂架底座，然后穿过各段臂架的铰接轴管，到达第三段臂架的顶端，在其上再接一段约 5m 长的橡胶软管 17。混凝土可沿管道一直输送到浇筑部位，由于旋转台和臂架系统可回转 360°，臂架变幅仰角为−20°～+90°，因而泵车有较大的工作范围，如图所示：

泵车的动力全由发动机供给。除机械传动的行驶系统外，发动机尚需驱动两个油泵。主泵为叶片泵，供应混凝土液压缸和搅拌器的马达用压力油；另一为轴向柱塞泵，供给三节折叠臂变幅油缸用压力油。

泵车上设有四个液压外伸支腿，作业时用以将车身抬起，增加稳定性；此外，还有带压缩空气的水箱，可任选压缩空气或压力水以清洗泵身和输送管道。

混凝土泵车与一般混凝土输送泵相比，由于泵及布料输送管道均装在汽车底盘上，机动性高。可折叠的臂架系统使泵车的长度和高度减小，能在拥挤的地方出入，使用灵活；现场准备工作量少，布料臂架伸出对位后，泵送工作即可开始；应用范围广，能浇筑较高的建筑物、构筑物、铺筑路面和基础混凝土。泵车上的泵尚可与固定安装在建筑物上的输送管道连接使用，或与其他泵接力使用，其水平和垂直输送距离可进一步扩大。如果将泵车与混凝土搅拌输送车配套使用尤为方便。

12.4.4 混凝土输送泵和泵车的运用

混凝土输送泵和泵车对输送的混凝土性质和骨料粒径等均有严格的限制，在运用时应注意以下问题：

1. 骨料中碎石最大粒径与输送管道内径之比不超过 1∶3，卵石不超过 1∶2.5；泵送混凝土的含砂率比非泵送混凝土的含砂率一般宜高 2%～5%，以提高可泵性；水泥用量不宜过少，为减少泵送阻力，一般不小于 300kg/m^3。

2. 增大坍落度，有利于混凝土泵送。一般宜为 8～18cm，泵送高度大时还应放大。

3. 在一次作业完毕后，或者因故停止作业时间较长，都必须在规定时间内对混凝土泵、泵车及管道尽快进行清洗，以防止残存混凝土在泵体和管道内凝结。

4. 管道堵塞是泵送混凝土发生故障的主要原因，一般是由于操作不当，混凝土物料的组成不符合要求或管路铺设问题所引起。一旦出现排料不畅，应及时进行反泵处理，使初期形成的骨料集结松散后，再恢复正常泵送，不宜强行压送，以免造成完全堵塞。如堵塞发生后，应及时检查原因，判断堵塞部位，尽快加以排除。

部分混凝土输送泵及泵车的技术性能见表 12-5。

混凝土输送泵及泵车的技术性能　　表 12-5

型　　号	HBB85	HBT60	HB30
理论输送量（m^3/h）	85	64	30
最大输送距离（水平×垂直）（m）	520×110	300×80	420×70
输送管管径（mm）	125	125	150
料斗容积（L）	450	500	300
分配阀形式	斜置闸板阀	S形管阀	垂直轴蝶形阀
臂架伸出长度（m）	17.4		
臂架回转角度（°）	360		
底盘形式	红岩 C019210	车胎式	

12.5 混凝土振动器

浇灌后的混凝土，仍然是疏松的，内部存在空洞、气泡。因此必须对混凝土拌合物进行捣实，使其具有足够的密实性，以保证混凝土浇筑物的质量。混凝土振动器是对浇灌后的混凝土进行振实的机械。

12.5.1 振动器的工作原理和类型

混凝土振动器的基本原理，是将振动器产生的具有一定频率、振幅和激振力的振动能量，通过一定方式传递给混凝土拌合物。在强迫振动的作用下，受振拌合物的颗粒间原有的黏着力、摩擦力显著下降，呈现出“重质液体状态”。骨料颗粒在重力的作用下逐渐下沉，重新排列并相互挤紧，而颗粒之间的空隙则被水泥浆完全填充，空气呈气泡逸出，最终达到密实混凝土的目的。

运用振动器振实混凝土时，要根据骨料粒径的大小选择合适的振动参数，以提高振实效果。一般对小粒径骨料的混凝土宜先用高频微幅振动参数；对大粒径骨料的混凝土则用频率较低、振幅较大的振动参数效果较好。

按与混凝土接触的方式不同，混凝土振动器分为内部振动器、外部振动器、表面振动器和振动台四种，如图 12-25 所示。其中内部振动器应用最广，振动台主要在混凝土制品厂中用作固定生产设备，振实预制构件。

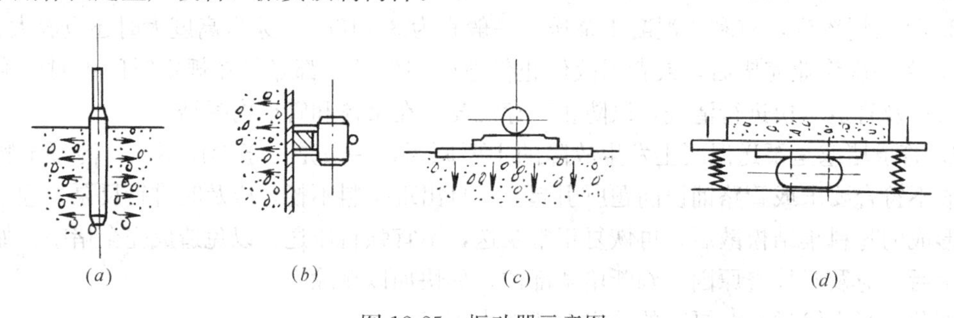

图 12-25 振动器示意图

(a) 内部振动器；(b) 外部振动器；(c) 表面振动器；(d) 振动台

12.5.2 内部振动器

内部振动器　又称插入式振动器，主要用来振实各种深度或厚度尺寸较大的混凝土结构和构件，如梁、柱、墙、桩等，对塑性和干硬性混凝土均适用。

图 12-26 所示为电动软轴插入式振动器的外形，它由电动机、软轴和振动棒三部分组成。交流异步电动机通过软轴驱动振动棒产生振动。混凝土振动器多以电动机为动力，仅在缺乏电源的情况下以小型汽油机驱动。作业时，将振动棒插入将要成型的混凝土中，一般只需 10～20s 的振动时间，即可把振动棒周围十倍于振动棒直径的混凝土振实。

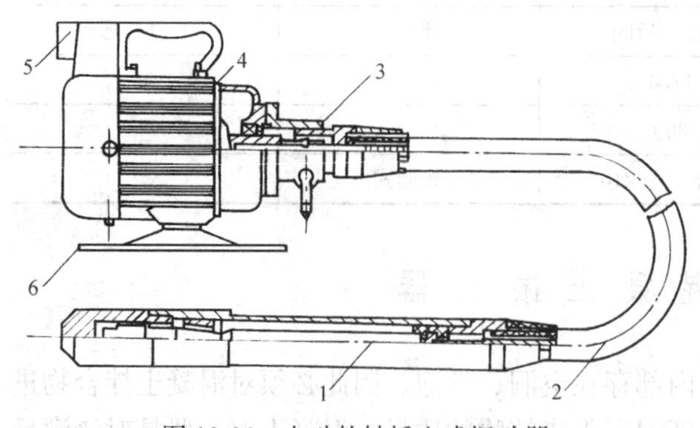

图 12-26 电动软轴插入式振动器

1—振动棒；2—软轴；3—防逆装置；4—电动机；5—电器开关；6—支座

按振动棒激振原理不同，插入式振动器又分为偏心轴式（简称偏心式）和行星滚锥式（简称行星式）两种。它们激振部分的结构如图 12-27 所示。

偏心式振动器　振动棒由具有偏心质量的转轴、振动棒壳体和轴承等组成。工作时，电动机驱动偏心轴在振动棒壳体内旋转，偏心轴产生的惯性离心力经轴承传给棒体，使振动棒产生圆振动。其振动频率为：

$$n=n_0 \tag{12-2}$$

式中　n——振动频率，次/min；

n_0——振动棒偏心轴的转速（此处为电动机的转速），r/min。

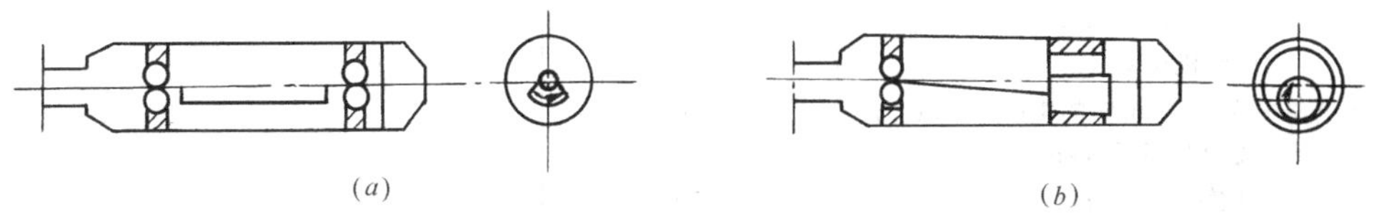

图 12-27　振动棒的激振原理示意图

(a) 偏心轴式；(b) 行星滚锥式

由于对内部振动器振动频率的要求一般在 10000 次/min 以上，这就需要增设齿轮升速机构以提高偏心轴转速。这不但机构复杂，重量增加，而且实际上如此高的转速钢丝软轴也难以适应，故偏心插入式逐渐为行星式所取代。

行星式振动器　用一根一端为圆锥体的转轴（称滚锥轴）取代了偏心式振动器中的偏心轴。该滚锥轴后端支承在轴承上，前端（有圆锥体一端）悬置，在振动棒壳体与滚锥轴圆锥体相应部位是一个稍大圆锥孔，锥度与圆锥体相同。当电动机通过软轴带动滚锥轴转动时，滚锥除了本身自转外，还绕着由锥孔形成的“滚道”公转，构成行星运动。图 12-28 为滚锥沿滚道行星运动示意图。滚动体的行星运动驱动振动棒体产生圆振动，其振动频率 n 为：

$$n=\frac{n_0}{d_1/d_2-1}\ (\text{次/min}) \tag{12-3}$$

式中　n_0——滚锥轴的自转速度，即电机转速，r/min；

d_1——滚动圆锥体的平均作用直径，mm；

d_2——棒内圆锥滚道的平均作用直径，mm。

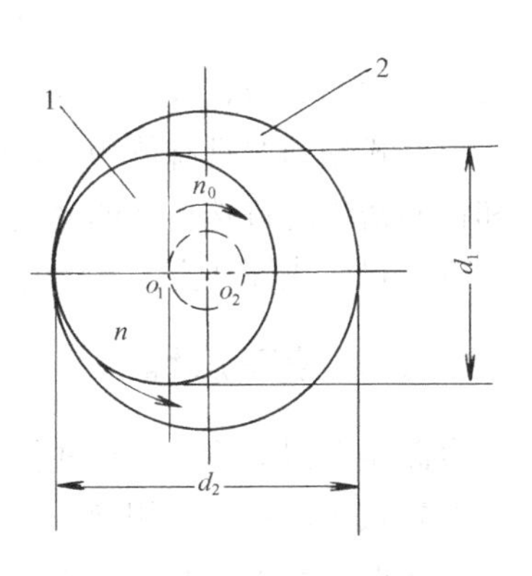

图 12-28　行星运动示意图

1—滚动体；2—滚道

由式 12-3 可以看出，只要适当选择滚锥和滚道的直径 d_1 和 d_2，就可以使振动棒在普通电动机转速（n_0）的驱动下，获得较高的激振频率。行星式振动器的振动频率可达到 11000～15000 次/min，较好地满足了对不同混凝土振实的要求。

振动器传递驱动力的钢丝软轴是由多股钢丝捻制而成，因而传递动力只能朝钢丝外层捻紧方向单向传动，为此，振动器上设有限向器防止逆转。钢丝软轴外面包有橡胶夹编织钢丝组成的套筒，是钢丝软轴的保护层，也方便手持作业。滚锥轴后端的支承轴承是一个大间隙轴承，实际上起着一个球铰的作用。轴承处的密封很重要，它防止油液渗入滚锥和滚道，造成打滑，影响滚锥正常公转，甚至不产生振动。振动棒有时未能产生振动，是由于滚锥未能紧压在滚道上，这时只要对棒体轻轻敲击即可起振。

行星式振动器的振动频率高，结构紧凑、轻便灵活、应用极广。

常用电动软轴行星插入式混凝土振动器的性能参数见表12-6。

电动软轴行星插入式混凝土振动器性能参数　　　　表12-6

型　　号	ZX35	ZX50	ZX85
振动棒直径（mm）	35	50	85
振动频率（次/min）	1300	11000	9000
振　幅（mm）	0.8	1.0	1.2
电动机功率（kW）	1.1	1.1	1.5
混凝土坍落度为3～4cm时的生产率（m^3/h）	3	6	18
振动棒重量（kg）	3.5	6	10
软轴直径（mm）	10	13	13
软管外径（mm）	30	36	36

12.5.3　外部振动器

外部振动器又称附着式振动器，如图12-29所示。它靠底部螺栓或其他锁紧装置固定在混凝土构件的建筑模板外部，通过模板间接地将振动波传给混凝土使其密实。通常，在一个成型构件的模板上或成型机上，根据振动传递范围的需要，装上一台或数台附着式振动器，同时对构件进行密实作业。

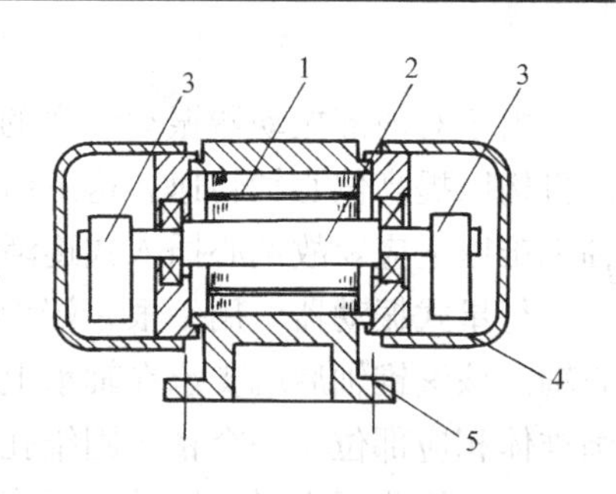

图12-29　附着式振动器

1—电动机；2—电机轴；3—偏心块；4—护罩；5—固定机座

附着式振动器由电动机、偏心块式振动子等组成，其外形与电动机类似。电动机转动时带动与电机转子同轴的具有偏心质量的振动子转动，其圆振动等于电机转速，也即振动器的振动频率。它的主参数为偏心力矩，等于振动子偏心部分的质量与偏心距的乘积。

附着式振动器具有体积小，结构简单和操作方便的优点，它适用于形状复杂的薄壁构件和钢筋密集的特殊构件的密实成型。除用于成型混凝土构件外，附着式振动器还可安装在滑槽、料斗或筛架上，作为振动轻运输、振动给料和振动筛分作业中的振动器。

12.5.4　表面振动器

表面振动器又称为平板式振动器。其起振部分的结构与附着式振动器大体相同。将起振机构与一块尺寸较大的平板相连接，即构成表面振动器。表面振动器工作时，平置于拟振实的混凝土表面上，一边振动一边缓慢地移动，拓展作业面。其振实深度一般为150～250mm。它适用于振实面积大、厚度较小的混凝土结构较小的混凝土结构物如楼板、地坪、路基以及薄型混凝土预制构件等。

12.6　混凝土施工机械化

自改革开放以来，特别近10年，我国混凝土机械的制造业随着经济建设的发展而突飞猛进。使得我国大、中型土木工程实现混凝土施工全盘机械化已成为现实。

搅拌站　就我国混凝搅拌站而言，大、中型和小型的成套设备，永久型和临时型成套设备，一阶式、双阶式成套设备都能制造，并且已有近100家生产企业。平均年产量可达200套，最高已达400～500套。大型搅拌站成套设备的制造厂也近20家，而且实现了计算机控制，现代化、智能化、信息化和人性化的程度也很高。设备的制作过程和设备生产混凝土的过程都已渐进到绿色环保。

输送车　搅拌输送车，在搅拌站周边10～15km的范围内运行能够获得最佳的经济效益。目前它在国内已经是成熟的产品，而且品种型号齐全，小容量的为2～5m^3，大容量的为6～16m^3，仅2008年国内的年产量达到17000台。而年产100辆以上的企业有上海华健、安徽星马、中集车辆、三一重工、中联重科、徐州重工。值得一提的是山东方圆集团开发了专用底盘的小容量搅拌输送车，满足了在特殊情况下的使用而取得良好效果。

混凝土泵　混凝土泵和泵车的发展更令人可观，20世纪90年代末国内生产厂仅有50家，并且多是引进和购买国外散件国内组装。1995年德国上海大象公司（普茨迈斯特）在上海建厂，专业生产拖泵（工地固定泵）泵车，臂架布料杆等。该厂生产的BSA14000拖泵，早在1994年就可把混凝土通过管道泵送到532m高的浇筑点，还有一次性水平泵送到2015m外的浇筑点，创两项世界纪录，泵送量24.2m^3/h。

泵车　经过近15年的发展和市场竞争，中国混凝土泵和泵车由一个生产大国渐变为一个生产强国，只有液压泵、马达，以及某些控制阀尚不能生产。中国三一重工能生产6节臂架总长72m的世界最长臂架泵车，送量为320m^3/h，是世界上排送最快的泵车，创最长臂，最快泵速两项世界纪录。

有了上述不断推陈出新的机械设备作后盾，只要选配好设备，任何艰难的混凝土施工都能延着机械化的道路前进，使建筑工地施工更加文明、更加绿色环保，就能按时保质保量、成本低，做到真正意义上的多、快、好、省。

思考题与习题

1. 自落式搅拌机和强制式搅拌机在混凝土拌合原理有何不同？
2. 常用混凝土搅拌机的类型有哪些，其型号如何表示？
3. 试简述锥形反转出料式搅拌机的搅拌筒结构。
4. 试简述单卧轴式混凝土搅拌机传动系统的工作原理。
5. 简述大型混凝土搅拌楼的分层布置形式？
6. 试述混凝土搅拌输送车的主要作业方式。
7. 混凝土输送泵的型号如何表示？
8. 简述液压活塞式混凝土泵的泵送工作原理。
9. 简述混凝土泵车的基本组成和结构。
10. 混凝土输送泵和泵车在运用时应注意哪些问题？
11. 简述混凝土振动器的作用和类型。
12. 行星插入式振动器为什么能获得较高的激振频率？

第 13 章　桩　工　机　械

桩是基础工程中使用的一种构件，桩基础是一种人工用桩来加固的基础。它常用于重型工业厂房、高层建筑、驳岸码头、大型桥梁、特殊路基以及其他重大构筑物的基础加固上。凡是地基强度、基础的变形和稳定不能满足设计要求时，往往采用桩基础。它不但在工程技术上可行，而且也能获得较理想的经济效果。

桩可以事先预制，如钢桩、预制钢筋混凝土桩等；也可以现场成孔后灌注成桩，如现浇的素混凝土灌注桩、现浇的钢筋混凝土桩、灰土挤密桩、砂桩等。

桩基施工，就是在基础施工中，对桩进行作业的一个复杂过程。其复杂的原因，在于它面对的地基千差万别。尤其在桩基施工中所使用的机具在地表以下作业，它的所谓“透明度”，它的可控性，在客观实际面前，对施工者都具有严峻的挑战性，如遇到烂泥层，流沙层，砾石层，岩层等都要做出相应的对策，采用不同的机械和工具并施展不同的工作方法，方可按设计的要求把桩施入底下。

进行桩基础施工的机械称为桩工机械。根据桩基础现场施工工艺及桩机动作原理的不同，桩工机械分为锤式打桩机、振动式沉桩机、静力式压桩机和灌注桩使用的成孔机四大类。本章仅就土木工程中常用的桩工机械作一简介。

13.1　锤击式打桩机

用锤击法把预制桩打入地层的机械称为锤击式打桩机。按其动力的不同，可分为自落锤打桩机、柴油锤打桩机、蒸汽锤打桩机和液压锤打桩机等四种。

13.1.1　自落锤打桩机

它通常简称为吊锤或落锤，是一种较早而又简单的桩工机械。它利用卷扬机使重锤沿桩架的导向立柱升起，然后让其自由下落冲击桩头，把桩打入地层。这种打桩机构造简单、费用低廉，但贯入能量小，生产效率低，如果锤头太重或自落高度太大时，易将桩头打坏。目前只有遗留的旧桩机还在使用。

13.1.2　柴油锤打桩机

1. 柴油打桩锤的类型

利用桩锤的冲击部分（锤体）上下跳动所产生的冲击力和柴油燃烧爆发的能量，把桩打入地层的机械称为柴油锤打桩机，通常简称柴油打桩锤。

按桩锤的动作特点和结构的不同，它可分为导杆式、气缸式和筒式三种形式，如图 13-1 所示。所谓导杆式，是锤体沿两根导杆上下跳动；所谓气缸式，是锤体在气缸内上下跳动；而筒式，是锤体在一个具有吸排气孔和喷油孔的钢筒里上下跳动。

2. 柴油打桩锤的工作原理

上述三种形式的柴油打桩锤的工作原理基本相同。都类似于单缸二冲程的柴油发动机。从结构和技术性能上相比较，以筒式最为先进，因它效率高，能打多种类型的桩，所以使用较多。本章只对它并仅就其工作原理上的特点简介如下：

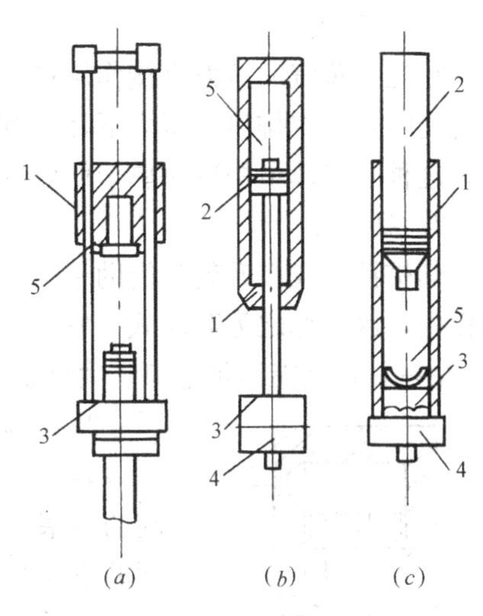

图 13-1 柴油打桩机（锤）

(a) 导杆式；(b) 气缸式；(c) 筒式

如图 13-1（c）所示，沉重的锤体 2 的下端呈球形，钢筒 1 的底部有一凹形球碗 3，当锤体 2 在重力作用下降落时，低压油泵把适量的柴油压入凹形碗 3 中，当锤体 2 打击钢筒底部 4 时，对桩进行第一次打击，同时使空气室 5 中的柴油因冲击而雾化，与压缩的高温空气混合产生燃烧爆炸力，该爆炸力不但使钢筒第二次向下去冲击桩头，而且使锤体 2 重新跳起，在上升的过程中，排出废气，吸入新鲜空气，待锤体 2 上升到能量所达到的高度后，再次下降打击桩头，桩锤如此重复跳动，不断锤击桩头，使桩沉入土中。桩锤既是工作机又是发动机。

3. 柴油打桩锤的应用特点

柴油打桩锤的打桩能量，可随沉桩所遇到的阻力大小而自行增减。在一定范围内，桩的阻力愈大，即地层愈硬，锤体弹跳就愈高，向下的冲击的能力就愈大。但冲击行程过大，容易打坏桩头，且筒体太长，使构造复杂，冲击次数减少，打桩效率反而降低。桩的阻力较小，即地层较软，锤体弹跳降低，向下冲击行程变小。如遇地层过软，冲击行程过小，燃油不能爆发，工作循环中断。

柴油锤与自落锤以及蒸汽锤相比，具有自带动力、使用方便、能耗低、生产效率高，能根据沉桩阻力的大小自动调节冲击力等优点。但其缺点是噪声大、废气污染严重，在软土及低温条件下启动困难，故其应用受到一定程度的限制。

柴油锤冲击体的重量有 0.6、1.2、1.8、2.5、4.0、6.0t 等数种，每分钟锤击次数 40～80 次，可以用于打大型混凝土桩和钢管桩。

在打桩过程中，当沉桩阻力 F_R 与桩锤作用在桩上的冲击力 F_r 相平衡时，桩即停止下沉。在实际施工中，一般以每 10 次击桩的下沉量称为桩的贯入度，如贯入度小于 5mm，即认为桩已停止下沉，并且认为 $F_R=F_r$。而此时的沉桩阻力又被认为是桩的极限承载力。选择柴油打桩锤的主要依据是桩的承载能力，承载能力大的桩必须用冲击能量大的锤来打。用小锤打大桩，桩将很快停止下沉，而桩的承载能力却还未达到要求，所以在选择桩锤时要用最终的贯入度 S 来检验其冲击能量 E 是否满足要求。

13.1.3 蒸汽锤打桩机

它是以蒸汽（或压缩空气）为动力的打桩机，通常称为蒸汽锤。它的动力设备大多采用体积较小的立式锅炉。锅炉的规格通常用蒸汽的压力和蒸汽的生产量来表示，一般可达 10 个大气压，蒸汽生产量可为 500～1400kg/h。

按作用的方式不同，蒸汽锤可分为单动式、双动式和差动式三种。

1. 单动式

它是靠蒸汽的压力直接作用在桩锤（或活塞）的下端，使桩锤升起，当桩锤升起到一定高度时，蒸汽排出，压力下降，桩锤在自重的作用下，自由下落去锤击桩头而进行工作的。这种蒸汽锤虽构造简单，但效率低下。

2. 双动式

其桩锤不仅在升起时借助于蒸汽的压力，而且在桩锤下落的过程中，也受到蒸汽压力的作用，因此称之为双动式。它的锤头重一般在 2.5～9t 范围内。目前国外锤头重可达 20t 左右，特别能满足港口、大型桥梁、浅海石油钻台等大型桩基施工的要求。

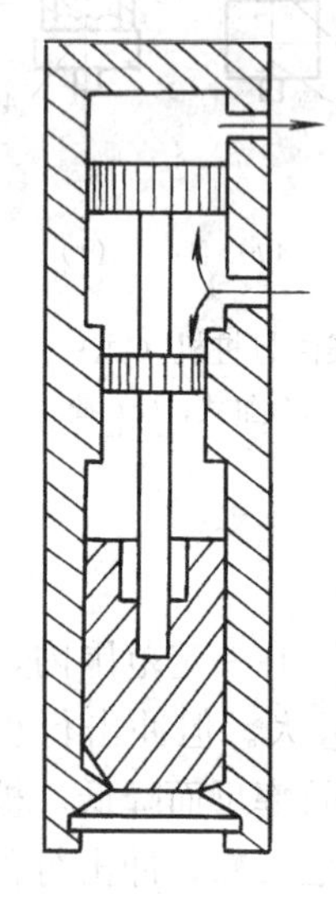

图 13-2　差动式蒸汽锤

3. 差动式

如图 13-2 所示，在一个共同的活塞杆上，装有两个直径不同的活塞，气缸内形成阶梯形，若蒸汽连续不断地进入两活塞之间的空穴时，把活塞举起，当活塞上升时，其上部空穴与大气相通；当活塞下降时，则高压蒸汽同时进入两孔，活塞下降时的总作用力，等于作用在两活塞表面的动力差，即冲击力等于作用在大、小活塞上的总压力减去作用在大活塞下面的压力之差数，故称差动式。选用适当的活塞尺寸，在一定的限度内，可以改变蒸汽的总作用力，从而获得活塞（锤体）与气缸总重之间的合理比率，避免与气压相平衡的气缸体重过大。

蒸汽打桩锤一直在欧美一些国家得到广泛采用，因其动力设备——锅炉的庞大和复杂，给制造、使用和搬运带来不便，但值得注意的是，由于柴油打桩锤打桩时排气引起污染，而蒸汽打桩锤没有这一缺点且又能进行大型桩基施工，因而它又重新为人们所关注。

13.1.4　液压锤打桩机

液压锤是一种冲击式打桩设备，由于它不仅具有预制桩打桩施工法的优点，而且又可避免柴油锤所引起的公害，因此近来发展很快，逐渐成为预制桩施工中的主要机种。

为了提高打桩锤的工作效率，要求在一定冲击频率下，每次冲击既要有足够大的沉桩力，又要有较长的力的作用时间，而液压锤比前述三种打桩锤更接近这一要求。

图 13-3 所示为荷兰 HBM 型液压锤的构造和工作循环简图。

其工作部分是一个密闭的缸体 2。缸体上部充满液压油，中部充满氮，油与氮之间，有一个浮动的活塞 3 将两者隔开，缸体的下部装有冲击头 4。冲击缸体由驱动缸 5 推动其升降，一切装置装在罩壳 1 之内，工作时装在桩头上。其工作循环如下：

1. 下落　驱动缸 5 把冲击缸 2 顶升 1.2m 以后，改变给油方向，从上腔供油，冲击缸体以 1.6g 的加速度降落（g 为自由落体加速度）。

2. 冲击　降落到最低点，冲击头 4 通过桩帽 6 冲击桩头。

3. 加压　冲击缸体的下降动能，通过液压油、浮动活塞和氮，使冲击头继续对桩加压。

4. 提升　驱动缸体 5 的下腔进油，把冲击缸体重新顶起。如此往复循环进行打桩。

液压锤在一个工作循环中，对桩施加两次沉桩力，即冲击头的冲击沉桩力和冲击缸体

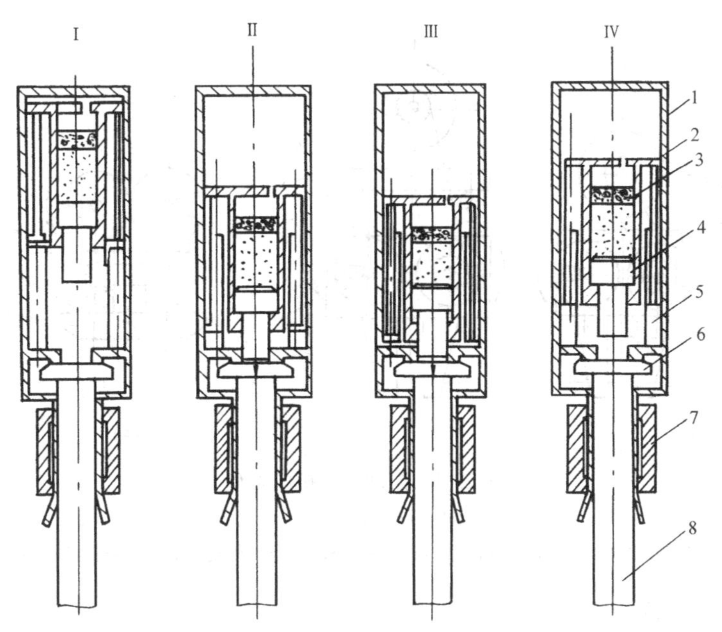

图 13-3 HBM 液压锤的工作循环

1—罩壳；2—冲击缸体；3—浮动活塞；4—冲击头；
5—驱动缸；6—桩帽；7—配重；8—桩

内的氮气对桩施加压力。冲击缸体的上部装有给油管口，通过给油口可以调节缸体内液压油的压力，也可调节氮气的压力。氮气压力高，可以使冲击头在撞击时有较大的作用力和施压时间。因此液压锤可以根据沉桩阻力的大小，较方便地调节沉桩力。

液压锤具有以下特点：冲击力作用时间长，每次冲击有效贯入能量大，冲击频率和打桩效率都较高；适于打竖桩和各种斜桩；作业时无废气、无振动，公害小；如将桩锤密封在机壳内就可用于水下打桩。液压锤是理想的打桩设备，但其构造复杂，造价较高。

13.2 振动式沉桩机

利用高频振动（700～1800 次/min）所产生的力量，将桩沉入土层的机械称为振动沉桩机，通常简称为振动锤。它可以把桩沉入土层，也可以把桩从土层中拔起。根据电动机和振动器相互连接的不同，它可分为刚性式、柔性式和冲击式三种，如图 13-4 所示。

13.2.1 振动锤的工作原理

1. 刚性式振动锤

如图 13-4（*a*）所示，电动机和振动器之间是刚性连接，故称刚性式。电动机 6 通过 V 带 5 的传动，使振动器 2 的偏心块转动，产生垂直的激振力通过桩帽 1 传给桩身，使桩身也随之振动。桩身周围的土壤由于受振，其颗粒产生位移，并趋向密集而体积收缩，因此减小了土壤与桩表面之间的摩擦力，桩在自重、振动锤重的作用下沉入土层中。在拔桩时，同样由于振动而减小了土壤对桩的侧面阻力，边振边拔，把桩拔出土层。目前我国多使用此种振动锤。

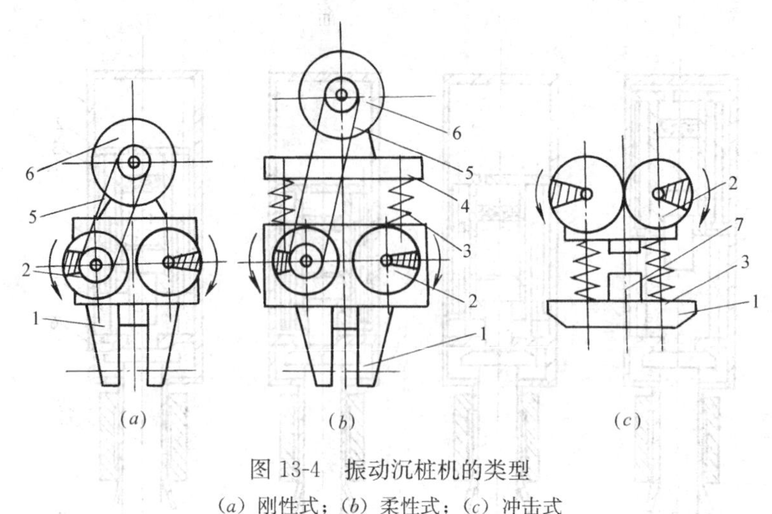

图 13-4 振动沉桩机的类型

(a) 刚性式；(b) 柔性式；(c) 冲击式

1—桩帽；2—振动器；3—弹簧；4—荷重平板；5—带传动；6—电动机；7—砧子

2. 柔性式振动锤

如图 13-4 (b) 所示，电动机 6 与振动器 2 之间是通过弹簧 3 连接，故称柔性式。它的传动方式与刚性式相同。由于上述两者之间装有弹簧，载荷对振幅的影响很小，特别是振动重桩时，更能改善电动机的使用条件。柔性式因其构造复杂，未能广泛使用。

3. 冲击式振动锤

如图 13-4 (c) 所示，振动器所产生的振动不是直接作用在桩上，而是通过上锤砧和下锤砧间的冲击，把作用时间短但频率很高的冲击力传给桩身，达到沉桩的目的。由于桩受到连续的冲击与振动，因此它适用于黏性或坚硬的土层上沉桩。但因本机冲击时的噪声很大，电动机也因冲击力大而易受损，同时它的能量有一半不作用在桩上，故应用不广泛。

13.2.2 振动锤的主要参数

振动锤的工作效果，主要取决于激振力、静压力和振幅三个主要参数。

1. 激振力　是使振动锤、桩身及桩周土体整个振动体系产生的垂直振动力。偏心块旋转时产生离心力，离心力的方向是变化的，能造成一种圆振动，但振动器的两个轴的离心力因方向相反，离心力在水平方向的分量始终是平衡的，而垂直方向的分力则叠加起来，其合力

$$P=2F\sin\varphi \quad (\mathrm{N}) \tag{13-1}$$

式中 F——偏心块旋转时的离心力，$F=9.8mr\omega^2$ (N)；

m——偏心块的质量，kg；

r——偏心块质心至回转中心的距离；

ω——角速度 rad/s；

φ——离心力与垂线的夹角。

上式 P 值称为激振力，它能形成垂直方向的定向振动。

2. 静压力　振动锤工作时，只有作用在桩身单位面积上的静压力（包括桩的自重）

超过某值时，才发生沉桩现象。因此桩锤必须要有足够的重量，必要时还须附加配重。

3. 振幅　是沉拔桩时，桩的强制位移量。土层愈硬，所需的振幅也愈大。对不同的土层和不同的桩，其沉桩速度是不同的，但沉桩速度和振幅基本上是成正比变化的。另外，振幅随着桩沉入土层的深度增加而逐渐减小。

近年来，为使振动锤得到更合理的技术参数，寻找出最佳的工作振幅，以适应不同的土质条件，提高沉桩效果，减少停机时的共振，改善启动性能，我国成功研制了液压控制无级改变振动器偏心距的装置。国产DZF-40Y型振动沉桩机即具有可调偏心距的先进装置。该机能在偏心距为零的情况下启动和停机，因而启动能耗减少，排除了启动和停机时产生的共振危害，遇到不同的情况，可自动调整偏心距，改变振幅大小。

13.2.3　振动锤的应用

与锤击式的打桩机相比，由于没有强烈的打击力，因此不会破坏桩头；沉桩横向位移小，桩的变形也小，因此拔桩容易。拔桩时，桩机本身不需要导向桩架，只要有电源，不要变换部件便能作为拔桩设备使用。在灌注桩施工中，可用来将带有活瓣夹（或桩靴）的钢管沉入土层中，然后边振边拔钢管，使其成孔，同时边灌注混凝土而完成现浇桩基的施工。它特别适用于砂质黏土、砂土和软土地层上进行桩基础的施工，其沉桩拔桩的速度都较快。

振动锤的不足之处，是沉桩性能受土质的限制，即在坚硬地层或黏土层上，其桩尖阻力较大，沉桩速度慢，甚至不能沉入；不能打斜桩；振动力对周围建筑物的影响较大，尤其是当振动频率与周围建筑物发生共振时，将会产生一定的破坏作用。但因它的体积小，重量轻，搬移方便，工作效率高，噪声小，不排出任何有害气体，因而得到广泛应用，并能迅速地向大型化和高效能的方向发展。

13.3　静力压桩机

使用静力将桩压入土层中的机械称为静力压桩机。根据施加静力的方法和原理的不同，它可分为机械式和液压式两种。

13.3.1　机械式静力压桩机

如图13-5所示，它由压桩架（桩架与底盘）、传动设备（卷扬机、滑轮组、钢丝绳）、平衡设备（铁块）、量测装置（测力计、油压表）及辅助设备（起重设备、送桩）等组成。压桩机的工作原理是通过卷扬机的牵引，由钢丝绳、滑轮组及压梁，将压桩机自重及配重反压到桩顶上，使桩身分段压入土中。这种压桩机高度为16～40m，静压力40～150t，设备总重80～172t。机身高大笨重，移动和转场很不方便，且占地面积也较大，目前已很少采用。

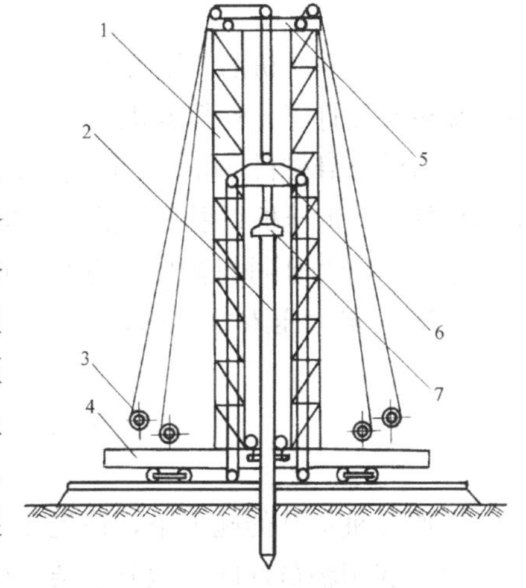

图13-5　机械静力压桩机

1—桩架；2—桩；3—卷扬机；4—底盘；5—顶梁；6—压梁；7—桩帽

13.3.2 液压式静力压桩机

如图 13-6 所示，它由液压吊装机构、液压夹持、压桩机构（千斤顶）、行走及回转机构、液压及配电系统、配重铁等部分组成。

液压静力压桩机的工作原理是：行走装置是由“横向行走”（短船）、“纵向行走”（长船）和回转机构组成。把船体当作铺设的轨道，通过横向和纵向液压缸的伸程和回程，使桩机实现步履式的横向和纵向行走，且横向两液压缸，一只伸程而另一只回程，可使桩机实现回转。桩机利用自身的起重机把预制桩吊入夹持横梁内，夹持液压缸将桩夹紧，压桩液压缸伸程，把桩压入地层中。伸程完后，夹持液压缸松夹，压桩液压缸回程。重复上述动作，可实现连续压桩动作，直到把桩全部压入地层。

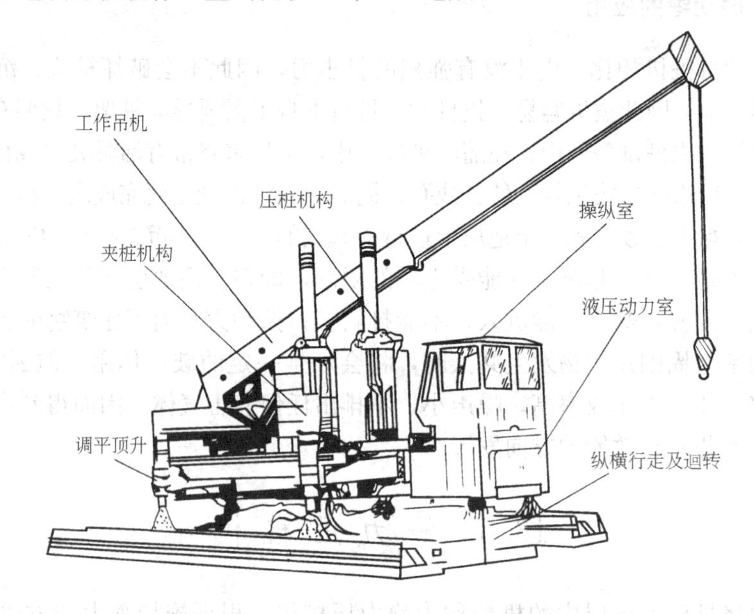

图 13-6 YZY-160 全液压静力压桩机

液压静力压桩机的使用特点为：它与锤击式打桩机和振动式沉桩机相比，它无冲击力，可避免桩头被打碎、桩段爆裂之虞，压桩时对桩周土体扰动范围程度较小，可提高桩基施工质量，节约桩身材料，降低工程造价；它无振动，无噪声，无环境污染，适用于人口稠密的城市中施工。但压桩只限于压垂直桩及软土地基的沉桩施工，具有一定的局限性。

液压式静力压桩机国内已有系列产品。国产 YZY-160 型全液压静力压桩机自重 78t，配重 105t，最大压入力 160t，移动速度 4m/min，压桩速度 2～3m/min。

13.4 灌注桩成孔机

在灌注桩桩基的施工中，预先在土层中成孔的机械称为灌注桩成孔机。

由于我国幅员辽阔，地质复杂，根据不同的工程地质条件，人们创造了各种各样的灌注桩及其成孔的机械。在打拔管成孔法中，可使用柴油锤、蒸汽锤和振动锤；在钻孔法中，常用的钻孔机械则有螺旋钻成孔机、潜水钻成孔机和冲抓锥成孔机等。其使用的钻头形式也很多，有螺旋式、套筒式、冲击式、冲抓式等。

由于钻孔法灌注桩的技术经济效果较为显著，因此近十余年来，它得到了很大的发展，桩的长度由原来的10m增加到100m，桩的直径也由0.6m增加到2m以上。因它无振动、无噪声、无废气等公害，在工业和民用建筑、铁路、公路、桥梁、港口等工程都得到采用。

13.4.1 螺旋式钻孔机

螺旋钻孔适用于地下水位以上的施工。所用的螺旋钻孔机包括长螺旋钻孔机（连续排土，一次成孔）、短螺旋钻孔机（周期性钻进、排土）和螺旋钻扩机（扩底桩）。这里仅介绍应用最广的长者，钻孔深度一般在10～15mm。

1. 长螺旋钻孔机的工作原理

其工作原理与木工使用的长尾钻相似，钻的下部有切削刀，切下来的土壤可沿钻杆上的螺旋叶片连续上升，自动排到地面上来，所成的孔比较规则，而且不需要循环泥浆或高压水来清洗孔底。孔深达到要求后，退出钻杆和钻头，孔即成。

我国东北、华北等地的土质为Ⅰ、Ⅱ、Ⅲ类，地下水位较低，在灌注桩施工时，多采用长螺旋钻孔机。

2. 长螺旋钻孔机的组成

如图13-7所示，它是一种安装在履带式起重机回转底盘上的长螺旋钻孔机。其钻具由电动机1、减速器2、钻杆3和钻头4组成。整套钻具都悬挂在钻架5上。它的就位和起落全靠回转底盘上的有关机构，减速器的轮系多为立式行星式，在减速器靠钻架的一边装有导向装置，能使钻具沿钻架上的导轨上下移动。

因钻杆长度在10m以上，在钻孔时要产生较大的扭矩，为防止钻杆因受扭而变形，在机架底部与动力箱下部，分别装置固定和滑动导向支架，借以保证钻头和钻杆能沿垂直方向进行钻孔。

钻杆3是由ϕ80～100的厚壁无缝钢管制成，钢管外面焊有螺旋形叶片，其叶片的外径D等于桩孔的直径，一般为ϕ300～600，因磨损严重，通常用锰钢制成。

钻头4是钻孔机的切削刀，它的形式是各式各样的，常用的一种钻头，见图13-7中的钻头放大图。钻头是一扇形钢板，为了更换方便，它通过接头安装在钻杆上。钻头上的刀刃也可更换。当冬季切削冻土时，装上合金刀头，在夏季切削软土时，换装硬质锰钢刀刃。工作时，钻头

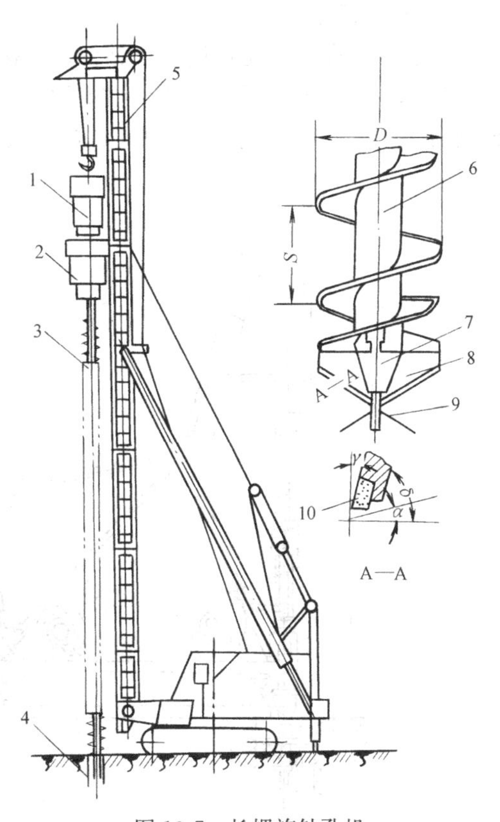

图13-7 长螺旋钻孔机

1—电动机；2—减速器；3—钻杆；4—钻头；5—钻架；6—无缝钢管；7—钻头接头；8—刀片；9—定心尖；10—切削刀

的左右刃是同时进行切削的。钻头的中心还装有定心夹，它的作用是防止在钻孔时产生歪料。钻进速度可达1.5～2m/min。

本机在施工中存在的问题，是不能把孔底钻下来的土壤全部排出，而影响灌注桩的承载能力，因此要采用各种措施，努力把孔底的松土压实。

13.4.2 潜水钻成孔机

把钻头潜入水中进行成孔的机械，称为潜水钻成孔机。它由电动机、变速箱及密封装置组成。钻孔时，钻机主轴连接钻头一起潜入水中，切削土壤而成孔。

1. 传动原理

如图13-8所示，为一国产GZQ-800型潜水钻机传动示意图。电动机1的轴通过花键连接联轴器2，将扭矩传给中心齿轮6，带动三个行星齿轮5自转，并绕固定内齿圈4公转，从而使行星架3以较低的速度转动，行星架3与钻机输出主轴7相连接，靠主轴下部装有的钻头8进行破土成孔。

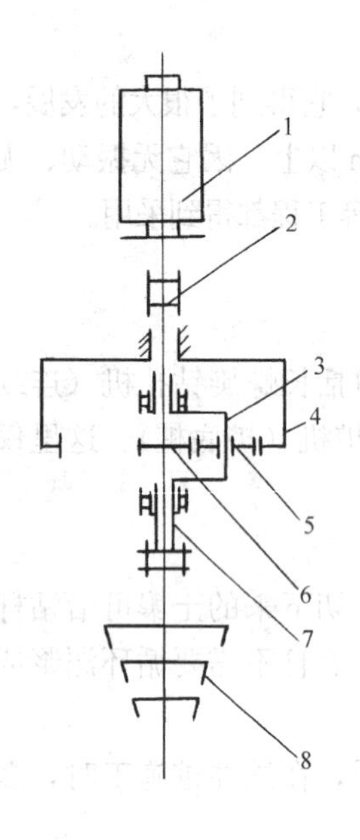

图13-8 潜水钻机传动图

2. 使用特点

该机在钻孔时，是借助于方钻杆、卷扬机、台车、起重支架等设备联合工作的。如图13-9所示。钻进时由卷扬机12控制速度，笼式钻头2切削土壤的反扭矩，通过方钻杆8传给台车上的井口导板7。钻孔工作时负载情况，可由配电箱5的电流表来反映。

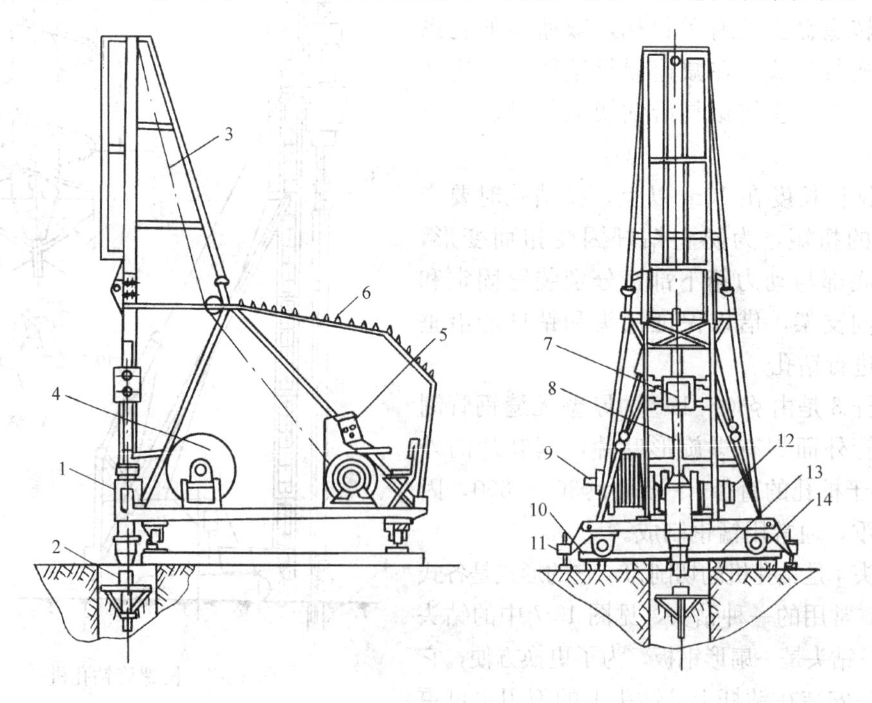

图13-9 潜水钻机配套设备

1—钻机；2—笼式钻头；3—钢丝绳；4—电缆和水管卷筒；5—配电箱；6—遮阳板；7—井口导板；8—方钻杆；9—进水口；10—枕木；11—千斤；12—卷扬机；13—轻轨；14—行走车轮

在整个钻进过程中，泥浆泵始终不断地通过电机中心送水管，把泥浆送到钻头处，将切削下来的泥土颗粒排出孔外，同时保证冷却钻具和维护孔壁的稳定。

潜水电机是三相充油异步电动机，因电动机始终是在充满泥浆的水下运行，为改善电动机的密封和冷却条件，在电动机内部充满变压器油，当转子旋转时，变压器油在电机内部形成对流，而将定子绕组的热量传到外壳冷却。同时，温度已经升高的变压器油，在转子的扰动下，形成了一定的压力，当此压力大于外界泥浆压力时，可有效地防止泥浆浸入电机内。电机轴是一中空轴，内孔可插过一根直径为 40mm 的中心送水管。

由于潜水钻的电机功率不经钻杆而直接传给钻头，因此功率损失小，钻孔效率可比冲击式高 2～3 倍。这是此类钻机的突出优点。其次它构造简单、重量轻、体积小、移动灵活、操作与维修方便，无噪声、无振动、钻孔垂直精度高。适用于地下水位较高的软硬土层，如淤泥、黏土、砂层、风化页岩及含有少量砾石的黏土层。已广泛应用于高层建筑、大型桥梁等灌注桩施工。

前述国产 GZQ-800 型潜水钻机的技术性能为：钻孔深度 50m；成孔直径 500～800mm；主轴转速 200r/min；钻进速度 1m/min；潜水电机功率 22kW；潜水电机转速 960r/min；主机重量 550kg。

13.4.3 冲抓锥式成孔机

借助钻具（抓锥和冲锥）自身的重量，以自由落体的速度冲入土（孔）中，将软岩石凿成碎块，然后抓起碎石或硬土送到孔外，如此达到成孔的机械称为冲抓锥式成孔机，简称冲抓成孔机。它适合在土夹石、砂夹石、卵石及软岩层的地层上进行成孔。

它的工作原理如图 13-10 所示。工作时，首先应将钻头调整对位，由于压重块 3 的作

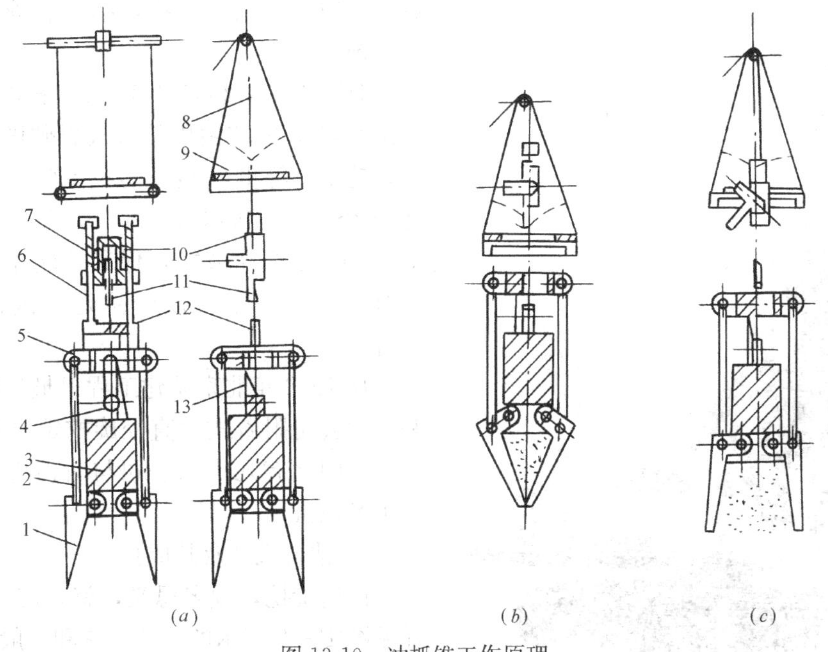

图 13-10　冲抓锥工作原理

1—抓片；2—连杆；3—压重块；4—滑轮组；5—上座；6—导杆；7—弹簧；8—提升钢丝绳；9—活门；10—挂钩架；11—挂钩；12—滑块；13—滑轮组的钢丝绳

用，抓片 1 呈张开状态，见图 13-10（a）。松开卷扬机刹车，钻头便自由落下并冲入土或卵石中，然后拉起横梁，使滑轮组 4 提起压重块 3，在抓片 1 闭合抓土后冲抓锥整体提升，见图13-10（b）。

土石提升到地面后，放下压重块 3，让抓片放开，卸出被抓的土石，见图 13-10（c）。这样依次循环成孔。成孔直径为 450～600mm，孔深在 20m 以内。

13.4.4 旋挖钻机

旋挖钻机是近几年来成孔钻机的佼佼者，它的最大优势是因为它钻入岩石的效果尤佳，钻入的深度和直径都是令人赞叹不已。因此，国内外纷纷上马研发各种类型的旋挖钻机及其多工法的配套钻机和装置，以满足大中型土木工程对基础施工质量和时间的要求，特别是对那些具有动载荷作用的路桥基础的施工。不管在陆地和海上都已使用，海上的跨海大桥、石油钻台的基础施工尤受欢迎。

图 13-11 SR360 型旋挖钻机

图 13-11 就是三一重工生产的 SR360 型旋挖钻机的外貌。2007 年，该机最大成孔深度已达 97m，最大成孔直径 2.5m，最大输出扭矩 360kN·m。在半径 1m 钻孔平台上产生 36t 的掘进力量，广泛应用于超大、超深桩的施工。

2009 年南京时代与北京三一重工相继推出 TR400c 旋挖钻机，其钻孔直径达 3m，钻孔深度 105m，采用了先进的 CAT365 底盘总成，国内首创大三角稳定结构和液压部分冷却系统。

时隔不久，2009 年 11 月 3 日，三一重工展出 SR420 旋挖钻机具有入岩硬度大，钻得深，功率大等世界领先的技术特点。最大成孔直径 3m，钻深 110m，最大扭矩为 420 kN·m，该机在节能环保和智能化控制方面也有很大的突破。该产品是我国记录的保持者。

从 1988 年北京城建工程机械厂引进意大利土力公司附着式大直径旋挖钻机起至 2009 年，我国已有几十家公司与时俱进争先研发并生产该机。

1. 钻岩机理及其成孔

何谓旋挖，顾名思义，就是旋转着挖掘。详见图 13-12 所示的构造，它和一般螺旋钻不同。图中 9 所指的是钻斗，不是钻头。钻斗上焊有许多用硬质合金制成的凿齿（截齿）。

凿齿的个数、间距、排列布置，不同的厂家，不同的型号的钻机都不尽相同。这些并非尖头的凿齿，是作“啃岩石”用的。凿齿的力量来源于动力头（压力头）的垂直压力，包括钻杆、钻斗和动力头自身重量，还有卷扬机或液压装置提供的施加于压力头的压力。

凿齿除受垂直压力之外，动力头还受低频脉冲的作用，上下跳动，动载叠加在静载之上，以耦合的方式作用于凿齿上，并形成对岩石不断地冲击破坏。

钻斗不但如此，而且还要不停的周期性的大力矩的旋转，直到钻斗内积满破碎的岩石后，即停止旋转，随即把钻斗等提升到地面，换成冲抓堆机把碎石抓到地面。岩石从冲碎到冲抓交替进行。钻孔如图 13-12 所示。钻孔直达到设计深度。

显然，入岩速度与钻头的压力有关，与凿齿疏密、间距、布置有关，与钻进过程中的温度有关，也当然与岩石的硬度有关。这些关系都是专家们研究的课题。

桩底部如需要扩大头，还可以在钻孔底部打眼装药爆炸的方法进行破岩，然后再把岩石冲抓出地面。或用螺旋扩底机扩底。

钻孔形成后，置入钢筋笼，浇注混凝土，现浇桩基即形成。

2. 钻机变幅角度对整机稳定性及变幅机构受力状态的影响

变幅机构是旋挖钻机一个非常重要的装置，主要由动臂、三角架、支撑杆、变幅油缸、上车支架等部件组成［图 13-12（*a*）］。通过变幅油缸调整变幅角度，可以很方便调整钻桅与主机之间的距离，在准确进行桩孔定位的同时又可以调整桅杆在作业和运输时的状态。

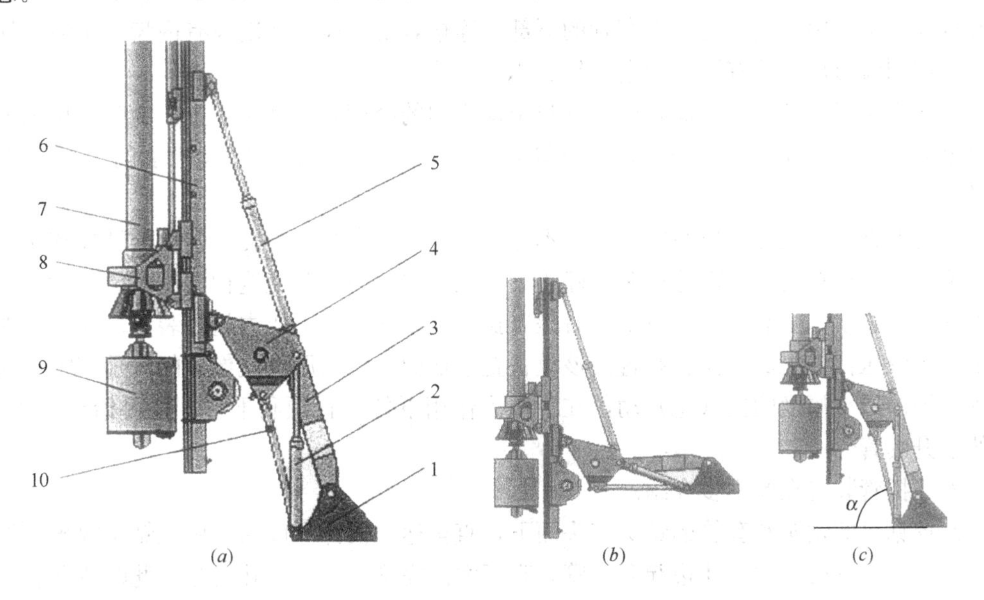

图 13-12　旋挖钻机变幅机构

1—上车支架；2—变幅油缸；3—动臂；4—三角架；5—桅杆油缸；6—钻桅；7—钻杆；8—动力头；9—钻斗；10—支撑杆

旋挖钻机变幅角度一般在 0～75.8°，也就是变幅机构支撑杆从水平位置（低位）起升，直到支撑杆与水平面夹角 α 为 75.8°位置（高位），该位置变幅油缸处于接近竖直状态，这也是钻桅距主机由远及近的变化过程。

在施工作业过程中，变幅角的调节对旋挖钻机的影响有多大？什么样的角度对钻机作业最有利？

提钻工况是旋挖钻机的主要工况，也是钻机作业的危险工况。提钻有两种方式：直接提钻和回转提钻，其中直接提钻是最危险的工况。旋挖钻机变幅机构自低位到高位的变幅角度范围内，即从图 13-12（*b*）状态到图 13-12（*c*）状态。即提钻的过程中，虽然钻桅竖直始终不变，但变幅机构各部分的受力会随着 α 角而变，这对整机的稳固性有明显的影响。经过动力学的分析，其结果是变幅角 α 增加到 42°以上，可以明显提高钻机的安全性和可靠性。

13.4.5 全套管设备及其工法

我们不可能设想近 100m 深的钻孔钻的全都是岩石，而且孔壁非常的稳定。恰恰相反，更多会遇到流沙、砾石、淤泥、富水沙层等复杂的土石层，钻孔极易发生塌孔和埋钻等不良事故。克服和避免的方法，目前最先进的技术就是全套管法。

套管法即在钻孔的同时，将比钻孔直径稍大一点的钢管沿着孔壁而下，防止不稳定的孔壁塌落，防止埋钻等事故，并可顺利快速地通过流沙层，保持钻孔的形状。若整个钻孔都由套管保护则称全套管法。

全套管法起源于 20 世纪 50 年代的法国贝诺特公司，又称贝诺特施工法。

套管一般制成不同长度的标准节，施工时根据桩孔的长度进行配套，为了使套管在复杂或较硬的土层中顺利下行，在套管的下部，连接着切削齿。切削齿有内齿、中齿、外齿之分。切削齿刃部都镶有硬质合金，约有 15mm 厚。

一方面便于切削，一方面减少套管与土体之间的摩擦，以利于入土。为防止切削齿尖部过早的磨损，其尖部焊套管钻头。标准切削齿的选定、配置要因切削的土层的不同而异。

套管的直径较大时，也叫做套筒，不管是套管还是套筒，与孔壁岩土的摩擦和端部岩土的阻力总是存在的，因而造成套管停止下行或悬空。为了避免这种滞留现象的发生。于是工程师设置了一套能让套管不断左右搓（捻）动，并给予下压力量的装置。这就是现在的由许多液压杆件组成的搓管装置。该设备置于地面。其液压件就像人的双手牢牢地抱住套管，做前后小幅度的搓（捻）动，在下压力作用下使套管顺利下行。也可给予上拔力，以便起升套管。

液压搓管装置在此不多介绍。

旋挖钻机的钻头和套管的钻头齐头而下，直至达到设计深度后，旋挖钻机提出，放进钢筋笼，浇注混凝土边浇注边起升套管，直至灌注完毕，拔出全孔套管。此时成孔和灌注成桩一次完成。

一个桥墩包括水下底层和岩石层的施工，并非一次行为。它是一个很复杂的施工过程，要采用多种工法。需要配备多种钻进设备、回转钻头、空心钻头、扩孔钻头、冲抓锥头、短螺旋钻具、长螺旋钻具等多种钻掘机具及多种工艺方法，方可完成一个桥基的施工。

13.5 桩　　架

如果说桩锤或钻具是桩机的核心，桩架则为桩机的躯体。桩架的主要作用是：吊挂桩锤或钻具，使其能按规定的方向移动；起吊桩身或钢管，使其安置在规定的位置上，并在入土时起导向作用。

桩架的形式很多，选择桩架时，应根据桩锤的种类、桩的长度、施工现场的条件等决定。

桩架按其移动的方式可分为：滚动式、轨道式、履带式、步履式、轮胎式等几种。

1. 滚动式桩架

滚动式桩架又名蒸汽锤桩架。其结构如图 13-13 所示。其动力是由锅炉 4 供给蒸汽，带动卷扬机 5 及桩锤 8，该桩架的行走是依靠蒸汽卷扬机通过钢丝绳带动行驶用的滚筒 2 来实现的。

该桩架结构比较简单，制作容易，但在平面转向方面不够灵活，操作人员较多。适用于打预制桩、木桩、灌注桩等。

2. 轨道式桩架

轨道式桩架，也称万能桩架，是柴油锤一种专用的桩架。其结构形式如图 13-14 所示。主要由立柱、斜撑、回转工作台、底盘及传动机构组成。能借助本身的动力，进行吊

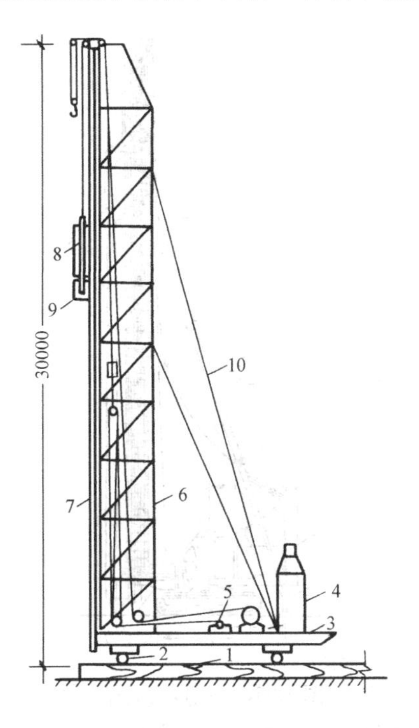

图 13-13　滚动式桩架

1—枕木；2—滚筒；3—底架；4—锅炉；5—卷扬机；6—桩架；7—龙门导杆；8—蒸汽锤；9—桩帽；10—缆风绳

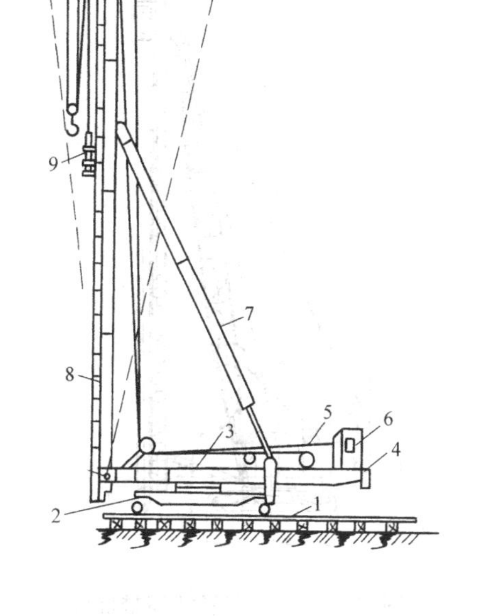

图 13-14　轨道式桩架

1—钢轨；2—底盘；3—回转平台；4—平衡重；5—卷扬机；6—司机室；7—撑杆；8—立柱；9—桩锤

桩、吊锤、回转、挺杠前后倾斜、自身起架、落架等动作，故称多能桩架。它的机动性和适应性很大，在水平方向可作360°回转，立柱可向前倾斜5°，向后倾斜18.5°，底盘下装有铁轮，可在轨道上行走，为轨行式桩架。这种桩架可适应各种预制桩及灌注桩施工。缺点是机械庞大，现场组装和拆迁比较麻烦。

3. 履带式桩架

(1) 独立吊臂式

独立吊臂式履带桩架是以履带式起重机为底盘，以吊臂悬吊桩架立柱，在下部加一支撑叉而成，如图13-15所示。立柱在吊臂端部的安装非常简单，装拆非常方便。下部支撑叉为伸缩式，以调整立柱的垂直度。伸缩方式常为手动插销式或丝杆式。

这种桩架的优点在于它很容易地由起重机改装而成，且很容易地又改为起重机，所以能做到一机多用。当由起重机改装为打桩机时，由于要增加配重，所以必须校核吊臂及其他有关部分的强度、起重机的稳定性和全重量行走的可能性。

这种桩架虽横向承载能力较弱，立柱安装不能倾斜，但机动性较大、桩架灵活、移动方便，适用于各种预制桩和灌注桩施工。

(2) 三点式

结构如图13-16所示。其底盘为履带式起重机，立柱是由两个左右分开的斜撑（支在附加液压支腿横梁的球座上）和下部托架支持，所以又称为三点式履带桩架。

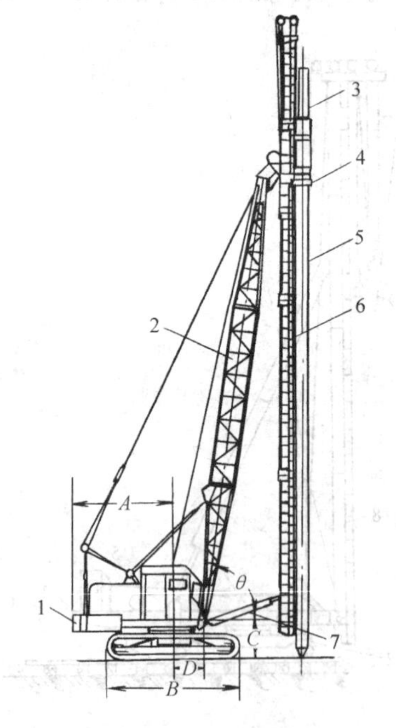

图13-15 独立吊臂式履带桩架

1—车体；2—吊臂；3—打桩锤；4—桩帽；5—桩；6—立柱；7—立柱支撑叉

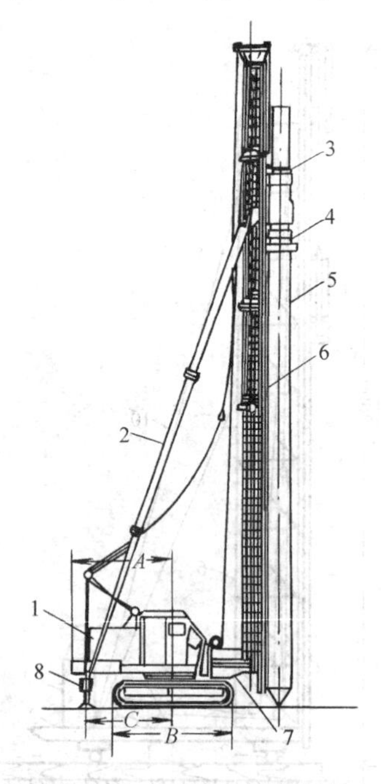

图13-16 三点式履带桩架

1—车体；2—斜撑；3—打桩锤；4—桩帽；5—桩；6—立柱；7—立柱支撑；8—液压支腿

三点式履带桩架在性能方面，承受横向荷载的能力大，工作稳定性好。因为其斜撑是伸缩式的，立柱可以倾斜，所以可适应打斜桩的需要。该桩架目前较为先进，应用较为广泛。

4. 步履式桩架

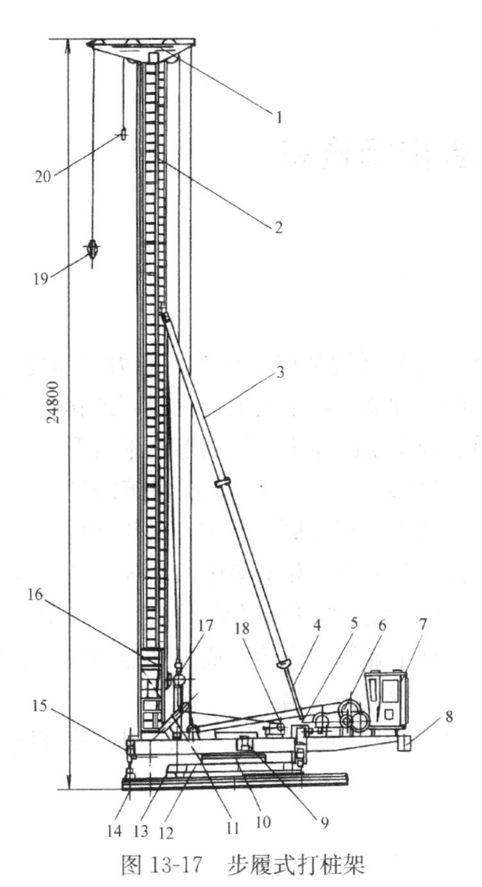

图 13-17 步履式打桩架

1—顶部滑轮组；2—立柱；3—撑杆；4—调节丝杆；5—横梁及调整机构；6—主卷扬机；7—司机室；8—平衡重；9—回转机构；10—回转支承；11—回转平台；12—底座行走机构；13—夹轨器；14—步履装置；15—油压支腿；16—升降梯；17—滑轮组；18—升降梯卷扬机；19—吊环；20—吊锤滑轮组

图 13-17 为步履式桩架的构造示意图。它主要由回转平台之上的上部架体、回转支承装置、行走步履装置等主要部分组成。

在回转平台上由立柱、撑杆、横梁构成上部桩架。并用撑杆上的调节丝杆调节立柱的垂直度。吊挂桩锤、吊桩和升降梯所用的卷扬机均装在回转平台上。升降梯供工人保养与排除故障用。在回转平台后部则装有司机室和平衡重。

回转支承装置由回转用的大小齿轮和液压支腿组成。上部架体可作 360°旋转。

行走步履装置按其动力的不同，有电动机械式和液压式两种，而后者愈来愈多地被采用。液压行走步履装置由驱动油缸、行走机构和履板组成。桩架行走时，先将液压支腿的油缸收缩，使一对履板着地后行走，行走到位后，再将支腿油缸顶升，使履板提起，并将其向所需方向移动，然后再将支腿油缸收缩，履板着地后再继续行走。若要改变行走方向，只要在履板提起后，转动回转机构，使履板转至所需方向即可。

步履式桩架的特点是：桩架行走时，无需铺设钢轨或填垫木料等，这不仅降低了生产成本，而且大大减轻了工人的劳动强度；桩架接地的压强小，可在软土地基上施工，并允许有一定的坡度，可节省很多平整场地的费用。步履式桩架的应用因此也较为广泛。

思考题与习题

1. 根据成桩工艺及桩机动作原理的不同，桩工机械分哪几类？
2. 筒式柴油锤在打桩机中，为什么应用较广泛？
3. 液压锤的工作原理如何？它有何优缺点？
4. 振动沉桩机的工作效果与哪些因素有关？为什么？
5. 液压式静力压桩机的使用范围如何？它有哪些优缺点？
6. 灌注桩成孔的方法有哪几种？简述旋挖钻机成孔的原理。
7. 桩架按移动方式可分为哪几种？简述三点式履带桩架的特点。

第14章 隧道盾构掘进机

14.1 引 言

随着世界范围内科学技术的飞速发展，人类改造和开发利用大自然的能力空前提高。追求更富足、更自由、更舒适的生活，作为人类的一种欲望，不断地、无限制地膨胀，使得地球有限的资源不堪重负，环境问题日趋严重。地下空间作为一种新型土地资源，正日益受到重视。一些专家甚至提出：19世纪是桥梁的世纪，20世纪是高层建筑的世纪，21世纪是地下空间的世纪。中国是一个人口大国，土地资源短缺更为严重，近年来城市人口的急剧增长，以及复杂的国际局势，为解决人口流动与就业点相对集中给交通、环境等带来的压力，满足国家环境和局势变化需要，修建各种各样的隧道及地下工程（如城市地铁、公路隧道、铁路隧道、水下隧道、市政管道、地下能源洞库等）成为必然趋势，这给具有环保和节能优势的隧道及地下工程，带来了发展建设的机遇。

进入21世纪以来，随着我国综合国力的不断提升及高新技术的不断应用，我国隧道及地下工程事业得到了前所未有的发展。

14.2 定 义

隧道盾构掘进机是隧道掘进的专用机械，它的外壳为盾形，故简称为盾构机（盾构）。如图14-1所示。盾构机主要技术指标：开挖直径，总推力，推进速度刀盘扭矩，刀盘旋转速度，螺旋机输送量。

图14-1 盾构机外形

用盾构在围岩中掘进，一边防止土砂崩塌，一边在其内部进行开挖，一边在盾尾进行衬砌管片作业，如此修建隧道的方法称为盾构法。用盾构法修建的隧道称为盾构隧道，以区别钻爆法（矿山法）隧道。

14.3　盾构机应用

盾构法广泛应用于水底隧道，地下铁道、公路隧道及雨污水道等城市基础设施的建设。1825年，盾构法在英国泰晤士河底隧道首次使用，到20世纪20年代，在英、美、法、德、苏等国得到迅速推广。日本1919年从英国引进盾构技术，1936年在关门海底隧道使用。从20世纪60年代起，盾构施工技术在日本得到高速发展，研制与开发了技术上较先进的泥水平衡和土压平衡等形式的盾构设备，扩大了盾构施工技术的应用范围，使盾构法适应各种土层的能力空前提高。

我国地铁隧道施工采用盾构法已成为发展趋势。盾构法施工无须降水，施工安全可靠，速度快，可以控制地面沉降，衬砌防水性能好，是其他方法不可比拟的。随着技术进步、综合国力增强，特别是该技术所显现的优势，已被国内地铁界所接受，上海、广州、南京、北京、深圳、天津、西安、成都、沈阳、杭州、青岛等城市的地铁工程都采用了这种方法。其中上海地铁是国内最早采用盾构施工的，且大部分工程都是利用盾构完成的。在地面与地下连接区域用盾构掘进代替大开挖施工，具有环境影响小，建设工期短的显著优势。

该技术在南京示范工程的成功应用，解决了结构变形、接缝渗漏、轴线偏离等工程难题。盾构机的始发和到达如图14-2和图14-3所示。

图14-2　盾构机始发

图14-3　盾构机到达

14.4　盾构机的基本构造

现代盾构机集机、电、液压、传感、信息技术于一体，具有开挖切削土体、输送土渣、拼装隧道衬砌、测量导向偏差等功能，适用于软土、砾石、硬岩等不同地质构造。但盾构机对于工程地质条件、工程施工条件和环境条件的要求很高，其掘进施工管理集计算机、新材料、自动化、信息化、系统科学、管理科学等高新技术于一身，反映了一个国家的综合国力和科技水平。

14.4.1　盾壳

盾壳由切口环（机头）、支承环、盾尾三个部分组成，其作用是保护人员和设备在地下正常掘进，它主要承受土体压力和掘进过程中千斤顶的推进。不同用处的隧道，其盾壳直径也各不相同，长度有几米到几十米不等。

14.4.2 旋转刀盘

盾构机刀盘的作用：

刀盘是中间支撑式结构，靠装在隔板右侧的电动驱动装置通过齿轮进行驱动而旋转的；在盾构掘进中，刀盘主要起的作用为切削土体，并将切削下的土体进行搅拌，使土体能顺利的通过螺旋输送器输送出去，让盾构机能正常的掘进；另外，通过刀盘的切削，前方会出现暂时的真空区域，为防止土层崩塌，刀盘这时会起到临时支撑土体的作用。

地层不同，刀盘的结构及其刀具的组合布置、刀具性能的要求也不同。根据地层的差异，一般把刀盘分为三类：软岩刀盘、硬岩刀盘和复合刀盘，如图 14-4 所示。

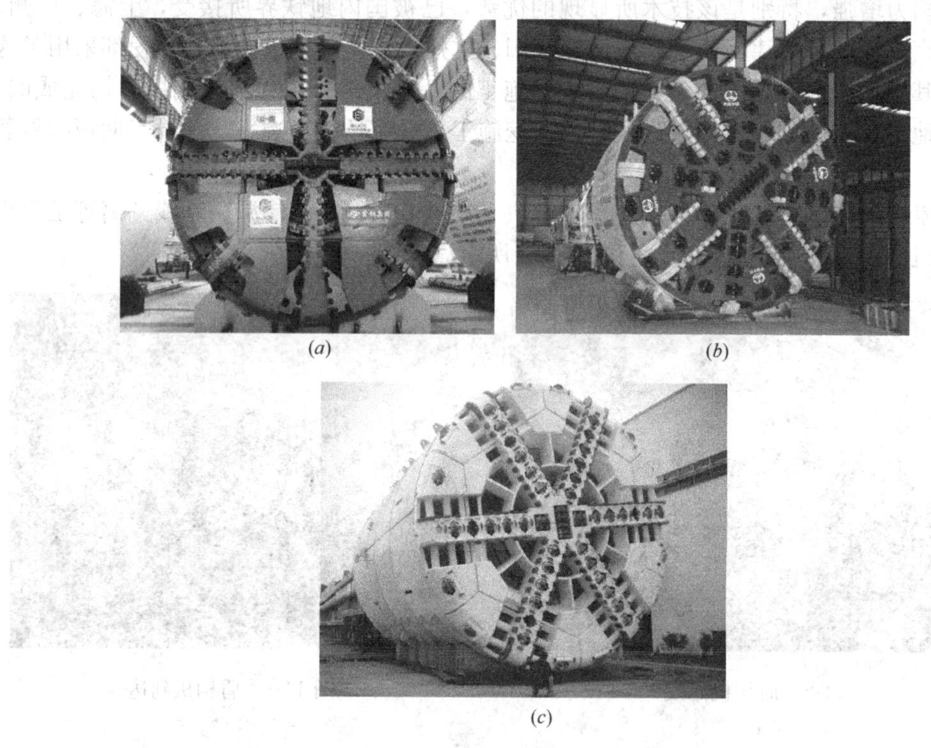

(a) (b) (c)

图 14-4 盾构机三种典型刀盘

(a) 软岩刀盘；(b) 硬岩刀盘；(c) 复合型刀盘

软岩刀盘适用于未固结成岩的软土地层和某些全风化或强风化的软岩地层，一般破岩能力在单轴抗压强度 20MPa 以下。对于如上海地区、天津、西安、郑州等均一的软土地层，通常只使用刮刀类刀具就可以了。这类刀盘结构相对简单，通常称为辐条式刀盘或软土刀盘。

硬岩刀盘适用于硬岩地层，对于均一的全断面硬岩地层通常只用滚刀（配以刮板），铁路、公路隧道、引水隧洞常常是这类地层。做成的刀盘通常称为硬岩刀盘或 TBM 刀盘，目前主要是 17″盘型滚刀（滚刀材料为硬质合金钢，钴的含量为 17%），如秦岭铁路隧道施工使用的 TBM 刀盘。

盾构施工过程中，复合型刀盘适应的大部分地层往往有软岩也有硬岩、一段软一段硬，或上软下硬、密实胶结卵石土等软硬不匀的地层，这种地层在广州、深圳、成都、北京的地铁工程和江底隧道中普遍存在，这时刀盘的刀具不但要有滚刀，还要有刮刀，这样的刀盘通常称为复合刀盘或混合刀盘。安装复合刀盘的盾构机称为复合盾构机。

14.4.3 内部构造

图 14-5 为内部构造的示意图，它内含着十大组成系统：(1) 刀盘切削系统；(2) 推进系统；(3) 加泥与注浆系统；(4) 螺旋输送机系统；(5) 砌块拼装系统；(6) 盾构密封系统；(7) 皮带运输系统；(8) 数据采集与监控系统；(9) 后续台车系统；(10) 砌块吊运系统。它们的真实面貌和相互配合。因学时有限在此不作详细介绍。

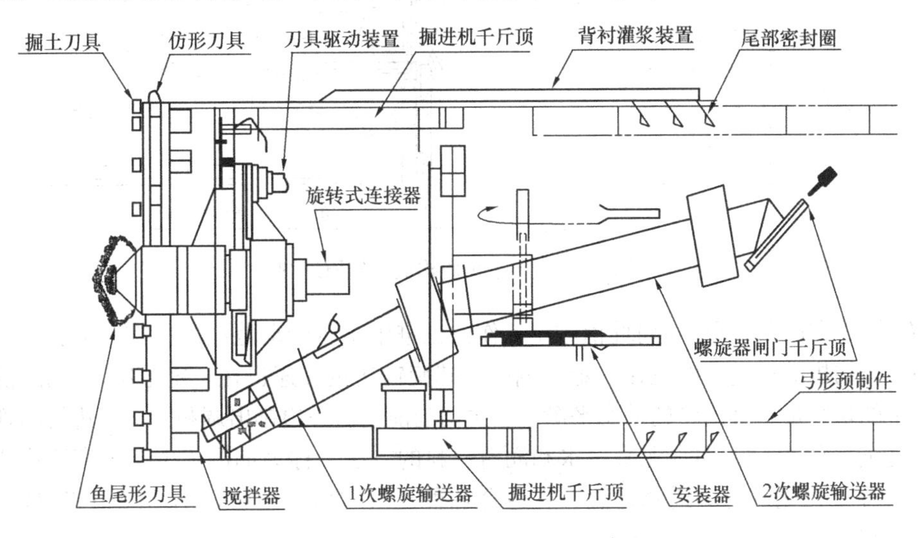

图 14-5 ϕ3.33m 加泥式土压平衡盾构构造

14.4.4 盾构态势的监控与方向控制

掘进过程中盾构态势的监控，一般包括盾构机在设计轴线上左右、旋转三个自由度偏移的监控，若这三个自由度偏移均得到及时监测与有效控制，则可以保证盾构机沿着设计轴线向前推进，从而保证工程质量。目前日本和德国先进的盾构施工中已采用全自动导向系统。引进该系统，对控制方向无疑是十分有利的。

14.5 土压平衡盾构的掘进原理

土压平衡盾构的掘进原理如图 14-6 所示，开机刀盘旋转后，围岩土砂被切削，形成真空并破坏了围岩内部的压力平衡，造成开挖面产生地层的水土压力 P，为了防止开挖面岩体（土、砂体）崩塌，为了便于排出，在开挖面处加入泥浆、水或化学泡沫等润滑材料，在土仓内通过搅拌叶片将掘削下来的土和加入的润滑材料混合，使其变成具有适当塑性、流动性及低透水性的调和泥土，充满土仓和螺旋输送机内产生泥土压力 P_0，用以平衡地层的水土压力 P，保证开挖面的相对稳定，并通过控制盾构千斤顶的推进速度和螺旋输送机的转速来保持土仓内改良土的压力 P_0 处于适当的范围内，在推进量和排土量达到动态平衡的同时，盾构向前推进，螺旋输送机排土，实现盾构机的连续掘进。

实现推进量和排土量达到动态平衡，关键在于土压管理。加泥式土压平衡盾构的土压管理，目的在于控制开挖面的稳定。为此，必须使地层的水土压力 P 和土仓内的泥土压力 P_0 相当，见图 14-6。这种控制可通过调节、控制螺旋输送机的排土量来实现。盾构掘进时，为工作面土压的大小及其变动幅度是工作面稳定的重要因素。

$$|P-P_0|=\Delta P$$

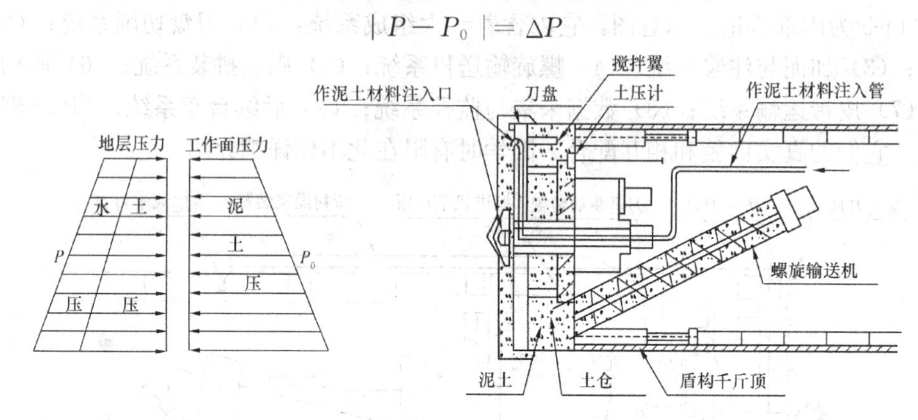

图 14-6　土压平衡盾构机工作原理图

ΔP 在实际掘进过程中可将此值的 1/3 作为掘进中土压变动范围内的控制值。压其控制值之内，盾构机的掘进速度也在一定范围内，螺旋输送机转速也在一定范围，并相互配合，实现岩土的切削量与排出量的动态平衡。一边切削前进，一边排出调和土，一边衬砌管片。

上述向密闭土仓中加水泥浆、水和润滑材料的方法，称为加泥式土压平衡盾构法，目前，是世界上最先进的隧道修建法。它适合各种复杂的地质地层，不但隧道修建速度快，而且安全可靠。

只有较大的滚动顽石（砾石），从刀盘中漏进，无法排除时，待土仓内的调和土排空后，仓门打开进人，用钻爆法给以粉碎后排除。齿刀磨损太大也需要人进仓更换，一般不停机。

14.6　盾构机发展前景

图 14-7 中为武汉地铁 7 号线越江隧道使用的盾构机，7 号线也是世界首条用盾构法修建的公铁共用过江隧道，其盾构机由上海隧道工程公司与德国海瑞克股份公司特别为 7 号线量身打造。盾构机直径达 15.76m，相当于 5 层楼高，是目前世界第三大（前两大盾构机分别在美国和中国香港）。

如图 14-8 所示为武汉地铁 7 号线隧道结构断面，它采用双孔圆形结构，内部分为三层，上层布置道路隧道的火灾排烟专用风道：中间层走汽车，布置 3 条行车道及相关设备；下层分左中右三部分，中间为地铁孔，左侧为公铁合用的疏散廊道，右侧孔内布置地铁火灾排烟道和道路隧道用的管线廊道。

由上面的内容可见我国隧道盾构机已发展到何等可观的程度。它的目标已指向我国琼州海峡、渤海海峡、台湾海峡。我国生产的隧道盾构掘进机及相关技术也将沿着一带一路走向世界。

图 14-7　ϕ15m 盾构掘进机

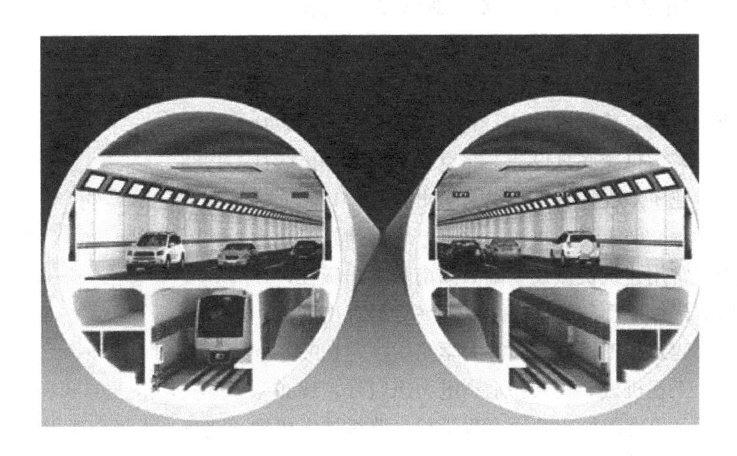

图 14-8　武汉地铁 7 号线隧道结构断面

思考题与习题

1. 隧道及其地下工程是土木工程的一个组合部分，当今为什么显得如此突出重要？

2. 解释下面几个名词：

隧道、盾构、盾构掘进机、盾构机、盾构施工法、盾构隧道、复合盾构机。

3. 盾构施工法中类别很多，目前世界上最优的施工法是加泥式土压平衡盾构法，此法的工作原理如何？

4. 为什么我国的高铁、地铁、路桥、地下工程发展地如此之快？

主 要 参 考 书 目

[1] 金光裕．筑路机械与管理．东北林业大学出版社，1989
[2] 詹承桥，刘树道．机械零件及建筑机械．华南理工大学出版社，1994
[3] 张世英，陈元基．筑路机械工程．北京：机械工业出版社，1998
[4] 狄赞荣．施工机械概论．北京：人民交通出版社，1996
[5] 黄华军，彭文生．机械设计基础．北京：高等教育出版社，1996
[6] 黄士基等．机械基础及建筑机械．武汉工业大学出版社，1989
[7] 王文龙．钻眼爆破．北京：煤炭工业出版社，1984
[8] 陈玉凡．矿山机械．北京：冶金工业出版社，1981
[9] 唐经世．工程机械．北京：中国铁道出版社，1981
[10] 曹寅昌．工程机械构造．北京：机械工业出版社，1981
[11] 李键成．矿山装载机械设计．北京：机械工业出版社，1989
[12] 曹金海．矿山机械底盘设计．北京：机械工业出版社，1988
[13] 黄士基．建筑工程机械．武汉大学出版社，1993
[14] 同济大学等．铲土运输机械．北京：中国建筑工业出版社，1981
[15] 周淑美．常用建筑机械及基础．湖南大学出版社，1989
[16] 王世彤．机械原理与零件．北京：高等教育出版社，1992
[17] 曹善华．建筑施工机械．同济大学出版社，1992
[18] 余恒睦．工程机械．北京：水利电力出版社，1989
[19] 同济大学，上海市城市建设工程学校．路桥施工机械．北京：人民交通出版社，1984
[20] 鲍绥意．盾构技术理论与实践．北京：中国建筑工业出版社，2012
[21] 《建筑机械》杂志(2007—2010 年)
[22] 《建筑机械化》杂志(2007—2010 年)
[23] 《现代隧道技术》杂志(2014—2015 年)